Rob Hume

VÖGEL

beobachten und bestimmen

Rob Hume

VÖGEL

beobachten und bestimmen

DK

LONDON, NEW YORK, MELBOURNE, MÜNCHEN UND DELHI

Lektorat Angeles Gavira
Bildredaktion Phil Ormerod, Ina Stradins
DTP Design Rajen Shah, Anita Yadav
Herstellung Melanie Dowland
Cheflektorat Liz Wheeler
Redaktionsleitung Jonathan Metcalf

Produziert für Dorling Kindersley
von cobalt id
Redaktion Marek Walisiewicz, Kati Dye
Bildredaktion Paul Reid, Darren Bland,
Pia Hietarinta, Lloyd Tilbury

Für die deutsche Ausgabe:
Programmleitung Monika Schlitzer
Projektbetreuung Manuela Stern
Herstellungsleitung Dorothee Whittaker
Herstellungskoordination Claudia Rode
Herstellung Inga Reinke
Covergestaltung Inga Reinke

Bibliografische Information der Deutschen Bibliothek
Die Deutsche Bibliothek verzeichnet diese Publikation
in der Deutschen Nationalbibliografie;
detaillierte bibliografische Daten sind im Internet
über **http://dnb.ddb.de** abrufbar.

Titel der englischen Originalausgabe:
Birdwatching

Übersetzung Dr. Einhard Bezzel
Redaktion der Neuausgabe Brigitte
Rüßmann, Wolfgang Beuchelt
(Scriptorium – Köln)
ISBN 978-3-8310-2540-4

Colour reproduction by
Colourscan, Singapore
Printed and bound in China

Besuchen Sie uns im Internet
www.dorlingkindersley.de

Coverfotos
Vorderseite:
RSPB Images: Chris Gomersall
Buchrücken: DK
Rückseite:
RSPB Images: Chris Gomersall (o),
Mike Lane (ml),
RSPB Images: Nigel Blake (ul) und (ur),
RSPB Images (mr)

Inhalt

Vorwort

Vögel haben mittlerweile eine große Lobby, die Zahl der ernsthaften Vogelbeobachter wächst ständig. Wer schon viele Jahre ein Auge für Vögel als besonders liebenswerte und quicklebendige Geschöpfe der Natur hat, weiß, warum. Einmal, weil das Vogelbeobachten fasziniert, immer neue Überraschungen bereithält und man ein Leben lang ein Staunender und Lernender bleibt. Und zum anderen, weil die Vielfalt der Vögel dringend unseren Einsatz braucht, wenn sie für folgende Generationen als Teil einer lebenswerten Umwelt erhalten werden soll.

Man kann aber nur etwas schätzen und zu bewahren versuchen, was man wirklich kennt. In die Geheimnisse der Natur einzudringen ist jedoch nicht ganz so einfach. Man muss neugierig sein, etwas Geduld haben und Erfahrungen sammeln. Vogelbeobachtung wird zu einer Beschäftigung, die uns herausfordert, aber auch reich beschenkt. Man muss kein Wissenschaftler sein oder Biologie studiert haben, um Vögel kennenzulernen. Selbst in der Vogelforschung, der Ornithologie, gibt es wie in keiner anderen Disziplin der Biologie viele Amateure, die Wichtiges geleistet haben. Ohne engagierte Freizeit-Vogelkundler wäre ein moderner Vogelschutz gar nicht möglich.

Aber zunächst sollte es gar nicht um Arbeit gehen, sondern einfach darum, Neues zu erleben. Und selbst nach Jahrzehnten der Vogelbeobachtung bleibt dies immer noch spannend. Für alle Ansprüche wird etwas geboten, sei es am Futterhaus vor dem Fenster oder im Stadtpark, draußen in der Landschaft, in die der Mensch so stark eingreift, dass sich die Zusammensetzung der Vogelwelt ständig verändert, oder gar in fernen Ländern und abgelegenen Gebieten. In nahezu allen Lebensräumen auf unserem Planeten gibt es Vögel.

Europas Vogelwelt ist immer noch überraschend vielfältig, und man muss nicht allzu weit fahren, um neue Vogelarten sehen zu können, die es bei uns nicht gibt. Diese Einführung in das Vogelbeobachten gibt nicht nur viele Tipps und Anleitungen, sondern führt in die interessantesten Lebensräume europäischer Vögel, von denen die meisten auch im Bild vorgestellt werden. Reiseplanungen für Vogelbeobachter, Anleitungen zu richtigem Verhalten und zur Ausrüstung, aber vor allem Informationen über Vögel und Hinweise, wo man sie finden kann, füllen die Seiten dieses Buches.

Vögel kennen keine Grenzen. Das Buch ist in Großbritannien geschrieben worden. Es führt aber auch in den Thüringer Wald, an die Mecklenburgischen Seen oder in den Nationalpark Coto Donana nach Südspanien, in Gebiete, in denen man oft Gleichgesinnte aus vielen Ländern Europas treffen kann. Sie alle sind von den Gefiederten begeistert, gleichgültig ob als Wissenschaftler, Naturbeobachter, Naturschützer oder als genießende Beobachter in den Ferien. Erfahrungen und Erlebnisse einer internationalen Gemeinschaft begeisterter Vogelbeobachter machen den Inhalt dieses Buches aus.

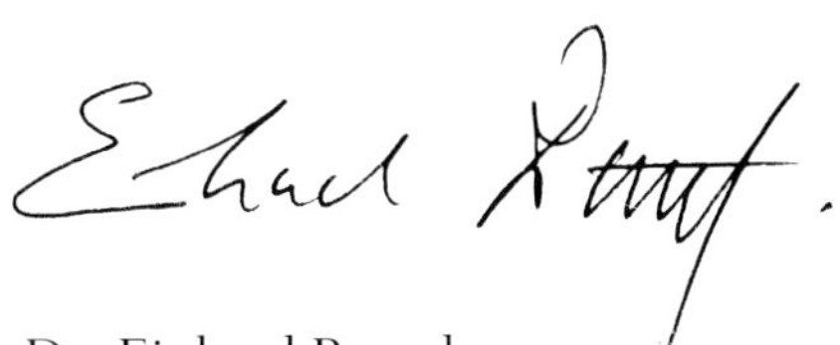

Dr. Einhard Bezzel

Vogelleben

Vögel sind Warmblütler, legen Eier und sind meistens flugfähig. Was sie einmalig macht, ist ihr Federkleid und dass sie auf zwei Beinen stehen. Durch Gewichtseinsparung – einschließlich der Eiablage – und die Optimierung aerodynamischer Eigenschaften haben sie sich an die Erfordernisse des Fliegens angepasst.

Evolution und Vielfalt

Mit ihren Federn, zahnlosen Schnäbeln, ihrer Fortbewegung auf zwei Beinen und der faszinierenden Fähigkeit zu fliegen unterscheiden sich Vögel stark von allen anderen heute lebenden Tieren. Die meisten Wissenschaftler stimmen darin überein, dass die ersten vogelähnlichen Geschöpfe von Archosauriern abstammen, einer Reptiliengruppe. Seit ihren Anfängen vor etwa 230 Millionen Jahren haben sie sich zu rund 10 000 heute lebenden Arten entwickelt.

Alternativen der Evolution *Der Kiwi wird manchmal als primitiver Vogel angesehen, er hat aber in Wirklichkeit nur einen anderen Weg der Evolution beschritten.*

Die frühen Anfänge

Ein Vogel ist ein Wirbeltier mit einem stark an das Fliegen angepassten Skelett. Für Tragfläche sorgen verlängerte Federn an den Vordergliedmaßen und am Schwanz; die Finger tragen keine Krallen; die Knochen der Vorderextremität sind in einer ganz besonderen Weise miteinander verbunden. Um aber die Frage »Was ist ein Vogel?« wirklich beantworten zu können, muss man sich mit der Geschichte der Evolution auseinandersetzen.

Nur fünf vollständige *Fossilskelette der Archaeopteryx wurden entdeckt. Sie wurden alle im Jurakalk in Bayern gefunden.*

Geflügelte und gefiederte vogelähnliche Tiere liegen uns als fossile Reste aus einer Zeit vor 150 Millionen Jahren im Jura vor. Die krähengroßen Geschöpfe namens *Archäopteryx* waren in Wirklichkeit gefiederte Dinosaurier. Wissenschaftler nehmen an, dass sie von kleinen, trippelnden zweifüßigen Vorfahren abstammen, die lange Schwänze und lange, biegsame Hälse hatten. Diese Dinosaurier waren wohl sehr aktiv und beweglich und mussten eine hohe Körpertemperatur aufrechterhalten. Die Entwicklung der Federn aus Hornschuppen half wohl zunächst, den Körper zu isolieren. Einige Nachfahren dieser Tiere mögen Bäume aufgesucht haben, bei der die Fähigkeit zu gleiten einen Vorteil bedeutete. Die noch gering entwickelten Schuppenfedern auf den gestreckten Armen gaben vermutlich Auftrieb, und die Bewegung der Arme könnte die Gleitstrecke vergrößert haben. Eine weitere Vergrößerung des Flügels und der Schwanzfedern könnte zu einem dem *Archäopteryx* ähnlichen Tier geführt haben, das wohl auch zu einem kurzen Flug fähig war. Ob *Archäopteryx* der direkte Vorfahre der Vögel war, mag strittig sein, aber er ist sicher nicht weit von der Hauptlinie der Vogelevolution entfernt.

Fliegen ist die *auffälligste Gemeinsamkeit der Vögel; selbst heutige flugunfähige Vögel stammen von flugfähigen Vorfahren ab. Die heutigen Vögel stellen nur einen kleinen Teil der gesamten Vielfalt dar. Wissenschaftler schätzen, dass über 150 000 Vogelarten lebten und wieder verschwunden sind.*

Vögel haben sich *auf fast jedes Umweltangebot eingestellt. Flamingos ernähren sich z. B. durch Filtern kleiner Nahrungspartikel aus dem Wasser.*

Lappentaucher *können sich nicht auf festem Untergrund fortbewegen, aber an ihr Leben auf und unter Wasser sind sie angepasst.*

Bei den Finken *deutet die Schnabelform auf die Vorzugsnahrung hin: Buchfinken sind Generalisten und leben von Insekten und Sämereien; Stieglitze sondieren mit ihren langen dünnen Schnäbeln in Blütenköpfen; Gimpel haben runde Schnäbel, mit denen sie weiche Knospen abzwicken; Kernbeißer knacken harte Fruchtsteine; Hakengimpel leben von weicheren Knospen, Schösslingen und Insekten; Erlenzeisige stochern in die Zapfen von Lärchen und Erlen.*

Frühe Entfaltung

Vogelskelette sind zerbrechlich und widerstehen deshalb nicht so leicht den harten Bedingungen einer Fossilbildung. Daher bleibt die frühe Evolutionsgeschichte der Vögel nur skizzenhaft. Klar ist allerdings, dass Vögel sich bereits im Tertiär vor rund 65 Millionen Jahren reich entfalteten. Vor 15 Millionen Jahren waren schon die meisten der heutigen Gruppen entstanden. Die Verwandtschaftsverhältnisse zwischen den 28 lebenden und ausgestorbenen Vogelordnungen sind schwer zu durchschauen. Die meisten Experten teilen sie nach Unterschieden der Mundanatomie in zwei große Gruppen, die Palaeognathae und die Neognathae (beide zählen zu den Neornithes, also den Neuvögeln). Die palaeognathen Vögel sind meist flugunfähig und werden auch manchmal Ratiten (Flachbrustvögel) genannt. Von den heutigen Arten zählen Kiwis, Kasuare, Strauße und Emus dazu. Die neognathen Vögel bilden die deutliche Mehrzahl der Land- und Wasservögel. Innerhalb der Neognathae spalteten sich die Wasservögel von den Landvögeln wahrscheinlich schon in einem frühen Stadium der Evolution ab, mit Kranichen und Rallen als der ursprünglichsten Gruppe. Unter den Landvögeln gelten Segler, Eisvögel, Eulen, Singvögel oder Spechte als moderner im Vergleich zu Tauben, Hühnern, Papageien, Greifvögeln, denn Erstere haben einen Oberschenkelmuskel rückgebildet, der bei den Reptilien und primitiven Vögeln noch vorhanden ist. Am modernsten sind die Singvögel, von denen heute mehr als 5000 Arten leben.

Finken haben *sich an eine Vielfalt von Nahrung angepasst. Kreuzschnäbel können z. B. Samen aus Zapfen hervorholen.*

Aufspaltung und Ähnlichkeiten

Vögel haben eine erstaunliche Vielfalt entwickelt, um eine große Bandbreite von Nahrung und Lebensräumen nutzen zu können. Der Grundbauplan der Vögel hat sich als ausreichend anpassungsfähig erwiesen, Luft, Land und Meer zu besiedeln. Die natürliche Auslese hat an diesem Bauplan gearbeitet und so unterschiedliche Gestalten wie Strauß und Pinguin hervorgebracht. Sie ist gewissermaßen der Motor der Evolution sowie der Prozess, durch den erfolgreiche Ausformungen und nützliches Verhalten von einer Generation zur anderen weiter angepasst und schädliche Merkmale ausgemerzt werden. Natürliche Selektion fördert die Vielfalt – etwa die kleinen Änderungen der Schnabelform, die nahe verwandten Arten die Existenz im selben Gebiet erlaubt, weil sie unterschiedliche Nahrungsquellen nutzen. Auslese kann aber auch den gegenteiligen Effekt bewirken, wenn nicht näher verwandte Arten sich zu ganz ähnlichen Formen entwickeln – etwa wie Schwalben und Segler. Manchmal entstehen Änderungen, die nur schwer zu begreifen sind. So sind Garten- und Waldbaumläufer zwei verschiedene Arten, obwohl sie sich außergewöhnlich ähnlich sind.

ARTBILDUNG

Eine Art ist jede Gruppe von Tieren, die sich miteinander fortpflanzen und überlebensfähige Nachkommen erzeugen. Neue Arten entstehen meistens, wenn ein Teil der Gruppe durch ein geologisches Ereignis von der Ausgangspopulation isoliert wird. Die isolierte Population folgt ihrem eigenen Evolutionsweg, und möglicherweise entsteht dabei eine neue Art. Die Nebelkrähe stammt von der Rabenkrähe ab und gilt heute als eigene Art.

Körperbau

VÖGEL BRAUCHEN EIN GERINGES Körpergewicht. Jeder Köperteil, der von keinem besonderen Nutzen ist und nur Gewicht beansprucht, wird reduziert. Die großen Knochen weisen eine Wabenstruktur auf, um leicht und doch kräftig und widerstandsfähig zu sein. Die Schädel sind leicht – Vögel haben keine kräftige Kaumuskulatur und keine schweren Zähne. Die Gestalt ist stromlinienförmig. Sogar die Beine können im Flug angelegt werden.

Fleischfresser *Greifvögel wie der Schlangenadler haben einen gekrümmten Schnabel, um damit Fleisch abzureißen.*

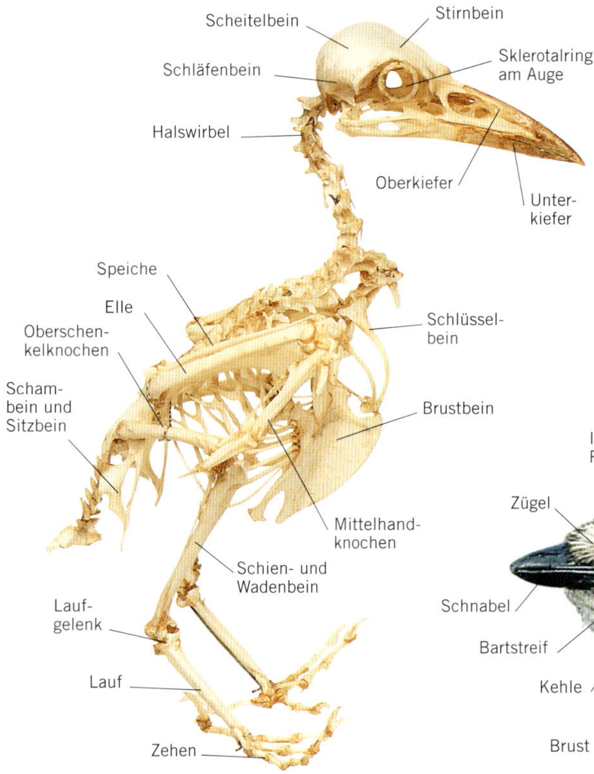

Das Vogelskelett *ist ganz ans Fliegen angepasst. Der Oberschenkel hat wenig Bewegung und ist in den Körper des Vogels integriert. Das obere Bein, das man an langbeinigen Vögeln sieht, ist in Wirklichkeit der Unterschenkel mit verschmolzenem Schien- und Wadenbein. Das wichtigste Gelenk ist das Laufgelenk über dem Lauf, der weitgehend dem menschlichen Fuß entspricht. Nur die Zehen bilden den eigentlichen »Fuß« des Vogels.*

Das Skelett

Vögel sind Wirbeltiere mit einer langen zentralen Wirbelsäule, die Kopf, Gliedmaßen und Körper stützt und zusammenhält. Sie besteht bei Singvögeln aus 39, bei Schwänen bis zu 63 Wirbeln und ist starrer als bei den meisten Säugetieren, ausgenommen der Hals, der sehr biegsam ist und aus elf bis 25 Wirbeln besteht. Daher können Vögel ihren Kopf in einem großen Winkel drehen; dies gleicht die Unbeweglichkeit der Augen aus. Das Brustbein bietet einen festen Ansatz für die wichtigsten Brustmuskeln. Sein Kiel ist hoch bei Vögeln mit kräftigen Flügelschlägen und niedrig bei Gleitern. Der Arm gleicht unserem, doch ist der Oberarm oft in den Körperfedern versteckt. Der Innenflügel ist der Unterarm, der Außenflügel sind die Finger jenseits des Handgelenks mit einem Verbund von Handwurzel- und Mittelhandknochen.

Vögel sind Wirbeltiere, *wie Säugetiere, Reptilien und Amphibien. Mit diesen Tieren haben sie einen gemeinsamen Grundbauplan, aber die besonderen Eigenheiten zu kennen ist von großem Vorteil, wenn man Vögel beobachtet und bestimmt.*

An den Knochen *des Vogelflügels sitzen Federn, die sich wie Dachziegel überlappen. Relative Größe und Form der Federn variieren zwischen den Vogelfamilien.*

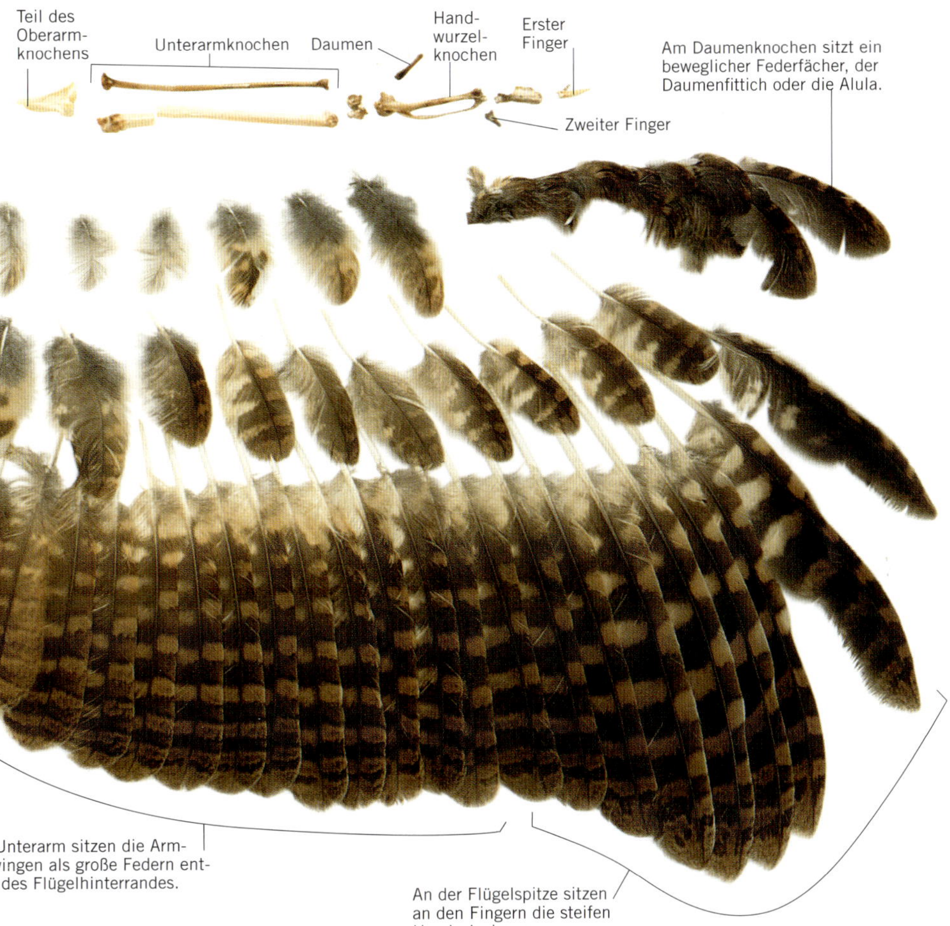

Die großen Knochen *des Vogelskeletts sind hohl, um Gewicht zu sparen; ein kompliziertes Netz von Leisten sorgt für hohe Belastbarkeit.*

Design fürs Fliegen

Vögel fliegen mit ihren umgeformten Vordergliedmaßen. In die Luft zu starten erfordert einen kurzen, explosiven Energieschub. Viele Vögel fliegen mit hoher Geschwindigkeit, wobei rasche Beschleunigung und Verlangsamung zum Flugmuster gehört. Andere nutzen Windströmungen und Thermiksäulen aus, um stundenlang in der Luft zu bleiben. Kleine Singvögel mit rasch schwirrenden Flügelschlägen legen selbst nach menschlichen Maßstäben riesige Entfernungen auf ihren jährlichen Wanderungen zurück. Einige Seevögel und Segler bleiben sogar zwei oder drei Jahre in der Luft, ohne irgendwo zu landen. Ein hocheffizientes Kreislauf-, Atmungs- und Verdauungssystem ermöglicht dies.

ATMUNG UND KREISLAUF

Vögel leben in hohem Tempo und haben raschen Stoffwechsel. Sie wandeln Nahrung sehr schnell in Energie um und transportieren Nährstoffe und Sauerstoff sehr wirkungsvoll an ihre Muskeln. Die Herzschlagrate liegt zwischen 100 pro Minute bei großen Arten und bis zu 1000 bei Kleinvögeln. Die Vogellunge ist weit leistungsfähiger als die der Säugetiere. Sie hat Erweiterungen entwickelt, so genannte Luftsäcke, um ein Maximum an Sauerstoff aufnehmen zu können. Gewöhnlich gibt es neun solcher Luftsäcke, die sich in alle Teile des Köpers ausdehnen und sogar in einige Knochen eindringen.

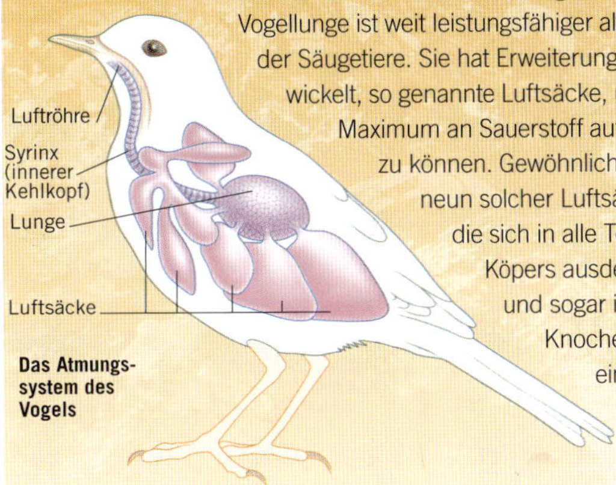

Das Atmungssystem des Vogels

Federformen

Die Variation der Federformen sorgt für besondere Gestaltmerkmale. Meistens, aber nicht immer, hängt sie wiederum mit physikalischen Funktionen zusammen. Die langen gefingerten Flügelenden großer Greifvögel und Störche erlauben der Luft, durch Öffnungen der nach oben gebogenen Federn der Flügelspitzen zu streichen. Das erhöht die Stabilität durch Verringerung von Turbulenzen und Luftwiderstand am Flügelende; moderne Flugzeuge haben das im Design übernommen. Lange Schwanzfedern verbessern die Stromlinienform, ihre vergrößerte Fläche steigert die Brems- und Steuerwirkung. Federn an Beinen und Füßen bei Bodenvögeln in kalten Gebieten sorgen für Isolation. Andere auffallende Federformen sind dagegen reine Dekoration. Man findet sie z. B. bei Männchen polygamer Arten, die zukünftige Partner zu beeindrucken suchen. Sie können mit auffallenden Farben und Mustern kombiniert sein und werden oft bei den ritualisierten Bewegungen der Balz zur Schau gestellt. Seltener nehmen solche Aufgaben der Schnabel (wie etwa die farbenprächtige Schnabelscheide der Papageitaucher) oder fleischige Hautlappen wahr.

Der lange schlanke Schwanz *der Elster hat mehrere Aufgaben. Er verbessert die Balance und die Manövrierfähigkeit, aber er wird auch angehoben und geschwenkt bei der Kommunikation mit Artgenossen.*

Der Schwanz ist ein Gegengewicht für den Körper.

Der Birkhahn trägt *einen komplizierten Schwanz als ein optisches Signal. Die Schwanzfedern werden angehoben und gefächert, die weißen Unterschwanzdecken bilden einen Busch, der den Hahn für die Hennen auf weite Entfernung sichtbar macht.*

Leierförmige Steuerfedern beeindrucken die Hennen.

FORM UND FUNKTION

Die Vögel Europas zeigen große Unterschiede in Größe und Form, die oft mit der Nahrung und dem Lebensraum zusammenhängen. Winzige, leichte Vögel haben sich als Verzehrer von Insekten und sehr kleinen Sämereien entwickelt. Kurzschnäbelige und kurzbeinige Finken hüpfen auf dem Boden auf der Suche nach Körnern. Rundliche, kurzschnäbelige und kurzbeinige Vögel wie die Wachtel schlüpfen durch kurze, dichte Vegetation; Rallen, die durch Vegetation im Wasser kriechen, haben längere Zehen und längere Schnäbel. Reiher stehen auf langen Beinen und fangen mit langem Hals und Schnabel Fische im seichten Wasser.

Graureiher mit langem Hals

Wachtel mit kurzem Schnabel und kurzen Beinen

Für gewöhnlich sind zwölf Steuerfedern in sechs symmetrischen Paaren angeordnet. Der Schwanz kann als Ganzer gedreht, gekippt und geschwenkt werden, um beim Sitzen die Balance zu halten, beim Abbremsen zu helfen oder im Flug zu steuern.

Die Spitzen der Steuerfedern sind oft etwas zerschlissen, wenn sie am Boden schleifen oder im Sitzen an Ästen oder Blättern streifen.

Der Schwanz der Ringeltaube *ist lang und breit, aber einfach in der Form. Er hat offensichtlich physikalische Funktionen für das Gleichgewicht und bietet gespreizt im Flug eine große Fläche. Die mittleren Steuerfedern sind wenig beweglich, doch die äußeren können sich fächern, wobei jede Feder unter ihrer Nachbarfeder hervorgleitet. Von oben sind bei geschlossenem Schwanz meist nur die mittleren Federn sichtbar.*

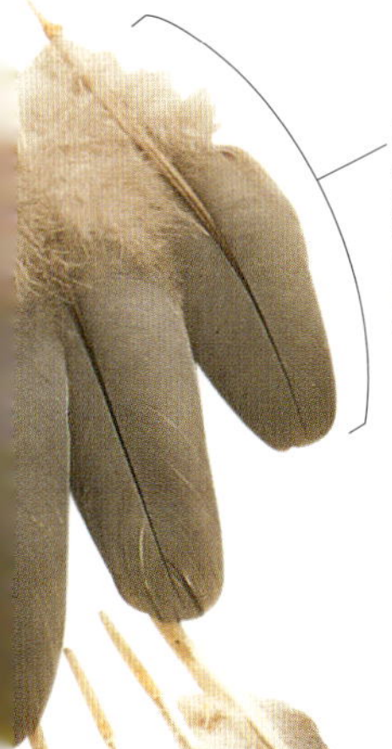

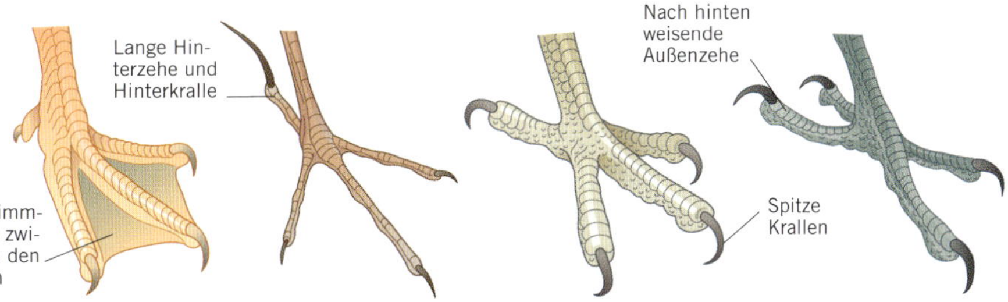

Wasservögel *haben Schwimmhäute, die sich beim Schlag nach hinten entfalten und beim Zug nach vorne zusammenlegen.*

Lerchen und Pieper, *die durch kurzes Gras laufen, haben lange Zehen und eine besonders lange Hinterkralle.*

Habichte und Falken *haben kräftige Füße, die zupacken, und spitze gekrümmte Krallen zum Töten der Beute.*

Bei Spechten *weisen zwei Zehen nach vorne und zwei nach hinten für eine bessere Verankerung an der Rinde eines Baumstammes.*

Fußformen *variieren stark zwischen den Arten. Teichhühner haben z. B. einen Fuß für viele Zwecke mit langen dünnen Zehen zum Waten, Laufen auf Schwimmpflanzen und zum Klettern auf steilen Ästen. Blesshühner laufen weniger, schwimmen aber mehr und haben mit Lappen versehene Zehen, ähnlich wie Lappentaucher.*

Laufen und sitzen

Die meisten Vögel haben drei Vorderzehen, eine Hinterzehe und eine hinter dem Winkel verlaufende Sehne, welche die Zehen um einen Ast schließt, wenn der Vogel sein Bein beugt. Bei Eulen, Spechten und Kuckucken ist die Außenzehe nach hinten gewendet. Regenpfeifer haben nur drei Zehen, die Hinterzehe ist winzig oder fehlt bei Vögeln, die auf flachem offenem Boden laufen oder rennen. Greifvögel benutzen ihre Füße, um kleine Beutetiere zu töten und sie festzuhalten, wenn sie mit dem Schnabel Stücke herausreißen. Blaumeisen halten Nahrungsbrocken mit dem Fuß, wenn sie darauf picken, Stare tun das wiederum nicht. Nur ganz wenige Vögel, wie etwa die Bartmeisen, scharren mit dem Fuß Nahrung im Boden frei, die meisten am Boden Nahrung suchenden Vögel benutzen ihren Schnabel.

Vor dem Landen *auf dem Nest schlägt der Raufußbussard mit den Flügeln nach vorne und drückt seinen gefächerten Schwanz als Luftbremse nach unten.*

Sinneswelt

VÖGEL BRAUCHEN STÄNDIG ihre Sinne. Sie müssen Nahrung finden und fangen, Partner suchen und auf sich aufmerksam machen sowie Rivalen zurückdrängen – und dabei dauernd auf Gefahren achten. Sie müssen wissen, wo sie sind, und haben einen Zeitsinn, um rechtzeitig wegziehen oder ihre Nester bauen zu können. Die Evolution hat die Sinne jeder Art auf ihre Umwelt zugeschnitten, oft mit bemerkenswerten Ergebnissen.

Ein Gesichtsfeld *von 360° lässt die Bekassine mögliche Gefahren erkennen.*

Sehen

Die meisten Vögel sehen sehr gut. Die Augen sitzen in der Regel weit voneinander entfernt auf jeder Seite des Kopfes. Dadurch entsteht ein weiter Blickwinkel nach vorne und nach den Seiten, um Gefahren zu erkennen. Doch bleibt meist nur ein schmaler Ausschnitt für beidäugiges Sehen. Dieses erlaubt, die Raumtiefe zu erkennen und damit auch die räumliche Lage eines Objekts. So ist es wichtig für Aufgaben, die wie die Nahrungsaufnahme Präzision erfordern; besonders für Vögel, die bewegliche Beute jagen. Solche Arten tendieren zu Augen, die mehr nach vorne ausgerichtet sind und einen größeren Winkel beidäugigen Sehens erlauben. Besonders die Eulen und einige Greifvögel gleichen ihr dadurch begrenztes Sehfeld aus, indem sie ihren Kopf nach hinten drehen. Einige Greifvögel verfügen über eine wahrhaft außergewöhnliche Sehschärfe. Ein Adler kann die Bewegungen eines Hasen aus 3 km Entfernung erkennen, wir nur aus etwa 100 m. Ein Bussard sieht eine Heuschrecke noch bis etwa 100 m Entfernung, die uns schon ab 30 m aus den Augen gerät. Das Auge verfügt über zwei Typen lichtempfindlicher Zellen: Stäbchen, die Form und Bewegung aufnehmen, und Zapfen, die Farben erkennen. Unser Auge hat 200 000 Stäbchen, ein Greifvogelauge etwa 2 Millionen.

Die sichtbare Welt des Vogels *ist vom Menschen schwer zu erahnen. Diese Taube kann über einen Winkel von über 300° sehen und ist außerdem für Wellenlängen des Lichts empfindlich, die für uns nicht wahrnehmbar sind. Diese Fähigkeiten helfen ihr, Samenkörner am Boden zu entdecken.*

Besondere Sehfähigkeiten

Manche Vögel mit zusätzlichen Sehfähigkeiten verfügen über speziell ausgestattete Augen. Eulenaugen sind z. B. reich mit Stäbchenrezeptoren auf der Netzhaut versehen. Das führt dazu, dass Formen und Bewegungen auch in der Dämmerung noch deutlich wahrgenommen werden (wenn es stockdunkel ist, sieht auch eine Eule nichts). Vögel wie der Turmfalke haben noch eine weitere Sehmöglichkeit. Sie können den Urin ihrer Beutetiere in Ultraviolett sehen, also in einer Wellenlänge, die für die meisten Tiere nicht mehr erkennbar ist.

Falken wie der Wanderfalke *haben große Augen, die durch einen vorspringenden Augenbrauenrand geschützt sind. Die Augen sind im Kopf fixiert. Ein Wanderfalke dreht daher ständig seinen Kopf.*

SEHFELD

Waldschnepfen haben große vorgewölbte Augen an der breitesten Stelle des Kopfes, sodass sie nach hinten genauso gut wie nach vorne sehen können. Dies ist besonders wichtig für die gefährliche Situation bei der Suche nach Würmern im Boden. Eine Taube hat einen kleinen toten Winkel genau hinter dem Kopf, doch trotzdem ist das Sehfeld sehr groß. Eine Eule vergrößert ihr Gesichtsfeld für beidäugiges Sehen.

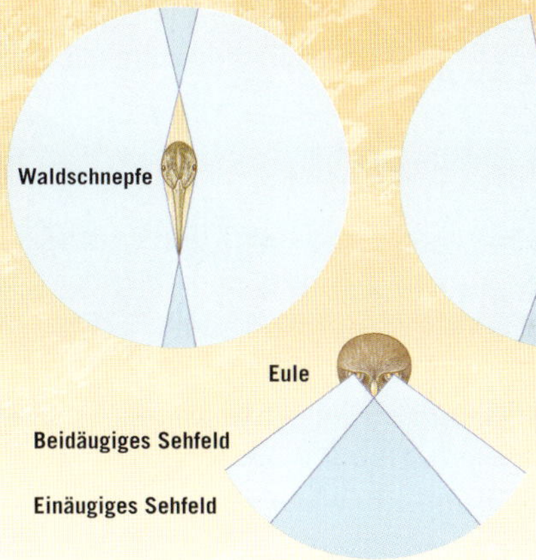

Hören

Vögel nutzen Rufe, um miteinander zu kommunizieren, sowie ihr gutes Hörvermögen, um nahende Gefahr zu erkennen. Viele Arten passen ihr Verhalten an das Gehör an. Ringeltauben fliegen z. B geräuschvoll, gleiten aber dazwischen kurz, möglicherweise um nach potenziellen Räubern oder Artgenossen zu lauschen. Einige Vögel nutzen ihr Hörvermögen, um ihre Beute zu entdecken. Bartkäuze hören Wühlmäuse unter tiefem Schnee.

Schädel der Schleiereule

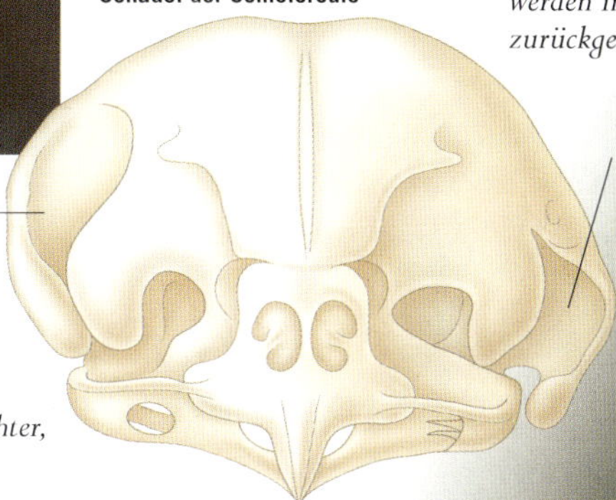

Eine Schleiereule *kann ein Geräusch auf 1° genau in totaler Dunkelheit orten. Die Ohren sind verschieden groß und sitzen asymmetrisch. Dies macht es leichter, ein Geräusch zu lokalisieren.*

Der Geruchssinn *ist bei Vögeln für gewöhnlich wenig entwickelt, doch für einige Arten ist er von großer Bedeutung. Sturmschwalben und Sturmtaucher finden ihre Nesthöhlen bei tiefer Dunkelheit teilweise am besonderen Geruch. Auch einige Geier riechen ihre Nahrung.*

Riechen

Die Nasenhöhle der Vögel enthält ein rückgebildetes Riechorgan. Die meisten Vögel scheinen überhaupt nicht riechen zu können. Sturmtaucher und Sturmschwalben sind die Ausnahme; sie haben eine komplizierte Nasenhöhle und an der Schnabelbasis auch zwei röhrenförmige Nasenlöcher. Der Geruchssinn hilft ihnen ohne Zweifel, Abfälle auf der Meeresoberfläche wahrzunehmen. So werden sie nicht nur zur Nahrung geführt, sondern auch zu ihren Nestern, wenn sie nur nachts bei Dunkelheit an Land kommen. Auch ist wahrscheinlich, dass der Luftdruck in den Nasenröhren Sturmtauchern und Albatrossen hilft, die Luftströme über dem offenen Meer, von denen sie bei ihren Langstreckenflügen abhängig sind, optimal zu nutzen.

Spezielle Taktiken *erlauben einigen Vögeln, ihre Nahrung zu finden. Der Grünspecht kann seine Zunge von 10 cm Länge in das Gewirr von Gängen in einem Ameisenhaufen stecken. An kleinen Haken hängende Ameisen, Eier und Puppen werden in den Mundraum zurückgezogen.*

Fliegen

DER FLUG BRAUCHT AUFTRIEB, Vortrieb und exakte Kontrolle. Von den 50 Muskeln, die einen Vogelflügel bewegen, sind drei besonders wichtig: Einer besorgt den Abschlag, einer richtet den Flügelvorderrand aus und einer hilft (zusammen mit Luftdruck und Körpergewicht) den Flügel nach oben zu bringen. Der Flügel kann bewusst gedreht, gewinkelt, angelegt oder ausgestreckt werden.

Größte Belastung *Ausgebreitete Flügel- und Schwanzfedern erlauben die größtmögliche Kontrolle der Ziellandung am Nest.*

Starten

Den meisten Vögeln fordert der Start das meiste ab. Um Höhe zu gewinnen, muss die Flügelfläche mit Muskelkraft gegen die Luft bewegt oder durch Vorwärtsbewegung ein Luftstrom über den Flügeln erzeugt werden. Einige Arten, wie der Eissturmvogel, richten sich einfach gegen den Wind oder springen von einer Felskante und segeln auf einer Brise davon. Doch zum Start bei ruhiger Luft oder von einer ebenen Fläche muss der Vogel seinen eigenen Auftrieb erzeugen, indem er auf seinen Füßen hochspringt und kräftige Abschläge der Flügel einsetzt. Für kleine und leichte Vögel ist das kein Problem. Für Großvögel wie Höckerschwan oder Großtrappe kann das sehr anstrengend sein.

Ein kombinierter Sprung *nach oben und vorwärts zusammen mit tief ausholenden Flügelschlägen bringt die Silbermöwe von einer Felskante in die Luft.*

Der Flugapparat

Jede Flugfeder ist wie ein winziger Flugzeugflügel. Die Feder ist asymmetrisch, ihr kräftiger Schaft liegt näher am Vorderrand, und die breitere Federfahne ist nach hinten ausgerichtet. So entsteht eine Stromlinienform. Viele kleinere Konturfedern glätten die Körperform, verringern den Widerstand und vergrößern die Gleitfähigkeit. Eine kräftige Wirbelsäule und ein starrer Brustkorb halten den Körper während des Fluges in Form. Die wichtigsten Muskeln sind stromlinienförmig und konisch, sodass ihre Masse in der Nähe des Körperschwerpunktes konzentriert ist. Die Flügelform variiert sehr stark zwischen den Arten. Lange, schmale Flügel wie bei den Seglern unterstützen langes Gleiten. Gefingerte Flügelenden verringern Turbulenzen und verbessern die Stabilität. Hühner haben kurze, runde Flügel, die schnell schlagen und damit rasche Beschleunigung erlauben. Doch kostet das so viel Energie, dass solche Flüge nur über kurze Strecken möglich sind.

Flügelformen *sind auf Flugweisen zugeschnitten: die Spechtflügel auf hohe Manövrierfähigkeit, die Seglerflügel auf hohe Geschwindigkeit und Ausdauer, die Bussardflügel für das Segeln und die Hühnerflügel für rasches Starten vom Boden.*

Der Geier *ist ein hervorragender Gleitflieger. Seine Flügel sind v-förmig über seinem schweren und tief gehaltenen Körper angehoben und können dadurch seitliche Strömungen in der Luft abfangen. Die Handschwingenspitzen am Vorderrand biegen sich nach oben, die hinteren nach unten.*

Gleit- und Ruderflug

Der Vogelflügel ist eine Tragfläche, die bei der Vorwärtsbewegung Auftrieb erzeugt. Ihre Oberseite ist konkav gebogen und daher länger als die Unterseite, sodass die darüber streichende Luft einen längeren Weg hat als auf der Unterseite. Die Luft oberhalb des Flügels wird verdünnt im Vergleich zu unterhalb. Dies führt zu einem Druckunterschied, der den Flügel nach oben drückt. Gleitende Vögel haben lange, breite Flügel, die eine Menge Auftrieb erzeugen. Trotzdem verlieren sie an Höhe und müssen mit Flügelschlägen oder durch Kreisen (siehe unten) wieder aufsteigen. Die meisten Vögel haben jedoch kürzere Flügel, die höchstens kurze Gleitstrecken erlauben. Sie müssen ständig mit ihren Flügeln schlagen und brauchen daher mehr Energie, um nach oben und vorwärts zu kommen. Kleinvögel auf dem Zug bilden daher, bevor sie starten, zusätzliche Energiereserven, die sie als Fett deponieren.

BAU DER FEDER

Federn bestehen aus Keratin, wie menschliche Fingernägel auch. Ein hohler Schaft in der Mitte sorgt für Festigkeit. Eine schmale Außenfahne und eine breitere Innenfahne sind an beiden Seiten befestigt und bilden die Federfläche. Sie besteht aus einer Reihe langer Federäste, die durch eine komplizierte Anordnung von Häkchen und Bögen wie bei einem Reißverschluss verknüpft sind.

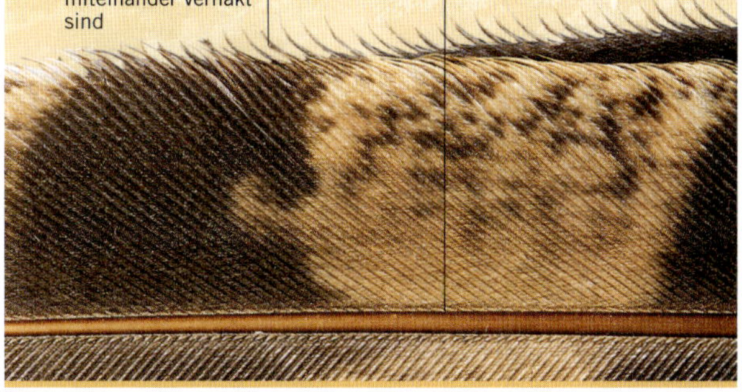

Kreisende Vögel *nutzen aufsteigende Luft, um ohne Anstrengung Höhe zu gewinnen (unten). Aufsteigende Luft findet sich in Erwärmungen über Städten oder wenn Hindernisse wie Berge den Wind nach oben drängen.*

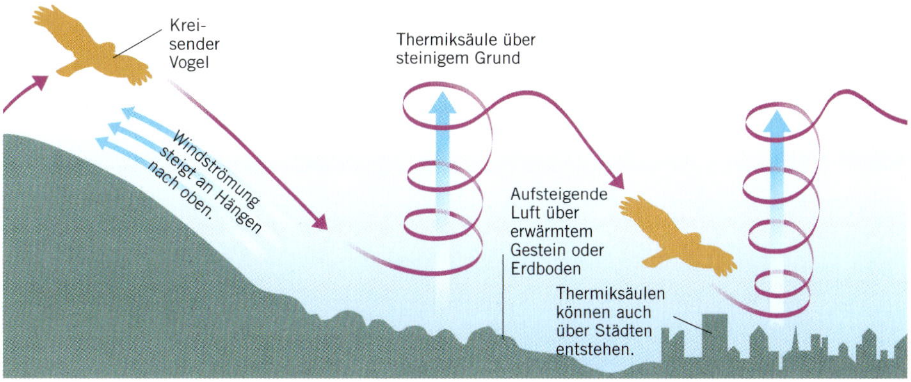

Vogelzug

Die zweimal jährliche Wanderung der Vögel zählt zu den Wundern der Natur. Der Mauersegler kann z. B. auf seinem Herbstzug mehr als 800 km an einem Tag zurücklegen, und das, ohne vorher Wetterbedingungen einzukalkulieren. Die physiologischen Abläufe und Verhaltensmechanismen des Vogelzugs kennen wir zunehmend besser. Trotzdem bleiben aber die Wanderungen eindrucksvoll.

Kuckuck
Jungkuckucke ziehen allein nach Afrika, von ihren ihnen unbekannten Eltern erhalten sie nicht die geringste Hilfe.

Die Bedeutung des Vogelzugs

Der Vogelzug ist eine regelmäßige jahrezeitliche Wanderung von einer Region in eine andere und wieder zurück. Viele Vögel fliegen lange Strecken zwischen ihren Winterquartieren in gemäßigten oder tropischen Gebieten und ihren Brutgebieten hoch im Norden. Die Vorteile des Vogelzugs liegen auf der Hand: Vögel können vorübergehend reichhaltige Nahrungsressourcen nutzen, die sich in den langen Tagen des nordischen Sommers entwickeln; sie weichen der Konkurrenz von Arten, die sie in den winterlichen Gebieten zurücklassen; und sie verringern ihre Sterblichkeit durch Beutefeinde, da sie einem bestimmten Räuber nur für einen Teil des Jahres ausgesetzt sind.

Der Vogelzug wird durch verschiedene Faktoren ausgelöst, unter denen die Tageslänge wohl der wichtigste ist. Änderungen in der Tageslichtdauer verursachen Änderungen im hormonellen Gleichgewicht. Der Vogel frisst mehr, legt Fettreserven an und wird zunehmend unruhig. Wenn Zugstimmung einmal erreicht ist, signalisieren günstige Witterungsbedingungen den Termin für den Wegzug.

Wintergoldhähnchen

Fitis

Weißstörche *(oben) ziehen in großen, spektakulären Schwärmen von Zehntausenden nach Süden. Bei einigen Arten ziehen nicht alle Individuen; einige Wintergoldhähnchen (oben rechts) bleiben im Winter bei uns, während andere anstrengende Wanderungen nach Süd- und Westeuropa unternehmen. Fitisse (rechts unten) ziehen immer südwärts nach Afrika. Auch wenn sie sich auf dem Zug großem Stress aussetzen, überleben sie gut in wärmeren Winterquartieren.*

JAHRESZEITEN

Jahreszeiten entstehen, weil die Erdachse einen Winkel von 23,5° zur Umlaufbahn einnimmt. Im Sommer bringt die Erdneigung den Nordpol näher an die Sonne, das Tageslicht hält 24 Stunden an. Im Winter ist der Pol von der Sonne abgewandt und bleibt in konstanter Dunkelheit. Diese Effekte sind an den Polen am extremsten und führen in höheren Breitengraden zu den Jahreszeiten. Am Äquator ist die Wirkung kaum wahrnehmbar – es gibt dort keine Jahreszeiten.

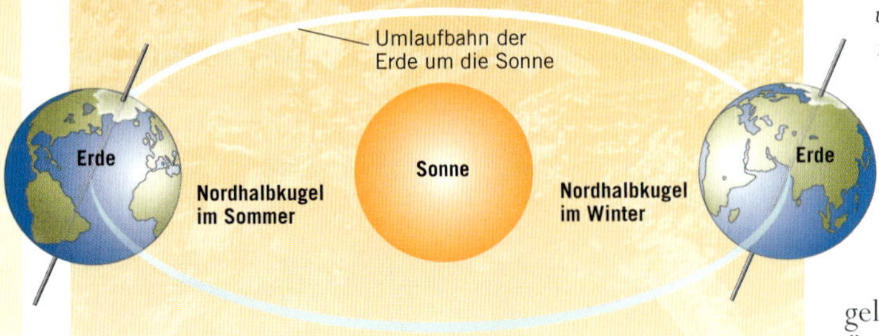

Die Erde umkreist *die Sonne einmal im Jahr und dreht sich alle 24 Stunden um ihre Achse. Die gegen die Umlaufbahn geneigte Achse ist für die jahreszeitlichen Änderungen verantwortlich, die in Europa so entscheidend sind.*

EINIGE ZUGROUTEN

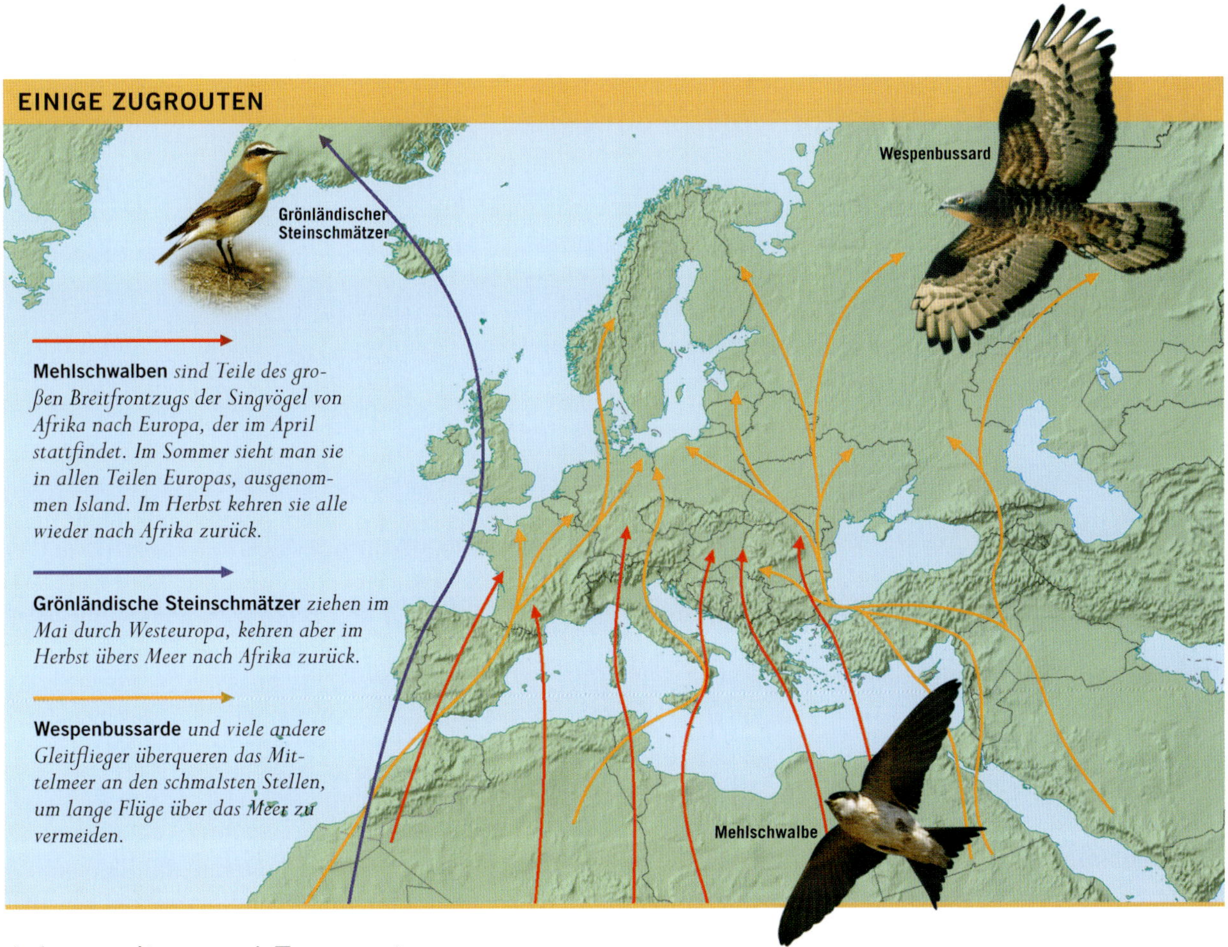

Mehlschwalben *sind Teile des großen Breitfrontzugs der Singvögel von Afrika nach Europa, der im April stattfindet. Im Sommer sieht man sie in allen Teilen Europas, ausgenommen Island. Im Herbst kehren sie alle wieder nach Afrika zurück.*

Grönländische Steinschmätzer *ziehen im Mai durch Westeuropa, kehren aber im Herbst übers Meer nach Afrika zurück.*

Wespenbussarde *und viele andere Gleitflieger überqueren das Mittelmeer an den schmalsten Stellen, um lange Flüge über das Meer zu vermeiden.*

Jahreszeiten und Zugmuster

Im Allgemeinen ziehen Singvögel nachts und machen tagsüber eine Pause, um Nahrung aufzunehmen. Größere Vögel fliegen bei Tag. Einige Arten folgen einfach dem Nord-Süd-Gefälle und der Verschiebung der Isothermen – Linien gleicher Temperatur –, während andere über eine innere Uhr verfügen und jedes Jahr fast auf den Tag genau an ihrem Ziel ankommen. Vögel wie Steinschmätzer, Zilzalp und Uferschwalbe ziehen bereits im März durch Europa. Rauchschwalbe, Mehlschwalbe und Fitis folgen zwei bis drei Wochen später und erreichen Nordwesteuropa Anfang April. Noch spätere Zugvögel sind der Mauersegler, der erst im Mai bei uns ankommt, oder der Grauschnäpper, der noch im Juni unterwegs sein kann. Watvögel wie Alpenstrandläufer, Knutt oder Pfuhlschnepfe und Gänse, die wie Ringelgänse in der Arktis brüten, verzögern ihren Zug nach Norden, bis das Tundraeis im Mai und Juni schmilzt. Ende Juli sind sie dann schon wieder gezwungen, nach Süden zu ziehen. Für eine Art ist die Zugroute festgelegt, innerhalb von Familien gibt es aber keine festen Regeln. Viele Zweigsänger sind z. B. Zugvögel, aber einige Arten von ihnen bleiben auch in Afrika.

UNFREIWILLIGE WANDERER

Vögel müssen physisch fit, mit Treibstoff versehen und in der Lage sein, günstige Winde und klares Wetter zu nutzen. Manchmal starten sie bei guten Wetterbedingungen, geraten aber auf ihrem Flug in Wind, Regen oder Nebel und können sich nicht mehr orientieren oder werden einfach aus dem Kurs verblasen. Nordamerikanische Vögel, die nach Süden über den Westatlantik und den Golf von Mexiko ziehen, mitunter in Westwindströmungen geraten und über den Atlantik abdriften, tauchen als Ausnahmegäste in Westeuropa auf.

Meisenwaldsänger

Wiedehopf

Wiedehopfe, *die nach Norden durch Frankreich ziehen, schießen manchmal über das Ziel hinaus und tauchen in England auf. Meisenwaldsänger sind seltene Gäste in Oktoberstürmen aus Nordamerika.*

Nahrung

Vögel zeigen eine grosse Bandbreite an Anpassungsleistungen an den Nahrungserwerb. Besonderheiten des Körperbaus und des Verhaltens erlauben einigen Arten, schnell fliegende Insekten im Flug zu fangen; andere fangen Fische bis in 100 m Meerestiefe. Einige Nahrungsressourcen werden von Vögeln wenig genutzt, besonders Pflanzenteile, die eine längere Verdauung erfordern.

Leichte Beute *Seevögel nutzen die riesigen Mengen Beifang, der von Fischereischiffen weggeworfen wird.*

Das Verdauungssystem

Um sein Energie verzehrendes Leben zu bestreiten, muss ein Vogel oft und viel energiereiche Nahrung aufnehmen; er kann es sich einfach nicht leisten, sich an große Mengen wenig nährstoffreicher Nahrung zu halten. Daher gibt es nur wenige Vögel, die Pflanzenblätter und -triebe abweiden. Und noch ein anderes Problem betrifft die Ernährung – Vögel müssen so leicht wie möglich sein.

Folglich haben Vögel statt schwerer Zähne und einem Kiefer ein Zerkleinerungsorgan innerhalb des Körpers, den Muskelmagen. Die Kiefer der Vögel werden durch hornige Scheiden zum Schnabel. Eine fleischige Ausweitung der Speiseröhre, der Kropf, kann große Nahrungsmengen vorübergehend speichern. Vom Kropf wird die Nahrung zum Muskelmagen weitergegeben, der auch Steinchen enthält, die der Vogel verschluckt hat. Der Muskelmagen zerkleinert durch Kontraktionen die Nahrung und trennt Unverdauliches ab, wie etwa Haare, Federn und Knochen, die durch den Mund in sauber verpackten Gewöllen abgegeben werden. Der Darm ist fest verankert, um Bewegungen in den Eingeweiden während des Fliegens möglichst klein zu halten. Bei pflanzen- und fischfressenden Vögeln ist der Darm länger, bei Arten, die leicht verdauliche Nahrung zu sich nehmen, wie Früchte und Fleisch, kürzer.

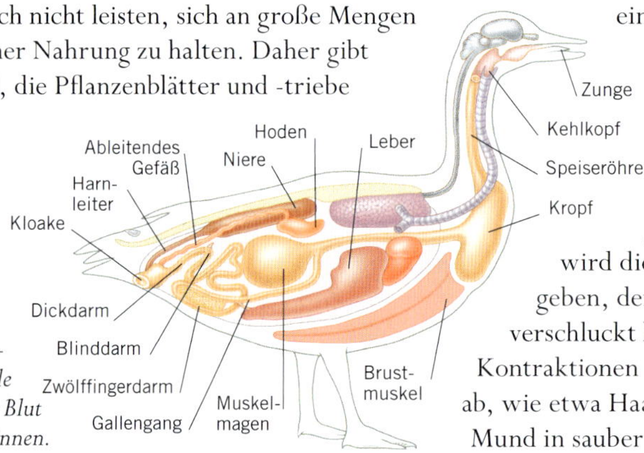

Das Verdauungssystem *der Vögel unterscheidet sich wesentlich von dem der Säugetiere. Die Abschnitte sind weniger deutlich voneinander getrennt, erfüllen aber ebenso die Aufgabe, Nahrung in kleinere Moleküle aufzuspalten, die in das Blut aufgenommen werden können.*

Schwalben *(links) wie auch Wanderfalken (oben) fangen ihre Beute in der Luft. Schwalben schnappen Insekten mit offenem Schnabel und schlucken sie im Fliegen, während Wanderfalken ihre Beute mit den Füßen schlagen und landen müssen.*

Kleine Watvögel *wie der Waldwasserläufer fangen Wirbellose beim Waten und nutzen ihren Schnabel, um Nahrung auf oder knapp unter der Wasseroberfläche zu greifen.*

Ernährungsstrategien

Kleine Vögel müssen am häufigsten Nahrung aufnehmen, im Winter fast den ganzen Tag über, um die lange kalte Nacht zu überleben. Große Greifvögel stopfen sich dagegen voll und fasten anschließend mehrere Tage. Auch die größeren Möwen nehmen manchmal unregelmäßig Nahrung auf und verbringen dann mehrere Stunden ohne Aktivität. Nur wenige große Vegetarier wie Gänse sind in der Lage, Gras in ausreichenden Mengen aufzunehmen, um dessen geringen Nährwert auszugleichen.

Einige Vögel, vor allem Krähen und große Möwen, sind Allesfresser, die so gut wie alles verschlucken, was sie finden können. Andere sind dagegen auf eine eng begrenzte Auswahl angewiesen. Tölpel leben nur von Fischen, Tauben von Körnern, Schwalben fangen fliegende Insekten, Kreuzschnäbel fressen Nadelbaumsamen. Sie sind nicht in der Lage, auf Alternativen auszuweichen. Zwischen solchen Generalisten und Spezialisten reihen sich die meisten Arten mit einer gemischten Nahrung ein, wenn sie auch wegen ihrer Größe und Ausstattung oft auf bestimmte Lebensräume beschränkt sind. Schnepfen suchen z. B. mit ihren langen empfindlichen Schnäbeln im feuchten Untergrund nach Würmern; bei Trockenheit oder Frost sind sie vollkommen unfähig, Nahrung aufzunehmen.

Einige Arten ändern ihre Nahrung mit den Jahreszeiten. Im Sommer sind Mönchsgrasmücken Insektenfresser, im Herbst leben sie von Beeren. Ringelgänse weiden Seegras an den Flussmündungen, bis das Angebot erschöpft ist, dann kommen sie im Mittwinter auf Weiden oder Getreideäcker. Eichelhäher leben im Herbst von Eicheln, legen sich einen Vorrat für später an und füttern sogar noch ihre Jungen mit den Keimlingen im Frühjahr.

SCHÄDEL UND SCHNABEL

Da die Vordergliedmaßen vollständig an das Fliegen angepasst sind, fangen und halten Vögel – mit Ausnahme von Greifvögeln und Papageien – ihre Nahrung nur mit dem Schnabel. Form und Größe des Schnabels sind eng auf den Nahrungstyp, von dem ein Vogel lebt, zugeschnitten. Gänse (rechts) haben z. B. breite Schnäbel, um große Mengen Gras abzureißen und aufzunehmen.

Säbelschnäbler *Der nach oben gebogene Schnabel wird seitwärts durch seichtes Wasser geschwenkt.*

Auerhuhn *Der gekrümmte Schnabel eignet sich hervorragend, um Früchte zu zerquetschen.*

Fink *Der hohe, breite Schnabel mit scharfen Schneiden befreit Samen von Hüllen. Ein harter Gaumen quetscht sie auf.*

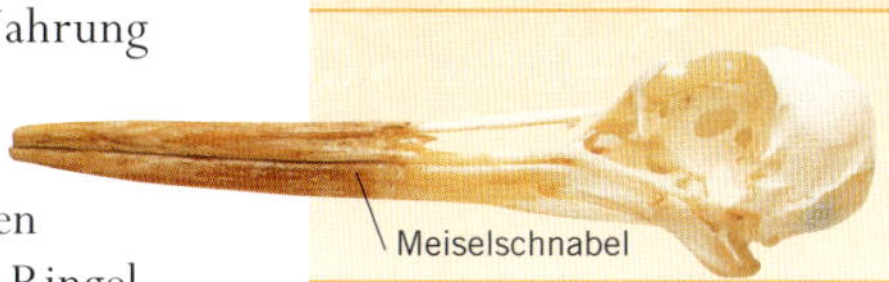

Austernfischer *Der gedrungene Schnabel ist zu einer Klinge abgeflacht, die eine Muschel knacken kann.*

Taube *Die schmale Schnabelspitze und die nach vorne gerichteten Augen sind ideal, um kleine Körner vom Boden aufzupicken.*

Weiche Larven *und kleine Insekten werden von Zweigsängern mit dünnen Schnäbeln vom Laub gepickt. Fliegende Insekten sind Beute der Fliegenschnäpper.*

Finken und Ammern *wie diese Schneeammer nehmen ebenso wie Lerchen und Hühner Samen auf und bearbeiten sie mit Schnabel und Zunge, um ungenießbare Hüllen zu entfernen.*

Die Schnäbel *mancher Körnerfresser erfüllen besondere Aufgaben. Der feine Schnabel dieses Bluthänflings kann kleine Körner vom Boden aufnehmen, der längere und dünnere Schnabel des Stieglitzes ist mehr auf Pflanzen spezialisiert.*

Balz

Viel Gesang *Die Männchen der Singdrossel singen, um ihre Anwesenheit kundzutun.*

Die meisten Vögel gehen auf Distanz, selbst in einem Schwarm. Für die Fortpflanzung müssen aber solche individuellen Grenzen beseitigt werden, um wenigstens bei den meisten Arten mehrere Wochen zur Aufzucht der Jungen zusammenarbeiten zu können. Um dies zu erreichen, balzen Vögel in ritualisierten Bewegungen. Männchen zeigen dabei ihre Bereitschaft für eine Vaterschaft, Weibchen wählen den besten Partner aus.

Gesang und Balz

Die meiste Zeit ihres Lebens sind Kleinvögel Räubern ausgesetzt und verhalten sich vorsichtig. Dies ändert sich, wenn sie ein Revier besetzen und verteidigen und einen Partner anlocken. Jetzt benehmen sich die Männchen auffällig gegenüber den Weibchen, zeigen ihre Gefiedermuster und singen laut und lang – Tag für Tag. Dieses Showverhalten birgt Risiken, ist jedoch die Voraussetzung für eine erfolgreiche Fortpflanzung.

Der Zweck des Balzverhaltens ist, den Vögeln (gewöhnlich den Weibchen) die Chance zu geben, den fittesten Partner auszusuchen und mithilfe ritualisierten Verhaltens die normale Barriere zwischen Männchen und Weibchen zu überwinden. Paarbildung ist normalerweise mit Territorialverhalten eng verbunden. Die meisten Singvogelmännchen wie auch viele Greifvögel, Watvögel und Entenvögel errichten und verteidigen Reviere. Viele der eingesetzten Signale, die Rivalen verscheuchen, sind dieselben, die den Partner anlocken. Ein Stockerpel macht Putzbewegungen, um einen leuchtend gefärbten Flecken auf dem Flügel zu präsentieren, und zwar bei Auseinandersetzungen wie bei der Balz. Reviermarkierung und Balz sind ähnlich eng verbunden beim Singflug des Grünschenkels, beim Meckern der Bekassine oder beim wuchtelnden Schauflug des Kiebitzes. Die prächtigsten Balzspiele finden meist bei Arten statt, die keine eigentlich Paarbildung kennen. Birkhähne und Kampfläufermännchen formieren sich z. B. zu Schaukämpfen auf traditionellen Balzarenen, während die Weibchen nur zusehen.

LEBENSLANG ZUSAMMEN?

Einige Arten verpaaren sich nur für eine einzige Saison, andere immer wieder in aufeinanderfolgenden Jahren, doch ist dies meist ein Nebeneffekt, weil die Vögel an denselben Nistplatz zurückkehren. Wieder andere haben eine anhaltende Beziehung zu mehr als einem Partner. Nur wenige Arten erhalten eine lebenslange Partnerschaft aufrecht, wie etwa der Höckerschwan.

Heckenbraunellen

Heckenbraunellen *Es gibt normale Brutpaare, Männchen mit zwei oder mehr Weibchen und zwei Männchen mit einem Weibchen.*

Höckerschwäne

Höckerschwäne *paaren sich für ein Leben mit nur wenigen Scheidungsfällen. Wenn ein Partner stirbt, sucht der verbleibende einen neuen.*

Schellenten *zeigen ein komplexes, stereotypes Balzverhalten. Mehre Männchen versammeln sich um ein Weibchen und präsentieren ihr Gefieder, werfen ihren Kopf zurück, spritzen Wasser mit den Füßen und rufen. Das Weibchen zeigt seine Kopulationsbereitschaft durch eine flache, einladende Körperhaltung auf dem Wasser.*

Geschlechtliche Selektion

Ein Weibchen wählt einen zukünftigen Partner nach der Qualität des Gesangs, des Balzverhaltens, nach Größe und Färbung. Meist haben ältere Männchen bessere Chancen, denn sie haben bewiesen, dass sie ausreichend Nahrung finden, um zu überleben. Sobald sich ein Paar gebildet hat, begleitet das Männchen eifersüchtig das Weibchen, um sicher zu sein, dass nur er allein befruchtet. Ein Taubenmännchen folgt seinem Weibchen z. B. so dicht, dass es fast über dessen Schwanz läuft. Bei vielen Arten versuchen jedoch Männchen wie Weibchen, sich mit anderen geeigneten Individuen zu paaren, während der eigene Partner ihnen gerade den Rücken zukehrt.

Basstölpel *vollführen ein Zeremoniell, das detaillierte Informationen vermittelt. Dieses Schnabelkreuzen ist eine Begrüßungszeremonie. Wenn ein einzelner Vogel den Schnabel gegen den Himmel richtet, signalisiert dies seine Absicht, das Nest zu verlassen.*

UNTERSCHIEDE IM GEFIEDER

Bei Arten mit lang anhaltender Paarbindung sind Männchen und Weibchen schwierig zu unterscheiden. Bei den Enten dagegen, unter denen heftige Konkurrenz um Partner herrscht, sehen die Geschlechter sehr verschieden aus. Es gibt keine Regeln für Unterschiede, selbst nicht innerhalb einer Familie: Die Amsel zeigt Unterschiede zwischen Männchen und Weibchen, die verwandte Singdrossel nicht. Bei Vögeln wie den Mornellregenpfeifern sind das normale Balzverhalten und die Gefiederunterschiede umgekehrt: Die Männchen sind schlichter als die prächtigen Weibchen.

Männchen des Mornellregenpfeifers *tragen schlichte Farben. Das Männchen bebrütet die Eier, die das Weibchen nicht beachtet.*

Die Weibchen *sind prächtiger gefärbt und übernehmen bei der Balz die Initiative; mit ihrem Nachwuchs haben sie aber nicht viel zu tun.*

Stockerpel *sind im Winter (Paarungszeit) prächtig gefärbt, legen aber im Sommer ein Schlichtkleid an, wenn sie mausern und daher flugunfähig sind.*

Die Stockentenweibchen *sind schlicht braun und das ganze Jahr über wenig auffällig. Im Spätwinter werden sie von den Männchen heftig gejagt.*

Birkhähne *stehen sich in der Morgendämmerung gegenüber. Jedes Frühjahr sammeln sich alle Hähne eines Gebietes zu Schaukämpfen. Sie rufen laut, fächern ihre Schwänze und Unterschwanzdecken und vollführen kleine Luftsprünge. Dies lockt die Hennen an, die das »beste« Männchen zur Paarung wählen.*

Nest und Eier

Ein Vogelnest ist ein vorübergehend genutztes Behältnis für die Eier. Manche Vögel bauen überhaupt kein Nest oder scharren höchstens eine flache Mulde in die Erde. Viele Nester halten länger, die Jungen bleiben darin, bis sie flugfähig sind. Wenige Nester werden innerhalb einer Saison ein zweites Mal genutzt, größere Nester wie die der Rabenvögel oder Adler sind jahrelang in Gebrauch.

Überflutungsschutz *Das Blesshuhn baut hohe Nester aus Pflanzenstängeln.*

Material und Bau

Nester gibt es in allen Formen und Größen. Manche sind komplizierte Gebilde und haben eine Bauzeit von zwei oder drei Wochen. Rohrsänger flechten z. B. feste Körbchen zwischen mehrere senkrechte Rohrhalme (rechts). Solche Nester sind elastisch genug, um starken Winden zu widerstehen, und tief genug, die Eier am Herausrollen zu hindern. Die Nester der Schwanzmeise bestehen aus Tausenden von Federn, Flechtenstückchen, Moosteilchen und anderen Pflanzenteilen sowie aus Spinnweben. Sie können sich dehnen, um den wachsenden Jungen ausreichend Platz zu bieten. Größere Arten wie Kolkraben, Graureiher oder Fischadler bauen Nester aus Ästen, die mit feineren Grasstängeln und feuchter Erde ausgelegt sind. Saatkrähen stehlen flink Ästchen von unbeaufsichtigten Nachbarnestern. Solche großen Nester können Jahre halten. Bodennester sind oft einfache Scharrmulden, die mit einigen Kieseln ausgelegt werden. Die Vögel fügen oft Steinchen oder Grashalme mit übertriebenen Kopfbewegungen hinzu – Teile eines Rituals, das die Bindung zum Platz bekräftigt.

Singdrosseln *bauen feste Napfnester, die mit getrocknetem Schlamm ausgekleidet sind. Andere Drosseln belegen die Schlammschicht mit dünnen Grashalmen.*

Das Nest des Gartenrotschwanzes *in einer Baumhöhle oder einem Nistkasten. Das geschützte Nest ist locker und wenig sorgfältig gebaut (oben).*

Eier und Eiablage

Die Produktion von Eiern braucht viel Energie. Ein Meisenweibchen muss seine Nahrungsaufnahme um 40 Prozent erhöhen. Das Männchen füttert daher während dieser Zeit das Weibchen meist zusätzlich. Für gewöhnlich werden Eier früh am Tag gelegt. Die Farben werden im Eileiter des Weibchens auf die Schale gebracht; sie sind in der Regel, aber nicht immer, innerhalb einer Art einheitlich. Die Eier der Trottellumme variieren z. B. erheblich; vielleicht hilft das den Vögeln, auf einem dicht besiedelten Felsband ihr eigenes Ei zu erkennen. Die Aufgabe der Färbung ist es, die Eier zu tarnen, besonders wichtig bei bodenbrütenden Vögeln. Die meisten Vögel legen pro Tag ein Ei und warten, bis das letzte oder vorletzte Ei gelegt ist, ehe sie brüten. Daher schlüpfen alle Jungen gleichzeitig. Eulen beginnen dagegen mit der Bebrütung schon ab dem ersten Ei, sodass die Jungen hintereinander schlüpfen. Brutparasiten wie der Kuckuck haben eine kurze Bebrütungszeit. So schlüpft das Junge vor denen der Wirtsvögel, die dann der Jungkuckuck aus dem Nest wirft.

Eigrößen und -zeichnungen *variieren sehr stark. Steinkauzeier sind typisch für Höhlenbrüter, weiß wegen besserer Sichtbarkeit und rund, um gut in die Höhle zu passen. Sandregenpfeifer legen Eier mit kontrastreichem Muster, das auch als Tarnzeichnung dient. Die Eier der Blaumeise sind für Singvögel typisch.*

Nistplätze

In vielen Fällen wählt das Weibchen den Nistplatz aus und kümmert sich auch um den Bau. Für gewöhnlich sind Nester versteckt, um Verluste durch Räuber zu reduzieren. Zaunkönige nisten unter Überhängen an Ufern oder über fließendem Wasser, Rotkehlchen bauen ihre Nester in niedrige Vegetation in Ufernähe oder in Höhlungen im Dickicht. Merline nisten in dichter Heide, für gewöhnlich an einem Hang, sodass sie zumindest einen Teil ihrer Umgebung im Auge behalten können. Seevögel kommen nur zum Brüten an Land und sind dann oft sehr empfindlich gegenüber Räubern, da sie nur langsam und unbeholfen gehen können. Daher brüten sie auf steilen Felshängen oder in tiefen Höhlungen, die sie nur nachts aufsuchen. Lappentaucher bauen schwimmende Nester, die an Uferpflanzen oder Schwimmpflanzen verankert werden.

Seevogelkolonien *können riesig und höchst eindrucksvoll sein mit einer überwältigenden Fülle von Bewegungen, Tönen und Gerüchen. Dreizehenmöwen nutzen kleine isolierte Simse und bauen ein kleines Nest aus Tang und Gras. Trottellummen wählen längere, kahle Felsbänder und drängen sich Schulter an Schulter.*

Die Jungen des Sandregenpfeifers *schlüpfen mit Dunen bedeckt und können sich gleich selbst ernähren. Die Eier müssen groß sein, um solch große Küken zum Schlüpfen zu bringen. Ihre Fleckung bietet eine ausgezeichnete Tarnung.*
Uferschwalben *haben winzige schwache Beinchen und können so gut wie nicht laufen. Sie brauchen sichere Nester, die tief in Tunnels verborgen sind. Sie graben Neströhren in feste Sand- oder weiche Sandsteinwände.*
Graureiher *brüten früh im Jahr, bevor die Blätter an den Bäumen sind. Ihre Zweignester sind auffällig, Tarnung ist für diese großen Vögel nicht nötig. Selbst ihre Eier sind auffällig blassblau. Ein erwachsener Graureiher bleibt immer am Nest, um Eier und Nestlinge vor möglichen Räubern zu schützen.*

Brutpflege

DAS WICHTIGSTE ZIEL für jeden Vogel ist die Weitergabe seiner Gene an künftige Generationen. Ein großer Teil des alltäglichen Verhaltens hat mit Konkurrenz um Partner, Nestplätze und Brutfürsorge zu tun. Vögel verfolgen zahlreiche Strategien, die ihnen das beste Futter zur rechten Zeit im Jahr sichern, um eine größtmögliche Zahl an Nachkommen aufzuziehen.

Brutschmarotzer *Kuckucke legen Eier in Nester anderer Vögel und überlassen ihnen die Aufzucht.*

Wie viele Eier?

Einen Satz von Eiern, die gemeinsam in einem Nest bebrütet werden, nennt man ein Gelege. Die Jungen, die aus diesen Eiern schlüpfen, bilden eine Brut. Einige Vögel haben nur ein Gelege pro Jahr, andere zwei oder mehr. Arten, die ihre Jungen mit Nahrung versorgen, die nur kurzfristig zur Verfügung steht, neigen dazu, nur eine große Brut aufzuziehen. Blaumeisen werden z. B. mit kleinen Raupen gefüttert, die im Frühjahr in großer Zahl vorhanden sind. Wenn Nahrung in kleineren Mengen einen Sommer lang zur Verfügung steht, ist die Produktion von mehreren kleinen Bruten die bessere Strategie. Amseln haben z. B. drei oder gar vier pro Jahr. Einige Eulen legen viele Eier, aber nur wenn genügend Nahrung erreichbar ist, ziehen sie alle Jungen groß. Bei Nahrungsmangel überleben nur die größeren.

Das Füttern der Jungen

Singvögel schlüpfen blind, nackt und hilflos und müssen daher mit großen Mengen eiweißreicher Nahrung gefüttert werden, um überleben und wachsen zu können. Meisen verfüttern z. B. Tausende kleiner Raupen pro Tag. Futter zu finden ist oft die Aufgabe der Männchen. Bei manchen Arten werden die Jungen noch einige Tage gefüttert, nachdem sie das Nest verlassen haben. Mitunter wird die Brut in zwei Teile geteilt, für jeden Partner die Hälfte. Andere überlassen die Vorsorge den Männchen, die Weibchen zeitigen wieder ein neues Gelege.

Rothühner *(oben) haben eine kurze Lebensdauer. Sie ziehen 12–15 Küken gleichzeitig auf und beginnen schon mit einem Jahr zu brüten. Eissturmvögel (unten) werden dagegen bis zu 30 Jahre alt und haben nur ein Junges pro Jahr, das erst mit sieben Jahren erstmals brütet.*

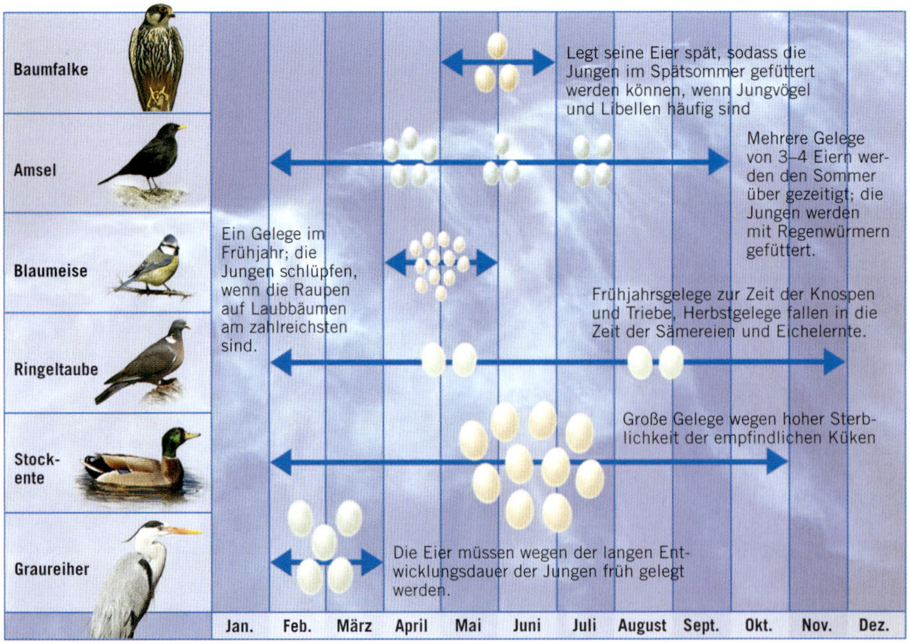

Brutzeit und Gelegegröße *sind für das Überleben der nächsten Generation entscheidend.*

Ganz automatisch *bringen die Eltern gefundenes Futter zum Nest, doch brauchen sie ein Signal, um es in den Schlund ihrer Jungen zu stecken. Nestlinge betteln mit hohen Lauten und präsentieren mit weit aufgerissenem Schnabel einen leuchtend roten Rachen, um die Futterabgabe der Eltern auszulösen. Bei einigen Arten erhöhen Farbflecke am Gaumen den Signaleffekt.*

JUNGE WERDEN SELBSTSTÄNDIG

Amseljunge wachsen rasch. Damit kann das kleine Nest für sie zum Risiko werden, sodass die Nestlinge es bereits wenige Tage, bevor sie flugfähig werden, verlassen. Sie verstecken sich auf dem Boden und werden noch von den Eltern gefüttert. Küken von Watvögeln, etwa von Kiebitzen, und junge Enten schlüpfen mit offenen Augen und in einem dichten Dunenkleid. Sie verlassen schon nach wenigen Stunden das Nest. Sie suchen selbstständig nach Nahrung, werden aber bei kaltem oder nassem Wetter von ihren Eltern gehudert. Junge Papageitaucher und Sturmtaucher verlassen das Nest allein in der Nacht, schwimmen aufs Meer hinaus und sehen ihre Eltern nie wieder.

Junge Amsel

Überleben und nächste Generation

Jedes Vogelpaar muss in seinem Leben nur zwei erfolgreiche Junge haben, damit die Population stabil bleibt. Arten mit langer Jungenentwicklung haben innerhalb einer langen Lebenszeit jährlich nur ein oder zwei Junge. Sie investieren viel Zeit in die Jungenaufzucht, die Nestlingszeit ist sehr lang. Eine schnelle Entwicklung der Jungen führt zu großen Familien mit großem Überschuss an Nachwuchs. Die Brutpflege ist weniger intensiv, und in den meisten Jahren stirbt die Mehrzahl der Jungen. Arten mit rascher Nachwuchsproduktion können leichter neue Lebensräume besiedeln, denn sie sind in der Lage, neue Ressourcen rasch zu nutzen. Arten mit wenig Nachwuchs sind eher geeignet, in Räumen mit stabileren Bedingungen zu überleben.

Junge Saatkrähen *schlüpfen innerhalb mehrerer Tage. Das erste und größte Junge erhält das meiste Futter.*

Für den Anfang

Vögel von ganz nah zu sehen ist selten einfach. Erfahrung und Geschick können helfen, beste Beobachtungsmöglichkeiten zu haben. Die richtige Ausrüstung aber bringt uns erst ins Zentrum des Geschehens, in dem man die Vielfalt der Vögel und ihres Verhaltens erst richtig genießen kann.

Beobachten mit dem Fernglas

EINEN ENTSCHEIDENDEN BEITRAG zum Vogelbeobachten leistet ein gutes Fernglas. Spitzenprodukte können teuer sein, aber auch solche mit bescheidenerem Preis, gut ausgewählt, mit Sorgfalt benutzt und aufbewahrt, können ausgezeichnete Ergebnisse liefern. Ferngläser sehen nicht mehr, sondern vergrößern nur, was schon sichtbar ist. Die Vergrößerung ist allerdings nicht das Einzige, was zu bedenken ist. Bildhelligkeit und -schärfe sowie Handlichkeit sind ebenfalls entscheidend.

Arbeitskomfort *Man lege sich ein Fernglas zu, das gut in der Hand liegt.*

HANDLICHE OPTIK

Die besten Ferngläser haben Linsen aus wenig streuendem Glas, die Farben exakt abbilden. Die Linsen sind mit einer Auflage bedampft, die Reflexionen an der Oberfläche minimiert und ein helles Bild liefert. Jedes gute Produkt entstammt moderner Technologie, die allerdings auch ihren Preis hat.

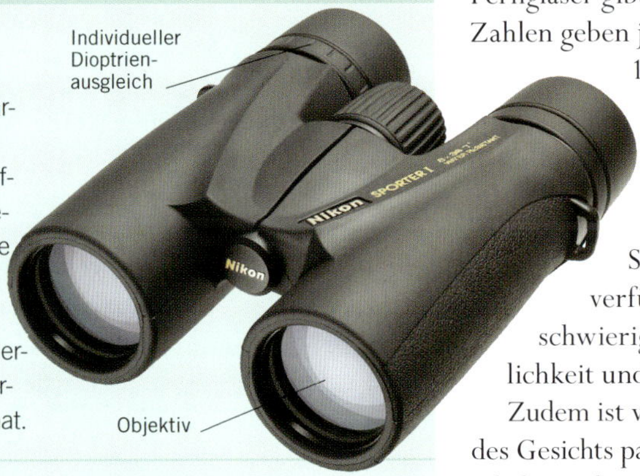

Kleine Modelle *können zusammengelegt werden und passen in eine Hemdtasche. Sie sind sehr praktisch, aber das kleine Objektiv mindert die Helligkeit und Schärfe des Bildes. Daher eher als Zweitglas geeignet.*

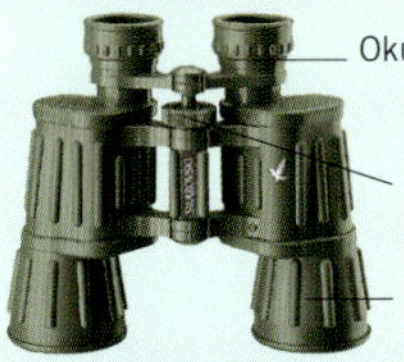

Ferngläser mit Porroprismen *sind einfach konstruiert und für begrenzte Geldmittel das Beste. Der hohe Abstand der Objektive sorgt für ein gutes dreidimensionales Bild.*

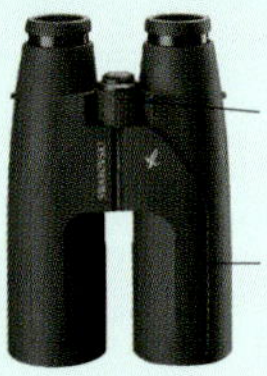

Ferngläser mit Dachkantprismen *sind leicht und kompakt, oft wasserdicht und gasgefüllt. Das Okular liegt fast in einer Linie mit dem Objektiv. Sie müssen sehr gut konstruiert sein, daher auf Qualität achten.*

Die Wahl eines Fernglases

Ferngläser gibt es in vielen Formen und Größen. Zwei Zahlen geben jedoch die wichtigste Information, etwa 10 x 40. Die erste Zahl bezeichnet die Vergrößerung, die zweite den Durchmesser der Objektivlinse. Je größer er ist, desto heller erscheint das Bild. Variationen von 7 x 35 bis 10 x 50 sind ideal. Lassen Sie sich nicht durch höhere Vergrößerungen verführen, die nur ein kleines Sehfeld bieten und schwierig ruhig zu halten sind. Achten Sie auf Handlichkeit und Gewicht.

Zudem ist wichtig, wie gut die Okulare auf die Form des Gesichts passen. Mancher zieht eine härtere Augenmuschel vor, die man fest gegen die Augeneinbettung pressen (und damit Handzittern reduzieren) kann, oder aber eine weichere, die bequemer ist. Wie auch immer, es sollte nicht zu viel Licht von der Seite einfallen. Am Rad für die Fokussierung muss man beim Vogelbeobachten dauernd drehen; es sollte sich daher leicht mit einer Fingerspitze bewegen lassen, ohne dass man die ganze Hand bemühen muss. Große Ferngläser sind daher für kleine Hände problematisch, probieren Sie also alles aus, bevor Sie etwas kaufen.

Sicht mit bloßem Auge

Vergrößerung 8 x

Vergrößerung 15 x

Ferngläser vergrößern *das Bild des Auges, sie verbessern es nicht an einem trüben oder nebligen Tag, wenn auch ein großes Objektiv bei Dämmerung ein etwas helleres Bild als das bloße Auge vermitteln kann. Eine zu hohe Vergrößerung über 10 x bedeutet ein kleines Sehfeld und zu viel Unruhe in der Hand.*

Der Blick durch das Fernglas

Bevor man ein Fernglas benutzt, sind einige einfache Justierungen nötig. Alle Modelle haben an einem Okular eine Möglichkeit des Dioptrienausgleichs für mögliche Unterschiede zwischen beiden Augen. Zuerst stellt man mit dem zentralen Fokussierrad auf ein weiter entferntes Objekt mit einer scharfen Kante ein. Dann bedeckt man das Objektiv, das mit dem Okular mit individueller Einstellung kombiniert ist, mit der Hand ab und stellt das Objekt mit dem Mittelrad scharf für das Auge ein. Dann deckt man das andere Objektiv ab und stellt für das andere Auge scharf, allerdings nur mit dem am Okular angebrachten individuellen Regler. Der Unterschied zwischen beiden Augen ist damit ausgeglichen.

Vor der Justierung

Nach der Justierung

Die Entfernung *der beiden Okularmuscheln kann auf die Augenentfernung eingestellt werden. Man braucht nur die beiden Hälften des Glases zu heben oder zu senken, bis man ein einziges scharfes Bild erhält. Der Bildausschnitt ist immer kreisförmig.*

Das kleinste Wackeln *wird durch das Fernglas vergrößert. Das Glas an ein festes Widerlager zu lehnen ist eine einfache Lösung; auch ein Daumen, gegen das Kinn gestützt, hilft.*

FÜR BRILLENTRÄGER

Für Brillenträger, die Ferngläser ohne ihre Brille benutzen, ist die Bildqualität oft weniger gut. Doch wenn man mit der Brille durch das Fernglas sieht, entstehen neue Probleme, weil das Auge zu weit vom Okular entfernt ist und Licht von der Seite eindringt. Ein gestreckter Finger kann das Streulicht abhalten. Die Ränder des Bildes bleiben aber gleichwohl unscharf oder dunkel. Um das zu vermeiden, sollte man ein Fernglas mit Okularen kaufen, die für Brillenträger justierbar sind. So kann man z. B. die Okularmuschel bis fast auf das Niveau der Okularlinse nach unten schieben, sodass das Auge viel näher an die Linse kommt und sich das Sehfeld erweitert.

Für das bloße Auge **Für Brillenträger**

Mit dem Fernglas draußen

Das erste Anzeichen für die Anwesenheit eines Vogels ist wahrscheinlich sein Ruf oder eine kleine Bewegung im Laub. Lauschen Sie zuerst konzentriert, ehe Sie die Gegend absuchen, um den Vogel zu entdecken. Halten Sie Körper und Kopf still, nehmen Sie das Fernglas vor die Augen und halten Sie den Vogel während dieser Bewegung möglichst mit dem Blick fixiert. Man blickt am besten nicht zum Fernglas hinunter, bevor man es hochnimmt und dann schwenkt, um das Objekt zu suchen. Mit einem Finger gegen die Stirn oder dem Daumen am Kinn kann man bei solch einer Bewegung ein wenig Stabilität erreichen.

Fernglasetuis bleiben am besten zu Hause oder auf dem Rücksitz des Autos. Beim Beobachten trägt man das Fernglas an einem Riemen um den Hals, um es immer bereitzuhaben. Ein Regendeckel für die Okulare ist nützlich. Die Okulare sollte man häufig putzen.

Gewöhnen Sie sich beim Essen und Trinken an, das Fernglas geschützt auf einer Seite zu tragen.

EXPERTENTIPP

- **An einem kalten Tag in einem warmen Auto oder wenn man aus einem kalten Raum in feuchtwarme Luft kommt, sollte man das Fernglas einige Minuten, bevor man es benutzt, aus dem Behälter nehmen. Das vermindert die Wahrscheinlichkeit, dass die Linsen beschlagen.**

Fernrohr und Stativ

Ein gutes Fernglas ist ein unverzichtbarer Bestandteil der Ausrüstung des Vogelbeobachters, ein Fernrohr dagegen ein wichtiger Zusatz. Es kann entscheidend werden, wenn man über größere Entfernungen über einem See oder an der Küste Vögel beobachten will, und enthüllt erstaunliche Einzelheiten in größerer Nähe. Doch haben Fernrohre auch ihre Nachteile. Sie sind teuer und können nur auf einer stabilen Unterlage eingesetzt werden.

Fest im Blick *Ein gutes, stabiles Fenrohr vergrößert das Vergnügen.*

Die Wahl eines Fernrohrs

Bei optischer Ausrüstung ist der Preis für gewöhnlich ein guter Indikator für Qualität. Tests im Freien sind am besten, denn man kann in der Enge eines Ladens die Ausrüstung nicht gemäß den Anforderungen beurteilen. Auf einer vogelkundlichen Veranstaltung oder einer Fachtagung eines Vereins, wenn mehrere Hersteller ihre Produkte unter nahezu realistischen Bedingungen vorführen, ist das günstiger.

Man richtet das *Teleskop mit einem Blick entlang der Hauptachse aus (links), dann sieht man durch das Okular und stellt auf den Vogel scharf ein (unten).*

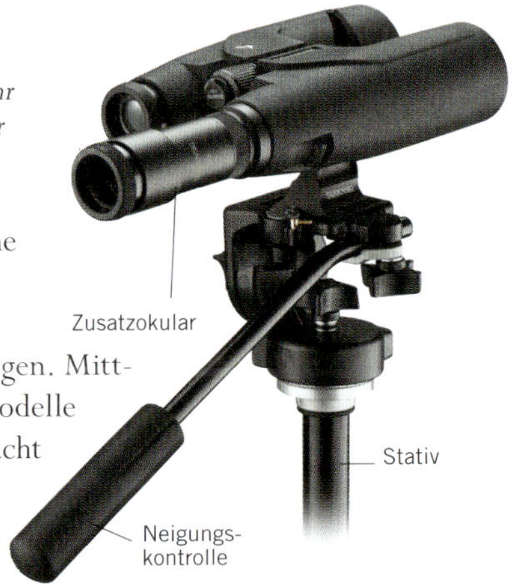

Dieses Fernglas *kann sehr günstig in ein kleines Fernrohr durch ein zusätzliches Okular verwandelt werden.*

Fernrohre liefern eine Vergrößerung von etwa 30 x und mehr. Einige haben feste Vergrößerungen. Mittlerweile lohnt es sich, Modelle mit Zoomlinsen in Betracht zu ziehen, die größere Flexibilität ermöglichen. In der Vergangenheit hatten Fernrohre mehrere ausziehbare Glieder, um sie leichter tragen zu können. Solche Modelle sind auch heute noch zu haben. Viele Fernrohre enthalten jedoch Prismen, um die Länge zu reduzieren; einige sind auch tatsächlich sehr kompakt. Wie bei den Ferngläsern (siehe Seite 32–33) hängt die Bildhelligkeit teilweise mit dem Durchmesser des Objektivs zusammen. So muss man einen Kompromiss zwischen Helligkeit und Ausmaß des Geräts treffen. Spezillinsen, als Fluorit oder ED im Handel, sorgen für Brillanz des Bildes, bedeuten aber Gewicht und Kosten.

Fernrohre können mit geraden oder gewinkelten Einblicken ausgerüstet sein. Erstere sind leichter zu handhaben, gewinkelte Teleskope sind leichter einzusetzen, wenn sie auf einem Stativ verankert sind. Sie machen es auch leichter, den Blick auf einen Vogel mit mehreren Personen zu teilen.

EXPERTENTIPP

■ Schnelles Reagieren hilft, schwer zu fassende oder schnelle Vögel zu fixieren. Man muss also mit der Fokussierung am Fernrohr sehr vertraut sein. Einfache Erinnerungsstützen oder Markierungen können z. B. helfen, ohne lange nachzudenken die Schärfe auf Nähe oder Ferne einzustellen.

Draußen

Die extrem große Brennweite eines Fernrohrs hat zur Folge, dass jedes kleine Zittern der Hand vergrößert wird und das Bild dann unakzeptabel schlingert. Ein Fernrohr in der Hand zu halten ist daher nicht sinnvoll. Die meisten Beobachter benutzen als Unterlage ein wuchtiges Stativ, doch Zwingen und Auflagesäckchen sind leichter mitzuführende Alternativen. Eine Schraubkonsole am Zylinder des Fernrohrs erlaubt eine sichere Befestigung am Stativ; die meisten Stative können mit einem Tragriemen versehen werden. Das Auge sollte immer entlang der Achse des Okulars schauen. Ist es außerhalb des Zentrums, wird das Bild unterbelichtet oder nicht sauber fokussiert. Das ist schwieriger, als es klingt, vor allem, wenn man ein gerades Fernrohr auf einem Stativ benutzt. Versuchen Sie auch, beim Durchschauen beide Augen offen zu halten. Das strengt weniger an, und man kann Vögel entdecken, wenn sie in den Rand des Blickfeldes geraten.

Wenn man ein Fernrohr *hält, ist Ruhe entscheidend. Ein mit Erbsen oder Bohnen gefülltes Säckchen kann sich der Rundung des Rohres anpassen und es stützen und dabei gleichzeitig ein Verkratzen verhindern.*

Klammern, *die eine Befestigung an einer Unterlage erlauben, kann man leicht mitnehmen. Sie sind besonders nützlich, wenn man sie am Ausguck eines Beobachtungsstandes befestigen kann.*

Ein gutes Stativ *hat einen Kopf mit kombinierter Horizontal- und Neigungskontrolle – es ist leichter zu benutzen. Mit einem gewinkelten Fernrohreinblick kann man es auch im Sitzen leicht einsetzen.*

AUSRÜSTUNG IM ÜBERBLICK

Ein kompaktes Fernrohr mit einem gewinkelten Einblick wird von den meisten Vogelbeobachtern vorgezogen, denn es erlaubt die größte Flexibilität unter verschiedenen Beobachtungsbedingungen, wiegt relativ wenig und ist meist mit guter Optik ausgestattet.

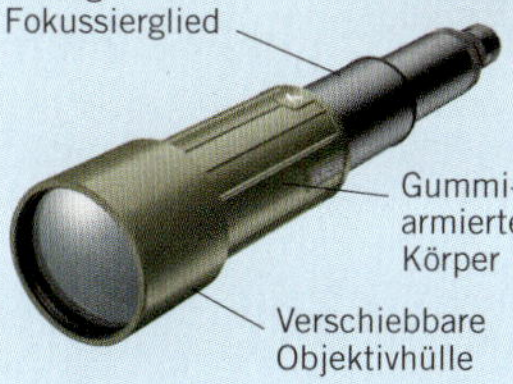

Gerade Fernrohre *mit Röhrengliedern sind lang und fordern mehr Übung für raschen Einsatz. Die Scharfeinstellung wird mit einem beweglichen Rohr erreicht. Das Endglied justiert die Vergrößerung.*

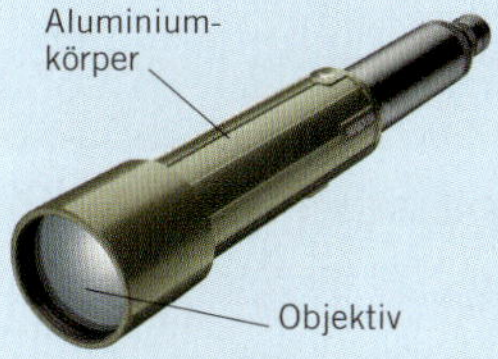

Ein einfaches Fernrohr *mit einer festen Brennweite bietet einen preiswerten Einstieg in das Vogelbeobachten auf große Entfernung. Einige Modelle sind sehr klein und passen zusammengeschoben in eine Tasche.*

Okulare *kann man austauschen, um besondere Vergrößerungen zu erreichen oder von einem festen Wert zu einem Zoom zu wechseln. Die Qualität des Okulars beeinflusst die Qualität des Bildes.*

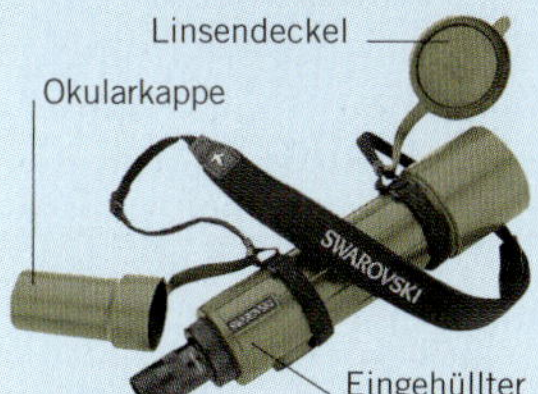

Tragriemen *und Linsendeckel können für einen raschen Gebrauch an den Körper des Fernrohrs angebracht werden. Ein gummiarmierter Körper und Bedeckung der beweglichen Teile bieten Schutz.*

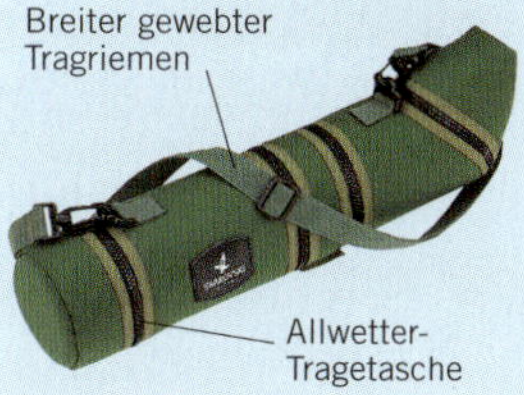

Eine Tragtasche *schützt das Rohr, kann aber sehr teuer sein. Eine billigere Alternative ist, das Rohr mit einem Plastikbeutel einzuhüllen und es mit einem bedeckten Okular unter einem Umhang zu tragen.*

Fotografieren

DIE VOGELFOTOGRAFIE ist gleichermaßen Wissenschaft und Kunst. Sie erfordert technisches Verständnis ebenso wie »Jagdgeschick« und ein Auge für Bilder, aber der Aufwand lohnt sich. Professionelle Resultate erzielt man nur mit beträchtlichem Zeit- und Materialeinsatz, aber auch mit einer eher schlichten Ausstattung gelingen heute sehr ansprechende Aufnahmen.

Teleobjektiv
Objektive mit langer Brennweite sind schwer und müssen auf einem Stativ fixiert werden.

KAMERAS UND ZUBEHÖR

Eine digitale Kompaktkamera mit Wechselobjektiven bietet die Flexibilität einer DSLR, ist aber preiswerter, leichter und handlicher. Kaufen Sie grundsätzlich das beste Zoom-Objektiv, das Sie sich leisten können, um Ihren Objekten so nahe wie möglich zu kommen und eine optimale Bildqualität zu erhalten.

45–150-mm-Objektiv

Selbst die einfachsten *Kameras bieten heute einen Autofokus, aber man sollte sich gründlich über die Ausstattung von Kamera und Objektiven informieren, damit man später keine Enttäuschungen beim Fotografieren erlebt.*

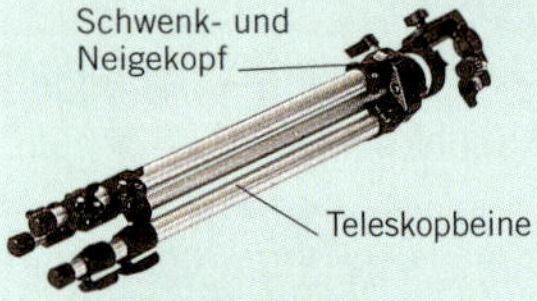

Ein Stativ *verhindert zuverlässig verwackelte Aufnahmen mit langen Brennweiten. Nehmen Sie das stabilste Modell, das Sie bewältigen können.*

Eine Tasche *schützt Ihre wertvolle Ausrüstung im Gelände. Ein gummierter Stoff ist widerstandsfähig, aber wasserdichte Synthetikstoffe sind leichter.*

Kauf der Ausrüstung

Auch mit einer kompakten Digitalkamera kann man faszinierende Fotos von Vögeln in ihren Lebensräumen aufnehmen. Diese Kameras erlauben mit ihren Zoomobjektiven vernünftige Aufnahmen von Schwärmen im Flug und sogar von Vögeln im Garten, aber für wirklich beeindruckende, formatfüllende Fotos, wie die in diesem Buch, braucht man schon etwas Besseres.

Digitale Kompaktkameras mit Wechselobjektiven sind praktisch, erschwinglich, hochwertig und ökonomisch. Kaufen Sie ein gutes Objektiv mit einer kleinbildäquivalenten Brennweite zwischen 300 und 500 mm (ein guter Einstieg mit vernünftiger Reichweite ist ein 45–90-mm-Zoomobjektiv). Daneben benötigen Sie einen guten UV-Filter (der die Linse schützt und die Bildqualität verbessert) und einen Reinigungsstift für die Linse.

Die Annäherung

Ein Normalobjektiv mit 50 mm Brennweite hat einen Bildwinkel von ca. 40°, das entspricht in etwa dem des bloßen Auges. Die bei Vogelbeobachtern beliebten Teleobjektive haben eine Brennweite zwischen 300 und 500 mm oder mehr und einen wesentlich kleineren Bildwinkel und vergrößern dadurch das Bild stark. Neben dieser Vergrößerung verstärken sie aber auch die Kamerabewegungen, sodass man ein Stativ und die kürzest mögliche Verschlusszeit benötigt, um ein Verwackeln zu vermeiden.

Aber auch mit einem guten Teleobjektiv müssen Sie sich einem taubengroßen Vogel bis auf wenige Meter nähern, um ihn

EXPERTENTIPP

Moderne Kameras stellen Belichtung und Schärfe automatisch ein, je besser Sie die Technik des Fotografierens beherrschen, desto bessere Fotos gelingen Ihnen. Lesen Sie sich das Kamerahandbuch gründlich durch und experimentieren Sie mit unterschiedlichen Belichtungseinstellungen und Funktionen.

Man befestigt die Kamera *auf einem Stativ und wartet auf Vögel in Fotografiernähe.*

Mit einem Objektiv *auf einer flexiblen und weichen Unterlage kann man rasch auf Neuankömmlinge reagieren.*

Bewegliche zeltähnliche Verstecke *lassen sich leicht am richtigen Platz aufstellen, um Fotograf und Stativ zu verstecken.*

Fensterklemmen *können das Auto in ein mobiles Fotografierzelt verwandeln.*

Der Garten *ist ein guter Platz, um das fotografische Handwerk zu üben. Man wartet ruhig, bis Vögel sich der Futterstelle nähern.*

Sich an Vögel anzupirschen *erfordert Übung und Geduld. Bei suboptimalen Lichtverhältnissen braucht man zudem ein Stativ.*

formatfüllend zu fotografieren. Das erfordert ein größeres Geschick als die reine Beobachtung. Nutzen Sie beim Anschleichen an den Vogel jede verfügbare Deckung, wie Sträucher und Senken, und ducken Sie sich unter den Horizont. Vermeiden Sie seitliche Bewegungen, die den Vogel stärker irritieren, und bewegen Sie sich langsam in kleinen Schritten, am besten, während der Vogel wegschaut oder sich putzt. Tarnkleidung, die bei der normalen Beobachtung unnötig ist, kann beim Fotografieren den entscheidenden Vorteil bringen.

Die Belichtung

Die Kamera nimmt ein Bild auf, wenn Licht, gebündelt durch die Linse, auf den digitalen Bildsensor fällt. Die Bilder werden auf einer Speicherkarte gespeichert und dann auf einen Computer geladen, wo man sie anschließend mit mitgelieferten oder zugekauften Bildbearbeitungsprogrammen weiterverarbeitet. Die einfallende Lichtmenge muss genau kontrolliert werden, um die rich-

FOTOGRAFIEREN BEI DUNKELHEIT

Man kann gute Vogelbilder erhalten, z. B. von Eulen oder Nachtschwalben, wenn man ein tragbares Blitzgerät dabeihat. Allerdings verscheucht der Blitz wahrscheinlich das Objekt. Eine ungewöhnlichere und vor allem viel kostspieligere Alternative ist der Restlichtverstärker. Man kann ihn mit einem Adapter mit dem Objektiv verbinden. Er verstärkt das einfallende Licht und wirft das Bild auf einen internen Bildschirm. Die Kamera nimmt dann das Bild von diesem Monitor auf.

Restlichtverstärker *produzieren einfarbige Bilder mit einem kräftigen grünen Ton – vor allem für die Aufzeichnung des Verhalten nachtaktiver Vögel.*

Kamera mit Restlichtverstärker

Verschlusszeiten *regeln die Lichtmenge, die auf den Film trifft. Kurze Belichtungszeiten »frieren« die Bewegung ein, längere bedeuten, dass der sich bewegende Vogel unscharf wird.*

Die Blende *ändert die Lichtmenge, die durch das Objektiv fällt, und beeinflusst die Schärfentiefe. Eine große Blendenöffnung ergibt nur eine flache Zone großer Bildschärfe.*

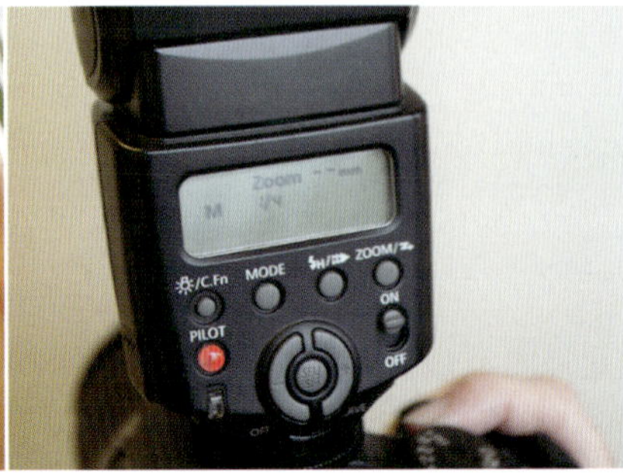

Blitz kann man einsetzen, *um einen Vogel in tiefem Schatten aufzuhellen oder um gefälligere Kontraste zwischen Licht und Schatten zu erzeugen.*

tige Belichtung zu erzielen. Zu viel Licht gibt blasse, verwaschene Bilder (Überbelichtung). Zu wenig Licht führt zu dunklen, trüben Fotos (Unterbelichtung). Sie können die Belichtung entweder über die Blende kontrollieren, die die einfallende Lichtmenge steuert, oder über die Länge der Belichtung, also die Belichtungszeit. Dabei führen verschiedene Kombinationen aus Blendenöffnung und Belichtungszeit zur gleichen korrekten Belichtung, aber die Fotos werden sehr unterschiedlich ausfallen. So ergibt eine Belichtungszeit von 1/1000 Sek. und eine Blende von f5,6 die gleiche Belichtung wie 1/60 Sek. und f22, aber die kurze Belichtungszeit »friert« einen fliegenden Vogel in der Bewegung »ein«, während die Aufnahme bei 1/60 Sek. vermutlich verwackelt ist, vor allem beim Einsatz eines langen Teleobjektivs.

Dazu kommt, dass eine große Blende, wie f2, 8 oder f5, 6, zu einer geringen Schärfentiefe führt. Dadurch wird meist ein Teil des Vogels unscharf, aber ein scharf gestellter Vogel wird aus seinem Hintergrund herausgelöst. Blende f22 bildet den gesamten Vogel scharf ab, aber auch der Hintergrund ist jetzt scharf, und das Foto wirkt schnell unruhig. Sie sollten mit den Extremen zwischen dem »scharfen« Vogel und der eher künstlerisch-expressionistischen Teilunschärfe experimentieren.

Viele Fotografen stellen ihre Kamera auf »Automatik« und überlassen die Wahl von Belichtung und Fokus der Kamera. Das zeitigt in den meisten Fälle befriedigende Resultate, aber hat man erst einmal verstanden, wie sich die unterschiedlichen Einstellungen auswirken, kann man kreativere Fotos machen und sich von der Masse abheben.

Mit dem Licht arbeiten

Die meisten Vogelbilder entstehen bei Tageslicht, deshalb sollte man die Lichtqualität einschätzen, bevor man auf

Anpirschen *mit langer Brennweite und einem Stativ ist die einfachste Methode, gute Bilder zu erhalten.*

Seevögel *an steilen Felswänden sind die leichtesten Ziele für den Vogelfotografen. Die Vögel sitzen dicht gedrängt und lassen sich durch sich annähernde Menschen nicht so leicht verscheuchen.*

den Auslöser drückt. Diffuses Sonnenlicht, gefiltert durch dünne Wolken oder ein lockeres Blätterdach, ist ideal für natürliche Vogelporträts. Morgen- und Abendsonne beleuchten den Vogel von der Seite und bringen interessante Effekte (und einen attraktiven Goldton) ins Foto, während das gerade von oben einfallende Mittagslicht wenig schmeichelhaft ist.

Direktes Sonnenlicht erzeugt harte Schatten, die als hässliche schwarze Flächen auf dem Foto erscheinen können. Ein auf geringe Leistung eingestellter Ring- oder Aufsteckblitz oder ein Ring aus reflektierender Folie um das Objektiv können das Bild aufhellen und zu einer ausgewogener ausgeleuchteten Aufnahme verhelfen. Ein Blitzlicht lässt zudem den Vogel in der Bewegung »einfrieren«, da der Blitz nur für 1/10 000 Sek. aufleuchtet. Allerdings können Blitzlichtaufnahmen auch schnell abschreckend »künstlich« wirken, da das Licht von einer einzelnen starken und konzentrierten Quelle stammt, was unnatürliche Spitzlichter und tiefe Schatten erzeugt.

Wenn man die Kamera mitzieht, *um den fliegenden oder laufenden Vogel in der Bildmitte zu halten, wird der Vogel schärfer, aber der Hintergrund verwischt.*

Unschärfe *kann Stimmung in ein sonst alltägliches Bild bringen, wenn man den Bewegungen des Vogels erlaubt, auf den Film zu »malen«.*

Blitzlichtfotografie *friert die schnellste Bewegung ein; jede Feder ist gestochen scharf zu sehen. Im Vogelauge aber erscheinen künstliche Lichtpunkte.*

Geringe Schärfentiefe *als Folge einer großen Blendenöffnung kann den Vogel gegen einen unregelmäßigen Hintergrund hervorheben, da nur über eine schmale Zone scharf abgebildet wird.*

Ein Teleobjektiv *ist nicht die einzige Möglichkeit, nahe heranzukommen. Mann kann auch die Kamera nahe dem Nest oder einem Balzplatz getarnt aufbauen und mit einem langen Kabel den Auslöser bedienen.*

Aufzeichnungen

Ein gutes Bestimmungsbuch ist ein unverzichtbarer Begleiter. Man sollte sich aber nicht zu sehr auf die verführerischen Zeichnungen und Kurzbeschreibungen der Vögel verlassen. Nur nach eigenen Notizen und Skizzen lernt man die große Vielfalt der Formen, Gefiedermuster und Bewegungen der beobachteten Vögel kennen. Notizen zu machen ist eine Disziplin, die dazu zwingt, den Vogel wirklich anzuschauen.

Vogel sitzt zum Porträt *Die Skizze hält Einzelheiten des Waldpiepers fest.*

EXPERTENTIPP

■ **Notizen und Skizzen sollten während der Beobachtung des Vogels gemacht werden oder so bald wie möglich danach. Man vervollständigt die Skizze und fügt weitere Notizen und Korrekturen bei besserer Sicht hinzu, solange der Vogel zu sehen ist.**

Skizzieren und malen

Schöne Vogelbilder zu schaffen ist eine große Kunst. Ästhetisch hervorragende Bilder sind aber nicht das Ziel einer Skizze. Sie hat vielmehr das Festhalten wichtiger Informationen über einen Vogel zum Ziel, und so entsteht ein visueller Anhaltspunkt, der zur Interpretation der Beobachtung beiträgt.Vögel lassen sich nicht dazu überreden, Modell zu stehen; daher ist man gezwungen, schnell zu arbeiten. Man beginnt mit der Grundform des Körpers, des Kopfes, der Beine, der Flügel und des Schwanzes. Erst wenn man die Umrisse richtig erfasst hat, kann man das Muster der Augenstreifen, Wangenflecken, Flügelbinden usw. in die richtige Proportion bringen.

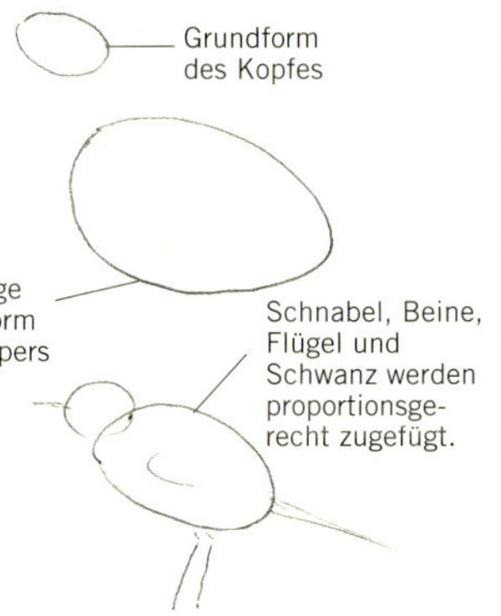

❶ **Man beginnt die Skizze** *mit der allgemeinen Form des Vogels. Für Kopf und Körper werden ovale oder eiförmige Grundkörper gezeichnet. Achten Sie dabei besonders darauf, dass die Proportionen stimmen.*

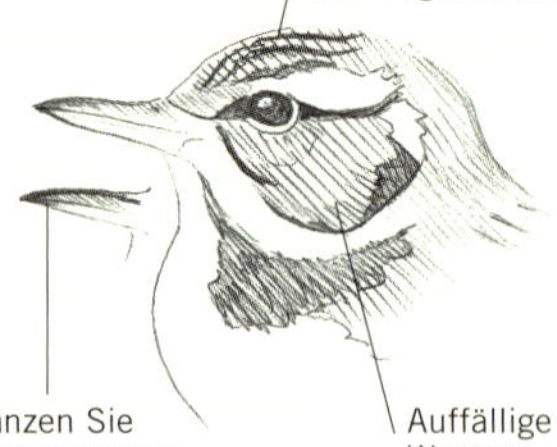

❺ **Beobachten Sie sorgfältig** *den Kopf des Vogels. Wichtig sind das Gefieder und Einzelheiten des Schnabels. Achten Sie bei dem Entwurf auf die relative Größe jedes Details.*

Trauen Sie Ihren Augen

Zeichnen Sie immer, was Sie sehen. Wenn ein Vogel dick ist, dann zeichnen Sie ihn so, auch wenn das Bestimmungsbuch von »schlank« spricht. Beginnen Sie mit Details, die am meisten auffallen. Versuchen Sie, sich an gemeinsame Merkmale der Vogelgruppe zu erinnern. Geduld ist immer gefragt. Beginnen Sie mit Gartenvögeln, um die Zusammensetzung des Gefieders kennenzulernen, bevor Sie nach draußen gehen.

Skizzen können *die Bewegungen und Flugmuster eines Vogels festhalten, die auf einem Foto nicht zu sehen sind.*

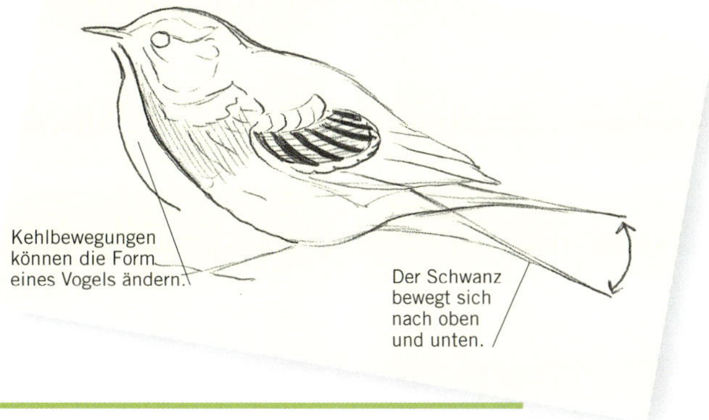

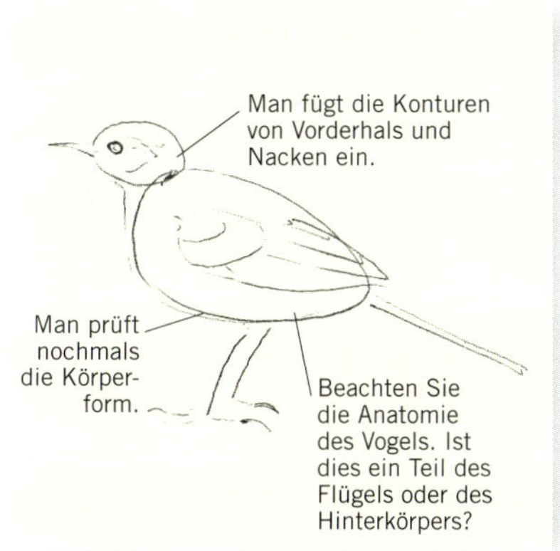

❷ **Anschließend wird** *das Gefiedermuster eingetragen. Wenn man damit die Skizze ergänzt, wird man sicher die Körperproportionen korrigieren müssen.*

❸ **Die Skizze** *nimmt nun Form an. Jetzt kann man bei genauerer Betrachtung versuchen, die Federpartien herauszufinden. Notizen geben Hinweise auf Gefiederfärbung und -muster.*

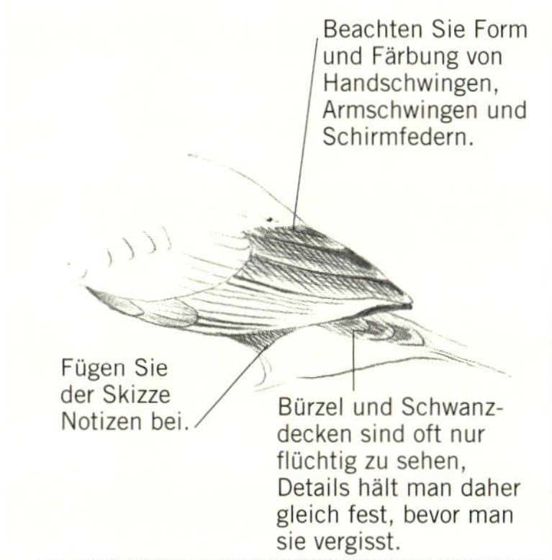

❹ **Wenn es die Zeit erlaubt,** *kann man eigene Skizzen zu verschiedenen Teilen des Vogels anfertigen, wie Kopf, Flügelproportionen und Schwanz. Man kann sie dann später dem Bild zufügen.*

❻ **Am besten macht man** *eine eigene Skizze von der Brust. Sie scheint gefleckt, aber welche Form haben die Flecken – oval, rund oder rautenförmig? Laufen sie in Streifen zusammen?*

Das Ergebnis

Zu Hause *kann man aus den Skizzen ein fertiges Farbbild anlegen. Stellen Sie obige Fragen, um eine möglichst genaue Beschreibung zu erreichen.*

Was notiert man?

Notizen sind eine persönliche Angelegenheit, da gibt es keine festen Regeln. Am einfachsten sind Listen in Tagebuchform, die Beobachtungen, Bemerkungen, Skizzen und Angaben zu Lebensräumen und Beobachtungsbedingungen enthalten. Sie können eine gebundene Kladde verwenden, aber eine Datenbank ist praktischer. Skizzen kann man in seine Kladde einkleben oder scannen und in der Datensammlung abspeichern. In der Natur ist ein Notizbuch handlicher als ein Laptop. Ein Blick in alte Aufzeichnungen erinnert an frühere Ergebnisse und daran, was man zu einer bestimmten Jahreszeit an einem bestimmten Ort erwarten kann.

Die Auswertung handschriftlicher Aufzeichnungen wird aber sehr bald ziemlich zeitaufwendig, vor allem, wenn man schon ein paar Jahre lang Vögel beobachtet. Stellen Sie sich nur vor, Sie wollen wissen, wie oft Sie schon ein Sommergoldhähnchen gesichtet haben. Da ist eine geordnete Erfassung auf dem Computer sinnvoll, mit der Sie Ihre Beobachtungen organisieren und durchsuchen können – selbst wenn es nur eine einfache Wortsuche ist.

Ein Metallring *mit einer individuellen Nummer kann nur in der Hand abgelesen werden, Farbringe lassen sich an den Vögeln aus größerer Entfernung erkennen.*

AUFZEICHNUNGEN DRAUSSEN

In den meisten europäischen Ländern gibt es Informationsnetze und Sammelberichte, die über aktuelle Vogelbeobachtung informieren. Eigene Aufzeichnungen über Arten, Anzahl und Beobachtungsorte können dazu beitragen, für eine Region ein jährliches Bild des Vogellebens zu entwerfen. Bevor allerdings in einem regionalen Mitteilungsblatt Beobachtungen über seltene Vögel publiziert werden, muss man sie prüfen. Extrem seltene Vögel werden sogar durch einen nationalen Seltenheitenausschuss geprüft.

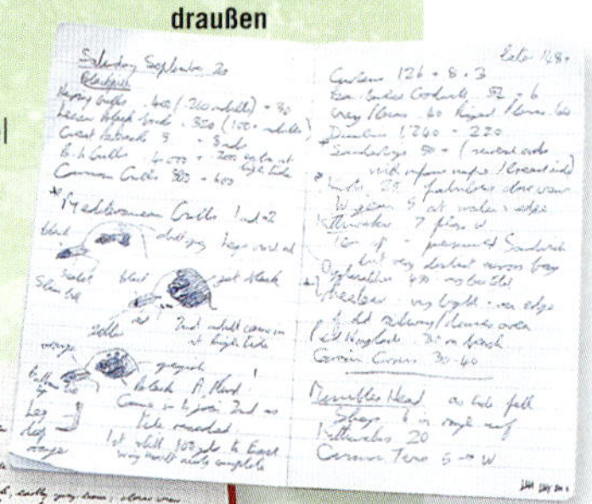

Notizbuch für draußen

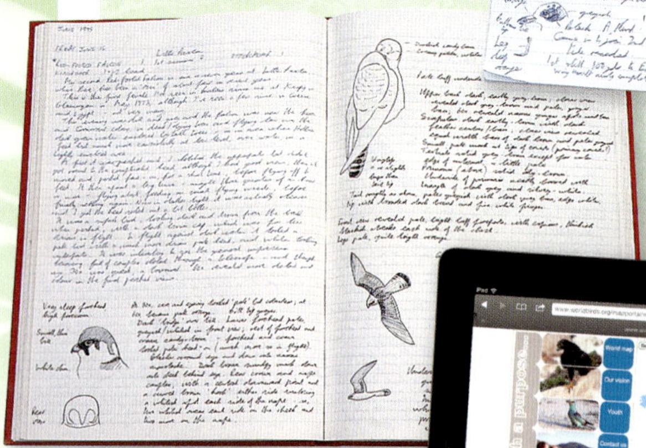

Vogeltagebuch

Aufzeichnungen vor Ort *werden in ein Tagebuch übertragen oder heute am besten in eine Computerdatei, sodass man den Überblick über seine Beobachtungen behält.*

Datensammlung

Nach Arten geordnete Register erlauben, Fragen zu beantworten, etwa nach der Zahl von Beobachtungen innerhalb einer bestimmten Zeit, und Ab- und Zunahmen einzuschätzen. Dafür gibt es heute einfache und preiswerte PC-Programme.

Mitarbeit

Vogelkontrollen und -zählungen liefern wichtige Information über Vogelbestände und helfen dem Naturschutz, Gefährdungen für Arten zu erkennen und Gegenstrategien zu entwickeln. Solche Programme befassen sich mit ganz verschiedenen Problemen. Einige konzentrieren sich auf seltene Brutvögel, andere auf Wasservögel oder überwinternde Enten. Alle sind sie aber abhängig von der Mitarbeit geschulter Amateurbeobachter. Ein gutes Beispiel dafür ist die Brutvogelerfassung in Großbritannien. Dabei werden vom Computer zufällig ausgewählte Quadrate von 1 km Seitenlänge untersucht, gleichgültig, ob sie mitten in der Stadt oder im offenen Hochmoor liegen. Jedes Quadrat ist einem ehrenamtlichen Mitarbeiter zugeteilt, der seine Kontrollfläche nur dreimal pro Jahr aufsucht, einmal, um das Gebiet zu überprüfen und seine Lebensräume im Detail aufzunehmen, und zweimal, um Vogelarten und

Zwei Fähigkeiten *sind nötig, wenn man sich an Vogelzählungen beteiligt: Artenkenntnis und rasches Erfassen der Zahlen. Es ist leicht, ein paar Stare auf einem Rasen zu zählen, aber große Mengen von Watvögeln, die zu einem Rastplatz fliegen, zu schätzen ist schwierig.*

Anzahl der Vögel zu erfassen. Die Zählungen sind so gelegt, dass eine nahe dem Beginn der Brutzeit und eine gegen Ende stattfindet. Der durchschnittliche Kontrollgang dauert nur eineinhalb Stunden, je nach Lebensraum, sodass man jedes Jahr etwa fünf Stunden draußen ist.

Handzähluhren *helfen dabei, beim Zählen nicht durcheinanderzukommen.*

Die Mitarbeit an Programmen der Vogelerfassung eignet sich hervorragend, um das vogelkundliche Interesse auf ein höheres Niveau zu bringen und aktiv an der Erhaltung einer gesunden Umwelt mitzuwirken. Es kann auch dazu anregen, sich an weiterer Naturschutzarbeit zu beteiligen. Man kann sich z. B. zum Beringer ausbilden lassen. In neuen Projekten sind fähige Mitarbeiter immer willkommen. Wer daran Interesse hat, sollte Kontakt mit der zuständigen Beringungszentrale aufnehmen (Kontaktmöglichkeiten siehe Seite 216). Wenn man einen Vogel mit Ring findet (natürlich mit Ausnahme von Brieftauben), sendet man den Ring zusammen mit den Angaben der Fundumstände an eine Vogelwarte.

LAUTÄUSSERUNGEN

Alle Bestimmungsbücher »übersetzen« Vogellaute in Silben, aber die meisten der tiks, taks, zicks oder tschuks sind erst dann nützlich, wenn man sie einmal gehört hat. Dessen ungeachtet können Silben wichtige Hinweise auf deutliche Unterschiede geben und bei der Bestimmung helfen. Man kann sich vorbereiten, indem man Vogelgesänge und -rufe von einer CD hört, und dann versuchen zu umschreiben, was man draußen hört.

Fantasievolle Aufzeichnungen *tragen dazu bei, Laute sinnvoll zu umschreiben. Fette, kursive oder Großbuchstaben können für Betonungen stehen.*

Wie man Vögel anlockt

Nichts ist spannender, als Vögel aus nächster Nähe zu beobachten oder sogar zu versuchen, sie aus der Hand fressen zu lassen. Ihr Vertrauen und die Möglichkeit, jede Feder im Detail zu sehen, ist ein besonderes Erlebnis, das einige Mühen wert ist. Der beste Platz, um nahe an Vögel heranzukommen, ist der Garten. Hier kann man Futter anbieten und andere Versuche unternehmen, sich Vögel vertraut zu machen.

Früchteschmaus *Vögel wie Stare kommen zum Fallobst.*

Futter im Garten

Vögel sind dauernd aktiv, tragen aber für schlechte Zeiten wenig Fettreserven mit sich. Die Notwendigkeit, regelmäßig energiereiche Nahrung aufzunehmen, zieht sie in den Garten, vor allem wenn »natürliche« Nahrung knapp wird. Verschiedene Futtergaben an einzelnen Futterplätzen werden daher eine stets wechselnde Vogelschar in den Garten locken. Üblicherweise füttert man während der Wintermonate, doch haben Untersuchungen ergeben, dass Ergänzungsfutter auch während der Brutzeit, also im Sommerhalbjahr, nützlich sein kann.

Um Vögel, die am Boden Nahrung suchen, anzulocken, ist keine besondere Ausrüstung oder spezielles Futter nötig. Man kann z. B. geriebenen alten Käse neben Büschen (wegen der Deckung) auslegen, für die scheuen Heckenbraunellen, oder rohe Küchenabfälle und nicht mehr genießbare Früchte auf den Rasen für Amsel und Singdrossel. Am besten legt man das Futter in kleinen »Klumpen« etwas auseinander, damit mehrere Vögel ohne Streiterei fressen können.

Futterhäuschen und Futterbretter *ziehen verschiedene Arten an. Amseln kommen an offene Futterbretter, Tannen- und Sumpfmeisen, Kleiber und Spechte an hängende Futtergeräte.*

Futterbretter sollten 2–3 m von einem Baum oder Busch entfernt stehen, weit genug, um für Eichhörnchen nicht mehr attraktiv zu sein, doch nahe genug, um den gefiederten Gästen raschen Rückzug zu erlauben, wenn ein Sperber oder ein anderer Beutefeind auftaucht.

Man soll nicht mehr *Futter anbieten, als die Vögel nehmen können, denn so zieht man Infektionskrankheiten und unwillkommene Besucher (Ratten, Straßentauben) an.*

Futterkäfige *erlauben kleinen Vögeln den Zugriff, nicht jedoch größeren Arten.*

Röhrenförmige Plastikgeräte *sind haltbar und werden mit kleineren Sämereien gefüllt.*

Behälter *mit Erdnüssen lassen sich für Beobachtung aus nächster Nähe am Fenster anbringen.*

Blaumeisen *hängen sich unter Keramik- oder Plastikglocken, die mit einer Mischung aus Talg und Körnern gefüllt sind.*

Bewegliche Plastikmanschetten *ober- und unterhalb des Futterbehälters helfen Eichhörnchen abzuhalten.*

Hängende Futtergeräte

Einige Vögel wie Blau- und Kohlmeisen oder Kleiber suchen auch in der Natur oft akrobatisch nach Nahrung, wenn sie an Zweigen oder Ästen herumturnen. Sie profitieren von hängenden Futtergeräten, sei es eine halbe, an einem Haken hängende Kokosnuss, ein Meisenknödel oder aber eine Plastikröhre, die mit Sämereien oder Nüssen gefüllt wird (siehe oben). Solche Futtergeräte können an Ästen aufgehängt, an Pfählen oder auch an Fenstern angebracht werden, sodass man die Vögel ganz nah an der Wohnung hat. Vögel wie Baumläufer oder Goldhähnchen kommen kaum an ein hängendes Futtergerät oder an das Futterhäuschen. Trotzdem kann man für sie im Garten Gelegenheiten schaffen. Schmieren Sie Talg an eine grobe Baumrinde oder stecken Sie Nüsse und getrocknete Früchte in Löcher, die Sie in einen Holzstock gebohrt haben.

Sauberkeit und Hygiene

Futtereinrichtungen sauber zu halten ist selbstverständlich. Man kann Futtergeräte von Zeit zu Zeit an andere Stellen bringen, um Kotanhäufungen am Boden zu vermeiden. Man säubert Futterbretter am besten gelegentlich mit warmem Wasser und einer kräftigen Bürste. Tragen Sie immer Gummihandschuhe, wenn Sie mit Futtergeräten umgehen; einige Vogelkrankheiten sind auf Menschen übertragbar. Futterstellen sollten für Kinder und Haustiere nicht erreichbar sein. Kaufen Sie Futtermischungen bei renommierten Firmen; billiges Futter kann durch Aflatoxine beinträchtigt sein, Gifte, die von mikroskopischen Schimmelpilzen erzeugt werden und für Vögel tödlich sind.

FUTTERSORTEN

Vögel brauchen energiereiche Nahrung. Erdnüsse sind oft die Favoriten, doch kommt eine sorgfältig ausgesuchte Samenmischung der natürlichen Vogelnahrung viel näher.

Gequetschten Hafer *kann man auf einem offenen Futterbrett oder am Boden für Körnerfresser auslegen.*

Erdnüsse *sind für Meisen, Kleiber und Spechte ideal, können sich aber mit einem giftigen Schimmel überziehen.*

Hanf und feine Pflanzensamen *sind vor allem für Stieglitze besonders anziehend, selbst in Gärten, in denen sie vorher nicht zu sehen waren.*

Sonnenblumenkerne *eigenen sich für viele Vögel, besonders für Grünfinken, die die Hüllen aufspalten und den Kern fressen.*

Hochwertige Samenmischungen *bieten hohen Nährwert und geringen Abfall; die Körner sind bereist enthülst und zu 100 Prozent genießbar.*

Samenkuchen *aus Talg, Hafermehl und Sämereien ist ein energiereiches Futter für Finken und andere Besucher des Futterbretts.*

Mehlwürmer *kann man getrocknet oder gut verpackt lebend kaufen, sodass man sie nicht anfassen muss; doch einzelne sind ideal, um Rotkehlchen handzahm zu machen.*

Dieser Standardnistkasten *für Blaumeisen ist ideal für kleine Gärten. Ein Dach mit Scharnier erlaubt eine leichte Reinigung.*

Eine aufgeraute Nisthöhle *fällt in einem Naturgarten nicht auf. Möglichst auf der »trockenen« Seite des Stamms aufhängen.*

Ein geprüfter Nistkasten *aus Holzbeton hält ein Leben lang und widersteht auch den Angriffen von Nesträubern.*

Eine offene Vorderwand *erlaubt einen guten Blick auf den Vogel. Solche Kästen lieben vor allem Grauschnäpper und Bachstelzen.*

Seglerkästen *kann man unterhalb der Dachrinne anbringen, doch sind in die Mauer eingelassene Kästen oft erfolgreicher.*

Nistkästen

Nur in wenigen Gärten stehen alte Bäume und dichte Hecken, wie sie Vögel als natürliche Neststandorte brauchen, sodass nach dem Winter viele Vögel den Garten verlassen, um woanders zu brüten. Zweckmäßig angebrachte Nistkästen können sie aber veranlassen, auch den Sommer über zu bleiben und Ihnen das faszinierende Schauspiel der Balz, der Revierverteidigung und des Fütterns der Jungen zu bieten. Nistkästen kann man kaufen oder auch in einfacher Konstruktion selbst basteln. Wenn man sie kauft, sollte man sich an eine renommierte Firma halten, da mangelhafte Produkte Vögel schädigen oder sie auch leicht Angriffen von Nesträubern aussetzen können. Die Abmessungen des Nistkastens, die Größe des Einflugslochs und der Standort im Garten entscheiden, welche Art ihn als Brutplatz annimmt. Es gibt allerdings Arten, die sich niemals in einen Nistkasten locken lassen. Das Einflugloch kann man derjenigen Art anpassen, die man gerne ansiedeln möchte: Ein Durchmesser von 25 mm ist ideal für Blaumeisen, 28 mm passen für Kohlmeisen und 32 mm für Sperlinge.

Ein großer Baum *ist ein idealer Platz für einen Nistkasten. Man wählt einen Baum, der von der Futterstelle etwas entfernt ist, um Streitereien zu vermeiden. Das Schlupfloch sollte nicht der frühen Morgen- oder der Mittagssonne ausgesetzt sein.*

Wo hängt man Nistkästen auf?

Viel hängt von der Größe und der Art des Gartens ab. 2–3 m über dem Boden, möglichst nicht für Katzen erreichbar und etwas versteckt ist ideal. Offene Kästen für Rotkehlchen oder Grauschnäpper sollten in dichten Kletterpflanzen an einer Mauer stehen. Große Kästen für Waldkäuze oder Dohlen setzen große, dichte Bäume voraus, und Stare ziehen es vor, hoch in einem Baum oder auch am Dachgiebel zu brüten.

Blaumeisen *bauen ein Nest aus Moos und Federn in den Nistkasten. Sie können bis zu zwölf Junge haben. Die meisten Gartenvogel haben aber kleinere Bruten.*

Baden *trägt dazu bei, das Gefieder in gutem Zustand zu halten. Im Bad sträuben Vögel ihre Federn, damit das Wasser an die Haut kann.*

Vogeltränke und Vogelbad

Vögel nehmen gern eine flache Wasserschale zum Trinken und zum Baden an. Wasser ist im trockenen Sommer, aber auch im Winter nötig, wenn Frost Wasser nicht zugänglich macht. Eine einfache flache Schale mit nur schwach aufgebogenen Rändern ist ideal, doch sollten die Seiten nicht hell glänzend oder gar rutschig sein. Den Teller setzt man in den Boden, um ihn fest und vor Frost geschützt zu halten. Ein kleiner Stock als Sitzplatz gibt auch kleinen Vögeln die Möglichkeit, das Wasser zu erreichen; tiefere Seiten bieten größeren Arten ausreichend Wassertiefe für ein richtiges Bad. In das Wasser sollten keine Blätter fallen, und Vogelkot sollte so oft wie möglich entfernt werden. Das Wasser muss sauber und frisch und darf keinesfalls mit Weichmachern oder Frostschutzmitteln versetzt sein. Das Vogelbad sollte vom Fenster aus sichtbar sein. Wenn es der Platz zulässt, wird ein kleiner Teich viele Gartenvögel anziehen. Bachstelzen kommen z. B., um nach Insekten und anderen Wirbellosen zu suchen; größere Wasserflächen sind sogar für Enten, Reiher und Eisvögel interessant. Wenn Sie einen neuen Gartenteich anlegen, fügen Sie einige Eimer mit Wasser aus einem bereits bestehenden hinzu, denn das bedeutet einen schnelleren Start für die Entwicklung von wirbellosen Kleintieren, von denen die Vögel leben.

Gartenbesucher

Jeder gut angelegte Garten wird erstaunliche Mengen von alltäglichen Vögeln anziehen, wie Blau- und Kohlmeisen, Amseln, Rotkehlchen, Haussperlingen und Stare. Andere Gäste sind je nach Lage des Gartens zu erwarten. Liegt er z. B. neben einem Wald, kann man Kleiber und vielleicht Schwanzmeisen, Goldhähnchen und an Früchte tragenden Bäumen im Frühjahr Gimpel erwarten. Im Herbst kommen Zweigsänger wie Mönchsgrasmücken oder Klappergrasmücken in die Gärten und fressen an weichen Beeren, durchziehende Buchfinken singen mitunter im August oder September. Ohne den Gesang kann man ihre Anwesenheit jetzt auch übersehen. Im Winter sind Wacholderdrosseln und Rotdrosseln möglich, und der am höchsten geschätzte Gartenvogel, der Seidenschwanz, tut sich an einem Zwergmispelbusch oder an einem Apfelbaum gütlich.

NISTGELEGENHEITEN SCHAFFEN

Sichere Nistplätze sind für kleine Vögel unabdingbar. Wenn der Garten noch neu ist, kann man der Natur mit einem künstlich angelegten Dickicht etwas nachhelfen. Man sammelt einige Äste und bindet sie zu einem lockeren Bündel zusammen; dann ordnet man die Stöcke so an, dass sie eine grobe Schüssel bilden. Das Bündel wird an einem Baum befestigt und dann mit einer Rankenpflanze wie Efeu überzogen, was für die nötige Deckung sorgt. Stechginster oder eine andere stachelige Pflanze am Fuß des Baumstamms kann Katzen abhalten, auf deren Konto die meisten Verluste bei Gartenvögeln gehen.

Lebensräume schaffen

Gärten sind kleine Lebensraumfragmente für Wildtiere. Sie bieten vielen Vogelarten Nahrung und Nistgelegenheiten in einer Zeit, in der die Zunahme intensiver Methoden der Bodennutzung »natürliche« Plätze immer mehr unter Druck setzt. Mit einigen wenigen Überlegungen kann man das ökologische Potenzial des Gartens vergrößern und viele verschiedene Arten anziehen.

Eisvögel *kommen gelegentlich auch an einen Gartenteich, und zwar früh.*

Gestaltung von Gärten

Ein großer einheitlicher Gartenrasen ist eine ziemlich sterile Umgebung für Vögel. Kleine Rasenflecken in einem abwechslungsreichen Garten sind dagegen sehr wichtig, um Amseln oder Singdrosseln anzulocken. Ein größerer, weniger gepflegter Rasen ist für Stare zur Nahrungssuche attraktiv. Bachstelzen schätzen große Grasflächen, sind aber weniger geneigt, kleine eingegrenzte Rasenflecken aufzusuchen. Versucht man, einem Rasen eine irreguläre Form zu geben, erhält man mehr Ränder, an denen Rasen und Blumenbeete aneinanderstoßen. Dies schätzen Vögel.

Blumenbeete sind gut, solange sie nicht mit Schädlingsbekämpfungsmitteln besprüht werden. Sie bieten Deckung. Frisch umgegrabener Boden ist für Vögel, die wie Rotkehlchen oder Heckenbraunellen am Boden Nahrung suchen, ideal.

Standortgemäße Sträucher und Beeren tragende Pflanzen sind besser als exotische. Kleine Koniferen sind jedoch im zeitigen Frühjahr nützlich, da sie sichere Deckung für Nester bieten. Hecken bieten ideale Bedingungen für nistende Vögel. Eine dicke Eibenhecke bietet nicht nur Nistplätze, sondern auch Nahrung.

Holzklötze *im Garten sind gut für Spinnen und Insekten – gerade richtig für den Zaunkönig.*

Natürliches Futter *und rohe Küchenabfälle sowie handelsübliche Futter- und Samenmischungen: Amseln und Drosseln schätzen ein solches Angebot.*

Beeren tragende Pflanzen *ziehen viele Vögel an, besonders im Herbst, wenn sie für die lange Reise einen Fettvorrat anlegen müssen.*

Steile Ufer *und Abbrüche an naturnahen Teichen und Tümpeln können sogar Eisvögel zum Brüten einladen.*

Wasser ist wichtig

Jeder Vogel braucht das ganze Jahr über Wasser. Obwohl viele Arten ausreichend Flüssigkeit durch ihre saftige Nahrung oder als Tau von den Blättern aufnehmen, brauchen sie alle tieferes Wasser zum Baden. Bei anhaltend trockenem Wetter und dann wieder im kalten Winter ist selbst das kleinste Gefäß mit Wasser von Bedeutung. Im Winter kann man stehendes Wasser bei nicht allzu tiefen Temperaturen mithilfe eines schwimmenden kleinen Balls offen halten. Fügen Sie auf keinen Fall chemisches Antifrostmittel zu! Das Wasser sollte immer so frisch und sauber wie möglich gehalten werden.

Für Vögel pflanzen

Viele Sträucher produzieren reichlich Beeren, die für Vögel im Herbst eine wichtige Nahrungsquelle darstellen. Zu empfehlen sind Schneeball, Cotoneaster, Stechpalme, Eberesche, Rot- und Weißdorn, Eibe, Hagebutten und andere, die meist auch als Pflanzen attraktiv sind. Holunder ist ein weiteres hervorragendes Gebüsch mit wohlriechenden Blüten und süßen Beeren, für Vögel von Sommer bis Herbst ein Anziehungspunkt.

Pflanzen wie Waldrebe, Margerite, Maßliebchen, Fetthenne oder Buddleia sind Magneten für Insekten, die dann wieder von Vögeln gefressen werden. Man sollte auch nicht überstürzt Büschel von Brennnesseln herausreißen, denn ihre haarigen Blätter sind oft mit Raupen bedeckt. Zwergkoniferen sind ebenfalls zu empfehlen, denn sie veranlassen Heckenbraunellen und Zaunkönige in ihrem dichten Schatten zur Suche nach Spinnen und Insektenlarven. Sie sind auch hervorragende Übernachtungsplätze im Winter und Nistplätze früh im Jahr. Kletterpflanzen wie Waldrebe, Passionsblume, Efeu und Wilder Wein sorgen für ideale Deckung als Schlaf- und Nistplätze für Haussperlinge und sind gute Stellen, um Nistkästen für Rotkehlchen und Grauschnäpper anzubringen.

Ein Feuchtbiotop *einzurichten ist ein ehrgeiziges Unternehmen.*

Vogelbäder *bieten lebenswichtiges Trink- und Badewasser. Sie sollten exponiert stehen und so oft wie möglich gereinigt werden.*

GARTENPFLANZEN

Vielfalt ist der Schlüssel zu einem Naturgarten. Wählen Sie entsprechend den Sachzwängen von Größe, Typ, Bodenbeschaffenheit und Lage eines Gartens Pflanzen aus, die das ganze Jahr über für Vögel attraktiv sind, etwa eine Mischung aus Kräutern, Gräsern, Sträuchern oder Kletterpflanzen, um auf verschiedenen Höhen Deckung anzubieten – besonders in der Nähe von Futterstellen. Pflanzen Sie wenn möglich einen höher wachsenden Baum, der viel zum Vogelreichtum beiträgt.

Karden *sind große und elegante Pflanzen, die Platz brauchen. Ihre festen, stacheligen Samenköpfe können kleine Trupps Stieglitze im Spätsommer anlocken.*

Schafgarbe *ist ein langsam wachsendes, wohlriechendes Kraut, das im Sommer viele Blüten besuchende Insekten anzieht. Die Samen werden von Haussperlingen, Meisen und Finken gefressen.*

Wildrosen *produzieren im Herbst fleischige Hagebutten, die bis zum Ende des Winters hängen bleiben können. Sie ziehen Grünfinken, Drosseln und Seidenschwänze an.*

Efeu *ist hervorragend für dichten Schutz im Winter, bietet viele Beeren und eine beachtliche Menge später Blüten, die wiederum viele Insekten anlocken.*

Die Haselnuss *produziert im Spätwinter einen Vorhang aus gelben Blütenkätzchen. Die kleinen, harten Nüsse werden von Spechten und Tannenhähern gefressen.*

Erlen *sind mittelgroße Bäume meist am Wasser; die Fülle der kleinen Zapfen im Winter bietet Schwärmen von Erlenzeisigen und Birkenzeisigen Nahrung.*

Stechpalmen *werden von Rotkehlchen, Amseln und Singdrosseln als sichere Ruhe- und Nistplätze genutzt und tragen im Winter eine für Misteldrosseln wichtige Beerenernte.*

Draußen

Vögel haben im Laufe ihrer Evolution fast alle Gebiete unseres Planeten erobert. Die große Vielfalt der Lebensräume in Europa gibt dem Vogelbeobachter die Chance, eine fast verwirrende Palette von verschiedenen Arten zu sehen. Jeder Typ von Lebensraum bietet eigene Herausforderungen und verspricht lohnende Eindrücke und Erlebnisse.

TYPISCHE VÖGEL

Meerstrandläufer *Ein Watvogel, der Felsen dem Watt vorzieht und zwischen Seepocken zu beobachten ist.*

Mittelsäger *Ein auffälliger Vogel in geschützten Buchten zwischen Felsen oder am flachen Sandstrand.*

Gryllteiste *Typischer Jahresvogel auf oder an kleinen Felsinseln im Norden.*

Eiderente *Große Schwärme schätzen große Buchten an Sandstränden und Muschelbänken.*

BEOBACHTEN IM SPIEL DER GEZEITEN

Ein felsiger Vorsprung erstreckt sich in einen schmalen Zugang zu einer Meeresbucht oder einer trichterförmigen Flussmündung. Viele Vögel werden durch das Spiel der Gezeiten um die exponierten Felsen angezogen. Krähenscharben schwimmen und tauchen in der gegen die Felsen schlagenden Brandung und kommen wunderbarerweise bei ihrer Jagd auf Fische in den wogenden Tangstreifen nicht zu Schaden. Möwen picken an Fischen, Muscheln, Quallen und Seesternen, die auf die Felsen gespült wurden, oder lassen sich auf dem Wasser nieder, um nach Genießbarem zu suchen. Fluss- und Küstenseeschwalben tauchen aus der Luft in die schnelle Strömung, und Basstölpel suchen nach Makrelenschwärmen, um sich dann in kurzen, rasanten Stößen ins Wasser zu stürzen.

Ein Zelt *nahe einem Brutstrand ermöglicht fantastische Beobachtungen, aber man kann es erst verlassen, wenn die Vögel sich zerstreut haben.*

TYPISCHE VÖGEL

Sandregenpfeifer *Ist auf festem Sand oder auch im Watt zu Hause und brütet auf offenen Sand- oder Kiesstränden.*

Silbermöwe *Wirft Muscheln auf Felsen, um sie zu öffnen, und sucht an der Tidenlinie nach Nahrung.*

Strandpieper *Brütet in Felsen nahe am Meer und sucht im Sommer Nahrung im Gras; im Winter läuft er den Strand entlang.*

Austernfischer *Brütet auf Kiesstränden und setzt seinen kräftigen Schnabel ein, um auf Felsen Muscheln zu öffnen.*

AM KIESSTRAND

Die Steine an einem Kiesstrand bieten Wat- und Küstenvögeln kaum Nahrung. Doch der Spülsaum aus trocknendem Tang ist voller wirbelloser Kleintiere, die Strandpieper und vielleicht auch Stare, Buchfinken und andere Landvögel anlocken. Ein Watvogel, nämlich der Steinwälzer, ist in diesem Lebensraum Spezialist, denn er findet unter Steinen, Tanghaufen und am Spülsaum seine Nahrung.

Oft leben in einem Felsen über einem Kiesstrand Dohlen oder Tauben – vielleicht verwilderte Stadttauben, aber möglicherweise auch Hohltauben. Wanderfalken brüten an solchen Plätzen und lassen sich beim Kreisen beobachten, wenn sie auf eine Gelegenheit warten, eine Taube zu schlagen.

An einem offenen Strand *zu sehr auf Tarnkleidung zu vertrauen bringt wenig, denn die Vögel sehen einen ohnehin. Lieber sitzt man eine Weile ruhig und wartet.*

FELSKÜSTE, NORWEGEN

KIESSTRAND, APULIEN, ITALIEN

Fels-, Sand- und Kiesstrände

Brandseeschwalbe
Da sie rasch die Nester verlassen, sollte man zu brütenden Seeschwalben Abstand halten.

STRÄNDE HABEN FÜR einige Vögel große Bedeutung. Felsinseln und Landzungen bieten Möwen und Seeschwalben sichere Nistplätze. Sie sind zu jeder Jahreszeit auch gute Beobachtungsplätze für Seevögel. Für langschnäbelige Sondierer bieten Felsküsten dagegen wenig Möglichkeiten, doch suchen einige im angespülten Tang oder in kleinen Pfützen nach Nahrung. Sand- und Kiesstrände sind weniger ergiebig als etwa Flussmündungen. Ein Strand, der nicht mehr überspült wird, kann auch attraktiv sein.

Abstand einhalten

Strandlebensräume weisen wenig oder überhaupt keine Deckung auf, sodass man den Vögeln kaum nahe kommt. So ist es am besten, sie aus größerer Entfernung mit einem guten Fernrohr auf einem stabilen Stativ zu beobachten. Einige Vögel sind jedoch auch bemerkenswert zahm: Meerstrandläufer und Steinwälzer suchen z. B. in nächster Nähe nach Nahrung, wenn man sich ruhig verhält.

Behutsam bewegen

Geht man an der Strandlinie entlang, fliegen die Vögel vielleicht auf und in immer größerem Abstand vor einem her. In diesem Fall geht man am besten zurück, um hinter dem Strand auf die andere Seite des Vogeltrupps zu gelangen, und versucht, in der Deckung von Dünen oder Büschen am äußersten Ende des Hinterlandes aus zu beobachten. Im Sommer stoßen vielleicht brütende Möwen und Seeschwalben schreiend auf Ihren Kopf herunter, wenn Sie sich nähern. Sollte dies passieren, kehren Sie um und gehen Sie gut sichtbar weg, sodass die Vögel das wahrnehmen können. Vögel, die an der Strandlinie Nahrung suchen, hinterlassen deutliche Fußabdrücke und Punktmuster, die Sie dann deuten können.

Zwergseeschwalben *brüten in einer flachen Mulde an einem Sand- oder Kiesstrand. Die zwei oder drei Eier sind sehr gut getarnt, sodass man vorsichtig gehen sollte.*

EXPERTENTIPP

Eine Sandbank vor der Küste oder ein abgelegener Kiesstrand kann ein interessanter Platz für die Erkundung sein. Achten Sie aber auf gefährliche Tiden und Strömungen, die Ihnen ohne Vorwarnung den Rückzug abschneiden können. Beachten Sie örtliche Tidentabellen.

Meer und Steilküsten

KALTE NORDISCHE MEERE SIND fischreich und ziehen eine vielfältige Vogelwelt an. Die Spezialisten auf offener See sind an Land meist unbeholfen, doch müssen sie zur Eiablage und Jungenaufzucht auf festen Boden. Die meisten finden eine Steilküste mit Felssimsen, sicher vor Räubern und unmittelbar am Meer, sodass sie sofort in ihr eigentliches Lebenselement abgleiten können. Die riesigen Seevogelkolonien an Küstenfelsen zählen zu den aufregendsten und dramatischsten Plätzen für Wildtierbeobachtungen überhaupt.

Papageitaucher *Seevögel sind eifrige Pendler, wenn ihre Jungen geschlüpft sind.*

Besuch von Vogelfelsen

Seevogelkolonien bieten hervorragende Beobachtungsmöglichkeiten, besonders in der Brutzeit von März bis Ende Juli. Außerhalb der Brutzeit halten sich Seevögel weit vom Land entfernt auf und werden auch durch Stürme weit verdriftet. Im Frühling und Herbst, wenn viele Seevogelarten auf dem Zug sind, kommen sie oft nahe an Landzungen vorbei, die sich als gute Beobachtungsplätze erweisen. »Seawatching« ist auch deutschen Beobachtern längst ein Begriff; es erfordert Geschick, denn ein Vogel, der vorbeigeflogen ist, kommt kaum wieder zurück. Witterungsberichte sind wichtig, denn längerer Seewind gegen die Küste ermöglicht es oft, den Flug ermüdeter Seevögel von einem Beobachtungspunkt aus größerer Nähe zu verfolgen.

EXPERTENTIPP

Wenn Sie mit einer Fähre unterwegs sind, gehen Sie an einen geschützten Platz an Deck und suchen Sie mit dem Fernglas das Meer in mittlerer Entfernung ab. Mit Blick in Fahrtrichtung können Sie leicht Seevögel entdecken.

Beobachten vom Boot aus

Es gibt Spezialtouren, die nahe unter die Kolonien von Seevögeln führen. Andere Boote fahren weiter hinaus, um ziehende Seevögel zu beobachten, und werfen eine übel riechende Mischung von öligen Fischabfällen über Bord, um Sturmschwalben und Sturmtaucher anzulocken. Mit einem starken Magen kann man auf diese Weise brillante Seevogelbeobachtungen auf offener See genießen. Eine Fährenfahrt über eine große Entfernung bietet die Möglichkeit, Seevögel weit vor der Küste zu sehen. Doch die Vögel fliegen schnell und bieten kaum eine Chance für einen zweiten Blick. Es erfordert Übung, schnell sich bewegende Vögel scharf im Fernglas zu halten.

Trawler fangen *Tausende von zu kleinen Fischen, die wieder ins Meer geworfen werden, lebend oder sterbend. Seevögel ziehen großen Nutzen von dieser großzügigen Fütterung.*

OFFENES MEER, SCHOTTLAND

STEILKÜSTE, HAFNABERG, ISLAND

SEEVOGELBOBACHTUNGEN AUF DEM MEER

Vogelbeobachtung vom Boot aus kann ein großes Vergnügen sein – aber seien Sie vorsichtig mit dem Fernglas. Selbst bei schönen sonnigen Bedingungen kann Spritzwasser leicht an die Linsen kommen, und das Salz im Wasser korrodiert die Mechanik. Mit trockenen weichen Baumwolltüchern aus einer warmen Tasche trocknet man die Linsen oft und sorgfältig ab. Eine Regenkappe für die Okulare ist nützlich. Zurückgekehrt reinigt man Metallteile mit einem feuchten weichen Tuch. Wasserdichte Gläser mit Stickstofffüllung, um ein Beschlagen im Inneren zu verhindern, sind hervorragend, aber teuer.

Warme Kleidung ist wichtig: Ein fest sitzender Hut und Handschuhe sind unverzichtbar, denn auf See kann es selbst mitten im Sommer kalt sein. Da man leicht vergisst, was man alles gesehen hat, muss man Notizen machen – ein Bleistift schmiert weniger als ein Kugelschreiber oder Filzstift.

Offene Boote *kreuzen im Sommer oft nahe entlang der Küste und erlauben gute Beobachtungen von Krähenscharben oder Dreizehenmöwen.*

TYPISCHE VÖGEL

Trottellumme
Häufig in großen Kolonien, steht ähnlich wie ein Pinguin aufrecht, schwimmt in Trupps vor der Küste.

Heringsmöwe
Am häufigsten auf flachem, mit Heide bewachsenem Boden oder auf größeren Inseln, folgt Schiffen.

Schmarotzerraubmöwe
Brütet im Norden und verfolgt im Herbst Seeschwalben.

Basstölpel
Sein weißes Gefieder trägt dazu bei, Artgenossen an einen guten Platz zum Fischen anzulocken.

BEOBACHTUNG AN FELSWÄNDEN

Die Beobachtung von felsbrütenden Vogelarten wie diesen Dreizehenmöwen erfordert etwas Planung. So ist man z. B. auf wenige Beobachtungspunkte angewiesen und muss die Besuche so planen, dass die Wände gut von der Sonne beschienen sind. Sicherheit geht immer vor! Grasige Abhänge über Felswänden können tödlich sein; überklettern Sie niemals wegen eines besseren Blickwinkels Zäune und verlassen Sie keine markierten Wege. Es ist oft gar nicht so einfach, die ersten Papageitaucher richtig zu sehen, und man kann sich von einer Wand voller Dreizehenmöwen und Lummen nur schwer losreißen. Wenn möglich, besuchen Sie eine Basstölpelkolonie – vielleicht das aufregendste Erlebnis von allen.

Wenn man *stundenlang ziehende Seevögel beobachtet, ist das eigene Wohlbefinden wichtig. Ein bequemer Sitzplatz ist entscheidend.*

TYPISCHE VÖGEL

Eissturmvogel
Unfähig, auf dem Land zu stehen, aber ein Meister auf dem Meer.

Felsentaube
Kolonien, in denen keine verwilderten Haustauben mitbrüten, sind auf den Norden beschränkt.

Dohle
Ein großer Akrobat an Küstenfelsen, der Luftströmungen und Winde sehr effektvoll nutzt, um entlang der Felsen zu gleiten.

Tordalk
Da er in Höhlen nistet, ist er oft nicht so auffällig wie die Lummen auf ihren offenen Felssimsen.

TYPISCHE VÖGEL

Alpenstrandläufer *Ein typischer kleiner Strandläufer, den man in seinen unterschiedlichen Kleidern kennen sollte.*

Sturmmöwe *Eine mittelgroße, elegante Möwe, im Sommer weißköpfig, im Winter mit dunklen Strichen am Kopf.*

Knutt *Mittelgroß mit mittellangem Schnabel und ebensolchen Beinen, aber doch ein Vogel mit unverkennbarer Gestalt.*

Ringelgans *Fast überall in Europa sieht man den dunkelbäuchigen Typ, aber in Irland sind hellbäuchige unterseits fast weiß.*

VÖGEL AUF DEM WATT

Spiegelungen von Wasser und Watt machen die Vogelbestimmung schwierig. Günstig ist ein Beobachtungsplatz an der äußersten Spitze einer Flussmündung, wenn die Flut steigt. Man kann Lappentaucher, Seetaucher, Enten und vielleicht auch einen Tordalk sehen, der mit dem Strom hereindriftet. Gleichzeitig sollte man ein Auge auf die Watvogelschwärme haben, die durch das steigende Wasser vom Watt getrieben werden, und versuchen, die bevorzugten Flutrastplätze ausfindig zu machen. Jede Art sucht meist denselben Platz auf, Woche für Woche und Jahr für Jahr. Flussmündungen und bestimmte Plätze des Wattenmeers werden oft als lohnende Winterbeobachtungsplätze betrachtet. Doch sie sind fast das ganze Jahr über voller Vögel. Nordische Watvögel kann man vom Spätsommer bis zum Frühsommer des folgenden Jahres sehen.

Tausende von Watvögeln *drängen sich bei Flut auf einem Landstreifen zusammen. Tidentabellen helfen, den Besuch zeitlich richtig zu planen. Hohe Springfluten sind am lohnendsten.*

TYPISCHE VÖGEL

Großer Brachvogel *Aus der Nähe hellbraun mit Strichen, aus der Entfernung jedoch dunkel.*

Rotschenkel *Aus Entfernung dunkel und etwas gedrungen, aber im Flug leicht am weißen Flügelhinterrand zu erkennen.*

Pfeifente *Häufig auf Grasflächen, auf denen sie in großen dichten Schwärmen weidet.*

Brandgans *Ein auffälliger Vogel im Watt, der in nahe gelegenen Dünen brütet.*

DRAUSSEN IN DER MARSCH

Salzmarschen können schwer zugänglich und gefährliche Lebensräume sein. Die schlammigen, tief ausgewaschenen Wasserläufe können sich bei Flut mit überraschender Geschwindigkeit füllen und den Rückzug abschneiden. Meiden Sie daher solche erodierten Gebiete und suchen Sie Marschen mit höheren Rändern, Deichen oder Wällen gegen die See und mit Fußpfaden auf. Vorteilhaft ist ein geschützter Platz an einem Ufer, an dem man sich niederlassen und auf die herankommenden Vögel warten kann. Rotschenkel, Lachmöwen, Enten, Pieper, Seeschwalben und Lerchen brüten hier. Aber nicht nur ein Besuch bei Sommerwetter lohnt sich. Auch eine Wintertour kann aufregend sein – dann können Sie Wintergäste aus Nordeuropa, Asien oder sogar vom arktischen Kanada beobachten.

Viele Wattflächen und Flussmündungen *sind nahe an Straßen, sodass man das Auto als schützendes Versteck nutzen kann. Eine Fensterklammer für das Fernrohr ist nützlich für einen erschütterungsfreien Blick.*

FLUSSMÜNDUNGSGEBIET, SÜDWALES

SALZMARSCHEN, ESSEX, ENGLAND

Flussmündungen, Watt, Salzmarschen

ZWEIMAL TÄGLICH STRÖMT DIE FLUT in die Flussmündungen, überschwemmt das Watt und die Ränder der Salzmarschen und reichert die Flächen mit Nahrung an. Täglich ist das Watt der Sonne und dem Wind ausgesetzt. Es ist ein harter Lebensraum, aber unzählige Wirbellose leben im Sediment. Sie ziehen wiederum Schwärme von Watvögeln an. Während der Ebbe verteilen sie sich über eine große Fläche und rücken bei Flut an der Küste auf Rastplätzen eng zusammen. Jetzt ist für Enten und Seevögel die Zeit der Nahrungssuche.

Kornweihe *Diesen Jäger kann man über kurzrasigen Salzmarschen jagen sehen.*

Leben im Watt

Die reiche Ernte an Wirbellosen im Watt wird unter vielen Vogelarten aufgeteilt, die mit unterschiedlichen Schnabelformen an die Nutzung bestimmter Beutetiere angepasst sind. Regenpfeifer etwa haben kurze, kräftige Schnäbel für Mollusken und Krebstiere, Pfuhlschnepfen brauchen ihre langen, fein zulaufenden Schnäbel, um im tieferen Schlamm nach Meereswürmern zu sondieren. Um diese Vögel gut zu sehen, bedarf es Geschick, Erfahrung und guter Kenntnisse der lokalen Verhältnisse. Gedeckte Kleidung hilft, mit dem Hintergrund von Dünen und höherem Land optisch zu verschmelzen. Das offene Watt bietet bei Ebbe jedoch kaum Deckung. Daher ist es am besten zu warten, bis die Flut aufläuft, und mit einem guten Fernrohr von einem sicheren Aussichtspunkt aus zu beobachten.

Beobachten auf große Entfernung

Vögel in diesem Lebensraum sind für gewöhnlich weit weg und im silbern glänzenden Watt nur als Silhouetten zu sehen. Man muss also lernen, sie mehr nach Gestalt und typischer Bewegung zu unterscheiden als nach Farbe und Gefiederzeichnung – zur Erfahrung gibt es keine Alternative.

Ein fester Beobachtungsstand *hat den großen Vorteil, dass man am richtigen Platz den Vögeln nahe kommen kann, ohne sie zu stören.*

EXPERTENTIPP

■ Ein Vergleich von Watvögeln aus der Entfernung lohnt sich: Brachvögel sind groß, gedrungen und dunkel; Pfuhlschnepfen sind kleiner und heller; Kiebitzregenpfeifer und Rotschenkel sind noch kleiner und dunkel, und Knutts bedecken den Boden in grauen Schwärmen.

Flüsse und Feuchtgebiete

Kuhreiher
Oft suchen sie auf trockeneren Flächen nach Nahrung.

Wasser bereichert jede Vogelexkursion. Land-, Wasser- und Ufervögel kann man alle am Rande eines Feuchtgebietes oder eines Flusses treffen; Grenzlinien zwischen Lebensräumen bieten die besten Beobachtungsgelegenheiten. Enten und Watvögel paddeln und laufen im Seichtwasser, Seeschwalben stoßen nach Insekten und Fischen. Fast alle Vögel halten hier einmal an, um zu baden oder zu trinken.

Auf beide Seiten achten

Für einen Vogelbeobachter ist die Annäherung an einen Fluss, einen See oder ein Feuchtgebiet immer aufregend. Die Übergangszone zwischen Wasser und Land zieht eine große Vogelvielfalt an. Man kann nie sicher sein, welche Seltenheit gerade da ist. Der Erfolg setzt allerdings Ruhe voraus, denn rasche Bewegungen treiben Teichhühner und Wasserrallen in die Ufervegetation und Enten und Watvögel in die Luft. Auch ein Eisvogel kann weg sein, bevor man ihn sieht. Gehen Sie vorsichtig und schauen Sie das Ufer entlang, sobald Sie da sind, und zwar nach beiden Seiten – den Fluss hinauf oder hinunter oder entlang der Ufer eines Tümpels.

Überschwemmte Wiesen *zählen zu den wichtigsten Lebensräumen. Einige Watvögel veranlassen den Beobachter, die natürliche Deckung (Bäume etc.) zu nutzen.*

EXPERTENTIPP

Wenn ein interessant erscheinender Vogel in dichter Vegetation verschwindet, ist es oft besser, weiterzugehen und später zurückzukommen, als zu warten. Man sollte sich sehr behutsam nähern, das Fernglas angehoben und auf den interessanten Punkt fokussiert.

Belohnte Geduld

Am Ufer verhält man sich ruhig. Die meisten Sumpfvögel sind eher verborgen als scheu und kommen daher oft schon nach wenigen Minuten wieder aus der Vegetation heraus und lassen sich aus nächster Nähe sehen. Dichte Vegetation um ein Feuchtgebiet belohnt einen Vogelbeobachter mit gutem Gehör. Wasserläufer rufen gewöhnlich, wenn sie auffliegen oder fliegen. Eisvögel und auch ankommende Bach- oder Gebirgsstelzen rufen fast immer im Flug. Im Sommer rufen Schilf- und Teichrohrsänger, auch wenn sie nicht singen. Ihr Gesang ist am besten in der Morgendämmerung im Frühsommer zu hören, wenn auch die Stimmen von Kuckuck und Rohrammer sich zu dem wenig melodischen Chor gesellen. Gute Aufnahmen von Vogelstimmen können Sie mit den Tönen vertraut machen.

ÜBERSCHWEMMUNGSFLÄCHEN, SÜDFRANKREICH

WILDFLUSS, SCHOTTISCHES HOCHLAND

KOSTBARKEITEN DER FEUCHTGEBIETE

Süßwassersümpfe sind wertvolle Plätze, die von interessanten Vögeln bewohnt werden. Viel hängt von der Lage ab. In Polen etwa sind die Besonderheiten Doppelschnepfe und Seggenrohrsänger, in Spanien das Purpurhuhn, in Griechenland der Sichler, in Schweden die Kraniche. In den meisten Feuchtgebieten wird die kleine Liste der Brutvögel von vielen Durchzüglern im Frühjahr und Herbst wesentlich erweitert. Typische Arten sind etwa Seeschwalben und Watvögel, aber auch Pieper, Stelzen, Schwalben und Ammern, die zeitweise überm oder am Wasser Nahrung suchen. Im Winter zieht flaches Wasser eine große Zahl und Vielfalt von Schwimmvögeln an.

In den meisten europäischen Ländern *sind Feuchtgebiete so selten, dass sie oft als Naturschutzgebiete ausgewiesen sind. In vielen finden sich gute Beobachtungsstände oder Aussichtstürme.*

TYPISCHE VÖGEL

Graureiher
Er kann in allen Typen von Gewässern Fische fangen, von ruhigen Feuchtgebieten bis zu strömenden Flüssen.

Weißbart-Seeschwalbe
Ein Vogel südlicher Feuchtgebiete, der auf Rohrinseln und Schwimmpflanzen brütet.

Stockente
Überall häufig und eine bekannte Ente, hübsch und groß.

Löffelente
Zieht stehende Gewässer vor, auf denen sie mit ihrer spezialisierten Filtertechnik Nahrung sucht.

MIT DER STRÖMUNG GEHEN

Ein gesunder, sauberer Fluss ist die Heimat unterschiedlichster Vögel. Die Auswahl ändert sich, wenn der Fluss vom rasch strömenden Oberlauf in den Bergen in das schlammbeladene, langsam fließende Band in Meeresnähe übergeht. Eine schnelle Strömung schließt viele Arten aus, ist aber für Gebirgsstelze, Wasseramsel und Flussuferläufer geeignet. Der Mittellauf mit überhängenden Bäumen beherbergt Teichhuhn, Zwergtaucher, Eisvogel und vielleicht auch Uferschwalben, wenn es steile Sandufer gibt. An breiten Flussläufen können sich sumpfige Auen oder Überschwemmungsflächen bilden, wenn die Ufer nicht verbaut sind. Ungestörte Talauen sind die besten Lebensräume für seltene Watvögel wie Kampfläufer und Uferschnepfen, Zwergschwäne und Pfeifenten im Winter, und der Auwald ist Lebensraum für eine große Vogelvielfalt.

Eine Bootsfahrt *durch ein großes Feuchtgebiet kann einen guten Einblick in die Vogelwelt bieten. Einige der größten Gebiete Europas wie das Donaudelta kann man am besten mit dem Boot erkunden.*

TYPISCHE VÖGEL

Gebirgsstelze
Schätzt schnell fließende Flüsse mit Bäumen am Ufer und großen Steinen, auf denen sie sitzen kann.

Wasseramsel
Ein einmaliger Singvogel, der im kalten Wasser klarer und rasch strömender Flüsse geschickt watet, schwimmt und taucht.

Eisvogel
Man hört ihn häufiger, als man ihn sieht, doch plötzlich kann er auf einem Ast einen magischen Augenblick lang ganz nah sitzen.

Flussuferläufer
Ein Sommervogel an steinigen Flussufern und Kiesufern.

Seen, Stauseen und Kiesgruben

Trauerseeschwalbe *Ein typischer Durchzügler auf Binnenseen.*

Offene Wasserflächen findet man häufig in der Nähe von Feuchtgebieten und Flüssen, und eine Zuordnung der Vogelwelt ist mühsam. In den meisten Ländern sind Naturseen rar, werden aber durch Stauseen ergänzt. Künstlich angelegte Wasserspeicher können recht naturnah sein, aber auch fast ganz von Beton umrandet. Gewässer entstehen zunehmend durch Abgrabungen für Sand- und Kiesabbau, die man dann mit Wasser volllaufen lässt. Sie haben meistens steile Ufer und natürlichen Kiesstrand und können für Vögel hervorragend sein.

Lange Tage, kurze Strecken

Für einen erfahrenen Vogelbeobachter ist ein Stausee oder ein See ein großer Anziehungspunkt. Wiederholte Besuche eines bestimmten Platzes führen zu einer chronologischen Folge von Beobachtungen über das Jahr. Ein kleiner See oder Teich lädt zu einem kurzen Blick in der täglichen Mittagspause oder zu einem Morgenspaziergang am Wochenende ein. Beobachtungen an einem größeren Stausee können einen ganzen Tag erfordern. Wasserflächen, wie groß auch immer, ziehen vorbeifliegende Vögel an – Durchzügler, die für einen oder zwei Tage einfallen, um dann wieder weiterzuziehen.

In Osteuropa *kann man spektakuläre Vögel wie Rosapelikane auf großen Seen beobachten, am besten mit einem Boot, doch muss die Störung auf ein Minimum beschränkt bleiben.*

Für den Anfang

Viel hängt von der Jahreszeit ab. Prüfen Sie, was der örtliche See zu bieten hat. Wenn der Wasserspiegel im Spätsommer fällt, lohnt es sich, das Schlammufer zwischen Juli und Oktober nach durchziehenden Watvögeln abzusuchen. Wenn das Wasser steigt und im Sommer gewachsene Pflanzen überflutet, lohnt die Ausschau nach Enten, die sich im Herbst von schwimmenden Samen ernähren. Im Frühling können grasige Stellen am Wasser gut für Steinschmätzer, Wiesenpieper oder Trupps von Stelzen sein. Die offene Wasserfläche zieht auch Seeschwalben an.

EXPERTENTIPP

Man muss den Blick an einem Stauseeufer immer weit voraus richten, denn nichts ist enttäuschender als ein interessanter Watvogel, der auffliegt und auf die andere Seite überwechselt. Er ist es wert, sich um eine bessere Sicht zu bemühen, vielleicht entdeckt man eine Seltenheit.

SEE IN SCHWEDEN

WASSERVÖGEL DAHEIM UND ANDERSWO

Viele der berühmtesten Vogelparadiese Europas liegen am Wasser. Besuche der besten Seen und Staubecken können einen Höhepunkt des Urlaubs bilden. In der Planung für eine Exkursion spielt die Zeiteinteilung eine entscheidende Rolle. Einmalige Erlebnisse sind oft an einem bestimmten Ort auf ein paar Tage beschränkt. In Schweden ist z. B. das Beobachten der Frühjahrsankunft der Kraniche enorm populär und lockt Tausende in die Besucherzentren. An einem See angekommen, ist es sinnvoll, einen Beobachtungstag gut einzuteilen und zu planen, um möglichst viel Erfolg zu haben. Wenn ein günstig gelegener Beobachtungsstand z. B. nach Osten ausgerichtet ist, mag es besser sein, ihn erst am Nachmittag mit der Sonne im Rücken aufzusuchen.

Bemühen Sie sich zu Hause, den See, Wasserspeicher oder Kiesgrubenkomplex vor Ort mit den verschiedenen Lebensräumen zu allen Jahreszeiten gut kennenzulernen. Sie wissen dann, was Sie zu erwarten haben und was ungewöhnlich ist.

Ein Stausee *mit Betondämmen mag nicht die Faszination eines Sees voller Kraniche haben, kann aber doch interessante Vögel anziehen und daher regelmäßiger Aufmerksamkeit wert sein. So rasten z. B. durchziehende Seeschwalben auf Bojen.*

Kies- und Sandgruben *haben raue, steile Uferböschungen, für Uferschwalben ausgezeichnete Brutplätze. Die besten Plätze sind landschaftlich oft nicht »schön«.*

TYPISCHE VÖGEL

Kiebitz
Schon im Juni bilden sich nachbrutzeitliche Schwärme, die als unregelmäßige fliegende Wolken zu sehen sind.

Uferschwalbe
Im Spätsommer und Herbst sammeln sich große Schwärme, um im Röhricht an Ufern von Seen und Stauseen zu übernachten.

Kampfläufer
An schlammigen Ufern von Wasserspeichern im Spätsommer und Herbst einer der häufigeren Watvögel, der dem Anfänger oft Rätsel aufgibt.

Tafelente
Sucht meist nachts nach Nahrung und bildet am Tag Ruhetrupps nach Geschlechtern getrennt.

Reiherente
Häufig und weit verbreitet, taucht oft nach Nahrung.

Schellente
Im Winter auf offenen Seen, in denen sie die meiste Zeit nach Nahrung taucht.

Haubentaucher
Von schilfbestandenen Teichen im Sommer wechselt er im Winter oft auf große offene Seen, um dem Eis auszuweichen.

Höckerschwan
In Nordwesteuropa zahm, aber im Osten ein faszinierender Anblick in wild lebenden Trupps.

Heiden und Hochmoore

Ziegenmelker
Den nächtlich aktiven Vogel kann man in der Abenddämmerung von Mai bis August entdecken.

Diese nährstoffarmen Lebensräume werden durch Beweidung und periodische Brände offen gehalten und ziehen Vögel an, die in niedriger, dichter Vegetation leben. Blänken und Tümpel bieten brütenden Watvögeln Lebensräume, buschige Flächen dienen Rohrammern und Schwarzkehlchen in Hochmooren, Provencegrasmücken und Nachtigallen auf Heideflächen als Brutplätze. Hochmoore liegen oft im schwer begehbaren Bergland, auf Heideflächen ist die Beobachtung dagegen leicht.

Im schottischen Hochland

Eine Exkursion in diese faszinierende Landschaft führt einen allmählichen Wechsel von Vögeln der Kulturlandschaft im Talgrund zur Vogelwelt von Hochmoorflächen, Felsen und Bergen vor Augen. Immer sollte man Grate und den Horizont im Auge behalten, um Greifvögel zu entdecken; auch auf jeder Erhöhung wie Felsen, Pfosten oder kleinen Erdhügeln kann ein interessanter Vogel sitzen.

Dieses Bild *des Heidelandes ist ein buntes Muster verschiedener Lebensräume: die Heideflächen, die Kiefern und der seichte Bach, der Wasseramseln und Flussuferläufer anzieht.*

Heideflächen

Richtige Heiden sind in Europa kostbare Lebensräume. Der trockene Sandboden, die Farbenpracht des Heidekrauts und die Gruppen von Stechginster oder Birken beherbergen eine ganz besondere sommerliche Vogelgemeinschaft mit Ziegenmelker, Dorngrasmücke, Provencegrasmücke, Schwarzkehlchen und Goldammer. In Mittel- und Nordeuropa gibt es noch einige Plätze mit Birkhühnern. Viele der häufigen Arten ziehen Büsche und Dickichte vor, die meisten Heidelandarten suchen am Boden Nahrung (Pieper, Bluthänflinge, Heidelerche) oder fliegen darüber hinweg (Baumfalke).

Achten Sie auf verschiedene Singflüge: Baumpieper gleiten beim Singen auf Busch- oder Baumspitzen herunter, Heidelerchen singen in Kreisflügen und sind nicht mehr als ein Punkt am Himmel. Niedrige Talmulden können feucht und daher für Großen Brachvogel, Rotschenkel oder Feldschwirl geeignet sein.

EXPERTENTIPP

■ **Am besten sucht man das Ende eines hoch gelegenen Tals auf und setzt sich bequem auf eine Unterlage aus dichtem Heidekraut. Vielleicht hat man Glück und sieht eine jagende Kornweihe, einen balzenden Merlin oder einen Kuckuck, der ein Nest sucht, in das er sein Ei legen kann.**

HEIDELAND, SÜDENGLAND

HOCHMOOR ZWISCHEN HEIDEFLÄCHEN, NORDWALES

OFFENE HEIDE

In dieser Landschaft braucht man gute Ohren. Provencegrasmücken rufen laut, sind aber schwer zu sehen. Schüttere Grasflächen auf Sandboden werden gern von nahrungssuchenden Heidelerchen aufgesucht. Sie sind auf dem Boden schwer zu entdecken, fliegen aber aufgescheucht meist nicht weit weg. Typisch sind die weichen »tü lui«-Rufe. Viele Heidegebiete haben steinige Pfade; es lohnt sich, von Zeit zu Zeit anzuhalten und nach Vogelstimmen zu lauschen. In warmem Sommerwetter können jagende Baumfalken, Sperber oder Mäusebussarde über der Heide kreisen. Rufende Krähen machen vielleicht auf Greifvögel aufmerksam.

Im Winter ist die Heide öd und braun, und es gibt nur wenig Vögel. Seltene Wintervögel sind Raubwürger, die man auf den Spitzen von Büschen schon aus großer Entfernung sehen kann. Birkenzeisige suchen Nahrung in Birken, Krähen und Drosseln kommen bei Beginn der Dämmerung in Gehölze und Buschgruppen, um dort zu übernachten.

Heidevögel *sieht man meist ziemlich nahe. Daher sind Fernrohr und Stativ nicht nötig, wohl aber gute Ferngläser.*

TYPISCHE VÖGEL

Schwarzkehlchen
Ein Vogel der Heiden und Hochmoore, der exponierte Sitzplätze schätzt.

Provencegrasmücke
Keck und langschwänzig, doch fast immer bemerkenswert heimlich; achten Sie auf schnurrende Rufe.

Bluthänfling
Brütet in kleinen lockeren Kolonien am Rand von Heiden und Hochmooren, wo es viel Sämereien gibt.

Baumfalke
Brütet in Bäumen und fliegt über Heiden und Mooren, um im Fliegen Schmetterlinge, Libellen und Kleinvögel zu fangen.

DER GROSSE MOORTEPPICH

Lange Wanderungen in offenen Hochmooren verlangen eine gute Karte und robuste Schuhe. Vermeiden Sie Torfmoosteppiche und grüne Flecken, da es sich gewöhnlich um nasse Stellen handelt, in denen man einsinken kann. Flächen mit unterschiedlich gefärbter Heide zeigen auf den Britischen Inseln Maßnahmen zur Förderung von Moorschneehühnern an. Meiden Sie solche Gebiete nach August, wenn Jäger schießen und man unwillkommen ist. Im Frühling sind die größeren Flecken sehr gut für singende Braunkehlchen und rufende Hähne des Moorschneehuhns, die ihre Reviere markieren. An Moortümpeln mit sumpfigen Rändern und großen Bülten brüten oft einzelne Paare Lachmöwen.

In den Bergen *ändert sich das Wetter oft schnell. Man sollte auf plötzlichen Regen, Nebel oder Kälte gefasst sein. Man verliert viel Wärme am Kopf, daher ist eine warme Kopfbedeckung sinnvoll.*

TYPISCHE VÖGEL

Kornweihe
Hellgraue Männchen und braune Weibchen jagen niedrig über dem Boden.

Bekassine
Ein vibrierender Ton in der Luft im Frühling – es könnte eine Bekassine sein.

Steinschmätzer
Schätzt grasige Flecken, braucht aber Steinmauern oder Felshaufen, in denen er sein Nest anlegt. Sein weißer Bürzel leuchtet im Abflug.

Mäusebussard
Jagt über offenem Land, doch hält sich gern in der Nähe von Bäumen auf.

Buschland in Südeuropa

Der Charakter der Mittelmeerregion wird wesentlich durch die Vegetation und die Art ihrer Nutzung durch den Menschen bestimmt. Große Teile der Region waren einmal Wald. Abholzungen für Landbau, Abbrennen und starke Beweidung mit Schafen und Ziegen mit Bodenerosion als Folge haben die Landschaft verändert. Es gibt einige wüstenhafte Gebiete (Südspanien), häufig ist die Landschaft halbtrocken mit einer Vegetation von niedrigen aromatischen Kräutern und dichtem Dornbusch.

Bienenfresser *Ein klassischer Vogel des offenen Landes mit niedrigen Büschen.*

Sonne und Hitze

Die Umgebung für Wildtiere ist heiß und trocken. Trotzdem ist sie im Sommer von kleinen Vögeln belebt. Zweigsänger sammeln winzige Insekten von den Blättern, Würger fangen größere Insekten auf dem Boden, Pieper, Lerchen, Finken und Ammern leben von verschiedenen Insekten, Früchten und Samen. Man sieht sie am besten früh am Tag oder gegen Abend, wenn es kühler ist. In der Tageshitze sitzen sie am Boden und suchen Schatten oder verstecken sich in den Büschen. Am Himmel kann man Greifvögel sehen, die von Kleinvögeln, Großinsekten, Eidechsen und sogar Schlangen leben, auf die vor allem der Schlangenadler spezialisiert ist.

Helle Sonne *kann von den Okularlinsen reflektieren und das Bild beeinträchtigen; man deckt den Zwischenraum bis zum Auge mit der Hand ab, um Streulicht zu eliminieren.*

EXPERTENTIPP

■ **Grasmücken tauchen meist tief in die Büsche ab, besonders im Spätsommer und Herbst. Sie lassen sich mittels der Rufe orten. Warten Sie, bis sie wieder auftauchen. Wenn sie aufgeschreckt werden, schlüpfen sie fast immer unsichtbar davon.**

Sich schützen

Man sollte einen Hut tragen und viel Sonnenschutz auftragen. Und wenn man einen ganzen Tag draußen ist, muss man ausreichend Flüssigkeit zu sich nehmen. Achten Sie auch immer darauf, wo Sie gehen, und sehen Sie von Zeit zu Zeit nach den Wolken. Zwischen den niedrigen Sträuchern wachsen Pflanzen mit Dornen und Stacheln, die durch leichtes Schuhwerk dringen. Auch scharfe Kalkfelsen können Verletzungen hervorrufen. Tragen Sie also kräftigere Wanderstiefel mit einer griffigen Sohle, da man oft steil bergauf oder bergab steigen oder in erodierte Spalten klettern muss, in denen es auch schlüpfrig sein kann. Dornige Grassamen hängen sich an Schuhbänder und können beim Zubinden lästig werden.

BUSCHLAND AM MITTELMEER, FRANKREICH

PFLANZENGESELLSCHAFTEN

Dort, wo der Wald abgeholzt wurde, ist die Ersatzvegetation Grassteppe, Garrigue oder Macchie. Macchie besteht hauptsächlich aus immergrünen Büschen, Heide und Ginster bis etwa 2-3 m Höhe mit Unterwuchs aus Kräutern sowie bunten Blumen. Wenn Schafe und Ziegen diesen kargen Lebensraum zu stark abweiden, verschwinden größere Kräuter, und Dornbüsche nehmen ihren Platz ein, die isolierte feste Dorndickichtinseln in einer weiten Fläche von niedrigem Gras und Thymian bilden. Das nennt man Garrigue. Macchie und Garrigue bedecken riesige Flächen warmer und mehr oder minder felsiger Gebiete rund um das Mittelmeer. Beide Typen kommen oft nebeneinander vor. Im Osten gesellen sich hohe Zypressen dazu. Alles in allem sind das die klassischen Gebiete der zahlreichen mediterranen Grasmückenverwandten.

Macchie geht oft in mehr bewaldete Flächen über, in denen Eichen sowie Kiefernarten dominieren. Hier hält man Ausschau nach Balkanlaubsängern und den beiden Orpheusgrasmücken, Sommergoldhähnchen oder Rotmilanen. Baumbestände auf sandigerem Boden beherbergen die Iberische Blauelster, den Rothals-Ziegenmelker und den Häherkuckuck.

Eine nicht zu tiefe *Senke ist meist ein guter Platz zur Beobachtung, besonders wenn am Grund Wasser ist. Suchen Sie stets den Himmel nach Greifvögeln ab.*

Beobachtungsstände *auf einem Gerüst werden vor allem von Vogelfotografen benutzt. Am besten kommt man in Gesellschaft, die den Stand dann wieder verlässt. Die Vögel kehren zurück, da sie glauben, der Stand sei nicht besetzt.*

TYPISCHE VÖGEL

Schlangenadler
In offenem hügeligen Land mit Büschen und Gehölzen, rüttelt über warmen Hängen.

Theklalerche
Sehr ähnlich der Haubenlerche, aber mehr an buschigen und steinigen Plätzen, weniger in Kulturland und abseits der Dörfer.

Heidelerche
Fliegt in weiten Kreisen über buschige Flächen mit sandigen und kurzrasigen Flächen.

Rotmilan
Fliegt elegant auf der Suche nach Abfall, auf der Jagd nach kleinen Vögeln und Säugetieren über Buschgebiete und Flussufer.

Schwarzkehlchen
Bei Annäherung recht aufgeregt und ruffreudig, sitzt auf Buschspitzen und Leitungen, lässt Alarmrufe hören.

Zaunammer
Den Sommer über kann man den ganzen Tag lang den metallisch ratternden Gesang hören.

Weißbartgrasmücke
Taucht in dichte, dornige Büsche ab, im Frühjahr bei kurzen Singflügen zu sehen.

Provencegrasmücke
Der tiefe schnurrende Ruf ist charakteristisch, der Vogel aber ist in niedriger Heide oder im dichten Ginster oft nur schwer länger zu sehen.

Feldflur

Heringsmöwe
Möwen sieht man häufig auf Feldern, vor allem von Herbst bis Spätwinter.

Fast ganz Europa ist in irgendeiner Form kultiviert. Die Vögel der Agrarlandschaft werden oft übersehen, obwohl sie recht leicht zu beobachten sind. Der Charakter des bewirtschafteten Landes und seine Vögel variieren sehr. Moore, Heiden und sogar Küstensümpfe werden oft beweidet, im Inland sind große Flächen entweder Ackerland oder Grünland für Milch- und Rindfleischerzeugung sowie Schafweiden. In Südeuropa nehmen Flächen mit Obstbäumen, Oliven, Walnüssen, Mandeln, Zitrusfrüchten oder Weingärten großen Raum ein.

Netz von Pfaden

Äcker, abgegrenzte Wiesen und Weiden sind Privateigentum, und die Grenzen müssen respektiert werden. Was man in der Feldflur beobachten kann, hängt von der Jahreszeit und der Art der Bewirtschaftung ab. Wird ein großes Feld im Herbst eingesät und hat nur wenige Hecken, ist nicht viel Vogelleben zu erwarten. Besser ist es auf Flächen mit gemischten Kulturen – mit Grünland, Stoppelfeldern, frisch gepflügter Erde, Hecken und einem einsamen Tümpel. Allgemein ist die Vielfalt der Vögel zum Angebot unterschiedlicher Nistplätze proportional; im Winter spielt das Nahrungsangebot eine entscheidende Rolle.

Gehwege und kleine Straßen *folgen oft einer Hecke oder Rainen mit höherem Gras, die etwas Versteck bieten, aber auch Lebensraum für Vögel.*

EXPERTENTIPP

- **Richten Sie sich nach einer guten Karte und wählen Sie einen Rundgang mit möglichst unterschiedlichen Landschafts- und Lebensräumen. Wenn Feldflur an einen Wald oder See angrenzt, ist das besonders günstig, denn Lebensraumgrenzen sind oft am artenreichsten.**

Winterschwärme

Viele Vögel aus Nord- und Osteuropa ziehen im Winter nach Westen in mildere Wintergebiete. Rotdrosseln und Wacholderdrosseln durchstreifen Hecken nach Beeren und kommen dann auf das offene Feld, um nach Würmern zu suchen. Kiebitze und Goldregenpfeifer, oft von Möwen begleitet, suchen ebenfalls Würmer. Berg- und Buchfinken ziehen Sämereien vor und nehmen Nahrung unter Bäumen auf, besonders unter Buchen. Gemischte Winterschwärme auf Feldern, sie können aus Gold-, Rohr- und Grauammern und Finken bestehen, sind heute kaum mehr zu sehen. Typische Feldvögel das ganze Jahr über sind Saatkrähen, Dohlen, Hohl- und Ringeltauben. Rabenkrähen und Sturmmöwen tauchen auf Gülle-Feldern auf.

ACKERFLÄCHEN, ENGLAND

VÖGEL UND METHODEN DER LANDWIRTSCHAFT

Die Intensivierung der Landwirtschaft hat vielen Vogelarten ihre traditionellen Lebensräume genommen. Das Einsäen von Getreide im Herbst bewirkt, dass im Frühjahr die Vegetation für bodenbrütende Vögel einfach zu dicht ist. Die Anlage von riesigen einförmigen Monokulturen von Getreide hat große Bereiche der Landschaft für Wildtiere in eine Wüste verwandelt. Beiträge zum Naturschutz sind Feldraine, die ungemäht bleiben und nicht mit Insektiziden behandelt werden. Man kann auch Stellen einer Bodenbewirtschaftung entdecken, die für Wildtiere etwas anziehender sind, etwa extensiv genutzte Weiden oder biologisch bewirtschaftetes Ackerland. Hier kann man einen flüchtigen Eindruck vom Potenzial dieses Lebensraums für Vögel bekommen. Im Auto sollte man das Fernglas immer dabeihaben und nach nahrungssuchenden Schwärmen oder einer jagenden Schleiereule Ausschau halten.

Mediterrane Olivenanpflanzungen *und Obstgärten sind der Lebensraum für einige Grasmücken wie Weißbartgrasmücke, Westliche und Östliche Orpheusgrasmücke, aber auch für Girlitze und Zaunammern.*

Abwechslungsreiche Feldflur *mit Hecken und Höhenunterschieden kann schön aussehen, doch hängt das Tierleben weitgehend von den Bewirtschaftungsmethoden ab.*

TYPISCHE VÖGEL

Steinkauz
Jagt für gewöhnlich nach Sonnenuntergang; seine Anwesenheit löst oft Alarmrufe von Kleinvögeln aus.

Goldammer
Zieht im Sommer vor allem weites, offenes Land und niedrige Hecken vor; schließt sich im Winter gemischten Schwärmen von Finken an.

Haubenlerche
Man sieht sie meist an Straßenrändern, besonders in trockenen, sandigen Gegenden Südeuropas.

Elster
In Südeuropa häufig, in Nordwesteuropa ein verbreiteter Vogel der ländlichen Kulturlandschaft.

Girlitz
Ein kleiner, farbenprächtiger Fink in Olivenhainen, Wein- und Obstgärten.

Grauammer
Sitzt auf Erdklumpen, Pfosten, Drähten; der Gesang klingt wie ein »klirrender Schlüsselbund«, den ganzen Sommer über.

Turmfalke
Ein weit verbereiteter, aber seltener werdender Feldvogel; er rüttelt in der Luft wie an einem Faden aufgehängt.

Saatkrähe
Die in manchen Gebieten typische Ackerkrähe hat einen schimmernden schwarzen Körper und ein weißes Gesicht.

Gebirge

Gebirge bieten Vögeln ganz unterschiedliche Lebensräume. Jede Höhenstufe bietet Nahrung oder Brutplätze und kann sowohl für Gebirgsspezialisten als auch für allgemein verbreitete Tieflandvögel attraktiv sein. Unvorhersehbare und zuweilen gefährliche Bedingungen machen Vogelbeobachtungen hier zu einer Herausforderung, und Vögel auch nur im Blick zu behalten kann schwierig sein: Ein Adler oder ein Trupp Alpendohlen schwingen sich rasch von Gipfel zu Gipfel.

Bartgeier *Ein hervorragender Gleitflieger und einer der spektakulärsten Vögel Europas.*

HOCHALPEN, FRANKREICH

Hohe Anforderungen

Hohe Berge sind schwierig zu meisternde Lebensräume für Vögel: Sie sind Stürmen, kalten und plötzlichen Regengüssen, Schnee und Nebel ausgesetzt. Die meisten Arten, die in großen Höhen gut zurechtkommen, sind Spezialisten. Um sie zu sehen, braucht man Geduld und Ausdauer.

Im Gebirge *muss man den Tag sorgfältig einteilen und jemanden über die Route und die Ziele informieren. Mobiles Telefon mitnehmen.*

EXPERTENTIPP

■ In den Bergen ändert sich das Wetter rasch. Welchen Bedingungen man sich auch aussetzt, man muss immer eine Karte dabeihaben, festes Schuhwerk und warme, wetterfeste Kleidung, auch wenn man sich nur eine kurze Strecke vom Weg oder dem Lift entfernt.

Manche Bergvögel sieht man nebenbei, wenn man durch ihren Lebensraum geht, aber die Aufmerksamkeit wird vom schwierigen Gelände beansprucht. Daher ist es sinnvoll, öfter eine Pause zu machen, um in Ruhe zu schauen. Man kann auch Straße und Bergbahn benutzen, um dann von einem Aussichtspunkt aus zu beobachten.

Kletterer und Gleiter

Einige Vögel halten sich an steile Wände und Felsen, an denen sie Insekten finden können. Wenn man mit dem Fernglas die Wände absucht, kann man die Bewegungen von Steinrötel oder Mauerläufer ausmachen. Steinrötel ziehen vor dem Winter nach Süden, und selbst der Mauerläufer muss sich im Winter in geringere Höhen begeben. Stellt man das Fernrohr nahe südlich ausgerichteten Felswänden auf, kann das sehr lohnend sein. Greifvögel wie der Steinadler kreisen auf ihren breiten Schwingen und nutzen die durch die Erwärmung der Hänge aufsteigende Luft. An kalten Tagen erhalten sie Auftrieb vom Wind, der von Steilhängen abgelenkt wird. Kleinere Greifvögel bewegen sich durch eigene Muskelkraft.

RIGLOSGEBIRGE, SPANIEN

BEOBACHTUNG VON GIPFELN UND GRATEN

Auch wenn Gebirge große, weite Landschaften bieten, kann man Vögel doch leicht beobachten. Besser als in den Himmel zu schauen ist es, den Horizont zu betrachten, an dem Gipfel und Grate den Himmel treffen. Dort erhält man Zielpunkte, an denen man seine Augen ausrichten und vor allem das Fernglas oder Fernrohr auf einen weit entlegenen Punkt einstellen kann. Größenschätzungen sind schwierig, denn es gibt relativ wenig Strukturen als Vergleichspunkte. Auch kann es problematisch werden, sich an Gefiedermerkmalen zu orientieren, denn Vögel sind oft weit weg und nur als Silhouette zu sehen. Konzentrieren Sie sich lieber auf die allgemeine Gestalt eines Vogels im Flug und das Flugmuster.

Tragen Sie das Fernrohr auf das Stativ montiert, fokussiert auf einen auffälligen Punkt, an dem Sie Vögel erwarten. So ist es rasch bei der Hand, wenn ein Vogel kurzfristig auftaucht.

Ein guter Sitz *und ein Fernrohr mit einem gewinkelten Okular zahlten sich bei langer Beobachtung von Greifvögeln aus.*

TYPISCHE VÖGEL

Alpendohle
Oft bewegen sie sich in großen, wirbelnden Schwärmen über exponierte Hänge.

Steinadler
Selbst aus der Entfernung bietet dieser Adler ein eindrucksvolles Bild.

Zitronenzeisig
Er ist eine Besonderheit der Alpen und der Pyrenäen nahe der Baumgrenze, wenn er auf dem Boden Nahrung sucht.

Alpenschneehuhn
Um diesen Vogel zu sehen, schaut man nicht in die Ferne – es sitzt wahrscheinlich ganz nahe.

BEOBACHTUNG VON UNTEN

Sollte man den Gipfel nicht erreichen, ist das kein Grund aufzugeben, denn auch von unten zu beobachten, kann Erfolg versprechend sein. Um Hals- und Rückenstarre zu vermeiden, legen Sie sich mit dem Kopf auf den Rucksack und beobachten mit dem Fernglas. Die meisten Bestimmungsbücher zeigen Vögel von unten – für diese Situation ideal. In den höheren Gebirgsstufen trifft man auf viele der charakteristischen Bergvögel. Alpendohlen, Alpenbraunellen und Schneefinken – oft bemerkenswert wenig scheu – kann man schon in der Nähe von Skiliften sehen. Im Sommer hilft es, auf Gesänge sonst sehr versteckter Vögel wie Steinschmätzer, Hausrotschwanz und Bergpieper zu achten.

Geduld wird belohnt in *offenen Gebirgsbiotopen. Auch wenn man versucht ist, weiterzuwandern, ist es oft besser, zu warten.*

TYPISCHE VÖGEL

Gänsegeier
Man sieht die langflügeligen Vögel oft in kreisenden Trupps hoch am Himmel.

Alpenkrähe
Akrobatisch in der Luft scheint sie das Leben zu genießen. Die heiseren Rufe des eleganten Fliegers sind sehr charakteristisch.

Steinrötel
An Felsenrändern und Hochweiden kann man ihn im Sommer sehen; sein Winterquartier liegt in Afrika.

Wanderfalke
Wenn man zufällig in der Nähe eines Brutplatzes ist, kann man seine rauen Rufe hören.

TYPISCHE VÖGEL

Fichtenkreuzschnabel
Holt sich Samen von Kiefern und Fichten und braucht daher alte Nadelbäume.

Tannenmeise
Liebt Nadel- und auch Mischwälder; meist in der Nähe von Nadelbäumen zu sehen und einer der kleinsten Vögel Europas.

Sommergoldhähnchen
Dieser versteckt lebende Vogel dient als Test für das Hören sehr hoher Töne; achten Sie auf den hohen Gesang.

Schwarzspecht
Der größte aller Spechte; er braucht dicke Bäume, oft auf Fichte oder Buche zu sehen, in die er auch seine Höhle meißelt.

NORDISCHE WÄLDER

Die Nadelwälder Skandinaviens und Schottlands zählen zu den eindrucksvollsten und unberührtesten Wäldern, die Europa zu bieten hat. Bestände alter Kiefern, die oft steile Hänge bedecken, haben reichen Unterwuchs und bieten Lebensraum für eine vielfältige Vogelwelt. Naturnaher Urwald ist am reichsten, doch sind auch ältere Forste einen Besuch wert. Wirkliche Nadelwaldspezialisten wie Auer- und Haselhuhn sind schwer zu sehen. Fichtenkreuzschnäbel und Erlenzeisige ziehen den Waldrand oder eine lichtere Stelle um dichte Baumbestände vor; der Habicht lässt sich von einer Lichtung oder einem Hügel aus im zeitigen Frühjahr beobachten, wenn das Männchen hoch über den Bäumen seine Balzflüge ausführt. Hauben- und Tannenmeisen, Winter- und Sommergoldhähnchen, Kleiber und Buchfinken, Letztere allerdings keine ausgesprochenen Nadelwaldvögel, sind für solche Wälder typisch.

Größere Waldvögel *wie diesen Unglückshäher kann man manchmal von einem Beobachtungsort auf Lichtungen oder am Waldrand sehen.*

TYPISCHE VÖGEL

Kleiber
Macht mit lauten Pfiffen und Trillern in Hochwäldern auf sich aufmerksam.

Blaumeise
Ein häufiges und bekanntes Mitglied umherstreifender Herbst- und Wintertrupps.

Buchfink
Im Frühjahr singen die territorialen Männchen laut und ziehen die Aufmerksamkeit auf sich. Oft sind sie zutraulich und suchen Krümel.

Buntspecht
In den meisten Gebieten Europas der häufigste Specht.

UNTER DEM LAUBDACH

Eichenwälder haben in der Regel viele offene Stellen im Laubdach. Sonnenlicht kann durchdringen und fördert einen reichen Bewuchs von krautigen Pflanzen auf dem Waldboden. Dadurch sind die Wälder voller Insekten, Beeren und Früchten – Nahrung für zahlreiche Zilpzalpe, Mönchsgrasmücken, Buchfinken, Rotkehlchen, Zaunkönige und Heckenbraunellen. Bäume, die beschnitten wurden, um dichten Bewuchs von Trieben aus den Stämmen zu erreichen, sind ideal für Nachtigallen, die Dickicht nahe dem Boden lieben. Wälder, die größtenteils aus Buchen bestehen, halten das Licht zurück. So gibt es verhältnismäßig wenig Unterwuchs, offene Plätze sind aber ideal für Waldlaubsänger und Trauerschnäpper.

Offene Stellen *unter dem Laubdach ziehen oft Gartenrotschwänze, Waldlaubsänger und Trauerschnäpper an.*

NORDISCHER NADELWALD, FINNLAND

MISCHWALD, DEUTSCHLAND

Wälder

WÄLDER KANN MAN IN zwei Gruppen einteilen – Nadel- und Laubwälder. Doch bestimmen noch viele andere Faktoren, welche Vögel im Wald vorkommen. Windexposition, Meereshöhe, Breitenlage, Beschaffenheit des Untergrunds, all dies spielt eine Rolle. Kalkuntergrund trägt z. B. Eschenwälder, tiefere Böden fördern Eiche, oft mit Hainbuche oder Weißdorn untermischt. Jeder Waldtyp hat seinen eigenen Charakter und lockt die für ihn typischen Vögel an.

Mäusebussard *Der häufige große Greifvogel über Waldlichtungen.*

Ein Spaziergang im Wald

Wälder hält man ganz selbstverständlich für gute Vogellebensräume. Doch die Vögel zu sehen kann oft eine regelrechte Herausforderung bedeuten. Das Licht ist oft ungünstig und die Deckung zu dicht; das Geräusch der Schritte auf altem Laub und Zweigen verscheucht viele Vögel. Mit biegsamen, nicht zu dicken Schuhsohlen kann man den Boden unter den Füßen »erfühlen«. Man sollte regelmäßig nicht zu kurze Pausen einschalten und sich ruhig verhalten. In dichtem Wald kann man Vögel oft am besten von außerhalb sehen, wenn man von einer Lichtung oder vom Waldrand ins Innere späht. Viel hängt von der Jahreszeit ab: Nicht zu spät im Frühling ist die beste Zeit, einen dichten Wald aufzusuchen. Durchzügler kommen zu den Brutvögeln dazu, die den ganzen Tag singen, um Reviere zu markieren und Weibchen auf sich aufmerksam zu machen. Der Morgenchor erreicht jetzt seinen Höhepunkt, und es lohnt sich, früh aufzustehen, um ihn anzuhören. In der Zeit vor dem Austreiben der Blätter sieht man die Vögel auch am besten.

Nach dem Laubfall *kann man leichter Vögel sehen – sie aber auch den Beobachter. Tarnfarbene Kleidung und ruhiges Verhalten sind gefragt. Weiche Kleidung raschelt nicht.*

EXPERTENTIPP

Nicht alle Wälder oder Gehölze sind gleich. Halten Sie vor allem Ausschau nach einheimischen Bäumen unterschiedlichen Alters und liegenden Stämmen. Hier ist eine größere Vielfalt an Vögeln zu finden als in standortfremden Baumarten. Dickichte locken wieder andere Vögel an.

Möglichkeiten im Winter

Im Winter sind die meisten Vögel abgewandert. Die verbleibenden Arten neigen dazu, in Trupps bei der Nahrungssuche herumzustreifen. Wenn man einem Trupp begegnet, hat man einige hektische Minuten mit Vögeln verschiedener Arten auf einer sonst ruhigen Tour.

Parks und Gärten

Wanderfalke
Diesen großen Falken sieht man immer häufiger in der Stadt.

FÜR VIELE MENSCHEN bringt der Garten den ersten Kontakt mit Wildtieren. Für erfahrene Vogelbeobachter ist es ein idealer Platz, das Bestimmen zu üben und das Verhalten von Vögeln zu studieren. Die Vogelvielfalt in Gärten und Stadtparks ist überraschend groß; solche Lebensräume sind mit der Intensivierung der Landwirtschaft sogar noch wichtiger geworden. In größeren Stadtparks lassen sich manche in ländlichen Gebieten sehr scheue Arten aus nächster Nähe beobachten.

Die Stadt als Lebensraum

Stadtparks, vor allem solche mit Bäumen, Büschen und Gewässern, sind gute Plätze, um Vögel zu beobachten. Ringeltauben und Eichelhäher, draußen auf dem Land scheu und fast unnahbar, sind hier ganz zutraulich; Graureiher besuchen Seen und Teiche, um zu fischen; Blesshühner, Möwen und Enten ergänzen die Vielfalt. Viele Vögel tolerieren nicht nur, sondern nutzen ganz gezielt städtische Lebensräume; für Straßentauben und Hausrotschwänze sind Gebäude als Brutplätze natürlichen Felswänden gleichwertig; Bachstelzen suchen auf Asphalt und Betondecken nach Nahrung; Waldkäuze ruhen in Stadtparks und fangen nachts Ratten in den Straßen; Turmfalken nisten auf Simsen und in Mauerlöchern hoher Gebäude.

Ein Gerät *zur Vogelfütterung am besten in der Nähe einer natürlichen Deckung wie einem Busch anbringen; doch nicht zu nah, damit keine Eichhörnchen ans Futter kommen.*

EXPERTENTIPP

■ Ein zahmes Rotkehlchen macht Freude, besonders Kindern. Werfen Sie dem Vogel einen Mehlwurm hin. Wenn Sie sich ganz still verhalten, können Sie das Rotkehlchen immer näher heranlocken. Nach wenigen Tagen wird der Vogel vertraut und setzt sich vielleicht sogar auf Ihre Hand.

Vögel im Hinterhof

Die reichsten Gärten liegen meist am Stadtrand, wo auch Feld- und Waldvögel auf der Nahrungssuche sind. Aber selbst in kleinsten Stadtgärten gibt es Amseln, Blaumeisen, Rotkehlchen oder Türkentauben. Die Einrichtung von Futterstellen lockt eine ganze Reihe von Arten an: Kleine Samen sind für Stieglitze geeignet, Sonnenblumenkerne für Grünfinken. Viele Leute füttern Vögel nur im Winter, doch brauchen Vögel zusätzliches Futter das ganze Jahr über und nutzen das Angebot im Frühjahr vor dem Brüten. Wasser in Schalen sollte man auch nicht vergesen. Mit einem schwimmenden Ball kann man es auch im Winter eisfrei halten.

VORSTADTGARTEN, SÜDENGLAND

STADTPARK IN LONDON

VOGELBEOBACHTUNG IM GARTEN

Der Garten bietet eine gute Gelegenheit, sich an Vögel anzupirschen, ein neues Versteckzelt oder eine neue fotografische Ausrüstung oder Optik auszuprobieren.

Sorgfältige Aufzeichnungen bringen eine neue Dimension in das Beobachten im Garten. Es macht Spaß, über das Jahr alle Arten zu notieren und Individuenzahlen oder Brutplätze im Garten festzustellen (ohne jedoch die Vögel zu stören). Man kann notieren, was die Vögel fressen, interessante Verhaltensweisen über die Jahreszeiten, auch das Skizzieren üben, das am besten Vertrautheit mit dem Aussehen der Arten vermittelt. Die gesammelten Daten sind nützlich – sie können in Erfassungsprogramme eingehen, die Veränderungen der Vogelbestände ermitteln.

Im Garten *kann man Vögeln sehr einfach sehr nahe kommen. Eine Nistkastenkamera liefert hochauflösende Nahaufnahmen vom Gefieder und Verhalten der Tiere.*

TYPISCHE VÖGEL

Grünfink
Liebt vor allem Gärten und Parks mit hohen Bäumen, alten Hecken, Zwergmispelbeeren und Futterstellen.

Buntspecht
In Gärten der häufigste Specht, oft an Futterstellen mit Nüssen oder Fettfutter.

Kohlmeise
Ein häufiger Gartenvogel, an Futterstellen dominant. Die zweitonige kurze Strophe im Frühling ist allbekannt.

Turmfalke
In Gärten selten, doch oft in Städten zu sehen; beim Mäusefang rüttelt er in der Luft.

WASSER IN PARK UND GARTEN

Es lohnt sich, einen Park aufzusuchen, der einen kleinen Teich oder See hat. Weiden am Wasser locken im zeitigen Frühjahr Zilpzalpe an; Eisvögel fischen von überhängenden Ästen aus früh am Tag, wenn sie noch nicht gestört werden. Auf baumbestandenen Inseln können sogar Graureiher brüten. Stockenten sind häufig, man sieht aber oft auch Hausenten, Ziergeflügel und exotische Wasservögel mit unterschiedlichen Färbungen. Man kann Ähnlichkeiten im Verhalten von Wasservögeln vergleichen und die Unterschiede zwischen Blesshühnern und Teichhühnern oder zwischen Zwergtauchern und Reiherenten kennenlernen.

Kiebitze rasten *auf einer Verkehrsinsel am Stadtrand und zeigen, wie gut sich manche Vögel an das Stadtleben gewöhnt haben.*

TYPISCHE VÖGEL

Blaumeise
Ein häufiger und populärer Gartenvogel, oft an Futterstellen anzutreffen; typischer Bewohner von Nistkästen.

Buchfink
Im Garten und Park einer der frühesten Sänger im Frühling; recht häufig an Futterstellen.

Singdrossel
Ihr lauter Gesang ist ein besonderes Frühlingssignal. Sie lebt u. a. von Schnecken, die sie gegen Steine schlägt (»Drosselschmiede«).

Amsel
Häufig in Parks und Gärten mit Bäumen, oft auf Rasen; hat einen melodischen Gesang.

Vögel bestimmen

Die Freude an den Vögeln beginnt damit, dass man die Arten unterscheiden lernt. Vogelbestimmen ist eine Kunst, die man lernen muss. Es gibt keinen Ersatz für die Stunden, die man draußen verbringt, und allein das Lernen ist ein Ziel, das einen ausfüllt.

Größe und Gestalt

GRÖSSE UND GESTALT EINES VOGELS sind Anhaltspunkte für die Bestimmung, müssen aber vorsichtig eingeschätzt werden. Die Größe kann je nach Alter und Geschlecht variieren und es ist immer schwierig, die Größe ohne ein Vergleichsobjekt richtig abzuschätzen. Die Gestalt ist noch problematischer. Ein Vogel kann seine Flügel bewegen, seinen Schwanz spreizen, seine Federn sträuben oder eng anlegen oder seinen Hals strecken.

Wintergoldhähnchen *Europas kleinster Vogel kann schlank und kugelig wirken, je nachdem, ob er seine Federn anlegt oder sträubt.*

Einschätzung der Größe

Die besondere Gestalt der Vögel macht Angaben zur Größe ziemlich schwierig: Hat die Amsel die Größe eines Schuhs oder die Stockente die eines Rugbyballs? Wenn Vögel die Flügel ausbreiten, wirken sie viel größer. Daher ist es sinnvoll, zunächst einmal mit der Größe eines selbst erwählten Referenzvogels, den man im Kopf hat, zu vergleichen, und zwar bei sehr unterschiedlichen Beobachtungsbedingungen. Entfernung, Hitzedunst, Nebel, Regen und Schnee beinträchtigen unsere Größenwahrnehmung. Man muss auch immer einberechnen, dass Ferngläser, Fernrohre oder Teleobjektive das Objekt heranholen und den Unterschied zwischen nahen und fernen Objekten verringern.

Größenschätzungen sind noch unsicherer, wenn der Vogel fliegt. Meist geben die Geschwindigkeit seiner Bewegung gegen den Himmel und das Tempo der Flügelschläge nützliche Hinweise auf seine Entfernung und damit auch auf seine Größe.

Die Form eines Vogels kann man objektiver als die Größe beschreiben; eine einfache Skizze kann Details festhalten, aber es gibt Täuschungsmöglichkeiten. Einen Vogel als schlank oder plump zu bezeichnen kann irreführend sein. Eine Bachstelze kann in warmem Wetter ausgesprochen schlank wirken, nach einem Bad oder bei Kälte dagegen rund wie ein Tennisball.

Der Krauskopfpelikan *ist einer der größten flugfähigen Vögel der Welt. Mit einer Spannweite von über 3 m kann man seine Größe kaum falsch einschätzen.*

Größenvergleiche *werden am besten zwischen Vögeln des gleichen Typs angestellt. Versuchen Sie, sich die Größen einiger »Referenzarten« zu merken.*

RELATIVE GRÖSSEN DER WATVÖGEL

Wasservögel: typische Gestalten

Machen Sie sich mit den Vögeln in ihrer normalen Umgebung vertraut. Für den Anfang können Sie einen Baggersee aufsuchen und dort die Unterschiede der Arten auf dem Wasser vergleichen. Sehen Sie sich die grundlegenden Körperformen an und halten Sie sie im Gedächtnis oder im Notizbuch fest. Wichtig sind auch die Bewegungen der Vögel – sie sind oft aussagekräftiger als kleine Details des Gefieders oder der Gestalt. Danach ist man in der Lage, die Erfahrung mit häufigeren Wasservögeln auf seltenere Arten und Individuen in großer Entfernung anzuwenden.

Zwergtaucher *Auffallend rund und gedrungen, so gut wie schwanzlos.*

Kormoran *Schwimmt tief im Wasser eingetaucht, hält seinen Schnabel etwas aufwärts.*

Teichhuhn *Schwimmt mit nach vorne gehaltenem und nickendem Kopf; der spitze Schwanz zeigt nach oben.*

Stockente *Eine typische Gründelente mit großem Körper; der Schwanz wird über das Wasser gehalten.*

Singschwan *Ein Schwan mit waagerecht gehaltenem Schwanz und Schnabel.*

Kanadagans *Eine Gans mit einem langen, schwanenartigen Hals und hohem Hinterende.*

Blesshuhn *Mit rundem Kopf und gerundetem Rücken; der Schwanz liegt auf dem Wasser.*

Gänsesäger *Tauchente mit einem langen Körper und einem auf dem Wasser ruhenden Schwanz.*

Landvögel: typische Gestalten

In den meisten Fällen ist die Form mit einer Funktion verbunden: Lange Schnäbel eignen sich zum Sondieren, lange Beine zum Waten, lange Schwänze zum Balancieren, kräftige Füße zum Greifen eines Astes. Auch die Proportionen sind wichtig: Hühner und Tauben haben kleine runde Köpfe, Krähen große breite usw. Eine grobe Skizze hilft beim Lernen, die Eindrücke im Gedächtnis zu behalten.

Rebhuhn *Schnabel, Beine und runder Kopf sind klein in Verbindung mit einem großen Körper.*

Fitis *Schlank und ein Leichtgewicht, ist in der Lage, geschickt durch das Laub zu schlüpfen.*

Schwarzkehlchen *Sitzt meist exponiert und ziemlich aufrecht auf kräftigen langen Beinen.*

Uferschnepfe *Ein wirklich langbeiniger und langschnäbeliger Vogel der feuchten Wiesen.*

Eichelhäher *Ein Vogel mit dickem Schnabel, rundem Kopf und einem kräftigen Körper.*

Gebirgsstelze *Der längste Schwanz und die kürzesten Beine einer Stelze, elegant und zierlich.*

Star *Ein rundlicher Vogel mit spitzem Schnabel und besonders kurzem Schwanz, oft sehr aufrecht.*

Kleiber *Großköpfig, dickhalsig, mit gerade abgeschnittenem Schwanz; Füße greifen in Rinde.*

Schnabelformen

Der Schnabel macht einen wichtigen Teil des Eindrucks aus, den wir von einem Vogel haben, und lässt auch auf die Nahrung schließen. Lange, dünne Schnäbel sondieren im weichen Schlamm, dicke Schnäbel knacken Samen oder reißen Gras ab; gesägte Schnabelränder helfen, schlüpfrige Fische festzuhalten; gekrümmte Schnäbel zerschneiden Fleisch. Der Schnabel bietet einen guten Anhaltspunkt zur Bestimmung, denn seine Form variiert innerhalb einer Art kaum, wenn es auch durchaus kleine Unterschiede je nach Alter und Geschlecht gibt. Möwenmännchen haben z. B. größere Schnäbel als Weibchen, weibliche Brachvögel längere als männliche; aber solche Unterschiede sind nur im unmittelbaren Vergleich zu erkennen. Zusätzliche Information kann manchmal die Haltung eines Schnabels liefern.

Großer Brachvogel *Sondierschnäbel können gerade, nach oben oder nach unten gebogen sein.*

Amsel *Ein kräftiger Schnabel ist für alle Drosseln typisch.*

Blaumeise *Stärker kegelförmiger Schnabel als bei allen Zweigsängern, kleiner als Finkenschnabel.*

Teichrohrsänger *Typischer feiner Insektenfresserschnabel mit der charakteristischen Dornenform.*

Buchfink *Ziemlich langer Schnabel, aber mit breiter Basis und daher kegelförmig.*

Graugans *Mächtiger als der Schnabel einer Ente, zum Abweiden von Gras und Ausgraben von Wurzeln geeignet.*

Säbelschnäbler *Der am auffälligsten nach oben gebogene Schnabel unter den Vögeln Europas; eindeutiges Artkennzeichen.*

Stockente *Der Schnabel ist flacher als bei einer Gans und auch breiter als der vieler kleinerer Enten.*

Graureiher *Der Dolchschnabel wird benützt, einen Fisch zu greifen, nicht, ihn aufzuspießen.*

Steinadler *Einer der mächtigen Greifvogelschnäbel, um Fleischbrocken herauszureißen.*

GEFIEDER GESTRÄUBT: GRÖSSE VORGETÄUSCHT

Federn sind in der Haut verankert, kleine Muskeln können sie aber heben oder senken. Bei Kälte sind sie meist etwas angehoben und schließen mehr isolierende Luftkammern zwischen sich ein. Im Sonnenbad werden sie weit voneinander abgespreizt, damit Wärme bis auf die Haut dringen kann. Nach einem Bad werden sie gespreizt und geschüttelt. Rotkehlchen spreizen in aggressiver Stimmung noch zusätzlich die roten Brustfedern, um größer gegenüber einem Rivalen zu wirken.

Blickwinkel und Bedingungen

Größe und Gestalt eines Vogels können sich mit seinen Bewegungen und durch seine Position gegenüber dem Beobachter grundlegend ändern. Hierzu einige Beispiele: Ein Rotkehlchen hält sich aufrecht mit hochgestrecktem Kopf, sein Körper ist schlank, die Flügel hängen etwas. Von unten jedoch, wenn wir durch die Äste nach oben schauen, sehen wir eine sonderbare rundliche Gestalt. Selbst der Schwanz ist gegen den Blick gerichtet, sodass man nur einen Federball sieht.

Eine fliegende Elster ist von der Seite unverkennbar mit ihrem langen Schwanz und den runden Flügeln. Aber von vorne oder hinten betrachtet sieht man nur einen rundlichen Vogel ohne Schwanz, als Silhouette gegen den Himmel könnte es fast eine Dohle oder ein Eichelhäher sein.

Noch viel komplizierter und täuschender können die auffälligen Gestaltänderungen eines kreisenden Greifvogels, Storchs oder Pelikans sein. Ihre Flügel haben die Form einer großen Tragfläche mit leicht gewölbter Oberfläche und konkaver Unterseite. Die äußersten Federn sind an der Basis breit, gegen die Spitze sehr schmal, sodass die Flügelspitze gefingert ist oder zumindest Schlitze zwischen den Federn aufweist. Die schmalen Spitzen werden vom

Geduldiges Beobachten *mit einem Bestimmungsbuch zahlt sich aus. In der Regel ist es besser, sich in Deckung zu halten und die Vögel herankommen zu lassen, als auf sie zuzugehen oder ihnen zu folgen.*

Luftdruck aufgebogen, die breiten inneren Handschwingen sind steif und gerade. Ein kreisender Gänsegeier oder Steinadler hält seine Flügel in einer leichten V-Form angewinkelt. Geradlinig von unten sehen die Flügel fast rechteckig und gefingert aus. Von vorne sind die aufgebogenen Federspitzen nur als Kante zu sehen und verschwinden fast, sodass der Flügel ganz spitz erscheint. Aus einem bestimmten Winkel wirkt der Flügel regelrecht verdreht mit nach oben gerichteten Vorderrand und nach unten gewinkeltem Hinterrand.

Vogelgestalten können sich auch mit den Wetterbedingungen ändern. Eine schwimmende Lachmöwe im heftigen Regen oder Hagel hält ihren Schnabel aufwärts und legt die Federn an, um eine möglichst kleine Angriffsfläche zu bieten. Wetterbedingungen vermitteln auch Illusionen über Gestaltänderungen: In flimmernder Hitze oder Nebel sehen Vögel oft größer und runder aus als in Wirklichkeit.

Graue oder neblige Tage *können selbst die lebhaftesten Farben dämpfen, machen aber die dunklen Teile eines Vogels größer, als sie wirklich sind, wie z. B. bei diesem Rebhuhn.*

Farbe spielt keine Rolle *mehr bei einem Vogel, den man nur als Silhouette sieht. Jedoch werden dann oft andere Merkmale wie Schnabelform und -größe, Beinlänge, Körperform und Gefiederdetails (wie die Kopffedern des Graureihers) besonders betont.*

Erkennen im Flug

VÖGEL IM FLUG ZU BEOBACHTEN fordert rasche Entscheidungen. Kleinvögel huschen schwirrend von Busch zu Busch, Seevögel fliegen in hoher Geschwindigkeit vorbei und erlauben kaum den Luxus eines zweiten Blickes. Manche Großvögel sieht man dagegen besser im Flug als im Sitzen: In der Luft bei guter Sicht sind alle ihre Merkmale perfekt zu erkennen.

Flussseeschwalbe *Diese Art ist im Flug leichter von der ähnlichen Küstenseeschwalbe zu unterscheiden.*

Merkmale bei fliegenden Vögeln

Nur wenige Kleinvögel kann man im Flug leicht bestimmen, man sieht nur Größe und Flugweise. Eine Blaumeise huscht zu einer Futterquelle, stoppt dort kurz, wendet und fliegt ebenso schnell wieder zurück. Langsamere Lerchen oder Ammern sind leichter zu beobachten.

Flugmuster geben oft gute Anhaltspunkte und erleichtern die Unterscheidung ähnlicher Arten: Spechte, Stelzen und Finken fliegen in Wellenbahnen mit kurzen Folgen von Flügelschlägen; Rauchschwalben gleiten mit geschmeidigen Bewegungen über den Grund, während Mehlschwalben meist mit steiferen, zuckenden Flügelschlägen und höher fliegen; Lachmöwen haben gewinkelte spitze Flügel und schlagen weich, Schwarzkopfmöwen gestreckt mit steiferen Schlägen. Die Fähigkeit, solche Feinheiten zur Vogelbestimmung zu nutzen, kommt mit der Erfahrung; das Lernen macht Spaß. Flussuferläufer sind z. B. unter den europäischen Watvögeln einmalig, denn sie fliegen auf steifen, gebogenen Flügeln niedrig über das Wasser mit jeweils kurzen Schlagfolgen. Lappentaucher fliegen nicht häufig, aber wenn, dann mit langem, etwas durchhängendem Hals, buckelig und mit nachhängenden Füßen. Enten sind langhalsige, kurzschwänzige und spitzflügelige Vögel. Stockenten sind groß und schlagen tief nach unten, kaum über den Rücken, Pfeifenten dagegen haben einen spitzen Schwanz, etwas nach hinten gerichtete Flügel, die ihnen eine schnittige Form verleihen. Tauchenten wie etwa Tafelenten haben mehr schwirrende Flügelschläge; die Flügel von Schellenten sind ziemlich steif und etwas plump, die der Gänsesäger lang und spitz.

Auch das Verhalten fliegender Vögel ergibt wichtige Hinweise für die Bestimmung. Bluthänflinge und Birkenzeisige bilden dichte Schwärme, die zusammen in welliger Flugbahn geradeaus und wie aus einem Guss Kurven fliegen, während Buchfinken meist nur zu wenigen und ohne enge Koordination fliegen. Kurzschnabelgänse formieren sich zu langen Ketten und lockeren Keilformationen, während Weißwangengänse sich zu ungeordneten Schwärmen zusammenfinden.

Im Flug *haben viele Watvögel auf dem Flügel, am Bürzel oder auf dem Schwanz arttypische Merkmale: Sandregenpfeifer tragen ein weißes Flügelband, Flussregenpfeifer nicht; Rotschenkel haben einen auffallend weißen Flügelhinterrand, Grünschenkel dagegen kein weißes Flügelabzeichen, aber einen weißen Keil auf Bürzel und Hinterrücken.*

Uferschnepfe

Im Stehen *ist die Uferschnepfe schwer von der Pfuhlschnepfe zu unterscheiden. Wenn sie aber auffliegt (unten) wird bei der Uferschnepfe ein breites weißes Flügelband und ein schwarzes Endband am Schwanz sichtbar.*

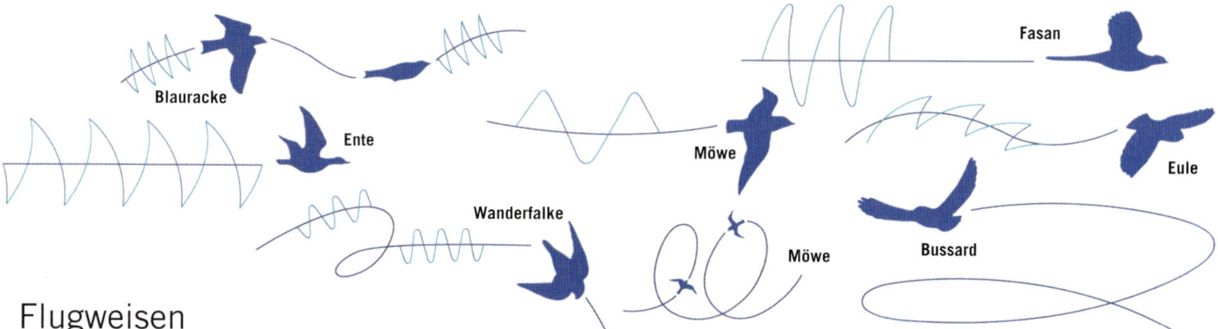

Flugweisen

Die Art, in der sich Vögel durch die Luft bewegen, gibt gute Anhaltspunkte für eine Bestimmung. Racken fliegen in tiefen Wellen. Turteltauben fliegen schnell mit nach hinten gehaltenen Flügeln und rollen von einer Seite auf die andere, ganz anders als die etwas plumper wirkenden Türkentauben. Fasane schwirren mit ihren Flügeln zwischen längeren Gleitphasen. Möwen stürzen herunter, schlagen weich und gleiten; Silbermöwen kreisen hoch und stoßen bei der Verfolgung einer Beute mit großem Tempo herunter, Eulen sind viel langsamer und gaukeln.

Schwanzform

Für einige Arten ist die Form des Schwanzes ein wichtigeres Bestimmungsmerkmal als für andere. Ein Blick auf die Schwanzformen fliegender Zweigsänger, Watvögel oder Drosseln sagt sehr wenig, auf die von Schwalben, Greifvögeln oder Stelzen dagegen viel. Die meisten Hühnervögel haben gerundete Schwänze, wie das Rebhuhn, doch Fasane haben spießförmige Schwanzfedern. Der Schwanz einer Rauchschwalbe ist viel länger als der einer Mehlschwalbe oder eines Seglers. Schwanzmeisen sind unverkennbar, doch Kohlmeisen kaum am Schwanz zu erkennen.

Flügelform

Flügelformen hängen untrennbar mit der Flugweise zusammen. Bussarde kreisen auf angehobenen, breiten und gerundeten Flügeln; Turmfalken haben schmalere und deutlicher zugespitzte Flügel im Ruderflug, die dann runder wirken, wenn sie kreisen. Blaumeisen haben kurze, gerundete Flügel wie viele Kleinvögel. Die breiten, runden Flügel der Kiebitze und ihr langsamer, etwas lockerer Flügelschlag sind einmalig. Die Flügel der Drosseln sind breit; Rotdrosseln halten ihre Flügelspitzen nach hinten, Singdrosseln wirken etwas plumper.

Farben und Zeichnungen

MAN MUSS WISSEN, welche Farben und Muster wichtig sind, wenn man Vögel bestimmen will. Bei den Watvögeln sind Flügel und Bürzelzeichnungen entscheidend, ebenso die Farben der Beine. Für Möwen sind dagegen die Flügelspitzen wichtiger. Eine Drossel hat schwarze Flecken auf der Unterseite, aber sind sie rund, v-förmig oder eher strichartig? Gute Notizen und Skizzen können im Vergleich mit dem Bestimmungsbuch eine Identifikation stützen.

Farbmuster
Tauchenten zeigen unterschiedliche Kombinationen dunkler, heller oder weißer Partien am Körpergefieder.

Farben und Muster vergleichen

Die Farbe eines Vogels kann je nach Jahreszeit und dem Alter der Federn (wenn sie ausbleichen) variieren, Änderungen der Lichtqualität können unsere Farbwahrnehmung beeinflussen. Ein weißer Reiher kann gegen das Licht als Silhouette dunkel wirken, während ein dunkles Weibchen der Kornweihe gegen den dunklen Hochmoorboden heller erscheint. Ringeltauben sehen im kalten Morgenlicht blau aus, wirken aber am späten Winternachmittag im sinkenden Sonnenlicht rosig braun überhaucht. Im Nebel sehen Vögel heller und größer aus. Ein Vogel im leuchtend grünen Laub eines Baumes reflektiert grüne und gelbliche Farben von den Blättern in seinen hellen Gefiederpartien, auf der braunen Erde sieht er dann brauner oder grauer aus, im hellen Sonnenlicht können Farben sogar ganz verschwinden.

Die Beschreibung von Farben neigt dazu, subjektiv zu sein. Ausdrücke wie »olivgrau« bleiben vage, wenn keine ähnlichen Vögel zum Vergleich herangezogen werden. »Sandbraun, heller als eine Singdrossel« ist eine brauchbarere Beschreibung. Muster sind oft treffender als Farbschattierungen.

Die Beschreibung von Zeichnungen und Farben führt weniger zur Verwirrung, wenn man mit einer einfachen Nomenklatur und einigen wichtigen Gefiederbezeichnungen vertraut ist. Einige Wörter haben ganz spezielle Bedeutungen, die man kennen sollte: Binden laufen quer über den Körper oder über den Flügel, Striche dagegen in Längsrichtung; Schwanzbinden laufen quer über den Schwanz, Schwanzsäume bilden die äußeren Schwanzfedern. Man sollte auch versuchen zu erkennen, wie sich Farben und Zeichnungen verändern, wenn ein Vogel seinen Flügel ausbreitet – es ist selten so, dass man einen Vogel wie im Bestimmungsbuch von der Seite vor sich hat.

Mauerläufer *haben auffallendes Rot auf dem Flügel; wenn sie aber über ein Tal fliegen, sind es die weißen Flecken, die ins Auge fallen. Aus der Nähe hilft zwar der Kehlfleck nicht, die Art zu bestimmen. Er weist aber aus, ob wir ein Männchen oder ein Weibchen vor uns haben.*

Eine junge Sturmmöwe *zeigt, wie sich Muster ändern bei ausgebreiteten Flügeln. Man sieht, wie sich die Decken ausbreiten, die Hand- und Armschwingen sich entfalten und die Schirmfedern verschwinden.*

Sommergoldhähnchen

Federn *wachsen nicht einfach durcheinander; sie sind in gut zu unterscheidende Gruppen gegliedert (Federfluren). Die Zeichnungen an Kopf und Körper eines Vogels spiegeln die Lage der Federfluren wider. Es ist daher sinnvoll, sich die wichtigsten Bezeichnungen zu merken.*

Buchfink

Variationen eines Themas

Das Kapitel über die Vogelarten (*Seite 96-153*) beschreibt und illustriert die typischen Gefieder der am häufigsten vorkommenden europäischen Vögel. Bei vielen Arten unterscheidet sich das Gefieder je nach Alter, Geschlecht und Jahreszeit, wenn auch die Grundmuster einander sehr ähnlich sind. In einigen Fällen kann man jedoch große Unterschiede sehen: Männchen und Weibchen der Kornweihe sind z. B. so unterschiedlich, dass man sie vor Jahrhunderten für zwei verschiedene Arten hielt.

Einige Vögel wie z. B. der Zaunkönig weisen so gut wie keine merklichen Farbunterschiede zwischen alt und jung und auch keine jahreszeitlichen Unterschiede auf. Andere wie etwa der Mauersegler oder die Singdrossel zeigen nur kleine Unterschiede zwischen Jung- und Altvogel, aber keine zwischen Männchen und Weibchen oder Sommer und Winter. See- und Lappentaucher haben keine Geschlechtsunterschiede, zeigen aber jahrezeitliche Unterschiede; bei Eissturmvögeln gibt es keine merklichen Unterschiede nach Alter, Geschlecht und Jahreszeit, bei Möwen dagegen sehr: Sie sehen in jedem ihrer ersten vier Jahre bis zum Erreichen des Altvogelgefieders anders aus. Das Wissen um solche Variationen hilft nicht nur bei der Bestimmung, sondern bereichert das Vogelbeobachten.

Gimpel-männchen

Gimpel-weibchen

Gimpelmännchen und -weibchen *sind sich sehr ähnlich. Doch der graue Rücken und die rote Brust des Männchens sind beim Weibchen durch Brauntöne ersetzt. Die Jungen sind in beiden Geschlechtern schlicht und haben kein Schwarz am Kopf.*

Löffelente, Männchen im Sommer

Löffelente, Männchen im Winter

Enten haben verschiedene *Männchen- und Weibchenkleider; im Sommer tragen die Männchen ein Schlichtkleid. Das Löffelentenmännchen ähnelt im Sommer dem Weibchen bis auf rotbraune Flanken und einen blassen Halbmond im Gesicht.*

Höckerschwan-Jungvogel

Höcker-schwan-Altvogel

Höckerschwäne *haben keine Gefiederunterschiede entsprechend den Geschlechtern und den Jahreszeiten. Es gibt aber Unterschiede zu jungen (braunen) und immaturen (fleckigen) Vögeln. Auch die Schnabelfarbe ändert sich.*

Verhalten

Das Verhalten der Vögel bei der Nahrungssuche, bei der Balz oder in der Auseinandersetzung mit anderen Vögeln bietet oft ausgezeichnete Anhaltspunkte für die Bestimmung. Bewegung ist oft aus größerer Entfernung gut zu erkennen, sodass sie dann nützlichere Hinweise gibt als etwa Einzelheiten der Gefiederzeichnung. Die Verhaltensbeobachtung ist ein großer Genuss.

Nachbarschaft im Garten *Vögel finden rasch neue Nahrungsquellen in sich ändernden Lebensräumen.*

Angeboren und erlernt

Viele Verhaltensweisen der Vögel sind in der normalen Entwicklung des Individuums einprogrammiert. So muss ein Vogel das Fliegen nicht lernen, sondern kann kurz nach Entwicklung der physischen Fähigkeiten mit großer Präzision starten, in der Luft manövrieren und wieder landen.

Andere Verhaltensweisen jedoch werden erlernt oder entstehen aus einer Verbindung von Angeborenem und Erlerntem. Die Grundlagen des Gesangs sind z. B. im Gehirn bei Geburt verankert, doch werden die Feinheiten des Gesangmusters erlernt und durch Erfahrung verbessert.

Eine der einfachsten Formen des Lernens, die Prägung, tritt oft früh im Leben ein, wie etwa bei der Stockente. Sobald ein frisch geschlüpftes Küken ein sich bewegendes Objekt sieht, normalerweise seine Mutter, wird es sich ihm nähern und dann folgen; nach etwa zehn Minuten ist eine enge Bindung mit dem Objekt aufgebaut, der Vogel ist geprägt. Vögel sind fähig, auch viel kompliziertere Verhaltensweisen zu entwickeln. Vieles davon kann man bei ganz gewöhnlichen Gartenvögeln beobachten. Rotkehlchen hängen z. B. normalerweise nicht kopfunter, wenn sie Nahrung aufnehmen, aber man kann sie mitunter an Futtergeräten hängen sehen. Wahrscheinlich lernen Rotkehlchen dieses Verhalten durch Beobachtung anderer Arten wie Blaumeisen, die von Natur aus turnen. Rotkehlchen (und Eichelhäher oder Dohlen) können lernen, so an Nahrung zu kommen, doch ihre Jungen müssen diese Geschicklichkeit in jeder Generation neu erwerben.

Revierverteidigung

Fast alle Vögel beanspruchen irgendeinen persönlichen Freiraum, etwa ein Brut- oder Nahrungsrevier, und verteidigen ihn gegen Eindringlinge. Reviere können ausgedehnt sein oder nur auf einen kleinen Platz beschränkt. Ein Star verteidigt z. B. nur den Baum, auf dem er sein Nest hat, und ist sonst sehr gesellig. Reviere können dauerhaft bestehen oder nur vorübergehend.

Der Zweck eines Reviers ist, Ressourcen zu verteilen; Auseinandersetzungen sind jedoch unvermeidlich, besonders in der Brutsaison. Im Frühjahr sieht man im Garten oft Amselmännchen ihre Rivalen vertreiben, während die verpaarten Weibchen im Revier andere Weibchen verjagen. Rotkehlchen kämpfen um Reviere und Partner, manchmal bis zum Tod. In der Regel verhindert jedoch ein Verhaltens-

Durch ihr Verhalten *können Vögel sehr schwer zu sehen sein. Rohrsänger sind gut getarnt und brüten in dichter Vegetation.*

Waldkäuze *sind am Tag schwer zu entdecken, da sie ruhig und im dichten Laub versteckt sitzen.*

Bachstelzen *sind zeitweise sehr gesellig. Man kann sie in der Stadt übernachten sehen, wenn sie Wärme und Schutz suchen.*

Fasanenmännchen *(oben) kämpfen, um die Weibchen zu beeindrucken. Blesshuhnweibchen (unten) kämpfen um Territorien.*

VOGELREVIERE

Die Reviergröße schwankt zwischen einzelnen Arten sehr stark.

Waldkauz		25–30 ha	**Waldkäuze** *verteidigen ihre Reviere lebenslang. Sie werden mit dem Gelände vertraut und können sich in der Dunkelheit mühelos bewegen.*
Rotkehlchen		1–1½ ha	**Männchen und Weibchen** *haben im Winter getrennte Reviere, richten aber gemeinsam ein Brutrevier ein.*
Amsel		½–1 ha	**Amseln** *verteidigen Reviere, die alle ihre Bedürfnisse in der Brutsaison decken, verlassen sie aber im Winter.*
Star		einige m²	**Stare** *verteidigen die unmittelbare Nestumgebung, schließen sich aber sonst oft zu großen Schwärmen zusammen.*
Mauersegler		nur das Nest	**Mauersegler** *verteidigen ihre Nesthöhle, kommen aber nicht auf den Boden. In der Luft haben sie keine Reviere.*

ritual Verletzungen bei Angriffen. Rotkehlchen strecken ihren Kopf nach oben und zeigen dem Gegner ihre rote Brust, schwingen sie dabei in einem Drohverhalten seitlich hin und her. Der »schwächere« Vogel gibt für gewöhnlich auf und zieht sich zurück, bevor es zu Tätlichkeiten kommt. Auch Vögel, die in Kolonien leben, verteidigen Reviere, meist aber nur die unmittelbare Nestumgebung; um Ressourcen gibt es dauernd Konkurrenz. Saatkrähen stehlen z. B. Nestmaterial beim Nachbarn, wenn sie dazu Gelegenheit haben. Starke Paare bauen für gewöhnlich große Nester, die wohl ihren höheren sozialen Status dokumentieren.

Gruppenbildung

Viele Vögel leben einzeln und müssen erst ihren natürlichen Abstand zu anderen Individuen abbauen, um einen Partner zu bekommen. Andere leben in dauernder lärmender Auseinandersetzung. Die Gründe dafür sind nicht ganz klar. Bei Basstölpeln und Haussperlingen haben Studien ergeben, dass Individuen, die in großen, dicht gepackten Kolonien leben, bessere Chancen auf einen Bruterfolg haben als solche in kleineren Kolonien. Das Leben in der Kolonie verschafft möglicherweise Vögeln einen besseren Schutz gegen Räuber, einige Arten brauchen auch einfach soziale Stimulation. Bei Basstölpeln ist das zum Extrem entwickelt, sodass neue Koloniemitglieder lieber ungeeignete Felssimse in der Nähe der anderen Vögel wählen als günstige größere in einiger Entfernung.

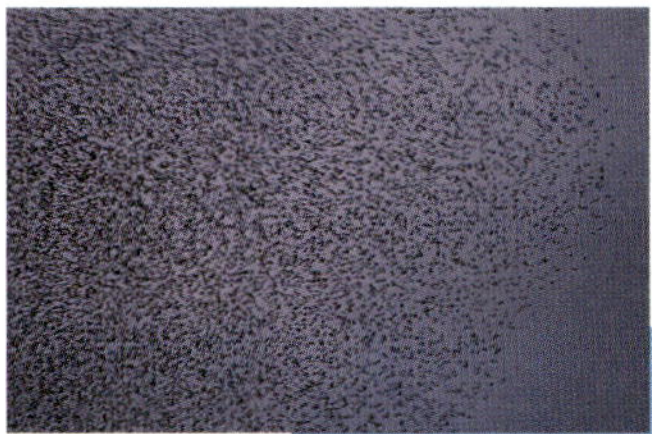

Starenschwärme *sammeln sich, um gemeinsam zu übernachten (links). Im Spätsommer sitzen die Vögel zusammen und singen unablässig im Chor. Im Winter lärmen sie an den Sammelplätzen in der Abenddämmerung (unten).*

Beim Schlafen *stecken Vögel ihren Schnabel unter die Schulterfedern. Rotschenkel schlafen bei Flut, wenn die Nahrungsplätze unter Wasser stehen.*

Gefiederputzen *entfernt Parasiten wie Federläuse und Milben. Sperber halten ihr Federkleid in bester Kondition.*

Ein Sonnenbad *kann Federmilben aktivieren, die dann leichter vom Vogel gepackt werden können, wenn sie sich bewegen.*

Ein Bad *ist wichtig, selbst im Winter. Regelmäßiges Baden hilft, das Gefieder des Vogels sauber zu halten – die Voraussetzung für eine gute Wärmeisolation.*

Gemeinsame Nahrungssuche

Einige Vögel suchen gemeinsam nach Nahrung. Bluthänflinge leben z. B. von Sämereien, die vorübergehend an bestimmten Plätzen häufig sind. Ein Revier zu behaupten ist nicht vorteilhaft, denn ein fester Ort wird solchen Bedingungen nicht genügen können. Daher schließen sich Bluthänflinge zu nahrungssuchenden Schwärmen zusammen; alle profitieren davon, denn viele Augen sehen einen sich nähernden Feind eher.

Vögel, die in der Brutzeit streng territorial leben, können zu anderen Zeiten kooperieren. Blau-, Kohl-, Tannenmeisen und andere Kleinvögel streifen im Winter auf der Nahrungssuche in kleinen Schwärmen durch die Wälder. Wiederum ergibt sich ein klarer Vorteil für jedes Individuum, denn ein Trupp entdeckt mit größerer Wahrscheinlichkeit zerstreut gelegene Nahrungsquellen eher als ein einzelner Vogel. Einzelgänger wie Rabenkrähen sammeln sich im Winter jeden Abend an Schlafplätzen, da sie in diesen regelmäßigen Versammlungen wohl von zusätzlicher Wärme und Informationen zu guten Nahrungsplätzen profitieren.

Gefiederpflege

Wenn sie nicht Nahrung suchen, verbringen Vögel die meiste Zeit damit, ihr Gefieder für das Fliegen und auch wegen seiner grundlegenden Bedeutung als Wärmeisolierung in bester Kondition zu halten. Die Federstrahlen, die Federfahnen geschlossen halten (*s. S. 19*), werden durch die tägliche Beanspruchung aufgerissen; die Vögel schließen den Klettmecha-

Staub, zwischen *die Federn gebracht, entfernt schmierige Ablagerungen und lockert die Federstrukturen auf, sodass die Isolierung verbessert wird.*

NAHRUNGSSUCHE: SINGDROSSEL

Singdrosseln suchen häufig in großen Gärten mit Büschen und Rasenstücken nach Nahrung. Im Winter nutzen sie feuchten Untergrund, um Regenwürmer leicht herausziehen zu können. Im Sommer liegen die Regenwürmer jedoch tiefer in härterem Boden und gehen auf Schnecken über. In Gegenden, in denen es wenig Schnecken gibt, ziehen sie sich aus den Gärten in nahe gelegene Wälder zurück. Der kurze, harte Ton, wenn eine Singdrossel eine Schnecke gegen einen »Amboss« schlägt, ist im Sommer oft zu hören. In entwaldeten Gebieten ist es für Singdrosseln nicht leicht, ausreichend Nahrung zu finden.

Eine Singdrossel *schlägt eine Gehäuseschnecke wiederholt auf einen »Amboss«, etwa einen Stein, eine Bordkante oder eine Platte, um die Schale aufzubrechen.*

Bei der Beutesuche *hält die Singdrossel den Kopf schief, um eine Bewegung auszumachen (links). Sie nutzt die Hebelwirkung der Beine, um mit ausreichender Kraft Beute aus dem Boden zu ziehen (rechts).*

nismus, indem sie die Federn durch den Schnabel ziehen. Von Zeit zu Zeit drückt der Vogel während des Putzens seinen Schnabel gegen eine Öl absondernde Drüse an der Basis des Schwanzes. Das Öl hält das Gefieder wasserdicht und mag auch eine schwache antibiotische Wirkung haben; es wird als dünner Film über die Federn ausgebracht. Vögel entfernen Außenparasiten und Schmutz von der Körperoberfläche beim Baden; die meisten plustern ihre Federn in einem Tümpel oder einer Pfütze auf, einige unterziehen sich auch einem Staubbad oder »baden« sogar im Rauch eines Kamins oder Feuers.

Mehlschwalben *sind so gut an das Brüten unter der Traufe von Häusern angepasst, dass man in Nordeuropa nur noch sehr wenige Nester an natürlichen Plätzen findet. Viele brüten allerdings noch unter Überhängen an Felswänden in südeuropäischen Bergschluchten.*

Gewöhnung an Menschen

Rotkehlchen lernten vor langer Zeit, Wildschweinen durch die Wälder zu folgen und von den Würmern und Larven zu leben, die beim Wühlen nach oben kamen. So halten sie sich oft in unmittelbarer Nähe auf, wenn ein Beet umgegraben wird. Auch viele andere Vögel haben sich in der modernen Umwelt zurechtgefunden. Haussperling und Stare brüten z. B. in Dächern und Türmen, Turmfalken und zunehmend auch Wanderfalken auf Simsen großer Gebäude. Hohltauben nutzen versteckte Höhlungen in Gebäuden oder Ruinen. Weißstörche scheinen die Nähe des Menschen zu suchen und legen auf Kirchtürmen, hohen Dachgiebeln oder Leitungsmasten ihre Nester an. Sogar Vögel entlegener Plätze, wie Alpenkrähen, nutzen die Strukturen menschlicher Kultur und brüten in Ruinen und Steinbrüchen. Mauersegler haben schon lange ihre natürlichen Nistplätze aufgegeben und besetzen instinktiv Höhlungen unter Dächern. Viele Arten nehmen Nahrung auf, die von Menschen unfreiwillig angeboten wird: Silbermöwen nutzen fressbaren Abfall, viele Seevögel folgen den Fischereischiffen, um den Beifang zu vertilgen. Und viele Segelflieger nutzen die Thermik über Städten, um Höhe zu gewinnen, besonders auf dem Zug.

Lautäußerungen

Die Lautäusserungen der Vögel bieten dem Beobachter eine Fülle von Informationen. Sie zeigen einen versteckten Vogel an und helfen, ihn zu orten. Sie geben wichtige Hinweise auf die Vogelart, und einem trainierten Ohr signalisieren sie auch, was der Vogel gerade tut. Vogelrufe und -gesänge zu lernen ist mithilfe von Aufnahmen leichter geworden, doch für die eigene Erfahrung draußen gibt es keinen vollwertigen Ersatz.

Gesang der Amsel
Der Gesang dieser Art ist typisch für eine Drossel, aber eindeutig als Amselgesang zu erkennen.

Vogelgesänge und -rufe

Gesang ist eine Kommunikation zwischen Vögeln derselben Art. Er dient dazu, Partner anzulocken, Rivalen abzuschrecken und Reviere zu behaupten. Daher ist er vor und während der Brutzeit am intensivsten. Selbst nahe verwandte Arten äußern unterschiedliche Laute. Die fließende Strophe des Fitis und der Stakkatogesang des Zilpzalps unterscheiden zwei täuschend ähnliche Arten. Gute Kenntnis der Gesänge erlaubt eine rasche Bestimmung und ist besonders nützlich für Nachtigall, Zaunkönig, Teich- und Schilfrohrsänger sowie Seidensänger, die man viel öfter hört als sieht.

Vogelrufe sind von Gesängen zu unterscheiden, sie sind das ganze Jahr über zu hören. Viele sind Kontaktrufe, die Vögel während der Nahrungssuche oder beim Fliegen zusammenhalten. Einige sind sehr charakteristisch, wie etwa die harten *tschip-tschip-tschip* eines Kreuzschnabels oder das locker schwätzende *stigelitt* eines Stieglitzes. Andere, wie die kurzen hohen Rufe von Blau- und Kohlmeisen, sind weniger eindeutig zu unterscheiden. Rufe erlauben uns, Vögel zu erkennen, die sonst leicht zu verwechseln sind. Man vergleiche etwa die hohen, aber intensiven *sii-sii-sii* eines Goldhähnchens mit den schärferen, weniger schnellen *si-si-si* einer Schwanzmeise oder das weiche *hüid* eines Fitis mit dem schärferen *whit* des Zilpzalps. Die Flugrufe der Watvögel sind für die Bestimmung von entscheidender Bedeutung und können der einzige Hinweis auf die Anwesenheit einer Art in einem gemischten Trupp sein, z. B. zwitschernde Rufe eines Sichelstrandläufers unter hoch trillernden Alpenstrandläufern. Das scharfe und explosive *zick* einer Gebirgsstelze oder das dünne *psiit* eines fliegenden Wiesenpiepers sind nicht nur gute Bestimmungshinweise, die Rufe veranlassen den erfahrenen Vogelbeobachter auch, den Kopf zu heben. Ohne Rufe würde man viele Vögel einfach übersehen. Blaumeisen lassen hohe Rufe vernehmen, um andere vor einem Sperber zu warnen; ein Chor lauter Alarmrufe von Meisen, Drosseln und Finken kann auf einen ruhenden Waldkauz hinweisen.

Die Heckenbraunelle *singt fein und schnell, aber es fehlt die kräftige, musikalische Qualität einer Drossel oder eines Rotkehlchens oder der schallende Triller eines Zaunkönigs.*

Nachtigallen singen oft *von versteckten Singwarten. Mitunter sind die Strophen zögerlich und unvollständig, aber in vollem Gesangsfluss bringt der Vogel eine Folge schneller Kadenzen, reiner Pfiffe und plötzlicher Höhenwechsel wie nur wenige andere Arten.*

Zaunkönige singen mit Leidenschaft *und gemessen an ihrer Größe mit großer Lautstärke. Im anstrengenden Vortrag vibriert der ganze Körper. Das beste Erkennungsmerkmal ist der schmetternde Schlusstriller.*

Schallortung

In geschlossenen Lebensräumen wie Wäldern oder Pfaden durch dichtes Gebüsch in Parks und Gärten ist es oft leichter, Vögel akustisch zu entdecken als optisch. Beim Gang durch einen Wald lohnt es sich zu allen Jahreszeiten, oft anzuhalten und zu lauschen, denn man hört Vögel viel leichter, wenn man sich ruhig verhält und kein Rascheln von Kleidung oder Trittgeräusche stören.

Im Winter können uns durchdringende Rufe in einem sonst leeren Wald zu einem nahrungssuchenden Trupp führen. Im Herbst mag ein durchziehender Laubsänger eine Rarität bedeuten; auch wenn man die scharfen *ziwiet* eines Gelbbrauen-Laubsängers nicht kennt, sollte ein unbekannter Ruf doch die Aufmerksamkeit auf sich lenken.

Ein Vogel, *der im Dickicht sing oder ruft, kann durch Dreiecksortung gefunden werden. Man horche von verschiedenen Punkten um das Dickicht und verfolge die Linien zur Lautquelle. Der Punkt, an dem sich die imaginären Linien treffen, markiert den Sitzplatz des Vogels.*

Der Vogelchor in der Morgendämmerung *im Spätfrühling an einem Waldsaum ist ein besonderes Erlebnis. Zu dieser Zeit sind alle Singvögel, aber auch gurrende Tauben und trommelnde Spechte in voller Aktivität und bieten ein vielstimmiges und eindrucksvolles Hörerlebnis.*

Beschreibung von Vogellauten

Die Laute eines unbekannten Vogels sollte man sich notieren. Auch wenn es sich um eine häufig vorkommende Art handelt, hilft diese simple Übung der Erinnerung. Es gibt keinen Standard für die Aufzeichnung von Vogelstimmen wie etwa für die Noten in der Musik, man muss seine eigene »Sprache« erfinden.

Einige Rufe wie das *kiwitt* des Dunklen Wasserläufers oder das *pink* eines Buchfinken lassen sich leicht »übersetzen«, aber viele Quietscher, Pfiffe und besonders Gesänge nicht. Versuchen Sie trotzdem, die Tonqualität irgendwie anzugeben. Mit großen, fetten oder kursiven Buchstaben kann man Lautstärke und Betonung andeuten, mit einer Linie über den Buchstaben Abnahme der Lautstärke oder Veränderung der Tonhöhe markieren. Entscheidend ist es, die Schreibweise für zukünftige Vergleiche entziffern zu können.

Stare singen endlos *mit weichen Trillern, ratternden Lauten und hohen, reinen Pfiffen; sie verwirren auch durch perfekte Nachahmungen, z. B. auch von Mobiltelefon-Klingeltönen, in ihrem Gesang.*

Spechte *produzieren Instrumentallaute und trommeln mit ihren Schnäbeln einen kurzen Wirbel gegen einen Ast. Grünspechte trommeln weniger häufig als die meisten, haben aber im Frühling einen charakteristischen laut lachenden Ruf.*

Feldlerchen singen *in einem flatternden Singflug hoch über offenem Grund. Trotz der Anstrengungen, die für einen Rüttelflug nötig sind, bringen sie kontinuierlich Triller und zwitschernde Töne hervor.*

Lebensraum

EINIGE VÖGEL KANN MAN fast überall sehen, andere haben so spezielle Bedürfnisse, dass sie kaum außerhalb der Plätze, an die sie angepasst sind, zu finden sind. Die meisten Vögel fallen aber zwischen diese beiden Extreme. Die Kenntnis der typischen Lebensräume bedeutet für die Bestimmung eine große Hilfe.

Blessgänse
Diese Vögel brauchen eine Kombination von feuchten grasigen Plätzen und offenem Wasser.

Wechselnde Lebensräume

Die Wahl des Lebensraums ändert sich oft mit der Jahreszeit. Blessgänse brüten z. B. in nordischen Mooren, überwintern aber in Westeuropa auf Weideland. Große Brachvögel nisten auf abgelegenen Inseln, auf Mooren und in Feuchtwiesen, verbringen aber den Winter im Wattenmeer. Viele andere Watvögel, die im Wattenmeer überwintern, brüten in der arktischen Tundra. Kuckucke legen ihre Eier in Nester in europäischen Verlandungszonen, auf Heide- und Moorflächen, verbringen aber den Winter in Wäldern und Savannen Afrikas. Auch Jahresvögel wie Wiesenpieper verändern ihren Aufenthalt: Sie wandern von Wiesen und Flachmooren im Sommer auf Felder und Marschwiesen im Winter, um im Frühjahr dann wieder zurückzukehren. Gebirgsstelzen bevorzugen schnell fließende Flüsse und Bäche, aber auch Binnengewässer, einschließlich Teichen und Tümpeln. Solche jahreszeitlichen Lebensraumwechsel erlauben Vögeln, unterschiedliche Nahrungsquellen an verschiedenen Plätzen das Jahr über zu nutzen. Andere Vögel begegnen Nahrungsverknappungen, indem sie im selben Gebiet bleiben, aber andere Nahrung aufnehmen. Mönchsgrasmücken sind z. B. im Sommer Insektenfresser, doch im Herbst und Winter neigen sie in Europa dazu, von Beeren zu leben.

Ähnliche *Arten können mithilfe ihres Lebensraums erkannt werden. Wiesenpieper (rechts) ziehen offenen Grund vor, Baumpieper (weiter rechts) wählen lockere Baumbestände.*

Schafstelzen *(rechts) brauchen nasse Grasflächen, während die ähnlichen Gebirgsstelzen (weiter rechts) an rasch fließenden Gewässern und Pfützen Nahrung suchen.*

Gartenrotschwänze *(rechts) nisten in Baumhöhlen, während die ähnlichen Hausrotschwänze (weiter rechts) Felsen, Steilwände und Gebäude mit Nesthöhlungen bewohnen.*

Kormorane *(rechts) sind an Süß- und Salzwasser anzutreffen; die Krähenscharbe (weiter rechts) ist auf felsige Küsten und Salzwasser beschränkt.*

Durchzügler

Im Herbst halten sich Grasmücken wie Klapper- und Gartengrasmücke an Beeren als Brennstoff für ihre Flüge über lange Distanzen. Zu dieser Zeit kann man sie im Garten an Holunderbeeren sehen. Ermüdete Zugvögel lassen sich in fast allen Lebensräumen nahe der Küste beobachten, in denen sie sich niederlassen, um nach der Überquerung des Meeres Nahrung aufzunehmen.

Strikte Anforderungen

Wachtelkönig

Viele Vögel sind Lebensraumgeneralisten, doch einige stellen sehr hohe Ansprüche, die oft nicht erfüllt werden. Wachtelkönige brüten z. B. in niedriger, grasiger Vegetation wie etwa in traditionellen Heuwiesen, brauchen aber auch Nessel- oder Irisblüten als Schutz im Frühjahr, bevor das Gras gewachsen ist. Schleiereulen brüten nicht nur in geeigneten Höhlen von Bäumen, sondern brauchen innerhalb ihrer Reviere auch Höhlungen, in denen sie sicher ruhen können.

Einige Arten *sind gefährdet, weil sich ihr Lebensraum verkleinert hat. Wachtelkönige lebten im langen Gras von Wiesen (oben). Änderungen in der Bewirtschaftungstechnik führten zu jahreszeitlich früherem Mähen (links). Ergebnis: Sie können dort nicht mehr brüten, ihre Population nimmt katastrophal ab.*

Graureiher und Stockenten sind Wasservögel, die man fast überall vom Dorfteich bis an die Küste finden kann. Wasseramseln sind dagegen fast ausschließlich auf klare, rasch strömende Fließgewässer mit Steinen und überhängenden Zweigen angewiesen. Sie benötigen auch Felsen, Wasserfälle oder Brücken mit Überhängen, unter denen sie nisten können. Eisvögel nutzen eine größere Vielfalt an Lebensräumen am Wasser, brauchen aber einen Brutplatz über Wasser in einem steilen Erdabfall. Krickenten und Löffelenten suchen im seichten Wasser nach Nahrung, können aber in größerer Zahl als gewöhnlich angetroffen werden, wenn in einem See im Sommer fallender Wasserstand einen dichten Bewuchs von Wasserpflanzen mit sich bringt. Bei steigendem Wasser im Herbst schwimmen dann große Samenmengen auf der Wasserfläche als Nahrung für die Enten.

Mit Informationen über die bevorzugten Lebensräume kann ein Vogelbeobachter mit hoher Wahrscheinlichkeit Plätze für gute Vogelkonzentrationen im Lauf des Jahres vorhersagen. Dieses Wissen ist auch für die Unterscheidung ähnlicher Arten wie Wiesen- und Baumpieper, Schaf- oder Gebirgsstelze sehr nützlich.

Rosaflamingos *haben ihre körperliche Anpassung extrem entwickelt: Lange Beine und Hälse sowie außergewöhnliche Schnäbel, die im Wasser mit der Unterseite nach oben winzige Organismen herausfiltern, erfüllen nur im Seichtwasser mit passender Nahrung ihren Zweck.*

Verbreitung

Schwarzbrauenalbatros
Ein typischer Vogel der Ozeane der Südhalbkugel, der aber auch schon in Europa beobachtet wurde.

VÖGEL BESIEDELN BESTIMMTE Lebensräume, und die meisten Arten halten sich an feste Reviere und Zugrouten. Die Kenntnis des normalen Verbreitungsgebietes eines Vogels ist für die Artbestimmung ebenso hilfreich wie für die Einschätzung der Häufigkeit. Es versteht sich von selbst, dass man eher einen häufig vorkommenden Vogel sieht als eine Rarität. Aber Verbreitung und Häufigkeit sind nicht unveränderlich. Einige Arten breiten sich aus, andere gehen zurück, und einzelne Vogelindividuen kann man auch weit außerhalb ihrer Verbreitungsgrenzen antreffen.

Änderungen der Häufigkeit

Vogelpopulationen unterliegen immer Änderungen, und selbst als häufig betrachtete Arten können sehr rasch verschwinden. Haussperlinge haben z. B. in Städten Großbritanniens um nicht weniger als 64 % in 25 Jahren abgenommen. In den meisten Fällen gehen Bestandsrückgänge auf Zerstörung des Lebensraums oder Änderungen in der Methodik der Landbewirtschaftung zurück. Kiebitze brauchen z. B. im Frühling kurze Vegetation, feuchtes Gras und unbewachsene Flecken. Der Wandel zu intensiverer Landwirtschaft und das Wachstum der Wintersaat (die im Frühjahr hochgewachsen ist) sorgen für ungünstige Bedingungen, weshalb diese Art innerhalb der letzten Jahrzehnte in ganz Europa stark zurückgegangen ist.

RÜCKGANG UND ERHOLUNG

Vor Jahrhunderten brütete der Fischadler in ganz Schottland, um 1859 hatten Verfolgung und Eiersammeln den Bestand auf 40-50 Brutpaare reduziert, und 1920 war die Art regional ausgestorben. In den 50er-Jahren des 20. Jhs. blieben Vögel auf ihrer Wanderung von Afrika nach Skandinavien im Frühjahr in Schottland und begannen wieder zu brüten. Diese natürliche Wiederbesiedlung wurde durch Artenschutz unterstützt. Heute brüten wieder mehr als 100 Paare in Schottland.

Fischadler

Fischadler *sind Fischjäger und wurden in der Vergangenheit wegen mutmaßlicher Schäden am Fischbestand verfolgt. Bei größerem Verständnis der Zusammenhänge sind sie heute willkommen.*

Änderungen der Verbreitung

Menschliche Aktivitäten können auch das Verbreitungsgebiet eines Vogel verändern. Noch vor 100 Jahren brüteten Eissturmvögel nur in Island und auf St. Kilda westlich der schottischen Küste. Heute brüten sie überall an den Küsten Skandinaviens, der Britischen Inseln und Nordfrankreichs. Ihre Ausbreitung fällt mit neuen Fischereipraktiken zusammen, bei der große Mengen toter und zu kleiner Fische sowie Beifang über Bord geworfen werden. Weitere Änderungen sind kurzfristiger. Während einer kühlen Phase in den 60er- und 70er-Jahren des 20. Jhs. begannen Schneeeulen die Shetlandinseln regelmäßiger zu besuchen, und möglicherweise brüteten ein Männchen und zwei Weibchen hier einige Jahre. Als das Männchen starb, war der kleine Kolonisationsversuch beendet.

Wiesenvögel *treffen auf lebensfeindliche Bedingungen in der intensiv genutzten Agrarlandschaft. Teilweise haben sich die Bestände in nur 25 Jahren halbiert.*

VERGRÖSSERUNG DES AREALS

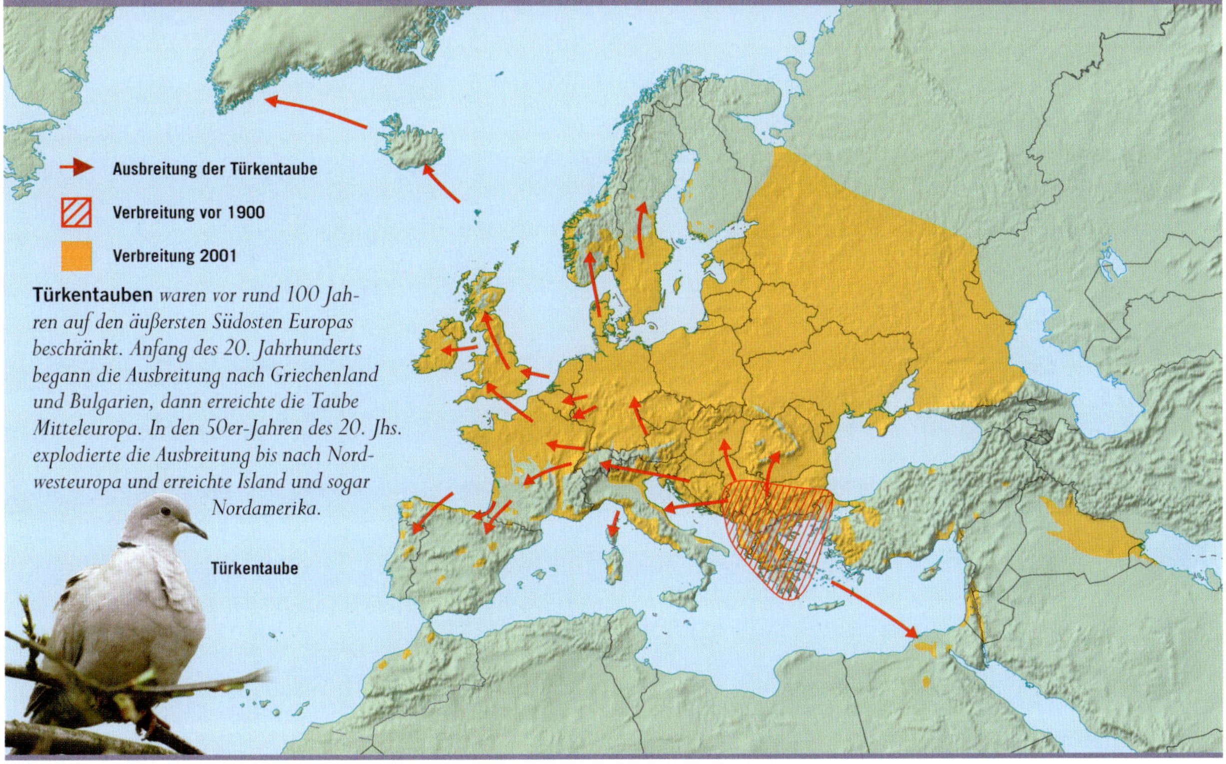

Türkentauben *waren vor rund 100 Jahren auf den äußersten Südosten Europas beschränkt. Anfang des 20. Jahrhunderts begann die Ausbreitung nach Griechenland und Bulgarien, dann erreichte die Taube Mitteleuropa. In den 50er-Jahren des 20. Jhs. explodierte die Ausbreitung bis nach Nordwesteuropa und erreichte Island und sogar Nordamerika.*

Geografische Hinweise

Wenn man glaubt, einen neuen oder ungewöhnlichen Vogel gesehen zu haben, sollte man immer die Verbreitungskarte des Bestimmungsbuches zurate ziehen, um zu prüfen, ob die Beobachtung in die normale Verbreitungsskala fällt. Ein rüttelnder Falke mit rostrotem Rücken und grauem Schwanz in Nordwesteuropa ist z. B. sehr viel wahrscheinlicher ein Turmfalke als ein Rötelfalke, ein seltener südlicher Vogel. Ein schwirrender Laubsänger in einem walisischen Eichenwald ist wahrscheinlich ein Waldlaubsänger, aber in Südfrankreich kann es ein Berglaubsänger sein. Ein einfarbig brauner Singvogel im Schilf in England ist eher ein weit verbreiteter Teichrohrsänger als ein sehr seltener und nur lokal vorkommender Sumpfrohrsänger. Die Chancen, ein Auerhuhn in einem Kiefernwald in Südengland oder in Mittelfrankreich zu entdecken oder einen Waldkauz oder einen Grünspecht in Irland sind gleich null, wie »gut« auch der Lebensraum geeignet sein mag. Wenn man die Verbreitung als Bestimmungshilfe heranzieht, muss man die Wahrscheinlichkeit abwägen, darf aber nicht das Unmögliche oder Unwahrscheinliche ausschließen. Es ist immer möglich, eine Rarität zu entdecken.

Star; weit verbreitet in Europa

Einfarbstar; nur auf der iberischen Halbinsel und am westlichen Mittelmeer

Flussseeschwalbe; weit verbreitet

Rosenseeschwalbe; nur selten und lokal

Wenn man einen Star *im Sommer in Großbritannien oder Frankreich sieht, handelt es sich mit Sicherheit um einen normalen Star. In Zentralspanien ist es dagegen wahrscheinlich ein Einfarbstar. Im Winter kann es jedoch jede der beiden Arten sein, da nördliche Stare nach Süden ziehen und sich zu ihren einfarbigen Verwandten in gemischten Trupps gesellen.*

Eine Seeschwalbe *ist an den meisten europäischen Küsten wahrscheinlich eine Fluss- oder eine Küstenseeschwalbe. Eine Rosenseeschwalbe ist viel weniger wahrscheinlich, da sie bedauerlicherweise extrem selten geworden und auf eine Handvoll Kolonien beschränkt ist. Außerhalb dieser kann man sie noch in kleiner Zahl da und dort auf dem Zug sehen. Wegen ihres kleinen Bestandes ist sie aber in den meisten Gebieten kaum zu erwarten.*

Jahreszeit

DIE VERBREITUNG VON VÖGELN wird stark von Wetter und Jahreszeit beeinflusst. Einige Arten wandern nur lokal zwischen verschiedenen Lebensräumen hin und her, um jahreszeitliche Nahrungsangebote zu nutzen, andere unternehmen spektakulär lange Fernwanderungen. Kenntnis solcher Wanderungen – und jahreszeitlicher Änderungen im Gefieder – können entscheidend sein, um eine Art draußen zu erkennen.

Dunkler Sturmtaucher *Brutvogel der Südhalbkugel, der in Europa nur im Spätsommer zu sehen ist.*

Jahreszeitliche Änderungen

In jedem Frühjahr wandern riesige Mengen Zugvögel nordwärts nach Europa (*s. S. 20-21*). Die Arten können da gebliebenen Standvögeln sehr ähnlich sein und mit ihnen sogar um die gleiche Nahrung in denselben Lebensräumen konkurrieren. Die Kenntnis des Zugverhaltens kann daher eine große Hilfe beim Unterscheiden der Arten sein. Ein schneller grauer Falke mit sichelförmigen Flügeln im Januar ist wahrscheinlich ein Wanderfalke (der das ganze Jahr über in Europa bleibt), von April bis Oktober kann es auch ein Baumfalke sein (der im Sommer in Europa brütet, den Winter in Afrika verbringt). Ebenso ist ein kleiner, braun gestrichelter Pieper möglicherweise kaum exakt zu bestimmen; wenn man ihn aber auf einer Heidefläche oder im Moor zwischen Oktober und März sieht, muss es ein Wiesenpieper sein. Die Übersicht über die Vogelarten (*s. S. 96-153*) enthält Verbreitungskarten, die anzeigen, welche Vögel ganzjährig da sind und welche nur im Sommer. Man sollte sich solche Informationen merken, denn sie können ebenso gute Anhaltspunkte bieten wie Lebensraum und Verbreitungsgebiet. Aber auch Jahresvögel zeigen jahreszeitliche Änderungen. Sie können zwischen den Jahreszeiten Lebensräume wechseln oder sogar das Verhalten. Blaumeisen leben z. B. im Winter geselliger, schließen sich gemischten Trupps an und suchen außerhalb der Brutzeit gemeinsam mit anderen nach Nahrung.

Baumfalken jagen Insekten *und Kleinvögel; sie müssen Europa im Spätherbst verlassen. Wanderfalken jagen größere Beute und können das ganze Jahr überleben.*

Der Sandregenpfeifer *(oben links) ist das ganze Jahr über anzutreffen, der Flussregenpfeifer (oben rechts) nur im Frühling und Sommer. Der Lebensraum bietet Anhaltspunkte: Sandregenpfeifer ziehen Küsten und Süßwasserufer vor, Flussregenpfeifer sind nur am Süßwasser.*

Jahreszeitliche Änderungen des Gefieders

Bei einigen Arten gibt es große Unterschiede zwischen Winter- und Sommerkleid. Am häufigsten sind solche Änderungen bei den Männchen zu sehen, die ein besonders farbenprächtiges Kleid nur in der Brutzeit tragen; bei einigen Arten dient der jahreszeitliche Gefiederwechsel der Tarnung gegen einen sich ändernden Hintergrund.

Während des Gefiederwechsels kann man auch Übergangskleider sehen, die eine weitere Herausforderung für die Bestimmung bedeuten. Lachmöwen haben im Winter z. B. helle Köpfe mit schwarzen Wangenflecken, im Sommer dunkelbraune Kapuzen. Die Mauser beginnt im Spätwinter und ersetzt die Kopffedern von hinten nach vorne. Als Ergebnis haben Übergangsstadien eine unvollständige dunkle Kapuze mit einem unterschiedlich weiß gefärbten Gesicht. Im Herbst ändert sich umgekehrt die Kopffärbung von vorne nach hinten. Die Mauser wird durch die Änderung der Tageslänge ausgelöst, sodass die meisten Lachmöwen ihre Färbung gleichzeitig ändern. Immer aber weichen einige Individuen zeitlich davon ab, und man kann vollständige Kapuzen sogar mitten im Winter sehen.

Die Männchen des Alpenschneehuhns *zeigen auffällige jahreszeitliche Änderungen in der Gefiederfarbe. Die Vögel leben in Felsen – das Sommergefieder deckt sich mit Felsen und Flechten; das ganz weiße Winterkleid ist eine vorzügliche Tarnung bei Schnee und Eis.*

Große Brachvögel *bleiben das ganze Jahr etwa im gleichen Raum. Sie brüten im Sommer auf Wiesen und Mooren, verbringen den Winter an der Küste oder in überfluteten Niederungen und sondieren den Untergrund nach Würmern, Insektenlarven, Krabben oder Weichtieren.*

Andere Vögel ändern ihre Farben, wenn alte, helle Federspitzen abgenutzt sind und darunter liegende, auffälligere Farben sichtbar werden. Das Buchfinkenmännchen hat z. B. im Winter einen bräunlichen Kopf, doch die ockerfarbenen Federspitzen verschwinden im Frühling und setzen eine makellose blaugraue Kopfkappe frei. Eine derartig schnelle und gründliche Veränderung ist sicher kein reines Produkt der täglichen Abnutzung, sondern wird wohl auch durch physiologische Änderungen bestimmt, deren Mechanismen jedoch noch unklar sind. Eine solche Erscheinung lässt sich auch bei Watvögeln wie Alpen- und Sichelstrandläufern beobachten. Im Winter trägt der Sichelstrandläufer zahlreiche weiße Halbmonde im Gefieder, die einen schuppigen Eindruck vermitteln. Im Sommer fallen die Federspitzen ab, und das Gefieder verwandelt sich in ein einheitlich lebhaftes Rot.

Auch Schnabel- und Beinfarben können sich ändern. Der Schnabel des Graureihers leuchtet z. B. im Frühjahr lebhaft rosa oder orangefarben. Beine und Schnabel der Lachmöwen verändern sich von rötlich und schwarz zu tiefem Purpurrot, zusammen mit der dunklen Sommerkapuze.

Obwohl nicht näher verwandt, *kann der Kuckuck leicht für einen Sperber gehalten werden, besonders im Flug. Diese Verwechslung ist aber nur im Sommer denkbar, denn von Oktober bis März sind Kuckucke (links) in Afrika.*

Die Vogelarten

Die folgenden Seiten präsentieren eine Auswahl an Vogelarten, denen man mit großer Wahrscheinlichkeit begegnet, wenn man in Europa Vögel beobachtet. Die Vögel werden nach Ordnung und Familie aufgeführt, sodass verwandte Arten leichter zu finden sind.

Familien und Arten

Für gewöhnlich bezeichnet man Vögel mit Namen aus der eigenen Sprache, oft lautmalerisch und mit sprechenden Begriffen, wie etwa Zilpzalp, Steinschmätzer oder Löffelente. Solche Namen reichen sicher aus, um Arten zu unterscheiden. Das offizielle System der wissenschaftlichen Namen kennzeichnet jedoch auch die Verwandtschaft und – ebenso wichtig – auch fehlende Verwandtschaft zwischen Arten.

Provencegrasmücke
Dieser Vogel gehört zur Gattung Sylvia *und hat Merkmale mit anderen Mitgliedern der Gattung gemeinsam.*

Natürliche Hierarchien

In frühen Zeiten der Naturwissenschaften war das primäre Ziel der Klassifikation einfach ein Katalog der Reichhaltigkeit und Vielfalt der Organismen. Aber nach der Erkenntnis der Evolution durch Charles Darwin wurde Klassifikation zu einer eigenen Wissenschaft. Die Namen der Tiere spiegeln ihren Stammbaum und den Grad ihrer Verwandtschaft wider. Die Einheit der Klassifikation ist die Art – eine Gruppe von Organismen, die sich miteinander fortpflanzen und fruchtbare Nachkommen haben. Verwandte Arten werden in Gattungen zusammengefasst, Gattungen wiederum zu Familien. Die weiteren Gruppierungen sind

DER STAMMBAUM DER VÖGEL

Neuere Studien mithilfe von DNA-Vergleichen und der Analyse von Proteinen ergeben neue Hinweise zur Einteilung der Vögel. Alle modernen Vögel sind Neornithes. Die Übersicht bietet einen guten Vergleich des Alters jeder Ordnung. Einige hoch spezialisierte Vögel, wie Lappen- und Seetaucher, sind relativ modern, während Enten oder Hühner ältere Gruppen darstellen.

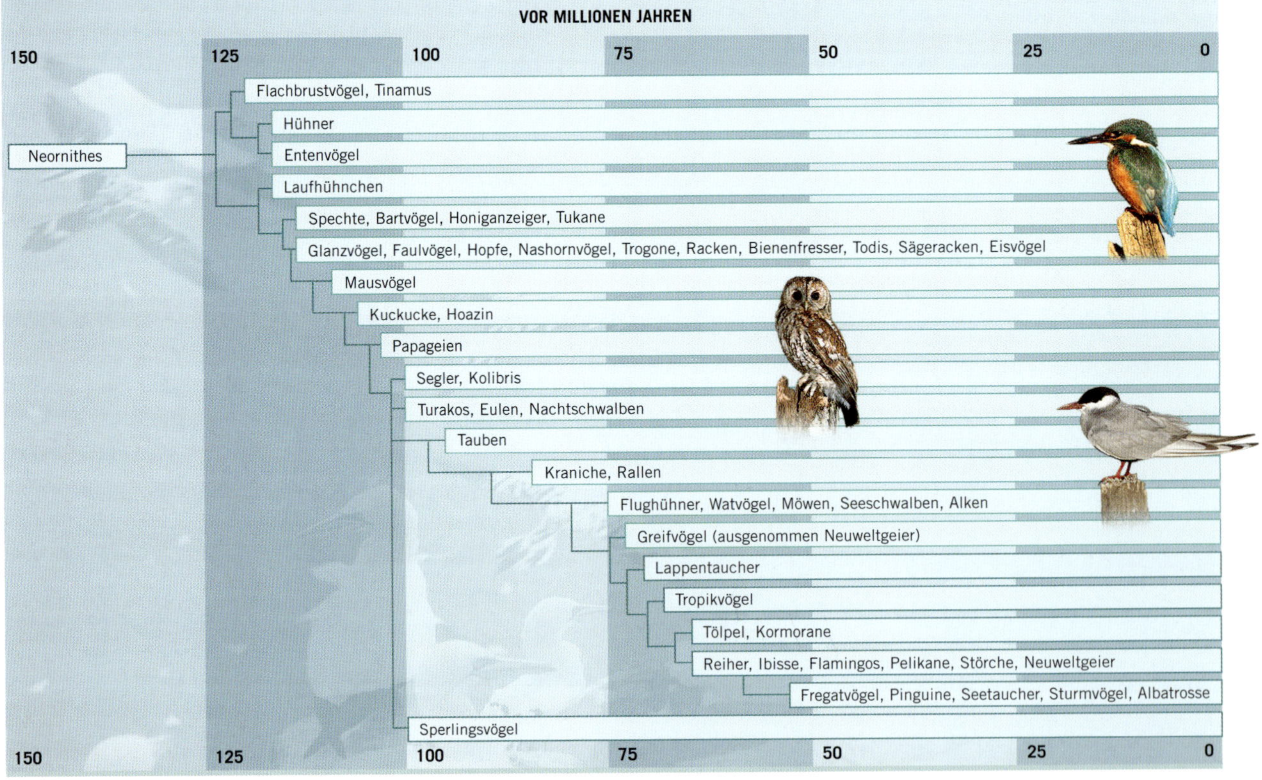

Ordnungen, Klassen und schließlich Stämme. So sind zwei Arten einer Gattung im Sinne der Evolution miteinander näher verwandt als zwei verschiedene Gattungen. Ähnlich stehen sich Gattungen innerhalb einer Familie näher als solche in verschiedenen Familien. Arten kann man auch nach Unterschieden in geografischem Maßstab unterteilen; man spricht dann von Unterarten oder Rassen. Sie können sich weit genug auseinanderentwickeln, um im Laufe der Zeit zu neuen Arten zu werden (*siehe Seite 11*).

Verwendung von Namen

Das wissenschaftliche System der Benennung von Organismen wurde vom schwedischen Naturforscher Carolus Linnaeus im 18. Jahrhundert eingeführt. Jeder Vogelname besteht aus zwei lateinischen Wörtern, die man kursiv druckt. Das erste beginnt immer mit einem Großbuchstaben und benennt die Gattung. Das zweite nennt die Art. Zusammen bilden sie eine einmalige Kombination. Die Provencegrasmücke heißt z.B. *Sylvia undata*.

Es gibt viele weitere Arten in der Gattung *Sylvia*, etwa Dorngrasmücke *Sylvia communis* oder Mönchsgrasmücke *Sylvia atricapilla*. Wenn man eine Liste der Vögel derselben Gattung zusammenstellt, kürzt man den Gattungsnamen ab, etwa *S. communis* oder *S. atricapilla*. Die Mitglieder einer Gattung haben viele Merkmale gemeinsam, Vögel der Gattung *Sylvia* haben z.B. relativ kräftige Schnäbel und Beine und lassen harte oder schnurrende Rufe hören. Andere Gattungen kleiner insektenfressender Singvögel sind etwa *Acrocephalus* (schlanke, meist einfarbig braune Schilfbewohner), *Phylloscopus* (zarte, grünliche Vögel des Laubdaches mit feinen *huit*-Rufen) und *Locustella* (kleine, fein gestrichelte, langschwänzige Vögel mit langen, mechanisch klingenden Gesängen). Gattungsnamen geben im Voraus einige Hinweise auf allgemeines Verhalten, Gesänge oder Rufe. Sie verweisen auch auf Unterschiede zwischen äußerlich recht ähnlichen Vögeln. Viele Menschen glauben z.B., dass Segler und Schwalben nah verwandt sind. In Wirklichkeit zählt die Rauchschwalbe zur Gattung *Hirundo*, der Mauersegler zur Gattung *Apus*, ein starker Hinweis, dass sie wenig gemeinsam haben.

EINTEILUNG DER VÖGEL

Vögel zählen alle zur Klasse Aves. Sie ist in Ordnungen unterteilt. Alle Sperlingsvögel gehören z.B. zur Ordnung Passeriformes. Familien, Gattungen und Arten ergeben eine sinnvolle Einteilung, wie hier am Beispiel der Stelzen dargestellt.

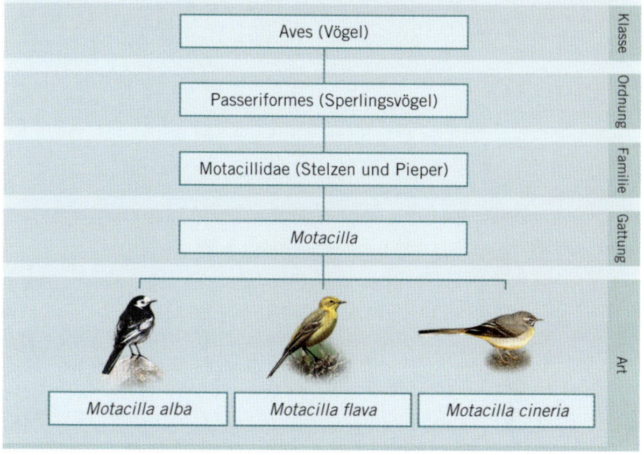

DIE DARSTELLUNG DER ARTEN

Die häufigsten Vögel Europas, nach Familien geordnet, werden auf den folgenden Seiten beschrieben. Das Hauptbild zeigt immer das alte Männchen im Prachtkleid, wenn nicht anders angegeben, die Karte die jahreszeitliche Verbreitung der Art.

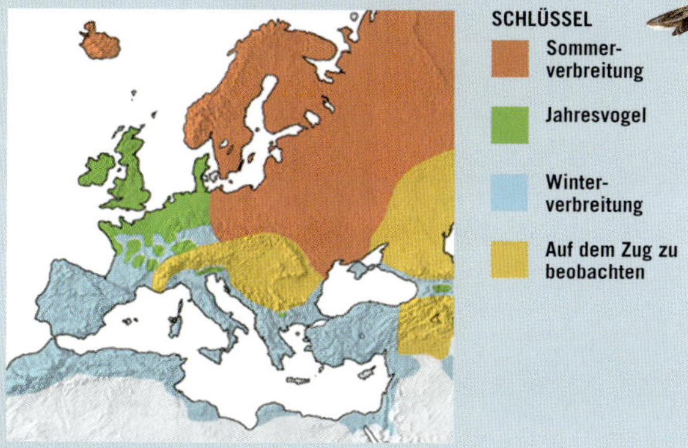

Arten bilden sich, *wenn eine Population abgetrennt wird. Buchfink und Bergfink entstanden als getrennte Arten, weil die Population ihrer Vorfahren in der Eiszeit aufgesplittert wurde.*

Seetaucher und Lappentaucher

Diese Vögel sind so stark auf das Leben im Wasser eingestellt, dass sie auf festem Boden kaum stehen oder gehen können. Sie sind viel mehr auf das Wasser angewiesen als die meisten Enten. Seetaucher sind nordische Vögel, ziehen aber im Winter nach Süden. Lappentaucher sind weit verbreitet, verlassen aber wegen des Eises kleinere Seen im Winter.

Sterntaucher

Familie Gaviidae **Art** *Gavia stellata*

Länge 55–67 cm **Flügelspannweite** 91–110 cm

Verbreitung Brütet in Island, Schottland und Skandinavien auf kleinen Moorseen, im Winter meist an der Küste in flachen Buchten, aber auch auf großen Binnengewässern.

Dies ist der kleinste Seetaucher. Sein zugespitzter Schnabel wird nach oben gehalten. Im Sommer ist er einfarbig braun mit einem grauen Kopf und dunkelroter Kehle (die oft schwärzlich wirkt). Im Winter ist er oberseits hell graubraun mit kleinen hellen Flecken; Gesicht und Kehle sind weiß. Das Weiß zieht sich bis über das Auge, anders als bei den übrigen Seetauchern. Im Sommer hört man klagende und rhythmische Laute im Stakkato, im Flug ein tiefes Quaken. Er brütet auf kleinen Tümpeln und fliegt zur Nahrungssuche ans Meer.

Prachttaucher

Familie Gaviidae **Art** *Gavia arctica*

Länge 63–75 cm

Flügelspannweite 110–120 cm

Verbreitung Brütet sehr lokal in Nordschottland und Skandinavien; im Winter von der südlichen Nordsee bis ins Mittelmeer.

Ein Seetaucher mit dolchartigem, geradem Schnabel, der meist waagerecht gehalten wird; Kopf kräftig. Im Sommer ein breiter ovaler Fleck mit weißer Bänderung auf jeder Seite des Rückens, Kopf grau (im Gesicht dunkler), Kehle schwarz, deutliche Halsstreifung. Im Winter oberseits dunkler, Kopf aber etwas heller, Gesicht und Kehle weiß; an der Flanke ein weißer Fleck – ein gutes Bestimmungsmerkmal. Brütet auf großen Seen und überwintert auf dem Meer.

Zwergtaucher

Familie Podicipedidae

Art *Tachybaptus ruficollis*

Länge 23–29 cm

Flügelspannweite 40–45 cm

Verbreitung Brütet in Mittel- und Südeuropa; östliche Brutvögel ziehen im Winter nach Südwesten.

Ein kleiner, rundlicher Wasservogel ohne erkennbaren Schwanz. Der gedrungene Schnabel weist einen hellen Fleck an der Basis auf. Im Sommer dunkel mit rotbraunem Gesicht, im Winter heller braun, Gesicht beige. Im Sommer hört man einen hohen, schnellen Triller. Brütet an Flüssen und auf Teichen, ist aber auch auf größeren Seen weit verbreitet.

Rothalstaucher

Familie Podicipedidae **Art** *Podiceps grisegena*

Länge 40–46 cm

Flügelspannweite 77–85 cm

Verbreitung Brütet in Nord- und Osteuropa auf Seen und Flüssen, zieht im Herbst nach Süden und Westen, ist aber allgemein nicht häufig.

Dieser Lappentaucher hat einen dunklen Körper, einen dicken Hals, einen groß wirkenden Kopf mit gerundetem Scheitel und einen kräftigen Schnabel. Im Sommer fallen ein graues und weißes Gesicht, eine schwarze Kappe, der rostrote Hals und die dunkle Brust auf. Im Winter reicht die dunkle Kappe bis unter das Auge, das Gesicht ist weiß, der Vorderhals grau. Er brütet auf Seen und ist im Winter auch auf dem Meer.

Haubentaucher

Familie Podicipedidae **Art** *Podiceps cristatus*

Länge 46–51 cm

Flügelspannweite 85–90 cm

Verbreitung Brütet in Europa mit Ausnahme des äußersten Nordens und Südens; östliche Brutvögel ziehen im Winter nach Süden und Westen.

Dieser Lappentaucher ist hellbraun mit rostfarbigen Flanken und einer weißen Brust. Im Sommer sind die schwarze Kappe und die kastanienbraune und schwarze Halskrause einmalig. Im Winter fehlt die Kopfzier, und der Kopf ist weiß mit einer schmalen schwarzen Kappe und einem dunklen Augenstreif, darüber eine weiße Linie. Im Flug weiße Flügelflecken. Brütet auf Seen, Staubecken und an Flüssen, überwintert auf großen Seen und am Meer.

Sturmvögel, Tölpel und Kormorane

Abgesehen vom weit verbreiteten Kormoran sind dies spezialisierte Seevögel, die alle an das Brüten auf Felssimsen oder in Höhlungen auf Inseln angepasst sind; Kormorane nisten auch auf Bäumen. Man sieht sie am besten von der Küste aus, Sturmtaucher besonders von Landzungen aus bei Wind im Frühjahr und Herbst.

Eissturmvogel

Familie Procellariidae **Art** *Fulmarus glacialis*

Länge 45–50 cm **Flügelspannweite** 100–112 cm

Verbreitung Brütet an Felsküsten und auf Inseln in Island, Großbritannien, Irland, Nordfrankreich, Helgoland, Skandinavien. Im Winter meist auf dem Meer.

Möwenähnlich, graue Flügel mit dunklerer Spitzen und hellem Fleck am Handgelenk, Bürzel und Schwanz grau, grünlicher Schnabel dick. Kann nicht auf seinen schwachen Beinen stehen, fliegt aber gewandt mit steifen Flügeln übers Meer. Bei ruhigem Wetter fliegt er niedrig, gleitet im Wind aber elegant. Am Brutplatz sind laute gackernde Rufe zu hören.

Schwarzschnabel-Sturmtaucher

Familie Procellariidae **Art** *Puffinus puffinus*

Länge 30–38 cm

Flügelspannweite 76–82 cm

Verbreitung Brütet auf Inseln vor den Küsten Großbritanniens, Irlands, Nordfrankreichs, auf Island und in Skandinavien. Im Herbst auf dem Meer.

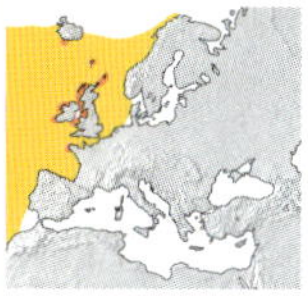

Außer nachts an den Brutkolonien sind diese Sturmtaucher nur über dem Meer auf steifen Flügeln fliegend zu sehen. Bei ruhigem Wetter schlagen sie oft zwischen kurzen Gleitstrecken, im Wind gleiten sie, von kurzem Schwirren der Flügel unterbrochen, und gehen über den Wellen oft in steile Schräglage. Sie wirken schwarz oder sehr dunkelbraun auf der Oberseite und weiß unterseits; kleiner und schlanker als die meisten Möwen.

Basstölpel

Familie Sulidae **Art** *Morus bassanus*

Länge 85–89 cm

Flügelspannweite 165–180 cm

Verbreitung Brütet in isolierten Kolonien meist auf Inseln, sonst weit verbreitet im Atlantik, in der Nordsee und im Mittelmeer.

Ein alter Basstölpel leuchtet weiß bis auf seine dreieckig schwarz abgesetzten Flügelspitzen und seinen bräunlichen Kopf, der im Frühjahr orangebraun wird. Jungvögel sind schwarzbraun mit weißen Flecken und gehen dann durch verschiedene Kleider bis zum Alterskleid. Fliegt über dem Meer.

Kormoran

Familie Phalacrocoracidae

Art *Phalacrocorax carbo*

Länge 80–100 cm

Flügelspannweite 130–160 cm

Verbreitung Brütet lückenhaft in Europa sowohl an der Küste als auch im Binnenland.

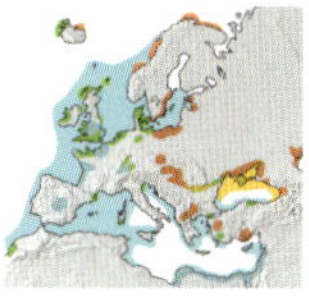

Gänsegroß und dunkel wirken diese Vögel, die man sowohl an der Küste als auch im Binnenland findet. Der Rücken ist beim Schwimmen niedrig und wird beinahe von Wasser überspült, der Hals wird gestreckt und der hakige Schnabel nach oben gehalten. Sitzt oft mit halb offenen Flügeln. Im Frühjahr weißes Gesicht und weißer Schenkelfleck. Wintervögel haben schmutzig weiße Gesichter. Jungvögel sind dunkelbraun mit weißer Kehle und Brust.

Krähenscharbe

Familie Phalacrocoracidae

Art *Phalacrocorax aristotelis*

Länge 65–80 cm

Flügelspannweite 90–105 cm

Verbreitung Brütet lokal in Nord- und Westeuropa; ganzjährig an der Küste, selten im Binnenland.

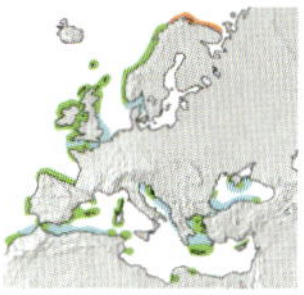

Ähnlich einem schwarzen Kormoran, hat die Krähenscharbe einen schlankeren Hals und einen runderen Kopf, der steiler über dem schlanken Schnabel ansetzt. Die Altvögel sind schwarz bis auf einen gelben Fleck an der Schnabelbasis, im Frühjahr tragen sie eine Federhaube. Jungvögel sind dunkelbraun bis auf einen weißen Kinnfleck, mit dunkler Unterseite und schlankem Schnabel.

Reiher

Langbeinige und langhalsige Ufervögel mit Dolchschnabel; einige Reiher und Dommeln leben heimlich im Schilf, andere sind leicht an offenen Plätzen zu sehen. Die meisten brüten in Bäumen und Büschen, oft gesellig in großen, manchmal auch gemischten Kolonien. Die kleinen weißen Reiher suchen abends regelmäßig gemeinsame Schlafplätze auf.

Graureiher

Familie Ardeidae **Art** *Ardea cinerea*

Länge 90–98 cm **Flügelspannweite** 175–195 cm

Verbreitung Jahresvogel in weiten Teilen Westeuropas an Seen, Flüssen, Küsten und in Feuchtgebieten; Sommervogel im Norden und Osten. Im Winter an den Mittelmeerküsten.

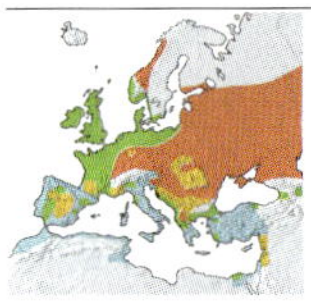

Der Graureiher ist ein großer Vogel, besonders im Flug mit seinen breiten, gebogenen und langsam schlagenden Flügeln. Altvögel haben über den Kopf ein schwarzes Band und einen Federschopf; Jungvögel sind an Hals und Kopf grau. Der Schnabel der Altvögel ändert sich von matt grünlich im Winter zu orange oder gelb im Frühjahr. Im Flug legt der Graureiher den langen Hals zwischen die Schultern zurück; beim Fischen streckt er ihn oft, wenn er langsam schreitet; in Ruhe wird der Kopf oft zurückgenommen. In der Umgebung der Brutkolonien, die auch mit Saatkrähen oder anderen Reihern vermischt sein können, sieht man oft akrobatische Flugmanöver.

Purpurreiher

Familie Ardeidae **Art** *Ardea purpurea*

Länge 70–90 cm

Flügelspannweite 110–145 cm

Verbreitung Sommervogel in Osteuropa nach Norden bis in die Niederlande, selten in Großbritannien, meist in Schilf oder in Sümpfen.

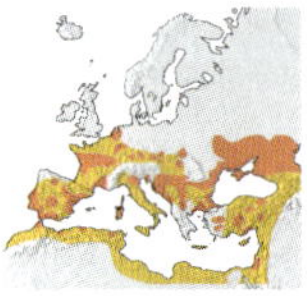

Etwas kleiner und schlanker als der Graureiher, dunkler braun, mit einem schwarz gestreiften orangefarbenen Hals. Junge sind matter und heller bräunlich. Der Schnabel ist lang und dünn, der Hals schlangenhaft, Hals und Zehen sind länger als beim Graureiher. Im Flug hängt der gebogene Hals tiefer nach unten, die Flügel sind etwas schmaler.

Rohrdommel

Familie Ardeidae **Art** *Botaurus stellaris*

Länge 69–81 cm

Flügelspannweite 125–135 cm

Verbreitung Kommt nur lokal in Schilfgürteln in Osteuropa und Teilen Nordwesteuropas vor, im Süden und Westen im Winter weiter verbreitet.

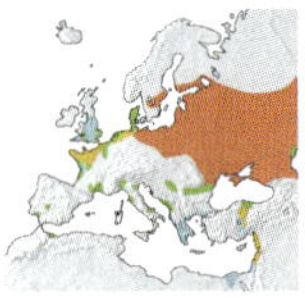

Rohrdommeln sind Vögel dichter Schilfwälder; im Frühjahr ist ein tiefer, hohl klingender Ruf typisch. Im Flug wirkt sie fast eulenähnlich, hat aber gebogene Flügel und nachhängende Beine. Die Flügel zeigen über die Decken ein helles Band. Das gefleckte Gefieder und die gedrungene Reihergestalt sind für ruhende Vögel typisch.

Zwergdommel

Familie Ardeidae **Art** *Ixobrychus minutus*

Länge 33–38 cm

Flügelspannweite 49–58 cm

Verbreitung Im Sommer in Süd- und Mitteleuropa in Sümpfen, im Frühjahr kaum nördlich des Brutgebiets, die meisten verlassen Europa im Herbst.

Ein teichhuhngroßer Reiher mit einem großen, hellen ovalen Feld auf jedem Flügel. Männchen haben eine schwarze Kopfkappe und sind auf dem Rücken grünschwarz, Weibchen sind brauner und auf dem Vorderhals stärker gestreift. Man sieht sie manchmal auf einem Schilfhalm sitzen, bevor sie mit nachhängenden Füßen rasch über das Schilf fliegen.

Nachtreiher

Familie Ardeidae **Art** *Nycticorax nycticorax*

Länge 58–65 cm

Flügelspannweite 90–100 cm

Verbreitung Brütet von März bis Oktober in Süd- und Mitteleuropa in Rohrwäldern, an Seen und Flüssen, selten weiter nördlich.

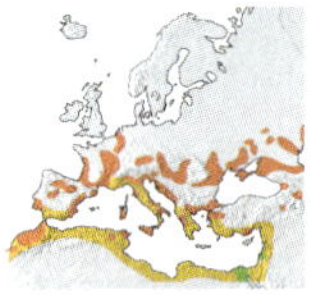

Der krähengroße Nachtreiher ist gedrungen und dickhalsig, mit kräftigem Schnabel und kurzen Beinen, wirkt im Flug aber reiherartig. Er ist dämmerungsaktiv und ruht tagsüber im Dickicht. Altvögel haben hellgraue Flügel und einen schwarzen Rücken; Jungvögel sind braun mit hellen Flecken auf Körper und Flügeln.

Kuhreiher

Familie Ardeidae **Art** *Bubulcus ibis*

Länge 45–50 cm

Flügelspannweite 82–95 cm

Verbreitung Brütet lokal in Portugal und Spanien, im äußersten Süden Frankreichs und an wenigen Plätzen in Osteuropa, selten weiter nördlich.

Ein kleiner, geselliger weißer Reiher trockenerer Gebiete, besonders auf Weiden mit Vieh. Gute Kennzeichen sind der kräftige gelbe Schnabel, die hohe Stirn, eine große Kehle und helle (oft rötliche) Beine. Im Frühling sind Kopf und Brust z. T. orangefarben. Im Flug ist der Vogel jedoch weiß. Trupps sammeln sich oft um Weidevieh, suchen aber auch Feuchtgebiete auf und übernachten in Bäumen am Ufer.

Seidenreiher

Familie Ardeidae **Art** *Egretta garzetta*

Länge 55–65 cm

Flügelspannweite 88–106 cm

Verbreitung Brütet in Feuchtgebieten der Mittelmeerländer, lokal auch bis ins nördliche Westeuropa.

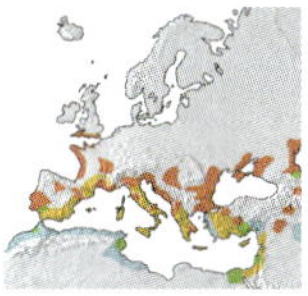

Ein kleiner, lebhafter Reiher an Ufern, von Meeresküsten bis zu Süßwassersümpfen, Seen und Flüssen. Man kann ihn am schlanken, schwarzen, dolchähnlichen Schnabel und an langen schwarzen Beinen mit gelben Füßen (manchmal durch Schlamm verdunkelt) erkennen. Er hat zwei lange Schopffedern und im Frühjahr über dem Rücken Schmuckfedern. Nistet und ruht in Bäumen.

Rallenreiher

Familie Ardeidae **Art** *Ardeola ralloides*

Länge 40–49 cm

Flügelspannweite 71–86 cm

Verbreitung Brütet lokal an Flüssen und in Sümpfen um das Mittelmeer; im Winter selten. Einige erscheinen im Frühjahr auch nördlicher.

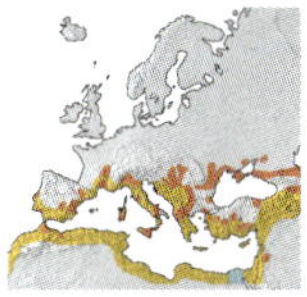

Auf dem Boden ist der Vogel klein und unauffällig mit einem Dolchschnabel, meist lehnt er sich nach vorne. Im Flug kontrastieren rein weiße Flügel mit einem dunklen Rücken. Typisch sind die blaue Schnabelbasis, der gestreifte hellbraune Kopf, die hell bis rosabräunliche Brust und der sandfarbene Rücken. Man trifft ihn einzeln oder in lockeren Trupps über einer Feuchtfläche verteilt; oft schwer zu entdecken.

Störche, Flamingos und Löffler

Sie sind Wasservögel, auch wenn Störche weitab vom Wasser brüten und auf Wiesen und trockenen Plätzen und nicht nur in Feuchtgebieten Nahrung suchen. Nur der Weißstorch ist häufig in Europa anzutreffen; Flamingos sind in wenigen riesigen Kolonien sehr zahlreich.

Rosaflamingo

Familie Phoenicopteridae **Art** *Phoenicopterus ruber*

Länge 120–145 cm **Flügelspannweite** 140–170 cm

Verbreitung Brütet regelmäßig in Italien, auf der Balkanhalbinsel und in der Türkei.

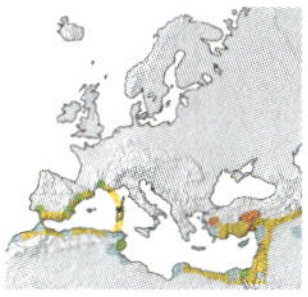

Flamingos haben einen schlangenartigen Hals, sehr lange Beine und einen nach unten gebogenen Schnabel. Entkommene Flamingos kann man außerhalb des Verbreitungsgebiets sehen (einige können Chileflamingos sein mit grauen Beinen und rosafarbenen Gelenken). Im Flug sind die Flügel rot und schwarz, Hals und Beine werden lang ausgestreckt, die Flugsilhouette wirkt wie ein schlankes Kreuz.

Löffler

Familie Threskiornithidae

Art *Platalea leucorodia*

Länge 80–93 cm

Flügelspannweite 120–135 cm

Verbreitung Brütet in wenigen Kolonien in den Niederlanden und um das Mittelmeer.

Der weiße, reiherähnliche Wasservogel hat lange, kräftige, schwarze Beine und bewegt sich schreitend; der flache Schnabel ist an der Spitze verbreitert. Im Frühjahr sieht man einen buschigen Schopf und einen orangegelben Brustlatz; bei Altvögeln sind Schnabelspitze und Kehle gelb. Jungvögel haben schwarze Flügelspitzen und einen fleischfarbenen Schnabel, der dann schwarz wird, mit gelber Spitze.

Weißstorch

Familie Ciconiidae **Art** *Ciconia ciconia*

Länge 95–110 cm **Flügelspannweite** 180–218 cm

Verbreitung Brütet in Feuchtgebieten und in der Agrarlandschaft in Süd-, Mittel- und Nordosteuropa, lokal im Westen; Zugscharen überqueren Meerengen im Mittelmeer.

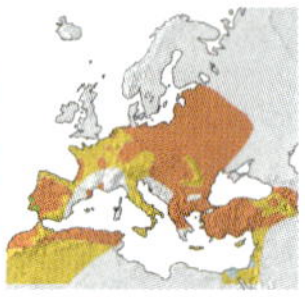

Dieser Vogel ist unverkennbar mit seinem langen roten Schnabel und dem schwarzen und weißen (oft schmutzig weißen) Gefieder. Im Flug kann er mit einem Muster von weißen und schwarzen Schwungfedern auf große Entfernung mit einem Schmutzgeier oder eher noch mit einem Pelikan verwechselt werden. Pelikantrupps sind aber geordneter als Storchenschwärme und gleiten in majestätischen, koordinierten Bewegungen. Segelnde Störche fliegen in großen Trupps, aber eher durcheinander. Aus der Nähe sind die langen Beine und die gestreckten Hälse unverkennbar.

Nester stehen oft auf Gebäuden.

Schwarzstorch

Familie Ciconiidae **Art** *Ciconia nigra*

Länge 90–105 cm

Flügelspannweite 110–145 cm

Verbreitung Als Zugvogel gewöhnlich spärlich in Südeuropa, brütet lokal in Wäldern der Iberischen Halbinsel, in Nordwest-, Mittel- und Osteuropa.

Die schwarze Brust ist im Flug leicht von unten zu sehen und reicht aus, um ihn vom Weißstorch zu unterscheiden. Die weiße Unterseite erstreckt sich als Dreieck gegen die Flügel. Er hat einen langen, schlanken roten Schnabel und rote Beine. Jungvögel sind matter, oberseits brauner, Schnabel und Beine sind stumpf grünlich.

Entenvögel

Diese Familie kann man in drei Hauptgruppen aufteilen: Schwäne, Gänse und Enten. Unter den Enten kann man die Brandenten (Nahrungssuche an Land), die Gründel- oder Schwimmenten (Nahrungssuche an Land und auf der Wasseroberfläche) und die Tauchenten (Nahrungssuche in Süßwasser und im Meer) unterscheiden. Die meisten leben gesellig.

Höckerschwan

Familie Anatidae **Art** *Cygnus olor*

Länge 140–160 cm **Flügelspannweite** 200–240 cm

Verbreitung Brütet häufig in weiten Teilen Mittel- und Westeuropas an Seen, Flüssen und Teichen; östliche Vögel wandern im Winter nach Süden. Die meisten Vögel im Westen sind halbzahm, die im Osten wild lebend.

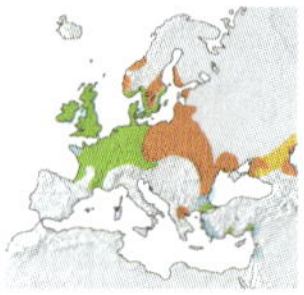

Dieser große Vogel lebt in Westeuropa auf Parkteichen und Flüssen. Im östlichen Europa ist er weniger zutraulich, und größere Trupps mit ihrem rhythmischen Flügelgeräuschen bieten einen grandiosen Eindruck. Altvögel sind ganz weiß; sie haben einen schwarzen Höcker über dem orangefarbenen Schnabel. Die Schnäbel der Jungvögel sind grau, das Gefieder ist braun gefleckt. Spitzer Schwanz, nach unten gehaltener Schnabel und gebogene Flügel sind Kennzeichen.

Singschwan

Familie Anatidae **Art** *Cygnus cygnus*

Länge 140–160 cm

Flügelspannweite 205–235 cm

Verbreitung Brütet in Island und Skandinavien, lokal in Nordwesteuropa im Winter auf Seen, Überschwemmungsflächen und Agrarland.

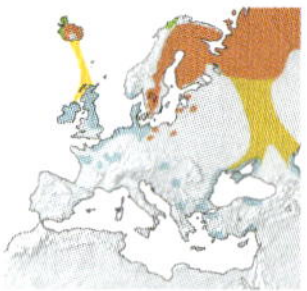

Ein großer, schlanker Schwan mit keilförmigem Kopf und langem gelben Keil auf jeder Schnabelseite. Singschwäne neigen dazu, den Hals gestreckt und den Kopf waagerecht zu halten. Sie haben einen kurzen, abgeschnittenen Schwanz und winkeln die Flügel nicht an. Jungvögel sind grau mit weißem Schnabelfeld. Die Rufe sind trompetend.

Zwergschwan

Familie Anatidae **Art** *Cygnus columbianus*

Länge 115–127 cm

Flügelspannweite 170–195 cm

Verbreitung Brütet in Sibirien; lokal im Winter und Frühjahr in großer Zahl in Feuchtgebieten und auf Agrarflächen in Nordwesteuropa.

Der kleine, gänseähnliche Schwan hat einen runden oder kurz gewinkelten gelben Fleck auf jeder Schnabelseite und oft einen etwas dicken Hals (kann aber seinen Hals durch Strecken verschlanken). Der kurze Schwanz wird waagerecht gehalten (nicht aufwärts wie beim Höckerschwan); im Flug hört man kein rhythmisches Flügelgeräusch. Doch ist er ein lauter Vogel mit einer Reihe von trompetenden Rufen, oft auch in einem klangvollen Chor.

Blessgans

Familie Anatidae **Art** *Anser albifrons*

Länge 64–78 cm

Flügelspannweite 130–160 cm

Verbreitung Brütet in Sibirien und Grönland. Trupps sibirischer Vögel sind im Winter in Nordwesteuropa häufig, grönländische Vögel dagegen nur lokal.

Diese mittelgroße Gans hat eine weiße Stirn und schwarze Bauchstreifen im Alterskleid; Jungvögeln fehlen diese Abzeichen. Die Beine sind orangegelb. Sibirische Vögel haben rosa Schnäbel. Die grönländischen Vögel sind allgemein dunkler, haben unterseits kräftigere Streifung und orangefarbene Schnäbel. Jodelnde Rufe sind typisch.

Saatgans

Familie Anatidae **Art** *Anser fabalis*

Länge 69–88 cm

Flügelspannweite 140–174 cm

Verbreitung Brütet im äußersten Norden Europas; im Winter auf Ackerland lokal in Nordwesteuropa häufig, in England und Schottland aber selten.

Eine große, dunkelbraune, langhalsige Gans mit langem Kopfprofil. Die Beine sind orange oder gelborange, der Schnabel hat eine dunkle Basis und orangefarbene Stellen. Auf der Oberseite fallen schmale helle Bänder auf. Im Flug sind ein dunkelgrauer Vorderflügel, ein weißer Bürzel und ein breites dunkles Schwanzband zu sehen.

Kurzschnabelgans

Familie Anatidae **Art** *Anser brachyrhynchus*

Länge 64–76 cm

Flügelspannweite 137–161 cm

Verbreitung Brütet in Island; im Winter häufig, aber meist ausgesprochen lokal in Nordwesteuropa in Feuchtgebieten und auf Agrarland.

Die mittelgroße Gans hat einen runden, sehr dunklen Kopf, einen kurzen Hals und eine helle bräunliche Brust. Oberseits ist sie grau mit hellen Bändern. Der schwarze Schnabel trägt ein dünnes rosa Band, Beine und Füße sind rosa. Das Schwanzband ist schmal; im Flug sieht man einen grauen Vorderflügel.

Kanadagans

Familie Anatidae **Art** *Branta canadensis*

Länge 90–100 cm

Flügelspannweite 160–175 cm

Verbreitung Brütet häufig in Nordwesteuropa, aber auch lokal in Mitteleuropa; sehr selten sind Wildvögel aus Nordamerika.

Die Kanadagans ist ein großer, schwanenähnlicher Vogel, der nach Europa eingeführt wurde und heute oft in zahmen Trupps um Parkseen zu beobachten ist. Alt- und Jungvögel haben einen auffallenden schwarzen Kopf und Hals, einen weißen Kinnstreifen und eine helle Brust. Die Rufe sind tiefe Trompetenstöße, meist im Flug zu hören.

Graugans

Familie Anatidae **Art** *Anser anser*

Länge 74–84 cm

Flügelspannweite 149–168 cm

Verbreitung Brütet in Mittel-, Nord- und Osteuropa und in Island; manchmal auch eingeführt. Im Winter gebietsweise sehr häufig.

Die Graugans ist groß und hell, hat einen sehr kräftigen orangefarbenen Schnabel und rosa (seltener orangefarbene) Beine. Sie ist deutlich gedrungener und großschnäbeliger als eine junge Blessgans. Im Flug ist ein großes hellgraues Feld auf den Flügeln zu sehen. Die rauen Rufe sind laut und gackernd, ähnlich denen der Hausgänse.

Weißwangengans

Familie Anatidae **Art** *Branta leucopsis*

Länge 58–70 cm **Flügelspannweite** 132–145 cm

Verbreitung Brütet auf Island und auf Inseln nördlich Sibiriens. Zieht durch das Ostseegebiet und über Island nach Nordwesteuropa.

Die Weißwangengans ist ein mittelgroßer Vogel, an der schwarzen Brust, dem schwarzen Hals und dem cremeweißen Gesicht zu erkennen. Der Rücken ist hellgrau, schwarz und weiß gebändert, die Unterseite weiß. Im Flug fallen große helle Flügelfelder und ein deutliches Schwanzband auf. Jungvögel sind undeutlicher gebändert; die Brust ist matter schwarz und das Gesicht reiner weiß. Die Vögel suchen in dichten Trupps nach Nahrung und fliegen oft in ungeordneten Schwärmen. Die meisten trifft man in ihren regelmäßigen Winterquartieren, besonders in Schottland und den Niederlanden. Hartes Wetter treibt sie auch weiter nach Süden. Einzelne Vögel zu ungewöhnlichen Zeiten oder in Gesellschaft von Kanada- oder Graugänsen sind wahrscheinlich der Gefangenschaft entkommen.

Nahrungssuche auf der Wiese

Ringelgans

Familie Anatidae **Art** *Branta bernicla*

Länge 56–61 cm

Flügelspannweite 110–120 cm

Verbreitung Brütet in Sibirien (dunkelbäuchige) und in der Arktis Kanadas (hellb.); im Winter in Nordwesteuropa, die hellb. in Nordostengland.

Eine kleine dunkle Gans mit schwarzem Hals und schwarzer Brust. Nur auf den Halsseiten etwas Weiß. Die Oberseite ist dunkel graubraun, bei Jungvögeln über den Flügeldecken hell gebändert. Die häufigere dunkelbäuchige Unterart ist unterseits braun, die hellbäuchige dagegen schmutzig weiß. Tiefe, rollende Rufe.

Dunkelbäuchige Unterart

Brandente

Familie Anatidae **Art** *Tadorna tadorna*

Länge 58–65 cm

Flügelspannweite 110–133 cm

Verbreitung Brütet in Nordwesteuropa, lokal in Mittel-, Ost und Südeuropa, an Küsten weit verbreitet. Lokal auch an Seen und Staubecken.

Die Brandente ist eine große, gänseähnliche Ente mit Schwarzweißmuster, einem breiten rostbraunen Brustband, rosafarbenen Beinen und einem roten Schnabel. Das Männchen hat an der Basis des Schnabels einen großen roten Höcker. Der Höcker der Weibchen ist kleiner, die Wangen sind oft hell gefleckt. Jungvögeln fehlt das rostbraune Brustband.

Stockente

Familie Anatidae **Art** *Anas platyrhynchos*

Länge 50–65 cm

Flügelspannweite 81–95 cm

Verbreitung Brütet in fast allen Teilen Europas an vielen Gewässertypen; viele östliche und nördliche Vögel ziehen im Winter nach Süden und Westen.

Diese Ente ist groß, im Flug relativ langhalsig und breitflügelig. Das Männchen ist im Winter braungrau mit einem dunkelgrünen Kopf und einem weißen Halskragen; im Sommer ist es dunkler mit einem braunen Kopf. Das Weibchen ist braun mit dunklem Strichelmuster, dunklem Bauch, weißem Schwanz, olivbraunem Schnabel und orangefarbenen Beinen. Beide Geschlechter haben metallische Flügelspiegel.

Schnatterente

Familie Anatidae **Art** *Anas strepera*

Länge 46–56 cm

Flügelspannweite 84–95 cm

Verbreitung Brütet verbreitet in Osteuropa, nicht selten in Mittel- und lokal in West- und Südeuropa; im Winter häufiger, fehlt in Nordeuropa.

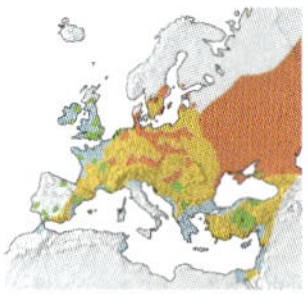

Fast so groß wie die Stockente, hat die Schnatterente einen schmaleren Schnabel und eine steilere Stirn. Das Männchen ist fast bleigrau mit einem helleren Feld am geschlossenen Flügel; die Beine sind gelborange, der Schnabel ist schwarz. Das Weibchen ist gestrichelt, der Bauch ist jedoch hell, der dunkle Schnabel hat orangefarbene Seiten. Beide Geschlechter haben eine weißes Quadrat auf dem Innenflügel.

Spießente

Familie Anatidae **Art** *Anas acuta*

Länge 53–70 cm

Flügelspannweite 80–95 cm

Verbreitung Brütet in Nordosteuropa, lokal in Nordwesteuropa inkl. Island; im Winter weit verbreitet am Meer und auf Seen.

Diese schlanke Ente hat einen dünnen Hals, einen zugespitzten Schwanz und einen schlanken Schnabel. Der Kopf des Männchens ist braun, die Brust und ein Halsstreifen leuchten weiß. Der Schwanz ist lang gezogen, vor dem schwarzen Heck ist ein gelber Fleck. Das Weibchen ist ähnlich einer Stockente gemustert, aber grauer, mit einfarbigem Kopf, grauem Schnabel, dunkelgrünen Beinen und einem hell geranderten Schwanz. Im Flug ist der dunkle Hinterflügel schmal weiß gesäumt.

Löffelente

Familie Anatidae **Art** *Anas clypeata*

Länge 44–52 cm

Flügelspannweite 70–84 cm

Verbreitung Brütet in Osteuropa, aber auch zerstreut in Westeuropa; im Winter nur im Westen und Süden auf Stillgewässern verbreitet.

Große, gedrungene Ente mit dickem, breitem Schnabel. Das Männchen hat einen schwarzgrünen Kopf, gelbe Augen, eine weiße Brust, rostbraune Flanken und orangefarbene Beine; im Sommer ist es rotbraun gefleckt mit hellen Flecken auf dunklem Gesicht. Das Weibchen ist wie eine Stockente gemustert, hat aber längere Flügelspitzen, einen dunkleren Schwanz und orangefarbene Schnabelseiten. Im Flug zeigen beide Geschlechter ein blaues Feld auf dem Vorderflügel.

Pfeifente

Familie Anatidae **Art** *Anas penelope*

Länge 45–51 cm

Flügelspannweite 75–86 cm

Verbreitung Brutvogel in Nord- und Nordosteuropa; im Winter weit verbreitet und lokal zahlreich auf Marsch- und Feuchtwiesen.

Eine schmalflügelige Ente mit einem zugespitzten Schwanz und kurzem Schnabel. Im Winter ist das Männchen silbergrau mit rotbraunem Kopf und gelber Stirn, einem weißen Feld am Hinterkörper und einem schwarzen Hinterende. Im Sommer sieht das Männchen wie ein Weibchen aus, ist aber etwas rötlicher mit einem weißen Flügelfeld. Das Weibchen ist graubraun mit grauem Schnabel und kurzen grauen Beinen.

Krickente

Familie Anatidae **Art** *Anas crecca*

Länge 34–38 cm **Flügelspannweite** 58–64 cm

Verbreitung Brütet in Nord- und Nordosteuropa, lokal in Mittel-, West- und Südeuropa, wo sie von Herbst bis Frühjahr an Küsten und Seen häufiger ist.

Weißer Saum

Sie ist die kleinste Ente. Das Männchen ist dunkler grau als eine Pfeifente, sein brauner Kopf hat ein dunkelgrünes Feld; der Körper wird an den Seiten von einem schmalen weißen Saum eingefasst, am Ende sitzt ein blassgelbes Dreieck, das sich vom schwarzen Heck abhebt. Im Sommer gleicht das Männchen einem Weibchen, der Oberkopf ist etwas dunkler, die Wangen sind blasser. Das Weibchen ist oberseits graubraun gefleckt, unterseits heller; über dem Auge sitzt ein schmaler heller Streif, der dünne Schnabel ist dunkel, die Beine sind grau. Ein weißer Strich an den Schwanzseiten ist ein gutes Merkmal. Beide Geschlechter tragen einen grünen Flügelspiegel, der beim Weibchen breit weiß gesäumt ist, beim Männchen mit eine weißen Hinter- und einem hellen bräunlich-weißen Vorderrand.

Weiße Schwanzseiten fallen beim Weibchen auf.

Knäkente

Familie Anatidae **Art** *Anas querquedula*

Länge 37–41 cm

Flügelspannweite 63–69 cm

Verbreitung In Europa Sommervogel, brütet in großem Gebiet, aber im Westen nur zerstreut und lokal; im Mittelmeergebiet Durchzügler.

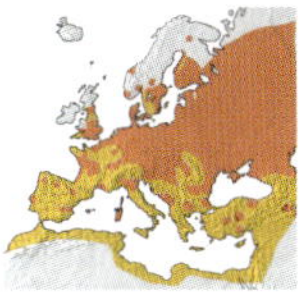

Die kleine Ente ähnelt der Krickente, hat aber einen längeren, flacheren Schnabel und einen wuchtigeren Körper. Frühjahrsmännchen sind braun mit grauen Flanken und weißem Halbmond über und hinter dem Auge. Im Herbst sind die Männchen braun gefleckt, mit hellen Streifen über und unter dem Auge und weißem Fleck nahe dem Schnabel. Beide Geschlechter tragen einen matten Flügelspiegel mit weißen Rändern an beiden Seiten.

Eiderente

Familie Anatidae **Art** *Somateria mollissima*

Länge 50–71 cm **Flügelspannweite** 80–108 cm

Verbreitung Brütet in Island, im nördlichen Großbritannien, in Nordeuropa und an Küsten Mitteleuropas; im Winter in Nord- und Ostsee häufiger.

Zwei-farbig im Flug

Diese große und schwere Ente ist fast ausschließlich Meeresvogel. Das alte Männchen ist auf der Oberseite weiß und unterseits schwarz mit einem weißen Flankenfleck nahe dem Hinterende, einer schwarzen Kopfkappe und einem langen, keilförmigen Gesicht; die Brust ist oft lachsrosa. Junge Männchen und alte im Sommer sind dunkel graubraun mit unregelmäßigen weißen Flecken und am besten am Kopfprofil zu erkennen. Das Weibchen ist braun und dicht gebändert, das Gesicht ist heller gefleckt, oft mit dunkler Kopfkappe. Der lange keilförmige Kopf gleicht dem des Männchens, der dicke Schnabel ist aber hell grünlich. Im Flug ist das Männchen zweifarbig, das Weibchen dunkel mit schmalem hellen Saum am dunklen Hinterflügel.

Weibchen sind dicht gebändert.

Bergente

Familie Anatidae **Art** *Aythya marila*

Länge 42–51 cm

Flügelspannweite 67–73 cm

Verbreitung Brütet im äußersten Norden inkl. Island. Im Winter weit verbreitet, doch meist lokal an den Küsten Mittel- und Nordwesteuropas.

Größer, breiter als die Reiherente und mit einem runderen Kopf. Beim Männchen wirken Kopf, Brust und Hinterende schwarz, der Rücken ist hellgrau, die flanken sind weiß. Der lange breite Schnabel ist grau und hat eine winzige schwarze Spitze. Der Kopf des Weibchens ist ähnlich rund mit steiler Stirn und ähnlichem Schnabelmuster, aber braun mit großem weißen Gesichtsfleck. Beide haben im Flug einen langen weißen Flügelstreifen.

Reiherente

Familie Anatidae **Art** *Aythya fuligula*

Länge 40–47 cm

Flügelspannweite 67–73 cm

Verbreitung Brütet weit verbreitet außer in Südeuropa; Vögel vom Norden und Osten wandern im Winter nach Süden und Westen.

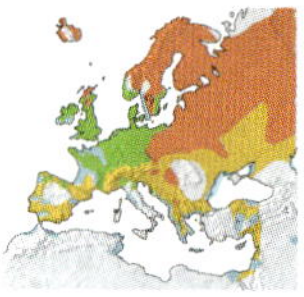

Diese großköpfige Tauchente findet man oft bei Tafelenten. Das Männchen ist schwarz mit weißen Flanken, einem kleinen grauen Schnabel, der eine schwarze Spitze hat, und einem herabhängenden Federschopf. Männchen und Weibchen zeigen im Flug einen langen weißen Flügelstreifen. Im Sommer sind beide Geschlechter dunkelbraun; die Kopfhaube ist reduziert. Bei der Balz hört man leise Pfiffe von den Männchen.

Tafelente

Familie Anatidae **Art** *Aythya ferina*

Länge 42–49 cm

Flügelspannweite 72–82 cm

Verbreitung Brütet in Mittel-, Nord- und Nordosteuropa, lokal in Westeuropa; im Winter viel weiter verbreitet und häufiger auf Süßwasserseen.

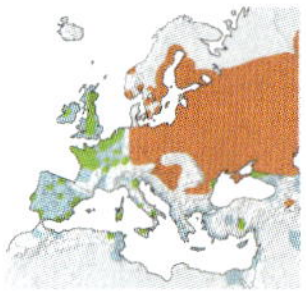

Diese Tauchente hat einen zugespitzten Kopf und eine konkave Stirn, die sich in einen langen schmalen Schnabel fortsetzt. Das Männchen ist hellgrau, Brust und Hinterende sind schwarz; im rostbraunen Kopf sitzen rote Augen. Das Weibchen ist graubraun mit dunkelbraunem Kopf, einer hellen Schnabelumgebung und einem hellen Strich durch das Auge. Beide Geschlechter haben einen schwarzen Schnabel mit hellem Mittelband; der Flügelstreif ist hellgrau.

Trauerente

Familie Anatidae **Art** *Melanitta nigra*

Länge 45–54 cm

Flügelspannweite 79–90 cm

Verbreitung Brütet in Island und Skandinavien, selten in Irland und Schottland. Zu allen Jahreszeiten in der Nord- und Ostsee weit verbreitet.

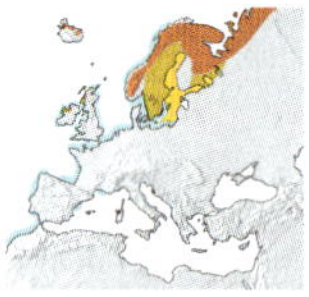

Trauerenten trifft man in Schwärmen vor der Küste, manchmal in kleinen Trupps im Binnenland. Das Männchen ist schwarz, hellere Flügelspitzen fallen im Flug auf. Sein Schnabel hat oben einen gelben Fleck. Das dunkelbraune Weibchen hat einen runden Kopf und einen dünnen Hals; das hellgraue Gesicht wird nach oben durch eine dunkle Kappe abgeschlossen, der Bauch ist weißlich, Schnabel und Beine sind schwarz. Der etwas zugespitzte Schwanz wird oft hochgestellt.

Schellente

Familie Anatidae **Art** *Bucephala clangula*

Länge 42–50 cm

Flügelspannweite 65–80 cm

Verbreitung Brütet in Island, Nordschottland, Skandinavien, Mittel- und Osteuropa; im Winter an Küsten und auf Seen häufig und weit verbreitet.

Diese Tauchente ist oft ebenso lange unter wie auf dem Wasser. Das weiße Männchen hat einen schwarzen Rücken, einen schwarzgrünen Kopf mit einem runden weißen Fleck an der Schnabelbasis, gelbe Augen und orangefarbene Beine. Das rundrückige Weibchen ist dunkelgrau mit einem dunkelbraunen Kopf, weißem Kragen und großen, quadratischen weißen Flecken auf dem Innenflügel. Jungvögel sind ähnlich, haben aber keinen weißen Halskragen und kleinere Flügelflecken.

Gänsesäger

Familie Anatidae **Art** *Mergus merganser*

Länge 57–69 cm

Flügelspannweite 82–98 cm

Verbreitung Brütet in Island, Nordschottland, Skandinavien, Nordosteuropa und in den Nordalpen. Im Winter wandern viele Vögel weiter südlich.

Eine große, langgestreckte Tauchente mit großem Kopf und schlankem, hakigem Schnabel. Das Männchen ist lachsrosa bis weiß mit schwarzem Rücken und schwarzgrünem Kopf, der Schnabel ist tiefrot. Weibchen und Männchen sind im Sommer blaugrau mit rotbraunem Kopf, orangefarbenen Beinen und einer weißen Kehle über einem braunen Halskragen; am Hinterkopf sitzt eine Federhaube. Im Flug zeigen beide Geschlechter ein großes weißes Flügelfeld.

Mittelsäger

Familie Anatidae **Art** *Mergus serrator*

Länge 51–62 cm

Flügelspannweite 70–85 cm

Verbreitung Brütet weit verbreitet in Island, Skandinavien, im Norden Großbritanniens und an den Küsten der Ostsee; im Winter an Küsten verbreitet.

Das Männchen ist grau mit schwarzem Rücken, brauner Brust, orangefarbenen Beinen und einem langen weißen Feld auf dem geschlossenen Flügel. Der schwarzgrüne Kopf hat einen weißen Halskragen; der lange, dünne Schnabel ist orangerot, die Federhaube spitz. Weibchen und Männchen im Sommer sind matt braungrau mit weißlichen Flecken an Vorderhals und Brust; der Kopf ist hellbraun mit spitzer Federhaube. Im Flug fallen große weiße Flügelfelder auf.

Greifvögel

Unter Greifvögeln fasst man Gruppen zusammen, die von Vögeln der Größe einer Taube bis zu Europas größten Vögeln reichen. Alle haben einen gekrümmten Schnabel und spitze, gekrümmte Krallen. Viele jagen ihre Beute (Insekten bis mittelgroße Säugetiere), andere halten sich an Aas und Abfälle. Die meisten sind hervorragende Flieger.

Fischadler

Familie Pandionidae **Art** *Pandion haliaetus*

Länge 52–60 cm **Flügelspannweite** 145–170 cm

Verbreitung Brütet im Norden Großbritanniens, in Skandinavien, Mittel- und Osteuropa und lokal auch anderswo.

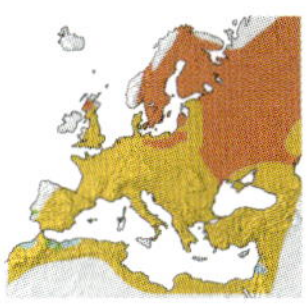

Der Fischadler ist größer als ein Bussard, die Unterseite ist auffallend weiß, ebenso der Oberkopf, durch das Auge zieht sich ein schwarzer Strich; die Oberseite ist braun. Im Flug sieht man auf der Unterseite der langen Flügel, die leicht aufwärts gebogen werden, dunkle Flecken am Flügelbug. Die meiste Zeit sitzt er, kreist aber auch gut und jagt in ständigen Patrouillenflügen über Wasser, oft rüttelnd und manchmal auf einen Fisch herabstoßend.

Gänsegeier

Familie Accipitridae **Art** *Gyps fulvus*

Länge 95–110 cm

Flügelspannweite 230–265 cm

Verbreitung Brütet nicht selten auf der Iberischen Halbinsel, seltener in anderen Gebieten um das Mittelmeer und in Frankreich; Gast in den Alpen.

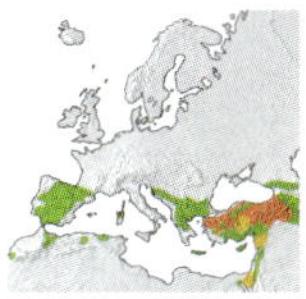

Gänsegeier sind riesige, breitflügelige Greifvögel mit einem kurzen Schwanz. Im Flug wird der Kopf zurückgelegt und wirkt klein und kurz. Die Oberseite ist hellbraun mit dunkleren Schwungfedern; der Unterflügel ist durch helle Flügeldecken zweifarbig. Beim Kreisen werden die Flügel flach v-förmig angestellt, die Flügelspitzen sind tief gefingert.

Schmutzgeier

Familie Accipitridae

Art *Neophron percnopterus*

Länge 55–65 cm

Flügelspannweite 155–170 cm

Verbreitung Brut- und Sommervogel im Mittelmeergebiet, am häufigsten in Spanien.

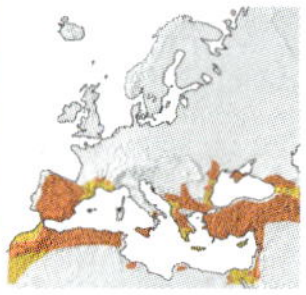

Schmutzgeier sind große Greifvögel, aber bei Weitem die kleinsten Geier, mit einem schwachen, dünnen Schnabel. Im Flug haben sie lange, flache Flügel mit parallel verlaufenden Rändern und einen keilförmigen Schwanz. Altvögel sind weiß mit schwarzen Schwungfedern; aus der Nähe ist das gelbe Gesicht auffällig. Junge Vögel bleiben in Afrika, bis sie das Alterskleid tragen; sie sind dunkelbraun und haben flache Flügel.

Seeadler

Familie Accipitridae **Art** *Haliaeetus albicilla*

Länge 70–92 cm

Flügelspannweite 200–245 cm

Verbreitung Brütet zerstreut in Mitteleuropa, Osteuropa, Südosteuropa, Schottland, Island, häufiger in Skandinavien; wandert im Winter nach Süden.

Dieser große Adler gleicht einem großen Geier. Im Flug kann man ihn an seinen langen, breiten und gefingerten Flügeln erkennen, die flach gehalten werden, sowie an einem kurzen Schwanz und einem langen, großen Kopf. Altvögel sind hellbraun mit einem helleren Kopf, gelbem Schnabel und weißem Schwanz. Jungvögel sind dunkelbraun mit vielen weißen Strichen; ihr Schwanz ist schwarz und wird mit dem Alter weiß. Die Beine sind unbefiedert. Meist findet man ihn an der Küste oder in seenreichem Tiefland.

Schlangenadler

Familie Accipitridae **Art** *Circaetus gallicus*

Länge 62–69 cm

Flügelspannweite 162–178 cm

Verbreitung Sommer- und Brutvogel in den Mittelmeerländern sowie lokal in Mittel- und Nordosteuropa.

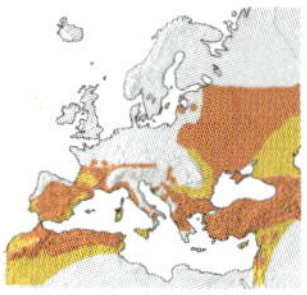

Ein großer Adler mit kurzem Schwanz und einem großen, runden Kopf. Im Flug wirkt er silbrig oder grauweiß (ist eigentlich weiß mit feiner dunkler Bänderung) mit fast ungezeichneten Unterflügeln (kein dunkler Fleck am Flügelbug); der gebänderte Schwanz lässt das Licht durch. Kopf oder Brustband können dunkel sein. Er kreist auf flachen Flügeln und rüttelt häufig mit kräftigen Schlägen, bevor er schnell nach unten auf die Beute stößt. Aus der Nähe fallen die gelben Augen auf.

Steinadler

Familie Accipitridae **Art** *Aquila chrysaetos*

Länge 75–85 cm **Flügelspannweite** 190–220 cm

Verbreitung Weit verbreiteter, aber in Süd- und Osteuropa seltener Brutvogel; häufiger in Schottland, Skandinavien, Spanien, den Alpen und in Nordosteuropa.

Einer der größten Adler mit großem Kopf und Schnabel und einem breiten, langen Schwanz. Er segelt in großen Kreisen mit leicht v-förmig gehaltenen Flügeln. Selten sieht man mehr als zwei Steinadler zusammen. Altvögel sind einheitlich dunkelbraun mit variablen und unregelmäßigen aufgehellten Flecken auf dem Oberflügel und einer helleren gebänderten Schwanzbasis. Der Kopf ist heller, am Nacken gelblich. Jungvögel sind tief schwarzbraun mit großen weißen Flecken auf jedem Flügel (besonders von unten zu sehen) und einem breiten weißen Feld an der Basis des sonst dunklen Schwanzes; das Weiß nimmt mit dem Alter ab. Der normale Flug ist elegant und wirkt mühelos; bei der Balz werden Loopings und tiefe Sturzflüge ausgeführt.

Zwergadler

Familie Accipitridae **Art** *Hieraaetus pennatus*

Länge 42–52 cm

Flügelspannweite 110–135 cm

Verbreitung Brut- und Sommervogel in Südwest- und Osteuropa, brütet in Spanien und Osteuropa in Wäldern. Sonst nur als seltener Durchzügler.

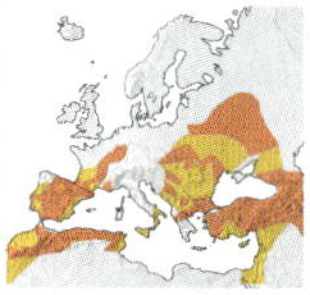

Der kleine, bussardgroße Adler hat einen runden Kopf und hält beim Gleiten die Flügel flach ausgebreitet. Es gibt zwei Formen, eine – bis auf einen hellen Bürzel und ein diagonales Band über den Oberflügeln – ganz dunkle und eine mit weißlicher Unterseite, schwarzen Schwungfedern und einem Muster oberseits. Beide Formen haben einen hellen Fleck hinter dem Flügelbug und einen weißen Schulterfleck, von vorne gesehen.

Rohrweihe

Familie Accipitridae **Art** *Circus aeruginosus*

Länge 48–55 cm

Flügelspannweite 110–125 cm

Verbreitung Brütet weit verbreitet in Süd-, Mittel- und Osteuropa, lokal in Westeuropa; mit Ausnahme des Südens nur Sommervogel.

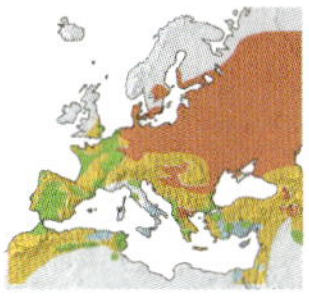

Die bussardgroße Weihe hat einen langen, gerade abgeschnittenen Schwanz; sie gleitet niedrig über dem Boden mit v-förmig angehobenen Flügeln, kreist aber auch. Das Männchen ist braun, Flügel und Schwanz sind grau, die Flügelspitzen schwarz. Weibchen und Jungvögel sind dunkelbraun mit cremefarbenen Markierungen an Kopf und Vorderflügel.

Weibchen

Kornweihe

Familie Accipitridae **Art** *Circus cyaneus*

Länge 43–50 cm

Flügelspannweite 100–120 cm

Verbreitung Brütet in Nord- und Nordosteuropa, lokal in Mittel- und Südeuropa; im Winter im Tiefland verbreiteter, aber insgesamt rarer Gast.

Das schlanke Männchen ist hellgrau mit weißem Bürzel, schwarzen Flügelspitzen und dunklem Flügelhinterrand. Das schwere Weibchen ist dunkelbraun mit einem abgesetzten weißen Bürzel, langem gebänderten Schwanz und gebänderten Unterflügeln; es hat ein eulenähnliches Gesicht mit einem schwach ausgebildeten Gesichtsschleier.

Wiesenweihe

Familie Accipitridae **Art** *Circus pygargus*

Länge 40–45 cm

Flügelspannweite 100–120 cm

Verbreitung Weit verbreiteter, aber lokaler Sommervogel. Um das Mittelmeer nicht selten auf dem Zug.

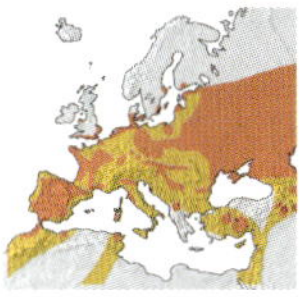

Der Kornweihe sehr ähnlich, ist aber im Winter nicht da. Das Männchen ist dunkler blaugrau, mit dunklerem Vorderflügel, einem schwarzen Flügelstreif und grauem Bürzel; die Unterseite ist rötlich braun gestrichelt. Das Weibchen hat längere Flügelspitzen als die Kornweihe und ist um das Auge weiß. Jungvögel sind unterseits rostfarben mit dunklem Streifen durch Auge und Wange sowie weiß über und unter dem Auge.

Rotmilan

Familie Accipitridae **Art** *Milvus milvus*

Länge 60–65 cm **Flügelspannweite** 145–165 cm

Verbreitung Brütet in Wäldern und auf Ackerland in Spanien, Südfrankreich, Mittel- und Osteuropa, seltener in Nordeuropa; im Winter auch außerhalb von Brutplätzen.

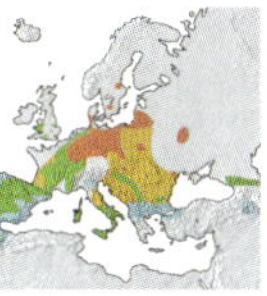

Größer und langflügeliger als ein Bussard, wirkt der Rotmilan im Flug eleganter, müheloser und elastischer. Der lange, tief gegabelte Schwanz hängt hinter einem schlanken Körper und langen, gewinkelten Flügeln. Beim Segeln sind die Flügel gestreckter und werden flach gehalten oder nach unten gebogen, die Spitzen weisen nicht nach oben. Meist ist das lebhafte Zeichnungsmuster auffällig: ein großer weißer Fleck unter den Außenflügeln, rostroter Schwanz und deutliche diagonale Bänder über der Innenhälfte des Oberflügels. Bei den Altvögeln wird der Kopf sehr hell. Der Kontaktruf ist hoch und wiehernd, mehr möwen- als bussardähnlich.

Gegabelter Schwanz

Der helle Kopf fällt oft auf.

Schwarzmilan

Familie Accipitridae **Art** *Milvus migrans*

Länge 48–58 cm

Flügelspannweite 130–155 cm

Verbreitung Sommervogel in den meisten Teilen Europas außer im äußersten Nordwesten/Norden; verbreiteter Zugvogel, Konzentrationen an Meerengen.

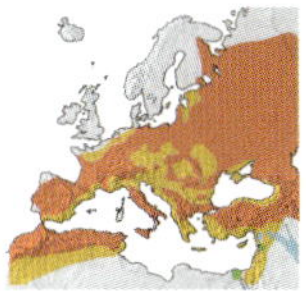

Als relativ plumper mittelbrauner Vogel ist der Schwarzmilan doch ein eleganter Flieger mit weichen, elastischen Flügelschlägen. Seine Flügel sind etwas breiter als die des Rotmilans, unterseits sind die Zeichnungsmuster viel weniger auffällig, der Schwanz ist brauner und weniger stark eingekerbt (er wirkt dreieckig oder sogar gerundet, wenn er gespreizt ist). Helle Bänder auf dem Oberflügel helfen, ihn von einer kreisenden Rohrweihe zu unterscheiden.

Mäusebussard

Familie Accipitridae **Art** *Buteo buteo*

Länge 50–57 cm **Flügelspannweite** 113–128 cm

Verbreitung Brütet über ganz Europa außer im äußersten Norden in Wäldern; Vögel aus dem Nordosten wandern im Winter nach Süden und Westen.

Der Mäusebussard ist ein gedrungener, breitflügeliger Greifvogel, den man oft auf Pfosten oder Scheunendächern sitzen oder über Waldrändern kreisen sieht. Typische Vögel sind dunkelbraun mit auffälliger Zeichnung auf dem Unterflügel, einem dunklen Bugfleck und einem dunklen Hinterrand. Einige sind dunkler, andere, vor allem jüngere aus dem Norden, viel heller, sogar manchmal fast cremeweiß. Der Ruderflug wirkt etwas steif. Bussarde gleiten aber oft auf flachen oder leicht angehobenen oder angewinkelten Flügeln, beim Segeln sind die Flügel ganz gestreckt, an den Enden gefingert und in leichtem V angehoben. Sie rütteln schwerfällig (anders als Raufußbussarde).

Hängt auf der Beutesuche bewegungslos im Wind.

Raufußbussard

Familie Accipitridae **Art** *Buteo lagopus*

Länge 50–60 cm

Flügelspannweite 120–150 cm

Verbreitung Brütet in Tundragebieten im Norden Skandinaviens; kommt im Winter unterschiedlich weit nach Süden und Westen.

Der große helle Vogel sieht um den Kopf »frostig« aus und ist oberseits hell gefleckt. Er hat einen schwärzlichen Bauch oder schwarze Flankenflecken, schwarze Bugflecken auf einem hellen Unterflügel, weiße Striche auf den Handschwingen und eine weiße Schwanzbasis. Die Größe der schwarzen Schwanzbinde variiert je nach Alter und Geschlecht. Die gefiederten Läufe sind oft schwer zu sehen.

Wespenbussard

Familie Accipitridae **Art** *Pernis apivorus*

Länge 52–60 cm

Flügelspannweite 135–150 cm

Verbreitung Sommervogel in ganz Europa mit Ausnahme des äußersten Nordens; zieht in großer Zahl über Meerengen.

Kein eigentlicher Bussard mit gelben Augen und einem ziemlich langen Schwanz mit zwei dunklen Bändern und einer dunklen Spitze. Im Kreisen werden die breit wirkenden Flügel flach oder etwas nach unten gehalten; der Kopf ist lang, ebenso der Schwanz (in der Mitte am breitesten und oft geschlossen gehalten). In der Färbung und Zeichnung gibt es Unterschiede.

Sperber

Familie Accipitridae **Art** *Accipiter nisus*

Länge 28–40 cm

Flügelspannweite 60–80 cm

Verbreitung Brütet in fast ganz Europa außer im äußersten Norden und Island. Im Winter ziehen viele Vögel aus Norden und Osten nach Süden.

Dieser kleine Vogel hat einen langen Schwanz, einen kleinen Kopf und kurze, breite Flügel. Beim schnellen Stoß werden die Flügel nach hinten gelegt. Das kleinere Männchen ist oberseits blaugrau, unterseits rostrot gebändert mit rostfarbenen Wangen. Das größere Weibchen ist oberseits matt graubraun, auf der Unterseite weißlich mit dichter Bänderung. Fliegt mit raschen Flügelschlägen zwischen längeren Gleitstrecken, kreist auch. Im Flug ist der Schwanz schmal und eckig.

Habicht

Familie Accipitridae **Art** *Accipiter gentilis*

Länge 48–61 cm

Flügelspannweite 95–125 cm

Verbreitung Brütet in Europa weit verbreitet als Jahresvogel, fehlt in Island.

Der Habicht hat einen deutlichen weißen Streifen über den gelben Augen und gelbe Beine mit dunklen Krallen. Weibchen sind größer und langflügeliger als Männchen (die auch mit Sperberweibchen verwechselt werden können). Jungvögel sind oberseits braun und unterseits hell rostrot mit schwarzen Tropfenflecken.

Turmfalke

Familie Falconidae **Art** *Falco tinnunculus*

Länge 34–39 cm **Flügelspannweite** 65–80 cm

Verbreitung Brütet in Europa weit verbreitet, ausgenommen Island; Vögel aus Nordosten wandern im Winter nach Süden. Bewohnt Agrarland und offene Landschaften.

In offenen Landschaften ist der Turmfalke der häufigste Greifvogel (obwohl er in vielen Gebieten abnimmt), ein kleiner Falke, der bei der Jagd oft rüttelnd wie angebunden in der Luft steht. Er ist oberseits rostbraun; ein hell rostfarbener Innenflügel und ein schwarzbrauner Außenflügel fallen im Flug auf. Das Männchen hat einen grauen Kopf und einen grauen Schwanz mit schwarzer Spitze, das Weibchen ist einheitlicher rostbraun und dichter dunkel gebändert. Er jagt aus dem Ansitz, z. B. von einem Pfosten oder einem Leitungsdraht aus, kann auch kreisen und fliegt akrobatisch um Felswände.

Rüttelt mehr als andere Falken.

Rötelfalke

Familie Falconidae **Art** *Falco naumanni*

Länge 27–33 cm

Flügelspannweite 63–72 cm

Verbreitung Abnehmender Sommervogel in Südeuropa; weiter nördlich extrem seltener Gast.

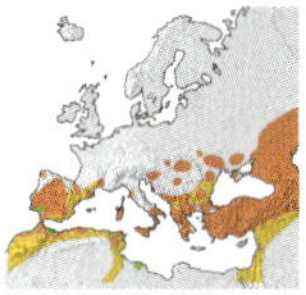

Etwas gedrungener als der Turmfalke, das Männchen mit einem rostfarbenen und ungefleckten Rücken, bläulichem Kopf (schwächere Bartstreifen als der Turmfalke), einem bläulichen Feld auf dem geöffneten Flügel und einem hauptsächlich weißen Unterflügel. Das Weibchen ähnelt sehr einem weiblichen Turmfalken und ist ohne Männchen im Brutgebiet kaum zu bestimmen.

Baumfalke

Familie Falconidae **Art** *Falco subbuteo*

Länge 28–35 cm

Flügelspannweite 70–84 cm

Verbreitung Sommervogel in den meisten Gebieten Europas außer in Island, Irland und dem äußersten Norden; im Süden verbreiteter Durchzügler.

Der kleine, spitzflügelige Falke ist ein Luftjäger. Er ist auf der Oberseite dunkelgrau und unterseits dicht schwarz gefleckt. Ein weißer Halsfleck hebt sich von einem dunklen Bartstreif ab. Altvögel werden oberseits etwas brauner und haben einen tiefroten Fleck unter dem Schwanz; Jungvögel sind heller, haben kein Rot, aber einen hellen Nackenfleck. Baumfalken fliegen gewandt, haben einen relativ kurzen Schwanz, lange Flügel, daher die Form eines Ankers; der Schwanz ist schmaler als beim Wanderfalken.

Wanderfalke

Familie Falconidae **Art** *Falco peregrinus*

Länge 39–50 cm

Flügelspannweite 95–115 cm

Verbreitung Brütet in Europa weit verbreitet, aber sehr lokal; in Großbritannien, Spanien und Skandinavien etwas häufiger.

Wanderfalken sind kräftig und breitschultrig. Männchen sind etwas schlanker als Weibchen, haben aber auch einen breiten Rumpf und Schwanz. Die Oberseite ist grau, die Unterseite weiß mit grauer Bänderung; am Kopf fallen ein weißer Halsseitenfleck und ein dunkler Bartstreifen auf. Die Flugsilhouette ist ankerförmig mit breitem Schwanz. Im Ruderflug schlagen die Flügel tief, dazwischen wenig Gleitphasen.

Merlin

Familie Falconidae **Art** *Falco columbarius*

Länge 25–30 cm

Flügelspannweite 60–65 cm

Verbreitung Brütet in Nord- und Nordosteuropa einschließlich Island, Irland und Großbritannien; im Winter verbreitet, selten im südlichen Europa.

Als kleinster Falke hält sich der Merlin meistens niedrig; oft sitzt er auf einer kleinen Erhöhung oder jagt Kleinvögel. Das Männchen ist oberseits blaugrau und unterseits hell- bis rostbraun, das Weibchen erdbraun mit einem heller gebänderten Schwanz. Die Flügel haben breite Ansätze wie bei einem Sperber, sind aber zugespitzt. Der Merlin fliegt mit raschen Flügelschlägen und wenigen Gleitphasen, er rüttelt nicht.

Hühnervögel

Die rundlichen Vögel leben meistens auf dem Boden. Sie haben kurze, gebogene Schnäbel, oft befiederte Beine und kurze, gebogene Flügel. Der kräftige Brustmuskel erlaubt, rasch und schnell aufzufliegen und zu beschleunigen, doch erschöpfen sich die Vögel bald. Die Lebensräume reichen von warmen trockenen Gebieten bis zu Bergen und Wäldern.

Alpenschneehuhn

Familie Tetraonidae **Art** *Lagopus mutus*

Länge 34–36 cm **Flügelspannweite** 54–60 cm

Verbreitung Brütet in großen Höhen der Pyrenäen und Alpen, in Schottland und weit verbreitet in Skandinavien und Island; ausgesprochener Standvogel.

Im Sommer sind die Männchen grau und weiß, Weibchen dagegen brauner mit schwarzen und hellbraunen Flecken. Im Flug zeigen beide Geschlechter weiße Flügel und einen schwarzen Schwanz. Im Winter sind Männchen und Weibchen weiß bis auf den schwarzen Schwanz und einen schwarzen Augenstrich beim Männchen. Im Balzflug äußert das Männchen einen trockenen, ratternden Ruf.

Moorschneehuhn

Familie Tetraonidae **Art** *Lagopus lagopus*

Länge 37–42 cm

Flügelspannweite 55–66 cm

Verbreitung Brütet auf Heide-/Moorflächen in Großbritannien, Irland sowie Nordeuropa; nur Vögel des äußersten Nordens wandern im Winter südwärts.

Kontinentaleuropäische Vögel haben weiße Flügel, die der Britischen Inseln dunkelbraune (Moorhuhn). Die kontinentale Unterart ist größer und hat einen dickeren Schnabel als das Alpenschneehuhn und ist im Sommer mehr rostbraun. Im Winter wird es ganz weiß. Frühlingsvögel haben eine dunkel rotbraune Brust und eine weiße Unterseite.

Auerhuhn

Familie Tetraonidae **Art** *Tetrao urogallus*

Länge 60–85 cm **Flügelspannweite** 87–125 cm

Verbreitung Sehr selten; brütet lokal in Nadelwäldern der Pyrenäen, Alpen und Teilen von Mittel- und Osteuropa, in Nordschottland und in Skandinavien; überall Standvogel.

Der große, truthahnähnliche Hahn ist unverkennbar mit seinem dunkelbraunen und grauen Gefieder, einem weißen Schulterfleck, einem dicken hellen Schnabel und einem breiten schwarzen Schwanz, der bei der Balz aufgestellt und gefächert wird. Hennen sind kleiner, aber immer noch größer als Birkhennen oder Fasane; sie sind auch deutlicher rotbraun mit schwarzer Bänderung; die Brust trägt einen ockerfarbenen Fleck. Der Schwanz der Weibchen ist breit und gerundet, wird aber auf dem Boden geschlossen gehalten. Für gewöhnlich jagt man sie vom Boden auf.

Im Winter in Bäumen.

Birkhuhn

Familie Tetraonidae **Art** *Tetrao tetrix*

Länge 40–55 cm

Flügelspannweite 65–80 cm

Verbreitung Brütet lokal in Heiden und Mooren Nordwesteuropas (Abnahme) und in den Alpen; in Nord- und Nordosteuropa häufiger; Standvogel.

Große, rundliche und schwarze Vögel mit rotem Hautfleck über dem Auge, einer großen weißen Flügelbinde und einem großen weißen Fleck unter dem Schwanz. Der Schwanz hat lange, gekrümmte Außenfedern. Hennen sind grau- oder gelbbräunlich mit dunkler Bänderung, eingekerbtem dunklen Schwanz und dünner, heller Flügelbinde.

Rothuhn

Familie Phasianidae **Art** *Alectoris rufa*

Länge 32–34 cm

Flügelspannweite 45–50 cm

Verbreitung Brütet in Portugal, Spanien, Frankreich und Norditalien; in Großbritannien eingeführt. Kreuzt sich zuweilen mit dem Chukarhuhn.

Das große Feldhuhn hat einen einfarbig sandbraunen Rücken, einen großen weißen Kehlfleck, der schwarz eingefasst ist, und schwarze Striche auf dem grauen Hals. Die Flanken sind rotbraun, grau und weiß gestreift, Beine und Schnabel sind rot. Bastarde mit Chukarhühnern sind auf dem Hals weniger gestrichelt und haben breitere Flankenstriche.

Rebhuhn

Familie Phasianidae **Art** *Perdix perdix*

Länge 29–32 cm

Flügelspannweite 45–48 cm

Verbreitung Brütet auf Agrarland und in Dünen West-, Mittel- und Nordosteuropas, lokal in Südeuropa und Südskandinavien; Standvogel.

Dieses kleine gestreifte Feldhuhn hat eine orangefarbenes Gesicht und rotbraune Flankenstriche; sein Rücken ist hell cremefarben gestrichelt und gefleckt. Im Flug sieht man einen rostbraunen Schwanz. Die Vögel fliegen mit gebogenen Flügeln (beim Rothuhn flacher) oft in Familiengruppen auf. Junge können schon früh, kaum halbwüchsig, fliegen. Der Revierruf ist krähend und rhythmisch.

Fasan

Familie Phasianidae **Art** *Phasianus colchicus*

Länge 52–90 cm

Flügelspannweite 70–90 cm

Verbreitung Brütet in Südosteuropa; weiter westlich weithin eingeführt, in vielen Gebieten wird der Bestand durch freigesetzte Vögel vergrößert.

Die Männchen ruhen auf Bäumen, man sieht sie aber meist auf dem Boden. Ihre Färbung ist bunt und variabel, die Köpfe sind dunkelgrün, oft mit weißem Halsband; der Bürzel ist rotbraun oder hell grünlich. Weibchen sind kurzschwänziger als Männchen, haben aber immer noch lange, spitze Schwänze, lange Beine und hellbraunes Gefieder mit schwärzlichen Flecken. Die Jungen können schon früh fliegen.

Kraniche und Rallen

Kraniche sind große, storchenähnliche Vögel mit schlanken Hälsen, langen Beinen und langen, gefingerten Flügeln. Rallen sind klein oder sehr klein, von der Seite gesehen rundlich, aber von vorne mit meist schmalem Körper; sie haben lange schlanke oder kurze Schnäbel, längere Beine und lange Zehen. Die meisten leben in hoher Vegetation.

Wachtelkönig

Familie Rallidae **Art** *Crex crex*

Länge 27–30 cm **Flügelspannweite** 46–53 cm

Verbreitung Brütet in Feuchtwiesen in Mittel-, Nord- und Osteuropa sowie selten in Schottland und Irland (überall Abnahme); Sommervogel.

Als kleiner Landvogel von Heu- und Feuchtwiesen wird der Wachtelkönig fast ausschließlich am merkwürdigen Ruf des Männchens erkannt, ein trockenes, immer wiederholtes *krrek-krrrek*. Im Flug sieht man auffällige hell rostrote Flügel, sonst ist der Vogel hellbraun, oberseits schwarz gestrichelt und unterseits hell gebändert. Er hat einen kurzen, fleischfarbenen Schnabel und fliegt meist nur kurz mit nachhängenden Beinen.

Wasserralle

Familie Rallidae **Art** *Rallus aquaticus*

Länge 22–28 cm

Flügelspannweite 38–45 cm

Verbreitung Brütet im Schilf; weit verbreitet; Sommervogel in Nord-, Mittel- und Osteuropa; weicht dem Winter nach Süden und Westen aus.

Dieser Sumpfvogel hat einen langen, dünnen roten Schnabel. Der Rücken ist kräftig olivbraun mit dunklen Strichen, Gesicht und Unterseite sind schiefergrau mit heller Bänderung; unter dem Schwanz sitzt ein heller beigefarbener Fleck. Im Flug ist der Flügel hinten hell gerandet.

Teichhuhn

Familie Rallidae **Art** *Gallinula chloropus*

Länge 32–35 cm

Flügelspannweite 50–55 cm

Verbreitung Brütet an Flüssen, Seen u. a. in den meisten Teilen Europas außer im äußersten Norden; östl. Vögel ziehen im Winter nach Westen.

Der Altvogel ist unterseits dunkel schiefergrau und oberseits braun mit einem weißen Flankenstreifen, weiß unter dem Schwanz und hat ein rotes Stirnschild. Das Teichhuhn schwimmt leicht vorwärts geneigt, mit wackelndem Kopf und zuckendem aufgestellten Schwanz. Es läuft und rennt geschickt.

Blesshuhn

Familie Rallidae **Art** *Fulica atra*

Länge 36–38 cm

Flügelspannweite 70–80 cm

Verbreitung Brütet in fast ganz Europa, im Süden jedoch lokal und im äußersten Norden fehlend; von Osteuropa ziehen viele nach Westen.

Größer, dunkler und geselliger als das Teichhuhn; auf dem offenen Wasser (tauchend), sucht aber auch am Ufer nach Nahrung. Es ist schiefergrau, an Kopf und Hals dunkler, mit dickem weißen Schnabel und weißem Stirnschild. Auf dem Wasser wirkt es rundlich; der Rücken erreicht hinten die größte Höhe, doch wird der Schwanz nicht hochgestellt wie beim Teichhuhn. Jungvögel sind grauer, haben matt gefärbte Schnäbel und schmutzig weiße Stellen an Gesicht und Brust.

Kranich

Familie Gruidae **Art** *Grus grus*

Länge 96–119 cm

Flügelspannweite 180–220 cm

Verbreitung Brütet in sumpfigen Gebieten im Norden/Nordosten Europas; Durchzügler; im Winter auf Iber. Halbinsel und in Teilen Südosteuropas.

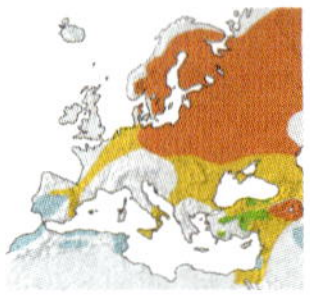

Wie Reiher wirken sie im Stehen, haben aber einen kleineren Kopf und kürzeren Schnabel; der schlanke Hals sitzt auf einer dicken Basis. Die inneren Schwungfedern bilden einen buschigen »Schwanz«. Altvögel haben einen schwarzen Kopf mit einem roten Fleck auf dem Scheitel und einem breiten weißen Band vom Hinterkopf bis auf den Hinterhals. Im Flug wirken die Flügel lang, breit und flach, der Hals ist gerade gestreckt.

Watvögel

Vögel dieser Gruppe findet man nicht nur am Wasser. Die Regenpfeifer fassen die kurzschnäbeligen Kiebitze und die Regenpfeifer zusammen; Strand- und Wasserläufer bilden eine Gruppe langschnäbeliger und meist langbeiniger Watvögel. Uferschnepfen und Brachvögel sind größer, die meiste Zeit am Wasser, brüten aber an trockeneren Plätzen auf dem Land.

Säbelschnäbler

Familie Recurvirostridae **Art** *Recurvirostra avosetta*

Länge 42–46 cm **Flügelspannweite** 67–77 cm

Verbreitung Brütet sehr lokal an salzigen Lagunen in Nord-, Mittel- und Südeuropa, im Winter an Küsten weit verbreitet.

Groß, elegant und langbeinig leuchten Säbelschnäbler silbrig und schwarz, die Kopfkappe sowie je ein ovaler Fleck an den Körperseiten sind schwarz. Im Flug fallen auch die schwarzen Flügelspitzen und die schwarzen Streifen am Innenflügel auf. Die Beine sind blau- oder grünlich grau. Der auffällige lange Schnabel ist nach oben gebogen. Jungvögel sind matter, ihr Weiß ist oberseits mit Braun durchsetzt.

Austernfischer

Familie Haematopodidae

Art *Haematopus ostralegus*

Länge 40–45 cm

Flügelspannweite 80–85 cm

Verbreitung Lokal in Nordwest-, Mittel-, Nord- und Südeuropa; im Winter an vielen Küsten.

Der auffallende schwarz-weiße Vogel hat einen langen, lebhaft orangeroten Schnabel und dicke, lange fleischfarbene Beine. Im Flug zeigt er ein kräftiges weißes V auf dem Rücken und lange weiße Flügelstreifen. Trupps vermitteln einen verwirrenden Eindruck, wenn viele Vögel gleichzeitig auffliegen.

Stelzenläufer

Familie Recurvirostridae

Art *Himantopus himantopus*

Länge 33–36 cm

Flügelspannweite 70–75 cm

Verbreitung Brütet lokal in Süd-, West- und Osteuropa, meist an den Küsten; im Winter selten.

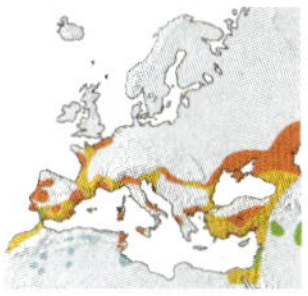

Der schwarzrückige weiße Vogel hat einen feinen schwarzen Schnabel und lange rote Beine. Die Kopfzeichnung mit mehr oder weniger Schwarz im Nacken variiert. Im Flug ragen die Beine weit hinter den kurzen Schwanz. Die Vögel verhalten sich am Nest lärmend mit lauten, nasalen Rufen, sonst sind sie ruhig.

Triel

Familie Burhinidae **Art** *Burhinus oedicnemus*

Länge 40–45 cm

Flügelspannweite 77–85 cm

Verbreitung Brütet lokal auf sandigen Heideflächen und Feldern in Frankreich, Spanien, Portugal und über Südeuropa; Sommervogel.

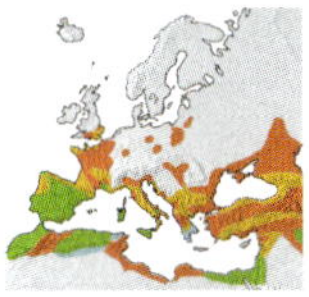

Der Triel ist ein Landvogel auf trockenen, offenen Flächen und steht auf kräftigen gelben Beinen. Er ist hellbraun mit einem hellen Band im Gesicht und an der Schnabelbasis und einem großen hellen Band über dem geschlossenen Flügel. Im Flug wirkt der Flügel lang und schlank mit kräftigen weißen Bändern und einem weißen Fleck nahe der Spitze.

Sandregenpfeifer

Familie Charadriidae **Art** *Charadrius hiaticula*

Länge 17–19 cm

Flügelspannweite 48–57 cm

Verbreitung Brütet in Mittel-, Nord- und Nordwesteuropa, am Mittelmeer, meist an Küsten; Durchzügler; im Winter an Küsten wie im Binnenland.

Dieser kleine Regenpfeifer hat einen kurzen orangefarbenen und schwarzen Schnabel, orangefarbene Beine und schwarze und weiße Bänder auf Kopf und Brust. Im Flug ist eine lange weiße Flügelbinde sichtbar. Jungvögel sind matter mit wenig Schwarz, haben aber braune Brustflecken, ein weißes Abzeichen hinter dem Auge und einen schwarzen Schnabel. Außerhalb der Brutzeit in Trupps.

Flussregenpfeifer

Familie Charadriidae **Art** *Charadrius dubius*

Länge 14–15 cm

Flügelspannweite 42–48 cm

Verbreitung Brütet in Europa weit verbreitet am Süßwasser außer im äußersten Norden. Sommervogel; im Frühjahr verbreitet; Herbstdurchzügler.

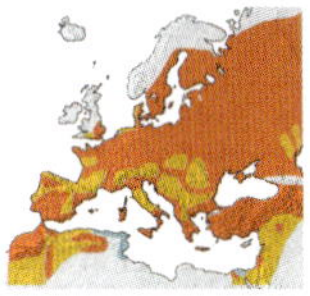

Dieser Regenpfeifer ist schlanker als der Sandregenpfeifer mit schmaleren schwarzen Bändern. Zwischen Scheitel und Stirn verläuft ein weißes Band, der Augenring ist gelb. Im Flug zeigen die braunen Flügel ein schwaches Band. Der schwarze Schnabel ist an der Basis gelblich, die Beine sind grünlich. Jungvögel haben weniger Schwarz.

Seeregenpfeifer

Familie Charadriidae

Art *Charadrius alexandrinus*

Länge 15–17 cm

Flügelspannweite 45–50 cm

Verbreitung Brütet lokal an den Küsten Europas; sonst nur seltener Gast.

Dieser Regenpfeifer kann gedrungen wirken. Im Unterscheid zu anderen kleinen Regenpfeifern sind Schnabel und Beine schwarz. Männchen sind auf dem Vorderscheitel und an den Brustseiten schwarz und haben eine rostbraune Kopfkappe. Die Weibchen sind an den Brustseiten braun. Im Flug sieht man ein weißes Flügelband.

Kiebitzregenpfeifer

Familie Charadriidae **Art** *Pluvialis squatarola*

Länge 27–30 cm

Flügelspannweite 71–83 cm

Verbreitung Brütet in der Arktis; in Nordwest- und Westeuropa an allen Küsten ein verbreiteter Durchzügler; Wintergast; im Binnenland selten.

Im Frühling ist er ein Vogel mit schwarzsilbergrauer Sprenkelung auf der Oberseite, schwarzer Unterseite und einem breiten weißen Band an Hals- und Brustseite. Im Winter ist alles Schwarz verschwunden, die Oberseite ist mattgrau mit dunkleren Flecken. Im Flug sieht man einen weißen Bürzel und eine weiße Flügelbinde und zu allen Zeiten schwarze Achselflecke.

Goldregenpfeifer

Familie Charadriidae **Art** *Pluvialis apricaria*

Länge 26–29 cm

Flügelspannweite 67–76 cm

Verbreitung Brütet in Mooren Nordeuropas, zieht nach Süden und ist von Herbst bis Frühjahr weit verbreitet im Süden und Westen.

Der mittelgroße, kurzschnäbelige Watvogel ist oft auf trockenem Untergrund zu sehen. Goldregenpfeifer sind im Sommer oberseits hellbraun, schwarz und gelb gesprenkelt, auf der Unterseite schwarz. Nördliche Vögel haben ein ausgedehntes schwarzes Gesicht und ein weißes Band gegen die schwarze Unterseite. Im Winter ist die Oberseite gelbbräunlich (aus der Nähe gefleckt) und die Unterseite gelblich weiß. Im Flug sieht man einen dunklen Bürzel und eine helle Flügelbinde.

Winter

Kiebitz

Familie Charadriidae **Art** *Vanellus vanellus*

Länge 28–31 cm **Flügelspannweite** 70–76 cm

Verbreitung Sommervogel in Feuchtgebieten und Wiesen in Nord-, Mittel- und Osteuropa, im Westen Jahresvogel, im Süden hauptsächlich Wintergast, fehlt in Island.

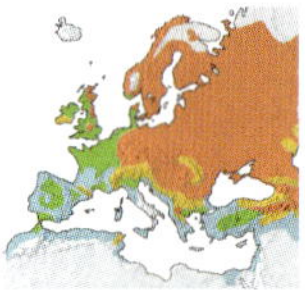

Der Kiebitz ist ein lang gestreckter, relativ kurzbeiniger Watvogel auf trockenen und feuchten Flächen, auffällig dunkelrückig und unterseits schwarz und weiß, mit einem weißen Unterflügel, der zu den schwarzen Schwungfedern kontrastiert. Im Flug macht er einen aufgeregten Eindruck, auffällig sind vor allem große ungeordnete Trupps. Aus der Nähe wirkt die Oberseite dunkelgrün mit Purpurglanz auf den Schultern. Männchen haben ausgedehnte schwarze Gesichter und eine lange, wippende Federhaube; die Gesichter der Weibchen sind hell gefleckt, ihr Federschopf ist kürzer. Jungvögel haben nur eine kurze Federhaube und sind oberseits orangebraun gewellt. Der Revierflug ist ein akrobatisches Auf- und Absteigen mit Körperrollen.

Knutt

Familie Scolopacidae **Art** *Calidris canutus*

Länge 23–27 cm

Flügelspannweite 47–54 cm

Verbreitung Brütet in der Arktis Kanadas und Sibiriens; Durchzügler an vielen Küsten Europas, im Winter an Schlammküsten im Westen häufig.

Der mittelgroße bis kleine, gedrungene Watvogel hat einen kurzen Schnabel und kurze Beine. Im Sommer ist der Körper orangerot, die Oberseite schwarz und rostfarben gemustert. Im Winter ist der Vogel grau und wirkt aus der Nähe hell, aus der Entfernung dunkel. Im Flug sieht man einen hellgrauen Bürzel und einen dünnen Flügelstreif.

Winter

Sanderling

Familie Scolopacidae **Art** *Calidris alba*

Länge 20–21 cm

Flügelspannweite 36–39 cm

Verbreitung Brütet in der Arktis; regelmäßiger und häufiger Gast von Spätsommer bis Frühling an Sandstränden in Nord- und Westeuropa.

Der kleine und schnell rennende Sanderling ist etwas gedrungener als der Alpenstrandläufer mit einem geraden Schnabel, tiefschwarzen Beinen, einer breiten weißen Flügelbinde und einer weißen Unterseite. Im Frühling sind Rücken und Brust rostbraun gefleckt, im Winter hellgrau. Jungvögel im Herbst sind oberseits schwarz gefleckt. Im Flug fällt die dunkle Schulter auf.

Winter

Sichelstrandläufer

Familie Scolopacidae **Art** *Calidris ferruginea*

Länge 18–23 cm

Flügelspannweite 38–41 cm

Verbreitung Brütet in der Arktis; ein häufiger Frühjahrsdurchzügler in Südosteuropa, im Spätsommer und Herbst verbreitet in Westeuropa.

Sichelstrandläufer sind zierlicher, langbeiniger und langschnäbeliger als Alpenstrandläufer und haben auf dem Oberschwanz einen weißen Fleck. Sommervögel sind unterseits dunkelrot, im Spätsommer fleckig rot und grau. Jungvögel haben im Herbst eine schuppig gezeichnete Ober- und eine helle Unterseite mit einer orangebräunlichen Brust. Schnabel und Beine sind schwarz.

Jungvogel (Herbst)

Zwergstrandläufer

Familie Scolopacidae **Art** *Calidris minuta*

Länge 12–14 cm

Flügelspannweite 34–37 cm

Verbreitung Brütet in der Arktis; im Mittelmeergebiet Frühjahrsdurchzügler, häufiger aber im Herbst in Nordwesteuropa. Im Winter selten.

Dies ist ein kurzschnäbeliger, schwarzbeiniger Watvogel. Altvögel sind oberseits dunkel gefleckt und rotbraun, unterseits weiß. Jungvögel haben eine gestrichelte Kopfkappe, über dem Auge einen hellen Strich, auf der Brustseite einen gestrichelten Fleck und eine gefleckte, rostbraune Oberseite mit cremefarbener, v-förmiger Zeichnung.

Jungvogel (Herbst)

Meerstrandläufer

Familie Scolopacidae **Art** *Calidris maritima*

Länge 20–22 cm

Flügelspannweite 40–45 cm

Verbreitung Brütet lokal in Skandinavien und Island; von Spätsommer bis Frühjahr weit verbreitet an Felsküsten in Nordwesteuropa.

Der kleine Watvogel hat einen dunklen Schnabel mit blassgelber Basis und matt orangegelbe Beine. Altvögel (Sommer) und Jungvögel tragen oberseits rostfarbene Flecken und Striche; Wintervögel sind graubraun mit schuppenförmigen hellen Federrändern (Oberseite) und haben einen grauen Kopf mit weißem Augenring und heller Kehle. Schwarzer Bürzel und weißes Flügelband sind im Flug sichtbar.

Bruchwasserläufer

Familie Scolopacidae **Art** *Tringa glareola*

Länge 19–21 cm

Flügelspannweite 36–40 cm

Verbreitung Brütet in Nord- und Nordosteuropa; im Frühjahr in West- und Mitteleuropa Durchzügler, im Herbst zahlreicher; in Südeuropa häufiger.

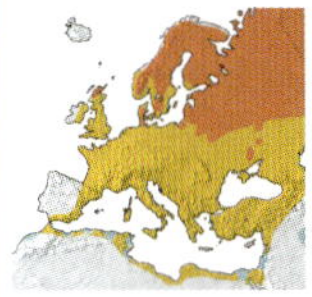

Bruchwasserläufer sind größer, schlanker, langbeiniger als Flussuferläufer, oberseits braun und unterseits weiß. Rücken und Flügel tragen ein helles Schachbrettmuster. Im Flug sind der hell graubraune Unterflügel, der gerade abgegrenzte weiße Bürzel und der dunkel gebänderte Schwanz gute Merkmale.

Alpenstrandläufer

Familie Scolopacidae **Art** *Calidris alpina*

Länge 16–20 cm **Flügelspannweite** 35–40 cm

Verbreitung Brütet in Skandinavien, Island, im Norden Großbritanniens und lokal um die Ostsee; von Spätsommer bis Frühjahr häufig an allen Küsten.

Schmales weißes Band

Alpenstrandläufer sind Vögel der Küsten und auch der Schlammufer von Binnengewässern. Im Sommer sind sie an dem rechteckig schwarz abgesetzten Bauch zu erkennen. Die Oberseite ist hellorange bis orangebraun und schwarz gestrichelt; die Brust ist hell graubraun mit feinen dunkleren Strichen. Altvögel im Schlichtkleid sind oberseits graubraun, unterseits weiß mit matt graubrauner Brust, Jungvögel dagegen auf der Oberseite orangebraun mit langen hell cremefarbenen Linien und auf der Unterseite weiß mit dunkleren Strichen an den Flanken. Der Schnabel ist oft leicht nach unten gebogen; die Beine sind schwarz. Im Flug sieht man ein weiße Flügelbinde und einen schwarzen Bürzel, der an den Seiten weiß eingefasst ist.

Alpenstrandläufer bilden oft dichte Gruppen.

Ins Winterkleid mausernder Jungvogel

Waldwasserläufer

Familie Scolopacidae **Art** *Tringa ochropus*

Länge 21–24 cm

Flügelspannweite 41–46 cm

Verbreitung Brütet in Nord-/Nordosteuropa, selten in Mitteleuropa. Von Mittsommer bis Frühjahr Durchzügler, überwintert in West- und Südeuropa.

Der mittelgroße Watvogel ist dunkelbraun und weiß, sieht aber oft fast wie schwarz und weiß aus, besonders im Flug. Typisch ist die dunkle Oberseite mit einem sehr großen, quadratischen weißen Bürzel und einem am Ende schwarz gebänderten, weißen Schwanz; der Bauch ist weiß, die Unterflügel sind schwärzlich, die Beine grüngrau.

Flussuferläufer

Familie Scolopacidae **Art** *Actitis hypoleucos*

Länge 19–21 cm

Flügelspannweite 32–35 cm

Verbreitung Sommervogel an Seen, Flüssen in fast ganz Europa (nicht Island); häufiger Durchzügler, im Winter selten in Süd- und Westeuropa.

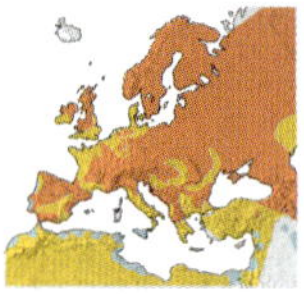

Der gedrungene und langschwänzige Flussuferläufer wippt mit dem Hinterkörper, ist oberseits mittelbraun und unterseits leuchtend weiß. Vor dem Flügel fällt ein weißer Halbmond auf, im Flug ein weißes Flügelband; die Brust ist düster grau abgesetzt. Die Beine sind grünlich bis gelblich. Er fliegt mit steif gebogenen Flügeln.

Rotschenkel

Familie Scolopacidae **Art** *Tringa totanus*

Länge 27–29 cm

Flügelspannweite 45–52 cm

Verbreitung Brütet auf Feuchtwiesen und Sümpfen in Nordwest-, Mittel-, Nord- und Osteuropa; als Durchzügler weit verbreitet.

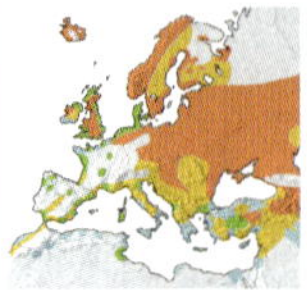

Rotschenkel sind mittelgroße, ruffreudige Watvögel mit ziemlich langen Beinen und mittellangen Schnäbeln. Die Oberseite ist dunkelbraun, der Bauch heller. Beine und Schnabelbasis sind rot (bei Jungvögeln heller und mehr gelb). Im Flug sind der weiße Bürzel, der breite weiße Hinterflügel und weiße Unterflügel auffällig.

Grünschenkel

Familie Scolopacidae **Art** *Tringa nebularia*

Länge 30–35 cm

Flügelspannweite 53–60 cm

Verbreitung Brütet in Mooren Nordeuropas; als Durchzügler weit verbreitet; im Winter nur selten an Küsten West- und Südeuropas.

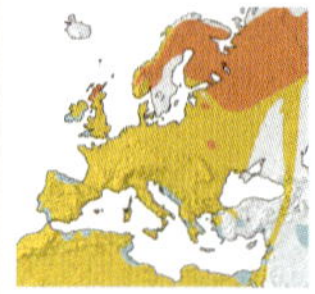

Der hübsche Watvogel ist ein wenig größer und langbeiniger als ein Rotschenkel. Er ist hellgrau und weiß, oberseits im Sommer dunkler gefleckt, im Winter mit gestricheltem Kopf. Der kräftige Schnabel wirkt etwas aufgebogen, die Beine sind hellgrau oder gelblich grün. Im Flug sieht man dunkle Flügel und auf dem Rücken ein weißes V.

Steinwälzer

Familie Scolopacidae **Art** *Arenaria interpres*

Länge 21–24 cm

Flügelspannweite 44–49 cm

Verbreitung Brütet lokal in Skandinavien, Island; an den Küsten von Nord- und Ostsee sowie Atlantik verbreitet; im Winter lokal im Mittelmeer.

Steinwälzer sind kleine, kurzbeinige Watvögel an Felsküsten mit einem kurzen, kräftigen aufgeworfenen Schnabel. Die orangefarbenen Beine sind kurz, über der Brust verläuft ein dunkles Band. Im Sommer ist der Kopf schwarz-weiß, die Oberseite rostfarben und schwarz. Im Winter ist der Kopf matter, der Rücken schwarz und dunkelbraun. Im Flug fallen weiße Flügelbinden und der weiße Bürzel auf.

Dunkler Wasserläufer

Familie Scolopacidae **Art** *Tringa erythropus*

Länge 29–32 cm **Flügelspannweite** 48–52 cm

Verbreitung Brütet im nördlichen Skandinavien und in Sibirien. Als Durchzügler weit verbreitet, besonders im Herbst. Im Winter in Westeuropa selten.

Dunkle Wasserläufer sind etwas größer als Rotschenkel, schlank, dünnschnäbelig und langbeinig. Bei der Nahrungssuche wirken sie sehr aktiv, schwimmen und tauchen sogar mitunter. Das Prachtkleid ist schwarz, die Beine sind kräftig dunkelrot oder schwarz. Das helle Schlichtkleid ist unterseits weiß, sonst hellgrau; durch das Auge zieht sich ein dunkler Strich, die Beine sind heller rot. Jungvögel im Herbst sind brauner. Alle haben einfarbige Flügel und im Flug auf dem Rücken ein weißes Oval.

Uferschnepfe

Familie Scolopacidae **Art** *Limosa limosa*

Länge 36–44 cm

Flügelspannweite 62–70 cm

Verbreitung Brütet im Norden Mitteleuropas, in Osteuropa und selten in Nordwesteuropa; Durchzügler und Wintergast in Süd- und Westeuropa.

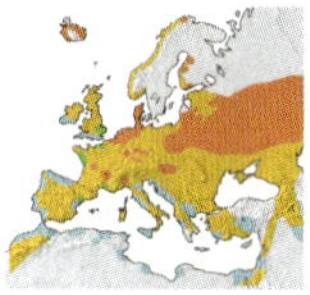

Große, langbeinige Watvögel mit einem geraden Schnabel. Die Männchen im Prachtkleid sind ziegelrot mit schwarzer Flankenbänderung und weißem Bauch, die Weibchen sind blasser. Jungvögel sind ähnlich, haben aber oberseits rostfarbene Federsäume. Im Winter sind die Vögel graubraun. Im Flug sieht man einen weißen Bürzel, einen schwarzen Schwanz und weiße Flügelbinden.

Pfuhlschnepfe

Familie Scolopacidae **Art** *Limosa lapponica*

Länge 32–42 cm

Flügelspannweite 61–68 cm

Verbreitung Brütet in Sibirien und im äußersten Norden Europas; im Winter an Küsten weit verbreitet, besonders in Nordwesteuropa.

Im Sommer sind Pfuhlschnepfen deutlicher kupferrot als Uferschnepfen, im Winter oberseits gestrichelt (erinnern im Muster an Brachvögel, die Brust ist aber heller bräunlich). Im Flug sind die Flügel einfarbig, der Schwanz ist blass gebändert, der Bürzel weiß. Der Schnabel ist leicht nach oben gebogen, die Beine sind kurz.

Jungvogel

Regenbrachvogel

Familie Scolopacidae

Art *Numenius phaeopus*

Länge 40–46 cm

Flügelspannweite 71–81 cm

Verbreitung Brütet in Skandinavien, Island, Schottland; Durchzügler in Mittel- und Westeuropa.

Der Regenbrachvogel sieht wie ein kleiner Brachvogel oder eine dunklere Pfuhlschnepfe aus. Er hat einen kräftigen, nach unten gebogenen Schnabel und einen deutlich gestreiften Kopf. Im Flug ist er kleiner als ein Großer Brachvogel und schlägt schneller mit den Flügeln. Er hat dunklere Außenflügel und einen weißen Bürzel.

Großer Brachvogel

Familie Scolopacidae **Art** *Numenius arquata*

Länge 50–60 cm **Flügelspannweite** 80–100 cm

Verbreitung Brütet in weiten Teilen Nordeuropas, in Mitteleuropa und lokal in Süd- und Westeuropa; im Frühjahr, Herbst und Winter verbreitet.

Möwenähnliche Flugweise

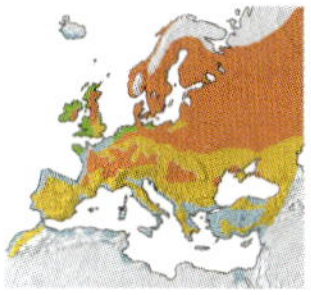

Der Große Brachvogel ist im Sommer ein großer brauner Watvogel auf Feuchtwiesen, im Herbst und Winter an Wattküsten und Schlammufern. Das Gefieder ist braun gestrichelt und gefleckt, wirkt aus der Nähe hell, aber in der Entfernung auf hellen Watten dunkel. Hier suchen Brachvögel meist einzeln nach Nahrung, sammeln sich aber bei Flut in dichten Trupps. Der lange, nach unten gebogene Schnabel fällt auf. Im Flug ist keine helle Flügelbinde zu erkennen; der Außenflügel ist dunkler als die innere Hälfte; Bürzel und Hinterrücken sind weiß. Der Flug ähnelt dem einer Möwe.

Am Rastplatz bei Flut

Kampfläufer

Familie Scolopacidae

Art *Philomachus pugnax*

Länge 20–32 cm

Flügelspannweite 46–58 cm

Verbreitung Brütet lokal in Nord- und Nordwesteuropa; regelmäßiger Durchzügler in Europa.

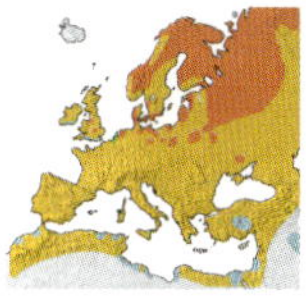

Die Männchen sind größer als Rotschenkel, die Weibchen kleiner. Die Männchen im Prachtkleid sind bunt und tragen Hauben und Halskrägen; im Winter ist der Kopf weißlich. Die Weibchen sind braun und oberseits gefleckt. Jungvögel im Herbst haben helle Federsäume und sind unterseits ockerbraun, ihre Beine sind gelboliv. Im Flug sieht man eine schwache Flügelbinde und am Bürzel auf jeder Seite einen weißen Flecken.

Jungvogel

Bekassine

Familie Scolopacidae **Art** *Gallinago gallinago*

Länge 25–28 cm

Flügelspannweite 37–43 cm

Verbreitung Brütet weit verbreitet, aber lokal auf Feuchtwiesen/in Mooren; Vögel aus dem Nordosten ziehen im Winter nach Süden und Westen.

Die Bekassine ist ein kleiner, lebhaft gemusterter, kurzbeiniger Watvogel mit einem langen, geraden Schnabel. Auf dem Rücken sieht man lange cremefarbene Streifen, der Hinterrand des Flügels ist weiß. Im Frühling sitzt sie auf Pfosten, sonst ist sie in feuchten Mooren sehr heimlich.

Zwergschnepfe

Familie Scolopacidae

Art *Lymnocryptes minimus*

Länge 17–19 cm

Flügelspannweite 30–36 cm

Verbreitung Brütet in Nord- und Nordosteuropa; im Winter weit verbreitet, aber sehr lokal.

Der Schnabel des winzigen Vogels ist kürzer als der einer Bekassine, der Rücken dunkler mit längeren cremefarbenen Streifen; der Scheitel ist dunkel (bei Bekassinen ein heller Streifen). Der Flug ist weniger kurvig und hektisch (Bekassinen steigen im raschen Zickzackflug auf; Zwergschnepfen erheben sich oft erst im letzten Moment, fliegen einen Halbkreis und fallen bald wieder ein). Meist suchen sie in dichter, nasser Vegetation nach Nahrung und sind schwer zu sehen.

Waldschnepfe

Familie Scolopacidae **Art** *Scolopax rusticola*

Länge 33–38 cm

Flügelspannweite 55–65 cm

Verbreitung Brütet in Teilen Nord- und Nordosteuropas und lokal in Mittel- und Südosteuropa; im Winter weit verbreitet im Süden und Westen.

Ähnlich einer Bekassine, aber kaum im selben Lebensraum zu sehen. Die Waldschnepfe ist ein Vogel feuchter Wälder. Im Frühling und Sommer sieht man sie meist in der Abenddämmerung über die Bäume fliegen. Der Kopf trägt breite Querbinden, der Schnabel ist lang. Die hellere Unterseite ist eng gebändert. Am Boden findet man den Vogel nur schwer; er fliegt erst im allerletzten Moment auf.

(Raub-)Möwen, Seeschwalben, Alken

Raubmöwen sind dunkle Meeresvögel mit hellen Flügelspiegeln. Möwen gibt es in allen Größen, sie sind oberseits schwarz oder grau und unterseits weiß, im Sommer mit dunklem oder weißem Kopf. Seeschwalben sind schlanker, mit gewinkelten Flügeln und dunklen Kopfkappen. Alken sind Seevögel, die nur zum Brüten an Land kommen.

Schmarotzerraubmöwe

Familie Stercorariidae **Art** *Stercorarius skua*

Länge 50–58 cm **Flügelspannweite** 125–140 cm

Verbreitung Brütet lokal in Schottland, Island, Skandinavien; im Frühjahr und Herbst verbreitet.

Dies ist die größte Raubmöwe – so groß wie eine junge Großmöwe. Sie ist dunkelbraun gestrichelt; am Außenflügel sitzt ein großer weißer Fleck. Der Kopf ist oft etwas heller gestrichelt und mit einer Andeutung einer dunklen Kappe. Der kräftige dunkle Schnabel ist an der Spitze gekrümmt. Sie jagt anderen Seevögeln bis zur Größe eines Basstölpels mit großer Geschicklichkeit Beute ab.

Skua

Familie Stercorariidae

Art *Stercorarius parasiticus*

Länge 37–44 cm

Flügelspannweite 97–115 cm

Verbreitung Brütet in Island, Skandinavien und Schottland; auf dem Zug vor Küsten weit verbreitet.

Diese Raubmöwe ist etwa so groß wie eine Sturmmöwe, mit langen Flügeln und keilförmigem Schwanz mit zentralem Spieß. Die Oberseite ist dunkel, die Unterseite hell. Kopfkappe und Brustband sind dunkel; manchmal ist der ganze Vogel dunkel. Die Flügel haben im Außendrittel einen weißen Fleck. Jungvögel sind brauner oder grauer mit graubrauner oder rostfarbener Bänderung; der Spieß fehlt.

Lachmöwe

Familie Laridae **Art** *Larus ridibundus*

Länge 34–37 cm **Flügelspannweite** 100–110 cm

Verbreitung Brütet in Europa; Brutvögel aus Ost- und Nordeuropa ziehen im Winter nach Süden und Westen, dann an Küsten- und Binnengewässern häufig.

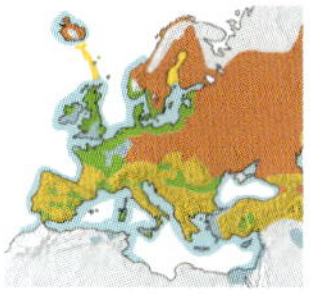

Die kleine, lebhafte und lärmende Möwe ist sehr hell, ein weißer Streifen am vorderen Flügelrand und dahinter ein dunkler Rand sind im Flug sehr typisch. Im Sommer trägt sie eine dunkelbraune Kapuze, der schlanke Schnabel und die Beine sind dunkelrot. Außerhalb der Brutzeit ist der Kopf des Altvogels weiß mit einem dunklen Ohrfleck; Beine und Schnabel sind leuchtend rot. Jungvögel sind an Kopf und Hals zunächst beigebraun und legen bald das Winterkleid an. Die Flügel haben einen braunen Hinterrand und ein braunes Band. Der Schnabel ist orangebräunlich mit einer schwarzen Spitze, auch die Beine sind orangefarben. Im folgenden Sommer wird der Kopf der Jungen teilweise braun; die braunen Flügelfelder bleichen aus.

Winter

Sommer

Sturmmöwe

Familie Laridae **Art** *Larus canus*

Länge 38–44 cm

Flügelspannweite 105–125 cm

Verbreitung Brütet lokal in Nordwesteuropa und Mitteleuropa, weiter verbreitet in Nordosteuropa; im Winter weit verbreitet, doch lokal.

Diese Möwe hat eine hellgraue Oberseite, grau- bis gelbgrüne Beine, einen gelblichen Schnabel und dunkle Augen. Die Flügel tragen ein schwarzes Feld (Spitze) und weiße Flecken. Jungvögel haben einen schwarzen Außenflügel, ein dunkles Band (Hinterflügel), braune Vorderflügel und einen weißen Schwanz mit dunkler Endbinde.

Winter

Silbermöwe

Familie Laridae **Art** *Larus argentatus*

Länge 55–67 cm

Flügelspannweite 130–160 cm

Verbreitung Brütet häufig an Küsten Nord- und Mitteleuropas; nördliche Vögel wandern im Winter nach Süden, dort im Binnenland anzutreffen.

Diese große Möwe hat einen kräftigen Schnabel. Der Altvogel ist silbergrau und weiß, im Winter ist der Kopf gestrichelt. Der gelbe Schnabel trägt einen roten Fleck nahe der Spitze, die Augen sind hell, die Beine rosafarben, die Flügelspitzen schwarz mit weißen Flecken. Jungvögel sind überwiegend braun.

Mittelmeermöwe

Familie Laridae **Art** *Larus michahellis*

Länge 55–65 cm

Flügelspannweite 130–150 cm

Verbreitung Brütet lokal in Mitteleuropa, weiter verbreitet im Mittelmeergebiet und auf der Iberischen Halbinsel.

Gleicht sehr der Silbermöwe; die Beine sind gelb, die Oberseite ist jedoch dunkler; im Winter ist der Kopf weiß. Im Herbst ist der Kopf etwas dunkler, die Flügelspitzen sind ausgedehnter schwarz, der Schnabel ist leuchtender. Jungvögel sind mehr rostbraun, der weiße Schwanz wird von einem dunklen Band gesäumt.

Heringsmöwe

Familie Laridae **Art** *Larus fuscus*

Länge 52–67 cm

Flügelspannweite 128–148 cm

Verbreitung Brütet auf Küstenfelsen und Heideland in Nord- und Nordwesteuropa; im Norden meist Sommervogel, im Winter bis Südwesteuropa.

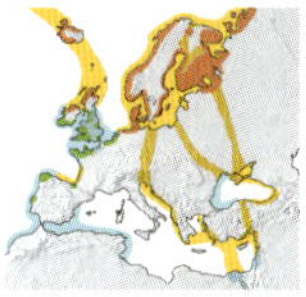

Die Oberseite ist grau oder dunkler, geht nur an den Flügelspitzen mit weniger weißen Flecken als bei der Silbermöwe in Schwarz über. Die Beine sind gelb (im Winter matter). Brust und Kopf sind im Winter gestrichelt. Jungvögel haben dunklere Flügel als Silbermöwen desselben Alters und werden auf der Oberseite mit dem Alter grau.

Winter

Dreizehenmöwe

Familie Laridae **Art** *Larus tridactyla*

Länge 38–40 cm **Flügelspannweite** 95–110 cm

Verbreitung Brütet auf Felsen an Küsten Großbritanniens, Irlands, Islands, Skandinaviens, Westfrankreichs, der Iberischen Halbinsel und Helgolands; im Winter verbreitet auf dem Meer.

Blaugrauer Rücken

Eine mittelgroße Meeresmöwe, die im Binnenland nur selten auftaucht, mit großem, rundem Kopf. Die Beine sind sehr kurz, die Vögel gehen daher kaum an Land. Im Sommer heben sich Kopf, Hals, Körper und Schwanz leuchtend weiß von der silbergrauen Oberseite ab; die helleren Außenflügel tragen eine schwarze Spitze. Der Schnabel ist gelb, Augen und Beine sind schwarz. Im Winter sind Hinterkopf und Hals rauchgrau, ein Ohrfleck schiefergrau. Jungvögel tragen einen schwarzen Schnabel, einen schwarzen Halskragen und ein schwarzes Zickzackband über den ausgebreiteten Flügeln. Im folgenden Sommer bleicht das Schwarz aus, besonders auf dem Innenflügel, die Jungvögel sehen heller und gebleicht aus, der Außenflügel wird bräunlich.

Junge sitzen auf kleinen Felsvorsprüngen.

Mantelmöwe

Familie Laridae **Art** *Larus marinus*

Länge 64–78 cm

Flügelspannweite 150–170 cm

Verbreitung Brütet an Küsten Skandinaviens, Islands, Irlands, Großbritanniens; im Winter in Nordwesteuropa und an Küsten Mitteleuropas.

Sie ist die größte Möwe mit dem dicksten Schnabel. Im Sommer ist die Oberseite schwarz, Kopf und Körper sind weiß; im Winter bleibt der Kopf weiß. Die Beine sind hellrosa bis weißlich. Jungvögel sind oberseits kräftig gemustert. Zunächst ist der mächtige Schnabel schwarz und erhält dann eine helle Spitze.

Winter

Zwergmöwe

Familie Laridae **Art** *Larus minutus*

Länge 25–27 cm

Flügelspannweite 70–77 cm

Verbreitung Brütet sehr lokal in Ost- und Nordosteuropa, selten im Westen; weit verbreiteter Durchzügler in Westeuropa und im Mittelmeer.

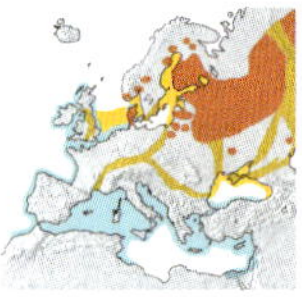

Diese kleinste Möwe ist im Sommer perlgrau mit schwarzer Kapuze, dunklem Schnabel und roten Beinen. Im Herbst verliert sie die Kapuze. Der schwarze Unterflügel hat einen breiten weißen Hinterrand. Jungvögel sind oberseits braunschwarz mit einem dunklen verwaschenen Flecken an den Brustseiten; der Rücken wird dann grau und weiß mit einem schwarzen W über den beiden Oberflügeln; der Unterflügel ist weiß.

Winter

Zwergseeschwalbe

Familie Sternidae **Art** *Sterna albifrons*

Länge 22–24 cm

Flügelspannweite 48–55 cm

Verbreitung Brütet weit verbreitet, aber sehr lokal an Sand- und Muschelstränden. Meist sehr spärlich an den Küsten Europas; Sommervogel.

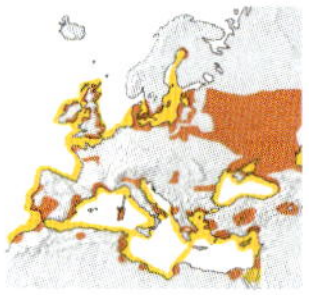

Die winzige Seeschwalbe fliegt sehr rasch mit tiefen, fast schwirrenden Flügelschlägen. Sie ist hellgrau und weiß, vor der schwarzen Kopfkappe ist die Stirn weiß. Die Außenflügel sind dunkler, die Beine orangefarben, der Schnabel ist gelb (im Winter dunkler). Jungvögel sind am Kopf und Rücken brauner, der Vorderflügel ist dunkelgrau, Beine und Schnabel sind dunkel. Die geringe Größe ist ein wichtiges Kennzeichen.

Brandseeschwalbe

Familie Sternidae **Art** *Sterna sandvicensis*

Länge 36–41 cm

Flügelspannweite 95–105 cm

Verbreitung Brütet sehr lokal, aber weit verbreitet an Sandstränden Europas; als Durchzügler weit verbreitet, aber selten.

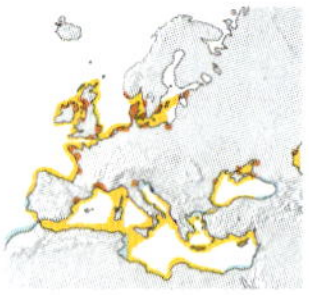

Die große, langflügelige Seeschwalbe ist unterseits weiß und oberseits silbergrau. Kopf und Schnabel sind lang, der Schwanz wirkt kurz. Bei Altvögeln trägt der schwarze Schnabel eine gelbe Spitze; die Beine sind schwarz, die Nackenfedern gesträubt. Die Kopfkappe ist nur im Frühjahr ganz schwarz, ab Mittsommer wird die Stirn weiß gefleckt. Jungvögel haben oberseits braune Bänder und ein dunkles Schwanzende.

Flussseeschwalbe

Familie Sternidae **Art** *Sterna hirundo*

Länge 31–35 cm

Flügelspannweite 70–80 cm

Verbreitung Sommervogel in vielen Teilen Europas (Binnenland und Küste), am häufigsten im Norden/Nordosten; als Durchzügler verbreitet.

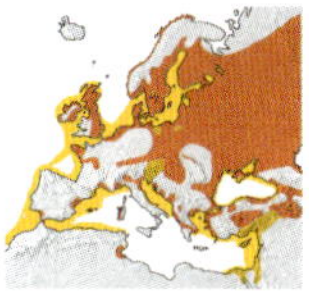

Die Seeschwalbe ist oberseits grau, unterseits heller und trägt im Sommer eine schwarze Kopfkappe. Die Beine sind rot. Der rote Schnabel hat eine schwarze Spitze. Im Flug sind die äußeren Federspitzen von unten dunkel, hinter dem Flügelbug sitzt ein durchscheinender Fleck. Der Unterflügel der Jungvögel ist ähnlich, der Oberflügel hat einen grauen Hinterrand und ein helles Feld (Mitte). Der Schnabel ist hell (Basis).

Lachseeschwalbe

Familie Sternidae **Art** *Sterna nilotica*

Länge 35–42 cm

Flügelspannweite 76–86 cm

Verbreitung Brütet lokal im Mittelmeergebiet und in Nordwesteuropa; abseits der Brutplätze seltener Durchzügler; Sommervogel.

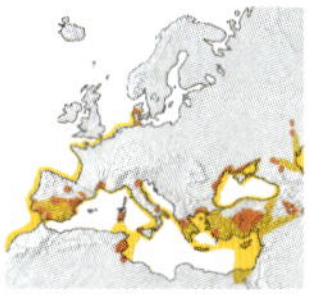

Die mittelgroße Seeschwalbe sieht aus wie eine grauere Brandseeschwalbe, hat aber einen dickeren schwarzen Schnabel und längere Beine; Bürzel und Schwanz sind hellgrau. Im Winter bleibt nur ein dunkler Ohrfleck. Im Flug wird der Hinterrand gegen die Flügelspitzen dunkler. Jungvögel haben eine dunkle Augenmaske und einen dunklen Schnabel. Sucht über Süßwasser und Sümpfen nach Nahrung, manchmal auch an der Küste.

Trauerseeschwalbe

Familie Sternidae **Art** *Chlidonias niger*

Länge 22–24 cm

Flügelspannweite 63–68 cm

Verbreitung Brütet in Sümpfen Nordost- und Osteuropas, selten und lokal in Westeuropa; als Durchzügler weit verbreitet, besonders im Herbst.

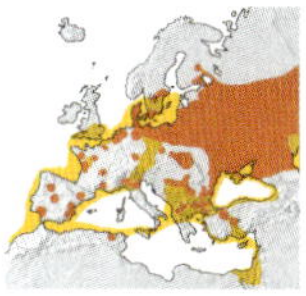

Im Sommer sind die Altvögel schwarz mit einem weißen Fleck unter dem grauen Schwanz. Im Winter ist die Oberseite düster grau (bei Jungvögeln brauner), der Schwanz grau, die Unterseite weiß; eine dunkle Kopfkappe reicht bis unter das Auge und auf den Nacken. An der Brustseite sitzt ein dunkler Fleck; Schnabel und Beine sind dunkel. Jungvögel haben ein helles Flügelfeld.

Küstenseeschwalbe

Familie Sternidae **Art** *Sterna paradisaea*

Länge 32–35 cm **Flügelspannweite** 80–95 cm

Verbreitung Brütet häufig in Nord- und Nordwesteuropa, meist an Küsten; im Frühjahr und Herbst weit verbreiteter Durchzügler in Westeuropa.

Küstenseeschwalben sind Flussseeschwalben sehr ähnlich, oberseits aber grauer, die Beine sind kürzer, der Hals und der Schwanz länger (vor allem die Schwanzspieße). Der schlanke Schnabel ist rot. Der Oberflügel wird zur Spitze hin heller ohne einen dunklen Keil, der dunkle Hinterrand am Unterflügel ist schmaler als bei der Flussseeschwalbe; der Flügel ist stärker durchscheinend. Im Herbst haben die Altvögel der Flussseeschwalbe eine weiße Stirn, Küstenseeschwalben behalten ihre schwarze Kappe länger. Jungvögel haben einen kürzeren schwarzen Schnabel, einen schwärzlichen Vorderflügel, einen schuppigen Mittelflügel und ein weißes Feld auf dem Hinterflügel.

Weißbartseeschwalbe

Familie Sternidae **Art** *Chlidonias hybridus*

Länge 24–28 cm

Flügelspannweite 57–63 cm

Verbreitung Brütet lokal in Südeuropa. Ein seltener Frühjahrs- und Herbstdurchzügler oder Ausnahmegast weiter nördlich; Sommervogel.

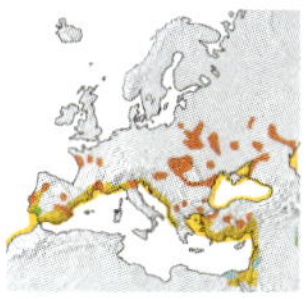

Die Weißbartseeschwalbe ist größer als die Trauerseeschwalbe, im Verhalten ähnlich. Im Sommer sind Wangen und Kehle weiß, eine schwarze Kopfkappe hebt sich von der grauen Oberseite ab; der Bauch ist schwarz. Im Winter ist das Gefieder heller als bei der Trauerseeschwalbe mit gestricheltem Oberkopf und dunklem Augenfleck. Jungvögel haben eine braune Bänderung auf dem Rücken und werden rasch grauer.

Papageitaucher

Familie Alcidae **Art** *Fratercula arctica*

Länge 26–29 cm

Flügelspannweite 47–63 cm

Verbreitung Brütet an Küsten und auf Inseln um Nordfrankreich, Großbritannien, Irland, Skandinavien; im Winter auf See.

Der kleine, kleinflügelige Alk hat einen dreieckigen Schnabel, ein hellgraues Gesichtsfeld und schwarze Oberflügel. Im Sommer haben die Altvögel orangefarbene Beine und einen rot, gelb und blaugrau gemusterten Schnabel, der im Winter dunkler wird. Jungvögel haben einen grauen Schnabel und ein rauchgraues Gesicht, um das Auge dunkler. Zeigt beim Fliegen einen weißen Bauch und graue Unterflügel.

Trottellumme

Familie Alcidae **Art** *Uria aalge*

Länge 38–46 cm

Flügelspannweite 64–73 cm

Verbreitung Brütet lokal an Felsküsten vom Westen der Iberischen Halbinsel bis Skandinavien, Island; außerhalb der Brutzeit verbreitet auf dem Meer.

Ein aufrecht stehender, spitzschnäbeliger Alk mit brauner bis schwarzer Oberseite und ebensolchem Kopf, weißer Unterseite und weißem Flügelhinterrand. Einige haben eine weiße »Brille«. Im Winter ist der Kopf weiß mit schwarzer Kappe und schwarzem Augenstrich. Der Schwanz ist kurz und gerade abgeschnitten, er wird auf dem Wasser tief gehalten.

Tordalk

Familie Alcidae **Art** *Alca torda*

Länge 37–39 cm

Flügelspannweite 63–67 cm

Verbreitung Brütet lokal auf Felsküsten in Nord- und Nordwesteuropa inkl. Island; im Winter weit verbreitet auf dem Meer, selten an der Küste.

Der Tordalk ist auf der Oberseite und am Kopf tiefschwarz, eine Linie am Hinterflügel und ein Strich vor dem Auge sind weiß. Der hohe Schnabel ist seitlich abgeflacht und mit einer weißen Linie geschmückt. Im Winter ist die Unterseite des Kopfes weiß, die schwarze Kopfkappe reicht bis unter das Auge. Auf dem Wasser wird der Schwanz oft angehoben. Im Flug fällt der schwarze, weiß gesäumte Bürzel auf.

Tauben

Tauben sind mit weichem Gefieder bedeckte kleinköpfige Vögel und haben lange Schwänze und breite Flügel. Ihr Schnabel ist schmächtig und weich; er hat an der Basis einen kleinen weichen Abschnitt, die Wachshaut. Im Flug hört man sie nicht, doch werden bei der Balz oder bei Alarm die Flügel oft klatschend zusammengeschlagen.

Ringeltaube

Familie Columbidae **Art** *Columba palumbus*

Länge 40–42 cm **Flügelspannweite** 75–80 cm

Verbreitung Brütet in den meisten Teilen Europas bis auf den äußersten Norden. Vögel von Norden und Osten ziehen im Winter nach Westen und Süden.

Diese größte Taube ist durch ein weißes Band gekennzeichnet, das sich von vorne bis hinten über den geöffneten Flügel zieht. Am geschlossenen Flügel sieht man einen weißen Vorderrand. Altvögel haben einen weißen Halsfleck, der den Jungvögeln fehlt. Die Oberseite ist grau, die Brust rosa überhaucht. Der Schwanz trägt eine schwarze Endbinde.

Felsentaube

Familie Columbidae **Art** *Columba livia*

Länge 31–35 cm

Flügelspannweite 63–70 cm

Verbreitung Brütet lokal an Küsten Nordwesteuropas und in den Bergen Südeuropas; als Stadttaube weit verbreitet aus verwilderten Haustauben.

Diese Taube hat einen breiten weißen Bürzelfleck und zwei breite schwarze Bänder im Flügel. Die Oberseite ist hellgrau, der Unterflügel weiß; Kopf und Brust sind dunkel. Stadttauben (stammen von domestizierten Felsentauben ab) sind oft ähnlich, haben aber am Schnabel meist einen breiteren weißen Fleck.

Hohltaube

Familie Columbidae **Art** *Columba oenas*

Länge 32–34 cm

Flügelspannweite 63–69 cm

Verbreitung Brütet in weiten Teilen Europas außer im äußersten Norden; Vögel von Osten und Norden ziehen im Winter nach Westen.

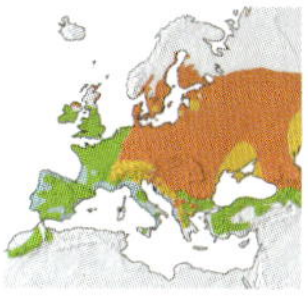

Kleiner, rundlicher und kurzhalsiger als Ringeltauben, gleiten Hohltauben mit gewinkelten Flügeln. Sie haben kein Weiß auf den Flügeln oder am Hals und sind blaugrau mit einer schwarzen Schwanzspitze. Auf dem Hinterflügel sitzen sehr kurze schwarze Binden, der Unterflügel und ein großes Feld auf dem Vorderflügel sind hellgrau. Hohltauben sind rundköpfiger und kurzhalsiger als Brieftauben.

Türkentaube

Familie Columbidae

Art *Streptopelia decaocto*

Länge 31–33 cm

Flügelspannweite 47–55 cm

Verbreitung Weit verbreiteter Jahresvogel in Europa nach rascher Westausbreitung.

Eine kleine Taube mit einem gerundeten Kopf und langem Schwanz. Die Türkentaube ist einheitlich grau- oder sandbraun, die Brust rosa überhaucht; der Oberflügel ist teilweise hellblau, der Unterflügel grau; ein dünnes schwarzes Halsband ist nach vorne hin offen. Der oben dunkle Schwanz hat eine weiße Spitze, von unten gesehen ist das Basisdrittel schwärzlich und der Rest mattweiß.

Turteltaube

Familie Columbidae **Art** *Streptopelia turtur*

Länge 26–28 cm

Flügelspannweite 47–53 cm

Verbreitung Sommervogel; brütet in weiten Teilen Süd- und Mitteleuropas, fehlt im Norden Großbritanniens, in Irland, Island und Skandinavien.

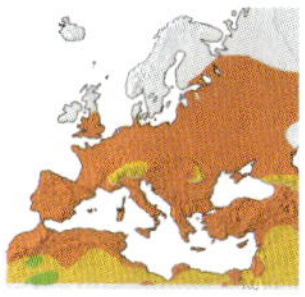

Sie ist die kleinste europäische Taube mit einem keilförmigen Schwanz und schmalen, gewinkelten Flügeln. Sie ist hell rotbräunlich, unterseits mehr rosagrau mit einem dunklen Schachbrettmuster auf dem Rücken und einem schwarz und grau gestreiften Halsfleck. Der schwarze Schwanz hat einen in der Mitte unterbrochenen, v-förmigen weißen Spitzensaum; unterseits ist eine weiße Zone.

Eulen und Ziegenmelker

Es handelt sich um zwei nicht verwandte Gruppen. Eulen umfassen winzige bis sehr große Vögel; ihre Augen sind nach vorne gerichtet, die gekrümmten Schnäbel meist in den Gesichtsfedern verborgen. Ziegenmelker sind langflügelig und langschwänzig, haben kleine Füße und winzige Schnäbel, aber einen breiten Mundspalt.

Waldkautz

Familie Strigidae **Art** *Strix aluco*

Länge 37–39 cm **Flügelspannweite** 94–104 cm

Verbreitung Weit verbreiteter Jahresvogel in unterschiedlichen Waldtypen; fehlt in Irland, Island und Nordskandinavien.

Der Waldkauz ist eine große, dickköpfige Eule von rundlicher Gestalt in Ruhehaltung. Bei Erregung wird der Körper schlanker. Der Waldkauz ist ausschließlich nachtaktiv. Die Unterseite ist hell, das Gefieder rostfarben und graubraun gefleckt; das Gesicht ist eine runde, helle Scheibe, große schwarze Augen und eine schräge Reihe heller Flecken auf jeder Rückenseite sind charakteristisch. Im Flug wirkt der Vogel mächtig, großköpfig, breitflügelig und sehr kurzschwänzig.

Zwergohreule

Familie Strigidae **Art** *Otus scops*

Länge 19–21 cm

Flügelspannweite 47–54 cm

Verbreitung Sommervogel in Süd- und Osteuropa; wenige bleiben im Winter im äußersten Süden. Nördlich der normalen Verbreitung sehr selten.

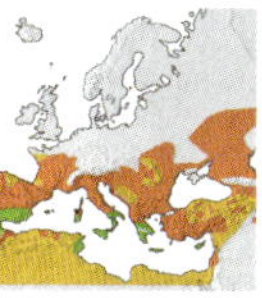

Eine kleine, schlanke Eule mit einem eckigen Kopf. Die Federohren werden bei Alarm oder bei der Balz aufgestellt, sind sonst aber gesenkt, und der Kopf wirkt oben abgeflacht. Das Gefieder ist grau mit rostfarbenen Flecken auf der Oberseite und dunklen Strichen und Bändern. Die gelben Augen sieht man kaum. Meist erkennt man die Eule an ihren Rufen; man kann sie im Straßenlicht oder im Strahl einer Taschenlampe sehen.

Schleiereule

Familie Tytonidae **Art** *Tyto alba*

Länge 33–39 cm **Flügelspannweite** 85–93 cm

Verbreitung Brütet in West-, Mittel- und Osteuropa; einige ziehen im Winter, kommt aber kaum außerhalb der Brutplätze vor.

Die Schleiereule ist mittelgroß und wirkt sehr hell, das Gesicht ist herzförmig, die kleinen schwarzen Augen sind orangefarben gesäumt. In Westeuropa sind die Vögel im Gesicht und auf der Unterseite reinweiß. Sonst ist die Unterseite orangebräunlich und mit dunkleren Flecken besetzt. Die Oberseite ist hellgelb bis sandbraun mit grauen Stellen und hellen und dunklen Flecken. Im Flug sieht die Schleiereule rundköpfig und kurzschwänzig aus mit ziemlich kurzen, gerundeten Flügeln. Sie rüttelt häufig.

In der Silhouette wirken Schleiereulen kopflastig.

Steinkauz

Familie Strigidae **Art** *Athene noctua*

Länge 21–23 cm

Flügelspannweite 50–56 cm

Verbreitung In Südeuropa weit verbreitet, selten in West- und Mitteleuropa, fehlt in Island und Skandinavien.

Ein kleine, gedrungene und großköpfige Eule mit einem breiten, flachen Kopf und kräftigen Augenbrauen. Sie weist viele helle Flecken auf ihrem braunen Rücken und kleine dunkle Flecken auf der dunklen Stirn auf und hat weißliche Augenbrauen und helle gelbe Augen. Sie sitzt aufrecht oder auch sehr gedrungen, oft erhöht, und fliegt rasch in einer wellenförmigen Flugbahn.

Sumpfohreule

Familie Strigidae **Art** *Asio flammeus*

Länge 34–42 cm

Flügelspannweite 90–105 cm

Verbreitung Brütet in Nord- und Nordosteuropa, lokal in Westeuropa; als Durchzügler oder Wintergast verbreitet, abhängig von Wühlmausdichte.

Diese große, helle Eule kann man oft bei Tag sehen. Sie hat ein gemustertes sandbraunes Gefieder, auf der cremefarbenen Brust gestrichelt, nach unten heller, und große helle Flecken auf der Oberseite. Im Flug zeigen die langen Flügel einen dunklen Fleck am Bug und ein großes orangefarbenes Feld gegen die Spitzen. Die gelben Augen sind schwarz gesäumt.

Waldohreule

Familie Strigidae **Art** *Asio otus*

Länge 35–37 cm

Flügelspannweite 84–95 cm

Verbreitung Brütet in Wäldern außer in Island und im äußersten Norden Europas; Vögel von Norden und Nordosten wandern im Winter südwärts.

Eine größere, braune, ausgesprochen nachtaktive Eule. Schlanker als die Sumpfohreule mit dunklerer, stärker gestrichelter Unterseite, leuchtend orangefarbenen Augen und langen Federohren, die oft aufgestellt werden. Im Flug oft ähnlich der Sumpfohreule, doch ist der äußere Flügelfleck mehr orangefarben, der Innenflügel gleichmäßiger und der Schwanz enger gebändert.

Ziegenmelker

Familie Caprimulgidae

Art *Caprimulgus europaeus*

Länge 26–28 cm

Flügelspannweite 54–60 cm

Verbreitung Sommervogel in weiten Teilen Europas; auf Heide und Trockenwälder begrenzt.

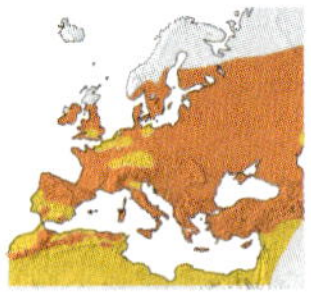

Dieser seltsame Vogel sitzt am Tag ruhig und ist meist in der Abenddämmerung zu sehen. Der lange Körper ist kompliziert grau und hellbraun gemustert; die Flügel und der breite, gerade abgeschnittene Schwanz sind lang. Füße und Schnabel sind klein. Die Männchen haben weiße Schwanzecken und weiße Flecken auf dem Außenflügel, die auch bei Dämmerung noch gut sichtbar sind.

Eisvögel, Segler und Kuckucke

Eisvögel haben sehr kurze Beine, miteinander verbundene Zehen und lange Dolchschnäbel. Sie sitzen aufrecht. Segler sind schlanke, gabelschwänzige Flugkünstler mit kurzen Köpfen und schmalen, sichelförmigen und steif gehaltenen Flügeln. Kuckucke sind relativ groß, haben kleine Köpfe, spitze Flügel mit breitem Ansatz und lange, breite Schwänze.

Eisvogel

Familie Alcedinidae **Art** *Alcedo atthis*

Länge 16–17 cm **Flügelspannweite** 24–26 cm

Verbreitung Brütet an Süßwasser in Europa außer im äußersten Norden; nördlich und östlich dieses Areals Sommergast.

Der Eisvogel ist ein kleiner, sehr gedrungener, kurzschwänziger Vogel am Wasser, mit einem großen Kopf und einem Dolchschnabel. Trotz seiner blaugrauen Ober- und orangefarbenen Unterseite ist er im Schattenspiel über bewegtem Wasser oft schwer zu sehen. Oft hört man nur die Rufe beim Abflug oder bemerkt einen kleinen Körper, der sich kopfüber ins Wasser stürzt. Er fliegt niedrig, schnell und geradlinig, der Bürzel leuchtet dann blau. Der Schnabel des Männchens ist schwarz, der des Weibchens an der Basis rot.

Bienenfresser

Familie Meropidae **Art** *Merops apiaster*

Länge 27–29 cm

Flügelspannweite 36–40 cm

Verbreitung Sommervogel in sandigen Gebieten in Südeuropa, lokal auch in Frankreich; weiter nördlich ein seltener Gast oder Brutvogel.

Ein langflügeliger Vogel mit einem lang gestreckten Körper, der in einen langen Schwanz mit einem mittleren Federspieß ausläuft. Der Schnabel ist kräftig, schwarz und leicht nach unten gebogen. Das Gefieder ist unterseits blaugrün mit einem schwarz gerandeten gelben Kehllatz und oberseits vor allem rötlich braun mit goldenen Schultern. Im Flug ist der Unterflügel hell kupferfarben, zur Spitze hin silbrig aufgehellt mit einem breiten schwarzen Hinterrand.

Mauersegler

Familie Apodidae **Art** *Apus apus*

Länge 16–17 cm

Flügelspannweite 42–48 cm

Verbreitung Sommervogel, fehlt in Island und im äußersten Norden Europas; im südlichen Europa am häufigsten von April bis August.

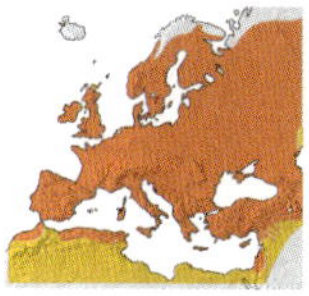

Er kommt nur zum Nest auf festen Untergrund und ist fast nie sitzend zu sehen. Er sieht dunkel aus, unter guten Lichtbedingungen ist eine hellere Kehle zu erkennen, die Oberflügel sind brauner, und der Unterflügel glänzt etwas heller. Der Schwanz ist tief eingeschnitten, und die schmalen Flügel sind steif; sie werden kaum gebeugt und in einer sichelförmigen Form gehalten.

Alpensegler

Familie Apodidae **Art** *Apus melba*

Länge 20–23 cm

Flügelspannweite 51–58 cm

Verbreitung Brütet in Bergen und Schluchten Südeuropas, nördlich bis in die Alpen, sonst seltener Durchzügler. Zieht im Winter nach Afrika.

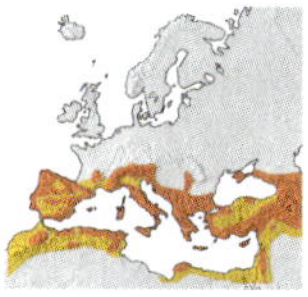

Dieser große Segler hat die gleiche Gestalt wie der kleinere Mauersegler mit einem zugespitzten Kopf, gegabelten Schwanz, lang gestreckten Körper und langen, gebogenen, steifen Flügeln. Der Flug ist kräftiger mit langsameren Flügelschlägen. Die Oberseite ist heller braun; ein braunes Brustband, eine helle Kehle und eine ausgedehnt weiße Unterseite, die beim Seitwärtsdrehen aufleuchtet, sind schon aus großer Entfernung eindeutige Merkmale.

Kuckuck

Familie Cuculidae **Art** *Cuculus canorus*

Länge 32–34 cm

Flügelspannweite 55–65 cm

Verbreitung Weit verbreiteter Sommervogel mit Ausnahme von Island; im Herbst Durchzügler an Küsten.

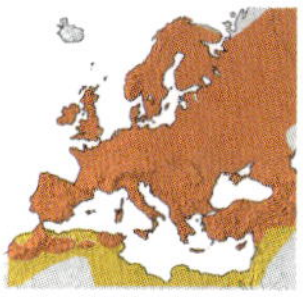

Die langen Flügel hängen oft etwas herunter, der lange Schwanz wird angehoben. Kopf, Rücken und Kehle sind hellgrau, der weiße Bauch ist grau gebändert. Im Flug sind die Flügel mit breiter Basis zugespitzt, die Flügelschläge erfolgen unter der Körperachse. Der lange Schwanz ist schwärzlich mit weißen Flecken. Jungvögel sind braun und gebändert mit weißem Nackenfleck.

Wiedehopf

Familie Upupidae **Art** *Upupa epops*

Länge 26–28 cm **Flügelspannweite** 44–48 cm

Verbreitung Sommervogel in Südwest-, Mittel-, Südost- und Osteuropa in offen Gebieten, Buschland und Agrargebieten. Sonst seltener Durchzügler, rar im Winter im äußersten Süden.

Einmalig in Europa ist der Wiedehopf, ein langschnäbeliger, schlanker Vogel mit einer fächerförmigen Haube. Die Haube wird oft flach gelegt, kann aber zu einem breiten Fächer mit schwarzen Spitzen aufgestellt werden, sogar im Flug. Auf dem Boden ist der Vogel in Licht und Schatten schwer zu sehen. Rücken und Flügel sind kräftig schwarz und weiß gebändert, Kopf und Körper sind rosabräunlich bis sandfarben. Im Flug ähnelt der Wiedehopf auf den ersten Blick einem Buntspecht, hat aber viel breitere Flügel und einen längeren Schwanz; Bürzel und Schwanzbinde sind weiß. Der Flug ist etwas zögerlich, ohne die Wellenbahnen der Spechte; die Flügel schlagen nicht gleichmäßig. Auf dem Boden läuft er langsam und sondiert mit seinem Schnabel.

Verwirrendes Muster im Flug

Blauracke

Familie Coraciidae **Art** *Coracias garrulus*

Länge 30–32 cm

Flügelspannweite 52–57 cm

Verbreitung Sommervogel in Südwesteuropa, häufiger in Osteuropa. Sehr seltener Gast im Sommer in Nordwesteuropa.

In Form und Größe ähnlich einer Dohle, aber mit einem größeren Kopf und einem dickeren Schnabel. Die Blauracke ist an Kopf und Körper hell blaugrün, auf dem Rücken braun. Im Sommer ist die Färbung lebhafter türkisblau, im Herbst verdecken hellbraune Federränder viel Farbe. Im Flug sind die Flügel tiefblau und schwarz, auffällig vor allem in den taumelnden Balzflügen.

Spechte

Kleine bis große Waldvögel mit kräftigen Füßen, an denen zwei Zehen nach vorne und zwei nach hinten weisen. Die Schnäbel sind kräftig und arbeiten wie Meißel; die steifen Schwanzfedern unterstützen den Körper am Stamm. Einige Arten suchen auf dem Boden nach Nahrung. Ihre Flugbahn ist wellenförmig bei kurzen Folgen rascher Flügelschläge.

Buntspecht

Familie Picidae **Art** *Dendrocopos major*

Länge 22–23 cm **Flügelspannweite** 34–39 cm

Verbreitung Brütet in fast ganz Europa, fehlt in Island und im nördlichen Skandinavien. Einige ziehen im Winter nach Westen.

Der Buntspecht ist ein mittelgroßer, auffällig gezeichneter Specht mit einem lebhaft roten Fleck unter dem Schwanz. Die Oberseite ist glänzend schwarz mit einen langen weißen Schulterfleck, die Unterseite hell isabellfarben. Die Männchen haben einen roten Nackenfleck und Jungvögel rote Scheitel. Man findet ihn in allen Waldtypen, im Frühjahr trommelt er mit seinem Schnabel gegen einen Ast und produziert einen kurzen, lauten Wirbel.

Kleinspecht

Familie Picidae **Art** *Dendrocopos minor*

Länge 14–15 cm

Flügelspannweite 25–27 cm

Verbreitung Jahresvogel in den meisten Teilen Europas außer im Norden Großbritanniens, in Irland, Island, Spanien und Nordskandinavien.

Ein kleiner, etwa spatzengroßer Specht auf Bäumen und hohen Büschen. Der Rücken ist dicht weiß gebändert (die Bänder verschmelzen oft zu einem weißen Flecken, aber ein weißer Schulterfleck fehlt). Das Männchen hat einen roten Scheitel; unter dem Schwanz fehlt jede Spur von Rot. Der Flug wirkt zögerlich und weist eine tiefe Wellenbahn auf.

Grünspecht

Familie Picidae **Art** *Picus viridis*

Länge 30–33 cm

Flügelspannweite 40–42 cm

Verbreitung Weit verbreiteter Jahresvogel, fehlt in Irland, Island und im äußersten Norden und Osten von Europa.

Grünspechte sind groß, mit langem Körper und einem hellen grünlich gelben Bürzel. Der Kopf ist hell mit einem dunklen Augenfleck, einem schwarzen Bart (der beim Männchen innen rot ist) und einer roten Kopfkappe. Junge haben am Kopf graue Flecken; Halsseiten und Unterseite sind dunkel gebändert. Der Rücken ist apfelgrün, die Flügel sind etwas brauner, die Unterseite ist hell grünlich gelb. Er sucht meist am Boden nach Nahrung.

Schwarzspecht

Familie Picidae **Art** *Dryocopus martius*

Länge 40–46 cm

Flügelspannweite 67–73 cm

Verbreitung Weit verbreiteter, aber lokaler Jahresvogel in Hochwäldern in Nordspanien, Mittel- und Nordeuropa.

Der Schwarzspecht ist der größte europäische Specht, jedoch schlank und mit einem relativ dünnen Hals. Das Gefieder ist bis auf den roten Scheitel (beim Männchen) oder roten Nackenfleck (beim Weibchen) einheitlich schwarz. Davon hebt sich der weißliche Schnabel ab, das weißliche Auge ist aus der Nähe sichtbar. Im Flug wirkt er groß und langflügelig, die Flugbahn ist weniger wellenförmig als die anderer Spechte. Die Trommelwirbel sind sehr laut.

Wendehals

Familie Picidae **Art** *Jynx torquilla*

Länge 16–17 cm

Flügelspannweite 25–27 cm

Verbreitung Sommervogel in den meisten Teilen Kontinentaleuropas, außerhalb oft ein regelmäßiger Gast auf dem Durchzug.

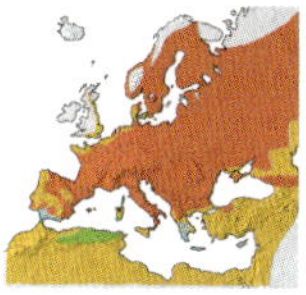

Der ungewöhnliche, ziehende Specht ist dicht braun, goldbraun, grau und schwarz gemustert und gestrichelt mit einer langen schwarzen Linie auf Hals und Rücken und einer dunklen Maske. Er ist ziemlich unauffällig und wird normalerweise durch den Ruf entdeckt. Im Flug kann er eher an eine große Grasmücke oder an eine kleine Drossel als an einen Specht erinnern.

Lerchen

Lerchen sind kleine Landvögel, die meist auf dem Boden laufen und in der Regel eine braune Oberseite mit dunkleren und helleren Strichen haben. Zu ihnen zählen hervorragende Sänger. Wichtige Anhaltspunkte für die Bestimmung sind Gesänge, Verhalten, Flugweisen und genaue Zeichnungsmuster der Unterseite. Einige Arten sind aber schwer zu erkennen.

Feldlerche

Familie Alaudidae **Art** *Alauda arvensis*

Länge 18–19 cm **Flügelspannweite** 30–36 cm

Verbreitung Weit verbreiteter Brutvogel in offenen Landschaften außer Island. Viele aus Nord- und Osteuropa ziehen im Winter nach Süden und Westen.

Die Feldlerche ist eine ziemlich große, reich gemustert Lerche mit einer kurzen, stumpfen Haube, die für gewöhnlich anliegt, einem kräftigen Schnabel und einer lebhaft gestreiften Brust bei sonst weißer Unterseite. Im Flug zeigen die gewinkelten Flügel einen deutlichen weißen Hinterrand, die Seiten des Schwanzes sind weiß. Der Gesang ist eine bunte Folge von silberhellen Trillern und Pfiffen in einem hohen Singflug.

Haubenlerche

Familie Alaudidae **Art** *Galerida cristata*

Länge 17–19 cm

Flügelspannweite 30–35 cm

Verbreitung Jahresvogel in offenen Landschaften von West-, Süd-, Mittel- und Osteuropa; außerhalb der Brutgebiete sehr selten.

Im guten Licht sieht die blasse Lerche oft ausgesprochen sandorange oder warm sandbraun aus mit einer spitzen aufgestellten Haube. Im Flug ist der breite Flügel einfarbig ohne weiße Abzeichen, der kurze Schwanz hat hellbraune Außenfedern; die Unterflügel sind hellbraun. Der Ruf ist flötend, der Gesang ist eine Wiederholung davon im Flug.

Heidelerche

Familie Alaudidae **Art** *Lullula arborea*

Länge 15 cm

Flügelspannweite 27–30 cm

Verbreitung Brütet in den meisten Teilen Europas mit Ausnahme des äußersten Nordens; in Osteuropa meist nur Sommervogel.

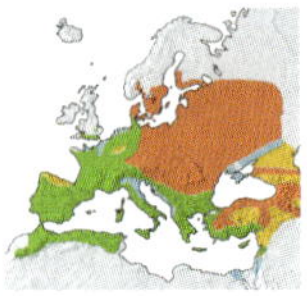

Die kleine Lerche hat einen kräftigen cremefarbenen Streifen über dem Auge, der bis in den Nacken reicht. Die kurze Haube ist gestrichelt, am Flügelrand fällt ein weiß-schwarz-weißer Fleck auf. Im Flug erkennt man breite, runde Flügel ohne weißen Hinterrand und einen sehr kurzen, gerundeten Schwanz mit weißen Ecken.

Kurzzehenlerche

Familie Alaudidae

Art *Calandrella brachydactyla*

Länge 14–16 cm

Flügelspannweite 30 cm

Verbreitung Sommervogel in Süd- und Osteuropa; in Nordwesteuropa seltener Durchzügler.

Diese kleine, helle Lerche hat eine cremefarbene Unterseite mit nur wenigen Strichen an den Brustseiten; der dunkle Halsfleck ist meist schwer zu sehen, wenn der Kopf nicht gestreckt ist. Der Scheitel ist dunkel, über dem Auge verläuft ein langer, heller Strich. Ein dunkleres Feld im Flügel ist hell gesäumt; im Flug zeigen die Flügel zwei helle Streifen; der Schwanz hat weiße Seiten.

Kalanderlerche

Familie Alaudidae

Art *Melanocorypha calandra*

Länge 17–20 cm

Flügelspannweite 35–40 cm

Verbreitung Jahresvogel; lokal häufig in Südwest-, Süd- und Südosteuropa; sonst sehr seltener Gast.

Außerhalb der Brutzeit kann diese Lerche große Schwärme bilden. Der dicke Schnabel ist hell, über dem Auge und unter der Wange verläuft eine breite, helle Linie; der kräftige schwarze Halsfleck ist für gewöhnlich gut zu sehen. Im Flug zeigt sich ein breiter, leuchtend brauner Flügel mit einem breiten weißen Hinterrand; von unten wirken die Flügel schwarz mit einem weißen Saum und kontrastieren mit der reinweißen Körperunterseite.

Schwalben

Die kleinen Luftjäger haben lange oder dreieckige Flügel, die viel weniger sichelförmig wirken als die der Segler, sowie gegabelte Schwänze, mit teilweise sehr langen äußeren Federspießen. Mit ihren kurzen, schwachen Beinen laufen sie selten, sitzen aber oft auf Leitungsdrähten, Bäumen, am Boden oder auf Felsen. Sie bilden große Schwärme.

Rauchschwalbe

Familie Hirundinidae **Art** *Hirundo rustica*

Länge 17–19 cm **Flügelspannweite** 32–35 cm

Verbreitung Sommervogel im Agrarland in fast ganz Europa außer im äußersten Norden und in Island; im Winter nur ausnahmsweise.

Diese Schwalbe hat einen tief gegabelten Schwanz (Spieße am längsten bei alten Männchen), die Oberseite ist glänzend dunkelblau, die Unterseite weißlich bis tief rostfarben. Die dunkelrote Kehle wird von einem blauschwarzen Brustband begrenzt. Im Flug sind an der Basis des gespreizten Schwanzes weiße Flecken zu erkennen. Der Flug mit nach hinten gewinkelten Flügeln wirkt fließend; bei der Insektenjagd fliegen die Vögel oft niedrig mit Körperdrehungen und Wendungen. Auf dem Zug fliegen sie geradliniger.

Rötelschwalbe

Familie Hirundinidae **Art** *Hirundo daurica*

Länge 14–19 cm

Flügelspannweite 30–35 cm

Verbreitung Sommervogel in Südeuropa, besonders in Spanien, Portugal und auf dem Balkan; weiter nördlich seltener Gast.

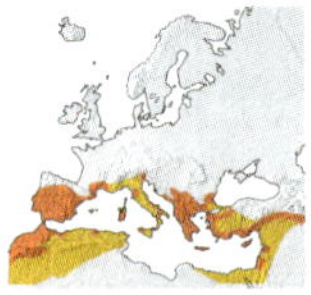

Diese Schwalbe hat, verglichen mit der Rauchschwalbe, eine eckigere Form und steife, gerade gestellte Flügel. Ihr Schwanz ist tief gegabelt. Über einem leicht rostroten Gesicht und Halskragen sitzt eine dunkle Kappe, der Rücken ist blauschwarz, die Flügel sind etwas brauner, der Bürzel ist rostfarben, der schwarze Schwanz hat keine weißen Flecken. Von unten sind die helle Kehle und der schwarze Unterschwanz gute Anhaltspunkte.

Uferschwalbe

Familie Hirundinidae **Art** *Riparia riparia*

Länge 12 cm

Flügelspannweite 26–29 cm

Verbreitung Sommervogel ab März in den meisten Teilen Europas, ausgenommen Island. Zieht im Winter nach Afrika.

Die Flügelbasen dieser kleinen Schwalbe sind ziemlich breit, die Flügel sind im Flug nach hinten gerichtet und bewegen sich ruckweise. Die Oberseite ist braun, ohne Spuren von Blau oder Weiß; von der mattweißen Unterseite hebt sich ein braunes Brustband ab. Man sieht Uferschwalben oft nahe oder über dem Wasser. Sie brüten in Kolonien, die Neströhren befinden sich in einer sandigen Steilwand.

Mehlschwalbe

Familie Hirundinidae **Art** *Delichon urbica*

Länge 12 cm

Flügelspannweite 26–29 cm

Verbreitung Sommervogel von April bis Oktober in den meisten Teilen Europas mit Ausnahme von Island; vom Meer bis hoch ins Gebirge.

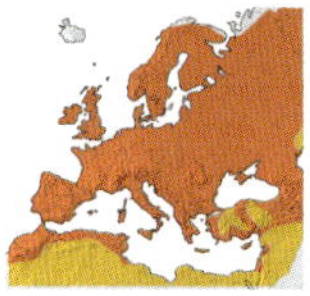

Man kann die kleine Schwalbe leicht an ihrem weißen Bürzel erkennen. Die Oberseite ist blauschwarz, die Flügel sind etwas brauner, die Unterseite ist reinweiß, ebenso die Befiederung der Beine. Jungvögel haben einen mehr bräunlichen Bürzel. Die Vögel fliegen mit steif gehaltenen Flügeln; Mehlschwalben fliegen meist höher als Rauchschwalben.

Felsenschwalbe

Familie Hirundinidae

Art *Ptynoprogne rupestris*

Länge 14–15 cm

Flügelspannweite 32 cm

Verbreitung Meist Jahresvogel in Südeuropa, Sommervogel in den Alpen, sonst seltener Gast.

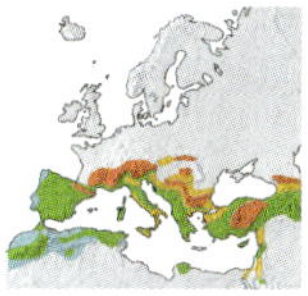

Die ziemlich große, gedrungene Schwalbe ist im Frühjahr graubraun, im Sommer brauner mit einer schmutzig weißen Unterseite und hellerer Brust. Der gekerbte Schwanz hat eine Reihe weißer Flecken, die man am besten von unten sieht, wenn der Schwanz etwas gefächert wird. Die Flügelunterseite ist hellgrau mit einem deutlichen schwarzen Keil von der Basis ausgehend. Der Flug ist elegant und kräftig, führt entlang von Felsen und über Wasser.

Pieper und Stelzen

Pieper sind oberseits meist braun gestrichelt, Stelzen dagegen auffälliger gemustert, je nach Art grau, weiß, schwarz und gelb. Alle sind schlanke Vögel mit längeren oder sehr langen Schwänzen, schlanken Schnäbeln und langen, dünnen Beinen. Sie suchen am Boden nach Nahrung, einige sitzen auch auf Bäumen. Pieper singen in besonderen Singflügen.

Brachpieper

Familie Motacillidae **Art** *Anthus campestris*

Länge 15–18 cm **Flügelspannweite** 28–30 cm

Verbreitung Sommervogel, brütet in der Südhälfte Europas. Weiter nördlich seltener Gast.

Im Flug ähnlich einer Stelze

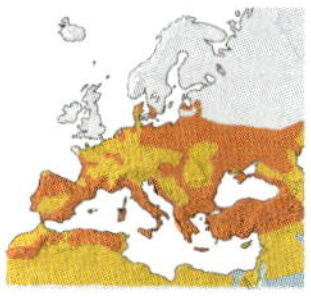

Ein großer, stelzenähnlicher Pieper mit schlankem Körper, einem langen Schwanz und langen fleischfarbenen Beinen. Altvögel sind sandbraun, mitunter grauer oder mehr rostfarben, mit einem hellen Überaugenstreifen, einem dünnen Bartstreif und einem dunkleren Schwanz mit weißen Seiten und einer Reihe von dunklen Flecken auf den Flügeldecken. Jungvögel im Spätsommer sind deutlicher gestrichelt.

Strandpieper

Familie Motacillidae **Art** *Anthus petrosus*

Länge 16–17 cm

Flügelspannweite 23–28 cm

Verbreitung Brütet an den Küsten Skandinaviens, Großbritanniens und Irlands. Im Winter auch an südlicheren Küsten.

Ein gedrungener Pieper mit schwarzen Beinen. Im Sommer haben Vögel aus Skandinavien einen hellen Überaugenstreif und manchmal einen grauen Rücken und eine rosa überhauchte Brust; Vögel Großbritanniens sind oberseits matter grau und auf der Unterseite mehr hellbraun und stärker dunkel gestrichelt. Die äußeren Schwanzfedern sind hellgrau.

Wiesenpieper

Familie Motacillidae **Art** *Anthus pratensis*

Länge 14–15 cm

Flügelspannweite 22–25 cm

Verbreitung Jahresvogel und Wintergast in Nordwesteuropa, Sommervogel in Mittel-, Nord- und Nordosteuropa.

Der kleine Pieper auf Heide- und Moorflächen zeigt ein sehr unruhiges Verhalten. Die Oberseite ist braun gestreift, einige sind auch grau oder mehr hellbraun. Die cremefarbene Unterseite trägt dunkle Striche. Die Beine sind hell, die Schwanzseiten weiß. Der Gesang wird im Herabgleiten von einem Flug, der vom Boden aus startet, vorgetragen.

Baumpieper

Familie Motacillidae **Art** *Anthus trivialis*

Länge 15 cm

Flügelspannweite 25–27 cm

Verbreitung Sommervogel und weit verbreiteter Durchzügler, brütet an Waldrändern und -lichtungen sowie auf Heideflächen mit Bäumen.

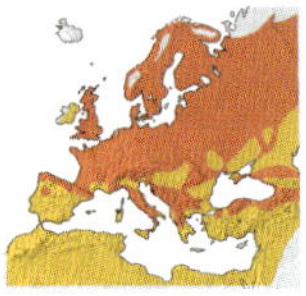

Der Baumpieper ähnelt dem Wiesenpieper, ist aber ein wenig gedrungen und auf der Unterseite gelblicher; die Brust ist fein gestrichelt, die Flanken einfarbig hell. Aus größerer Nähe sind rosa gefärbte Beine und eine kurze Hinterkralle erkennbar. Der Gesang wird im fallschirmartigen Herabgleiten vorgetragen, der Singflug beginnt und endet an einem Baumast.

Schafstelze

Familie Motacillidae **Art** *Motacilla flava*

Länge 17 cm

Flügelspannweite 23–27 cm

Verbreitung Sommervogel mit Ausnahme des äußersten Nordwesten Europas; auf Wiesen, während des Zuges auch am Wasser.

Die kleine Stelze kommt in verschiedenen Unterarten vor, deren Männchen alle eine gelbe Unterseite, aber verschiedene Kopfzeichnungen tragen. Die Weibchen sind weniger auffällig gelb und oberseits grauer. In Mitteleuropa ist der Oberkopf meist grau mit einem hellen Überaugenstreif (Foto: britische Form). Der schwarze Schwanz hat weiße Außensäume.

Bachstelze

Familie Motacillidae **Art** *Motacilla alba*

Länge 18 cm **Flügelspannweite** 25–30 cm

Verbreitung Jahresvogel in West- und Südeuropa, weiter im Osten nur Sommervogel. Weit verbreitet in offenen Landschaften und ländlichen Siedlungen.

Diese schlanke, langschwänzige Stelze ist schwarz-weiß, hat einen schwarzen Kehlfleck und einen schwarzen Schwanz mit weißem Außensaum. Abgebildet ist hier die Unterart der Britischen Inseln (»Trauerbachstelze«). Bei Männchen in Mitteleuropa ist der Rücken grau, nur Nacken und Oberkopf sind schwarz, und der schwarze Kehllatz ist kleiner. Die Weibchen sind bescheidener gezeichnet mit teilweise grauem Oberkopf. Im Schlichtkleid ist der schwarze Kehllatz auf ein Brustband reduziert, der Kopf hellgrau. Jungvögel sind zunächst heller und bräunlich am Kopf mit weniger Schwarz. Die Vögel laufen mit wippendem Schwanz.

Gebigsstelze

Familie Motacillidae **Art** *Motacilla cinerea*

Länge 18–19 cm

Flügelspannweite 25–27 cm

Verbreitung Brütet lokal außer im äußersten Norden von Europa an rasch fließenden Gewässern. Im Winter auch im Tiefland und an Seen.

Gebirgsstelzen sind die langschwänzigsten Stelzen, oberseits hellgrau mit einem grünlich gelben Bürzel, viel Gelb unter dem Schwanz und dunklen Flügeln mit einem im Flug auffallenden weißen Band. Im Sommer trägt das Männchen einen schwarzen Kehllatz und eine gelbe Unterseite. Wintervögel sind unterseits mehr bräunlich weiß, die Kehle ist hell, das Gelb konzentriert sich aufs Hinterende. Wichtig sind die hellen Beine.

Zaunkönige, Wasseramseln, Seidenschwänze und Braunellen

Dies ist eine gemischte Gruppe. Zaunkönige leben in mehreren Arten in Amerika, in Europa gibt es nur eine. Die Wasseramsel ist ein Singvogel, der in und unter Wasser nach Nahrung sucht. Seidenschwänze leben im hohen Norden und kommen mitunter in großer Zahl nach Süden.

Zaunkönig

Familie Troglodytidae **Art** *Troglodytes troglodytes*

Länge 9–10 cm **Flügelspannweite** 13–17 cm

Verbreitung Fast überall in Europa, im Norden Sommervogel; in Wäldern, Gärten, Bergen und sogar auf isolierten Meeresinseln.

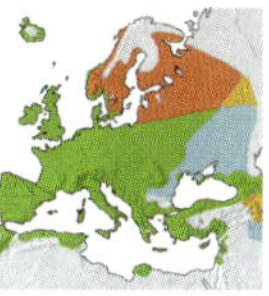

Der Zaunkönig ist winzig, aber sehr temperamentvoll; der kurze Schwanz wird oft aufrecht gestellt. Er fliegt auf einen offenen Sitzplatz, ruft ein paarmal und verschwindet dann wieder im Dickicht. Das Gefieder ist warm rostbraun, markant sind ein großer heller Überaugenstreif und kurze, gebänderte Flügel. Die Geschlechter sind gleich. Der Gesang ist überraschend laut mit raschen Tonfolgen und mit einem charakteristischen Triller nahe dem Ende.

Wasseramsel

Familie Cinclidae **Art** *Cinclus cinclus*

Länge 18 cm

Flügelspannweite 25–30 cm

Verbreitung Weit verbreiteter, doch nur lokal vorkommender Jahresvogel. Einige wandern im Winter von Norden nach Süden.

Die Wasseramsel ist ein rundlicher Vogel mit weißem Brustlatz, kurzem Schwanz und kräftigen Füßen. Er watet, schwimmt und taucht scheinbar mühelos. Altvögel sind oberseits braun (bei einigen Unterarten dunkler), unterseits schwarz und bei einigen Unterarten mit einem braunen Band unterhalb der weißen Brust. Jungvögel sind grauer.

Seidenschwanz

Familie Bombycillidae

Art *Bombycilla garrulus*

Länge 18 cm

Flügelspannweite 32–35 cm

Verbreitung Brütet in nordischen Wäldern; zuweilen kommen sie im Winter zahlreich nach Süden.

Der Seidenschwanz ist ein kurzschwänziger und aufrecht sitzender Vogel mit einer Federhaube und einem kurzen Schnabel. Seine Färbung ist rosabraun, am Bürzel grau, auf der Unterseite heller, mit weißen Flügelmarken und einem schwarzen Schwanz mit gelber Spitze. Das Gesicht ist fuchsrot um einen schwarzen Augenstreifen und einen schwarzen Kehlfleck. Im Flug wirkt er wie ein Star, ist aber länger und heller.

Heckenbraunelle

Familie Prunellidae **Art** *Prunella modularis*

Länge 14 cm

Flügelspannweite 19–21 cm

Verbreitung Sommervogel in Nord- und Nordwesteuropa, Jahresvogel im Westen und Teilzieher in Mitteleuropa.

Die streifig gemusterte, kleine braune Heckenbraunelle wird oft übersehen. Sie hat einen dünnen Schnabel und dünne orangebraune Beine. Die Oberseite ist braun gestreift, Kopf und Brust sind teilweise grau, die brauneren Flanken wiederum kräftig gestreift. Geschlechter und Altersstadien sind gleich zu allen Jahreszeiten. Am Boden zucken die Vögel oft mit dem Schwanz.

Alpenbraunelle

Familie Prunellidae **Art** *Prunella collaris*

Länge 15–17 cm

Flügelspannweite 22 cm

Verbreitung Brütet meist hoch in den Gebirgen Mittel- und Südeuropas, überwintert in tieferen Lagen und im Süden.

Größer als eine Heckenbraunelle, aber in Gestalt und Verhalten ähnlich, ist die Alpenbraunelle etwas auffälliger gezeichnet mit dunklen Strichen auf der Oberseite, einem breiten schwarzen Flügelband und einer hellen Kehle. Die Flanken sind rostfarben gestreift. Aus der Entfernung sieht der Vogel recht unauffällig aus; der beste Anhaltspunkt ist die dunkle Flügelbinde.

Schmätzer und Drosseln

Gruppe kleiner bis mittelgroßer Singvögel mit kräftigen Beinen, kurzen Schnäbeln und schlanken bis gedrungenen Körpern. Die meisten leben einzeln oder in Familiengruppen, einige auch gesellig und vor allem außerhalb der Brutzeit auch in gemischten Trupps.

Rotkehlchen

Familie Turdidae **Art** *Erithacus rubecula*

Länge 14 cm **Flügelspannweite** 20–22 cm

Verbreitung Brütet in Europa weit verbreitet außer im äußersten Norden; Vögel aus Norden und Osten ziehen im Winter nach Süden oder Westen.

Altvögel sind an ihrem ziegelroten Gesicht und Brustlatz zu erkennen, das Rot ist am Hals grau gesäumt, die Oberseite ist braun, die Unterseite hell. Die Vögel stehen meist aufrecht auf sehr schlanken Beinen; schlank ist auch der Schnabel, die schwarzen Augen sind groß. Oft wird der Schwanz über die etwas herabhängenden Flügel angehoben. Jungvögel sind in Gestalt und Verhalten identisch, doch hell- und dunkelbraun gefleckt; erst mit zunehmendem Alter werden die Kehlfedern rot.

Nachtigall

Familie Turdidae **Art** Luscinia *megarhynchos*

Länge 16–17 cm

Flügelspannweite 23–26 cm

Verbreitung Sommervogel in Wäldern und Parks Süd- und Mitteleuropas; im Mittelmeergebiet ein weit verbreiteter Durchzügler.

Die Nachtigall ist größer als ein Rotkehlchen und kleiner als eine Singdrossel, oberseits einfarbig braun mit einem hellen Augenring, unterseits hellgrau. Flügel, Bürzel und Schwanz sind rostbraun. Der lang gestreckte Körper endet in einem breiten Schwanz.

Blaukehlchen

Familie Turdidae **Art** *Luscinia svecica*

Länge 14 cm

Flügelspannweite 20–22 cm

Verbreitung Brütet in Nord- und Nordosteuropa und lokal in Mitteleuropa; in den meisten Gebieten Durchzügler.

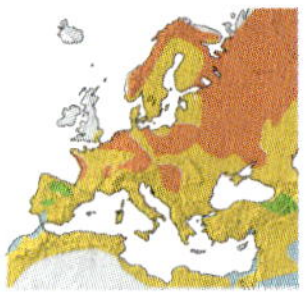

Dieser Vogel hat einen hochgestellten Schwanz. Die Oberseite ist graubraun, die Unterseite weiß. Ein weißer Überaugenstreif und rostrote Schwanzseiten fallen auf. Die Männchen haben einen blauen Brustlatz mit einem weißen oder roten Flecken, Weibchen einen dunklen Bartstreifen und schwarze, blaue und rostfarbene Brustmarkierungen.

Gartenrotschwanz

Familie Turdidae

Art *Phoenicurus phoenicurus*

Länge 14 cm

Flügelspannweite 20–24 cm

Verbreitung Sommervogel in Wäldern, Parks und Gärten Europas mit Ausnahme von Island.

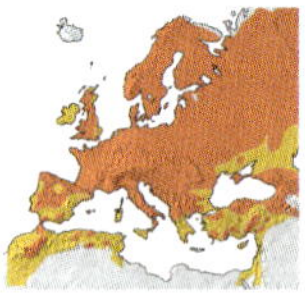

Der Schwanz dieses Vogels zittert stetig, seine Seiten und der Bürzel sind rostrot. Die Männchen haben eine weiße Stirn, ein schwarzes Gesicht (im Herbst mit weißen Flecken) und einen schwarzen Kehllatz; die Unterseite ist orangerot, die Oberseite grau. Die brauneren Weibchen haben einen hellen Augenring in einem bräunlichen Gesicht.

Hausrotschwanz

Familie Turdidae **Art** *Phoenicurus ochruros*

Länge 15 cm

Flügelspannweite 23–26 cm

Verbreitung Ziemlich häufig in den meisten Teilen Europas außer im äußersten Norden/Nordosten. Im Winter im Süden und Westen weit verbreitet.

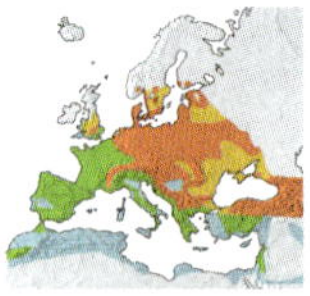

Im Unterschied zum Gartenrotschwanz zieht der Hausrotschwanz Felswände, Steinbrüche, Felsküsten und Gebäude vor. Bürzel und Schwanz sind weniger ausgedehnt rostrot. Die Männchen sind schiefergrau bis schwarz, am dunkelsten im Gesicht, auf den Flügeln fällt ein weißes Feld auf. Weibchen und Jungvögel sind graubraun mit einem grauen Flügelfeld.

Steinschmätzer

Familie Turdidae **Art** *Oenanthe oenanthe*

Länge 14–15 cm

Flügelspannweite 25–30 cm

Verbreitung Brütet auf Heiden, Mooren und Ödland in fast ganz Europa; im Frühjahr und Herbst weit verbreiteter Durchzügler; fehlt im Winter.

Der Steinschmätzer ist ein kleiner Vogel mit langen Flügeln und kurzem Schwanz. Bürzel und Schwanzseiten sind weiß; auf dem Schwanz sitzt ein schwarzes T. Die Männchen haben einen grauen Rücken und eine dunkle Maske; die Weibchen sind braun. Im Herbst sind Alt- und Jungvögel beider Geschlechter zimtbraun.

Maurensteinschmätzer

Familie Turdidae **Art** *Oenanthe hispanica*

Länge 13–15 cm

Flügelspannweite 25–30 cm

Verbreitung Sommervogel in Südwesteuropa; der verwandte Balkansteinschmätzer ist Sommervogel in Südosteuropa. Die Karte gilt für beide Arten.

Schlanker als der Steinschmätzer. Die schwarze Schwanzzeichnung erstreckt sich bis auf den Außensaum des Schwanzes. Das Männchen hat eine schwarze Maske oder Kehle und einen orangefarbenen (Maurensteinschmätzer) bis weißen (Balkansteinschmätzer) Rücken. Die Weibchen sind matter braun mit einfarbigem Gesicht und dunkler Brust.

Trauersteinschmätzer

Familie Turdidae **Art** *Oenanthe leucura*

Länge 16–18 cm

Flügelspannweite 30–35 cm

Verbreitung Jahresvogel in felsigen Gebieten der Iberischen Halbinsel nordwärts bis an die südlichen Pyrenäen; sonst in Europa unbekannt.

Dieser große, schwarze und langschwänzige Steinschmätzer mit viel Weiß an Bürzel, Unterschwanz und Schwanz hat auf dem Schwanz ein breites schwarzes T. Das Männchen ist mattschwarz, das Weibchen etwas unscheinbarer braunschwarz. Im Flug zeigen beide etwas hellere Flügel.

Schwarzkehlchen

Familie Turdidae **Art** *Saxicola torquata*

Länge 12 cm

Flügelspannweite 18–21 cm

Verbreitung Jahresvogel und auch Wintergast in weiten Teilen West- und Südeuropas; Sommervogel in Mittel-, Nord- und Nordosteuropa.

Der kleine, aufrecht sitzende Vogel hat einen dunklen Schwanz und fliegt mit schwirrenden Flügeln. Männchen haben einen schwarzen Kopf und eine schwarze Kehle, weiße Halsseiten und Flügelflecken sowie eine rostrote Brust. Weibchen sind einheitlicher braun und auf den Halsseiten und an der Brust blasser mit brauner Kehle und rostbrauner Unterseite.

Braunkehlchen

Familie Turdidae **Art** *Saxicola rubetra*

Länge 12 cm **Flügelspannweite** 21–24 cm

Verbreitung Sommervogel auf Wiesen, Heiden und Mooren in den meisten Teilen Europas, nimmt aber stark ab; im Herbst Durchzügler an vielen Küsten.

Weibchen im Flug

Braunkehlchen sind schlanker als Schwarzkehlchen; auf jeder Seite des Schwanzes sieht man ein weißes Feld. Das Männchen hat eine dunkle Kopfkappe und eine schwärzliche Gesichtsmaske mit einem breiten weißen Streifen über dem Auge und unter der Wange; die Kehle ist aprikosenfarben bis gelbbräunlich, die Oberseite schwarz und cremefarben gestreift. Weibchen sind brauner mit einem hellbraunen Streifen über dem Auge und einer weißlichen Kehle. Jungvögel im Herbst wirken matter und sind einheitlicher hellbraun; der Überaugenstreif ist undeutlicher und der Kopf daher ähnlich einem hellen Schwarzkehlchen; die weißen Schwanzseiten sind aber ein guter Anhaltspunkt.

Männchen im Frühjahr mit kräftiger Kopfzeichnung

Herbst

Singdrossel

Familie Turdidae **Art** *Turdus philomelos*

Länge 23 cm **Flügelspannweite** 33–36 cm

Verbreitung Brütet weit verbreitet in Europa außer in Island; im Winter zieht eine große Anzahl nach Süden und Westen.

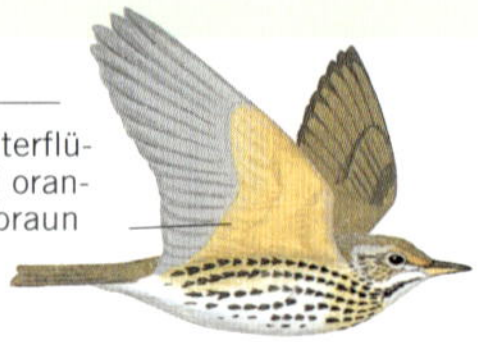

Unterflügel orangebraun

Diese kleine Drossel hat auf der hellen Unterseite dunkle, braunschwarze V-Flecken. Die Oberseite ist warm hellbraun, das Gesicht über dem Auge hell mit einem dunklen Bartstreif. Die Brust ist gelbbräunlich, der Bauch weiß, und die Flanken sind hellbraun. Die ganze Unterseite ist mit Flecken besetzt, am sparsamsten auf dem Bauch. Die Drossel ist ein für Gärten typischer Wurm- und Schneckenfresser. Ihre Unterflügel sind einfarbig orangebraun, der Schwanz einfarbig hellbraun. Der Gesang ist wohltönend und vielfältig; die stark wechselnden Motive werden meist zwei- oder dreimal wiederholt; diese Gesangsstruktur ist sehr typisch.

Beeren ergänzen die Würmer- und Schneckennahrung.

Misteldrossel

Familie Turdidae **Art** *Turdus viscivorus*

Länge 27 cm

Flügelspannweite 42–48 cm

Verbreitung Brütet in den meisten Teilen Europas, ausgenommen der äußerste Norden, in Wäldern, Parks und Gärten mit Bäumen.

Diese größte und gedrungenste Drossel macht einen kleinköpfigen Eindruck. Der Rücken ist hell grau- oder olivbraun, die Flügelfedern haben deutliche weiße Spitzen, der Schwanz ist schmal weiß gesäumt. Die Unterseite ist einheitlicher gelblich braun bis weiß mit großen, runden schwarzen Flecken. Der Unterflügel ist weiß.

Amsel

Familie Turdidae **Art** *Turdus merula*

Länge 24–25 cm

Flügelspannweite 34–38 cm

Verbreitung Brütet in den meisten Teilen Europas mit Ausnahme von Island in Wäldern, Parks und Gärten. Viele ziehen im Winter nach Westen.

Bei dieser großen Drossel sind Männchen und Weibchen verschieden. Männchen sind ganz schwarz mit Ausnahme des leuchtend gelben Schnabels und Augenrings. Die Weibchen sind dunkelbraun, oberseits etwas heller und an der Kehle oft weißlich mit Strichen. Jungvögel sind mehr zimtbraun.

Rotdrossel

Familie Turdidae **Art** *Turdus iliacus*

Länge 21 cm

Flügelspannweite 33–35 cm

Verbreitung Brütet in Nord- und Nordosteuropa in buschigen Wäldern; im Winter im Süden Durchzügler und Wintergast.

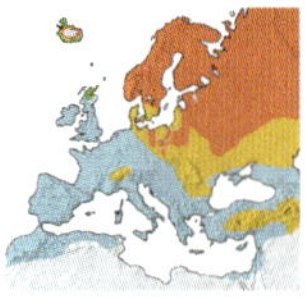

Die kleine und gesellig lebende Rotdrossel ist oberseits dunkelbraun, unterseits weiß und hat je einen kräftigen weißen Streifen über dem Auge und unter der Wange, dazu einen dunklen Bartstreif. Die Unterseite ist mehr gestreift als gefleckt; die Flanken sind mattrot, ebenso die anschließenden Teile des Unterflügels.

Wacholderdrossel

Familie Turdidae **Art** *Turdus pilaris*

Länge 25 cm

Flügelspannweite 39–42 cm

Verbreitung Brütet in Mittel-, Nord- und Osteuropa; im Winter auch über weite Teile des westlichen Europas verbreitet.

Die große und auffällig gezeichnete Wacholderdrossel erscheint aus der Entfernung dunkel mit weißen Unterflügeln. Oberkopf und Bürzel sind grau, das Gesicht ist schwarz gezeichnet, der Schwanz einfarbig schwarz. Die weiße Unterseite und die orangebraun abgesetzte Brust sind schwarz gefleckt, an den Flanken sitzen die Flecken dicht. Oft sieht man sie in Trupps, außerhalb der Brutzeit auch mit Rotdrosseln und Amseln.

Ringdrossel

Familie Turdidae **Art** *Turdus torquatus*

Länge 23–24 cm

Flügelspannweite 38–42 cm

Verbreitung Sommervogel von März bis Oktober in Bergländern und Mooren Nord-, West- und Südeuropas; auf dem Zug auch an der Küste.

Die langschwänzige Drossel ist etwas schlanker als eine Amsel mit einem weißen Halbmond auf der Brust. Die Männchen sind unterseits schieferfarben, oberseits dunkler mit einem weißen Brustlatz. Weibchen sind brauner mit weniger deutlichem Brustlatz. Auf dem Oberflügel der Männchen hebt sich ein helles Feld ab. Die Flügel sind lang und geformt wie die der Misteldrossel.

Steinrötel

Familie Turdidae **Art** *Monticola saxatilis*

Länge 17–20 cm

Flügelspannweite 30–35 cm

Verbreitung Brütet in größeren Höhen auf Weiden und Felshängen in Südeuropa, überwintert in Afrika.

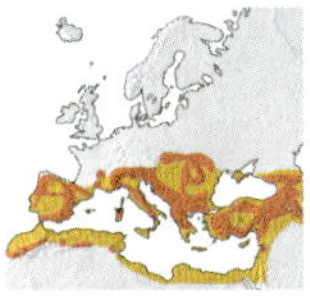

Die schlanke, kleine Drossel hat einen kurzen Schwanz. Die Männchen sind am Kopf blaugrau und auf dem Rücken dunkelbraun; Schwanz, Unterseite und Unterflügel sind rostrot. Am Rücken sieht man einen weißen Fleck, der unterschiedlich groß sein kann. Weibchen sind dunkelbraun und über und über gebändert. Der Rücken trägt dunkle Flecken. Der rostrote Schwanz und die Größe sind gute Kennzeichen.

Blaumerle

Familie Turdidae **Art** *Monticola solitarius*

Länge 21–23 cm

Flügelspannweite 35–40 cm

Verbreitung Brütet an Felswänden und in Schluchten als Jahresvogel in Südeuropa, in den Alpen nur im Sommer.

In felsigem Gelände sieht die Blaumerle, etwas größer als der Steinrötel, dunkel und daher fast wie eine Amsel aus. Bei gutem Licht ist das Männchen strahlend blau, wirkt aber aus Entfernung auch oft stumpf und dunkel. Das Weibchen ist dunkelbraun, unterseits gebändert. Der dunkle Schwanz enthält kein Rostrot; der lange Schnabel ist ein guter Anhaltspunkt.

Zweigsänger

Die vielseitige Gruppe umfasst verschiedene Gattungen. Grasmücken (Sylvia) sind gedrungen, Laubsänger (Phylloscopus) klein, grünlich und schlüpfen gewandt durch das Laub, Schwirle (Locustella) sieht man kaum, Spötter (Hippolais) sind grünlich oder hellbraun und haben einen kräftigen Schnabel. Rohrsänger (Acrocephalus) sind Schilfvögel mit schnellen Gesangsstrophen.

Mönchsgrasmücke

Familie Sylviidae **Art** *Sylvia atricapilla*

Länge 13 cm **Flügelspannweite** 20–23 cm

Verbreitung Meist Sommervogel in buschreichen Gebieten, in Süd- und Südwesteuropa auch im Winter, neuerdings zunehmend auch in Südengland.

Der mittelgroße Zweigsänger meldet sich mit harten Lauten. Männchen sind graubraun, am Hals grauer, unterseits heller. Sie haben eine schwarze Kopfkappe, die bis zum Auge reicht. Weibchen haben brauneres Gefieder und eine weniger auffallende rotbraune Kappe.

Flügel und Schwanz grau

Gartengrasmücke

Familie Sylviidae **Art** *Sylvia borin*

Länge 14 cm

Flügelspannweite 20–24 cm

Verbreitung Sommervogel in den meisten Teilen Europas in Busch- und Waldgebieten; selten in Irland, fehlt in Island.

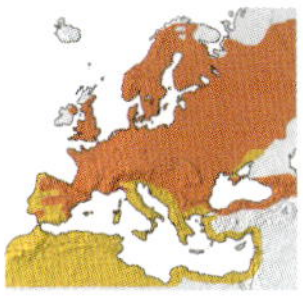

Die Gartengrasmücke ist relativ groß und hat einen kurzen, kräftigen Schnabel und graue Beine. Sie ist fast einheitlich olivbraun, unterseits etwas heller. Außer einem kaum sichtbaren grauen Fleck an den Halsseiten und der Andeutung eines helleren Flecks über dem Auge weist sie keine besonderen Merkmale auf.

Dorngrasmücke

Familie Sylviidae **Art** *Sylvia communis*

Länge 14 cm **Flügelspannweite** 19–23 cm

Verbreitung Brütet fast in ganz Europa mit Ausnahme von Island und dem äußersten Norden in halb offenen und offenen buschreichen Gebieten; Sommervogel.

Die ziemlich kleine und schlanke, aber langschwänzige Dorngrasmücke ist ein sehr aktiver Vogel in niedriger Vegetation. Die Männchen haben hellgraue Köpfe, die Weibchen sind brauner; beide haben eine oft gesträubte weiße Kehle. Die Oberseite ist rotbräunlich, vor allem auf den Flügeln, die Unterseite weißlich und hellrosa-bräunlich auf der Brust; der lange graue Schwanz hat weiße Seiten. Um das Auge ist ein weißlicher Ring, der Schnabel ist hell hornfarben an der Basis; die Beine sind rosabraun (Klappergrasmücken haben dunkle Beine). Die Männchen singen auf Büschen oder Drähten, auch in einem raschen Singflug, eine hastige, nicht besonders melodische Strophe.

Klappergrasmücke

Familie Sylviidae **Art** *Sylvia curruca*

Länge 13 cm

Flügelspannweite 17–19 cm

Verbreitung Brütet in Mittel-, Nordwest-, Nord- und Osteuropa; zieht im Herbst nach Süden bis Südosten; in Südwesteuropa ausgesprochen selten.

Klappergrasmücken haben dunklere Beine und Flügel als Dorngrasmücken und sind weniger auffällig. Männchen haben unterschiedlich dunkle Wangen und einen grauen Oberkopf, Weibchen einen einfarbig grauen Kopf. Bei beiden ist die Kehle weiß abgesetzt, die Unterseite ist weißlich, und die Flügel sind braun; der Schwanz ist weiß gesäumt.

Samtkopfgrasmücke

Familie Sylviidae **Art** *Sylvia melanocephala*

Länge 13–14 cm

Flügelspannweite 15–18 cm

Verbreitung Brütet weit verbreitet in Südeuropa, dort meist Jahresvogel; sehr selten weiter nördlich.

Samtkopfgrasmücken sind langschwänzige, schlanke Grasmücken der niedrigen Vegetation. Man sieht sie meist in Paaren oder Familiengruppen. Männchen sind oberseits grau, unterseits heller, haben eine weiße Kehle, eine große schwarze Kopfkappe und einen roten Augenring. Weibchen sind matter und brauner mit einem graueren Kopf, rosaroten Beinen und einem roten Augenring.

Weißbartgrasmücke

Familie Sylviidae **Art** *Sylvia cantillans*

Länge 12–13 cm

Flügelspannweite 13–18 cm

Verbreitung Sommervogel in ganz Südeuropa; weiter nördlich nur seltener Gast.

Diese Grasmücke ist sehr klein mit langem Schwanz. Die Oberseite der Männchen ist blaugrau, die Unterseite rostrot mit einem kräftigen weißen Bartstreif. Rote Beine und Augenringe sind hilfreiche Anhaltspunkte zur Bestimmung. Weibchen sind brauner und blasser, ein weißlicher Bartstreif ist sichtbar; die Beine sind gelblich, die Brust ist hell bräunlich.

Provencegrasmücke

Familie Sylviidae **Art** *Sylvia undata*

Länge 12–13 cm

Flügelspannweite 13–18 cm

Verbreitung Jahresvogel in Westeuropa von Portugal/Spanien nach Norden bis ins südliche England und nach Osten einschließlich Italien.

Klein, aber langer, schmaler Schwanz, der oft angehoben wird. Die Männchen wirken dunkel, ihr Kopf ist grau mit einem breiten roten Augenring, die Oberseite braun, die Unterseite intensiv rotbraun. Weibchen sind blasser, unterseits hellrot-bräunlich, am Kopf brauner.

Seidensänger

Familie Sylviidae **Art** *Cettia cetti*

Länge 14 cm

Flügelspannweite 15–19 cm

Verbreitung Jahresvogel in Süd- und Westeuropa, nach Norden bis Südengland, in Dickichten, meist am Wasser.

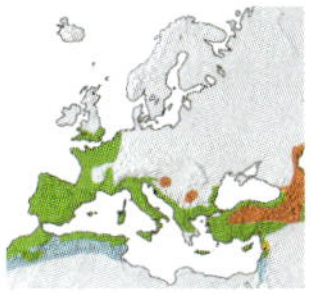

Dieser gedrungene, breitschwänzige Zweigsänger mit kräftigem Schnabel ist viel eher zu hören als zu sehen. Die Oberseite ist rotbraun, die Unterseite mehr grau; ein heller Überaugenstreif und ein dunkel rostbrauner Schwanz ergänzen die optischen Merkmale.

Schilfrohrsänger

Familie Sylviidae **Art** *Acrocephalus schoenobaenus*

Länge 13 cm **Flügelspannweite** 17–21 cm

Verbreitung Sommervogel in den meisten Teilen Europas; fehlt in Island und ist im Süden nur Durchzügler; brütet in Büschen und Dickichten am Wasser.

Der kleine, aufrecht sitzende Zweigsänger hoher Vegetation und Büsche am Wasser hat einen kräftigen weißen Überaugenstreif und einen stark gestrichelten Oberkopf. Die Oberseite ist braun mit unscharfen dunklen Strichen; der hellere rötlich braune Bürzel ist einfarbig. Die Unterseite ist hell bräunlich. Die Jungvögel haben auf der Brust kleine Striche und einen helleren Oberkopf.

Singt oft auf der Spitze eines Busches.

Drosselrohrsänger

Familie Sylviidae

Art *Acrocephalus arundinaceus*

Länge 16–20 cm

Flügelspannweite 25–26 cm

Verbreitung Sommervogel in Süd- und Mitteleuropa, nach Norden bis an die Ostsee.

Der Drosselrohrsänger hat die Größe einer kleinen Drossel und lässt die Rohrhalme erzittern, wenn er seinen Sitzplatz verändert. Über dem Auge liegt ein kräftiger heller Streifen; der kräftige, lange Schnabel hat eine helle Basis. Das Gefieder ist hell sandbraun mit einer weißlichen Kehle.

Feldschwirl

Familie Sylviidae **Art** *Locustella naevia*

Länge 13 cm

Flügelspannweite 15–19 cm

Verbreitung Ein seltener Sommervogel in Mitteleuropa, Südskandinavien und Westeuropa einschließlich Großbritannien und Irland.

Auch aus nächster Nähe ist dieser heimliche Vogel in der Vegetation kaum zu sehen. Der schlanke Körper ist dunkel gestrichelt, der Oberkopf gefleckt und der breite, gerundete Schwanz einfarbig, unten oft gelblicher. Der Gesang ist oft in der Dämmerung zu hören.

Teichrohrsänger

Familie Sylviidae

Art *Acrocephalus scirpaceus*

Länge 13–15 cm

Flügelspannweite 18–21 cm

Verbreitung Sommervogel vor allem im nördlichen Europa bis ins südliche Skandinavien, im Schilf.

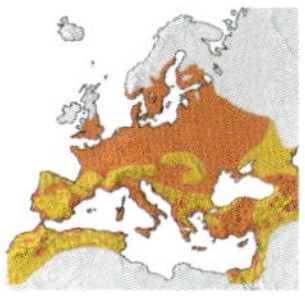

Teichrohrsänger sind schlanke, langschnäbelige und langschwänzige, einfarbig braune Schilfvögel und unter den Rohrsängern die häufigsten. Die warmbraune Oberseite wird am Bürzel etwas mehr rostfarben, besonders bei Jungvögeln.

Zilpzalp

Familie Sylviidae **Art** *Phylloscopus collybita*

Länge 10–11 cm **Flügelspannweite** *15–20 cm*

Verbreitung Brütet weit verbreitet in Europa außer in Island und dem äußersten Norden. Die Vögel der Iber. Halbinsel werden als eigene Art angesehen.

Der kleine mattgrüne Laubsänger ähnelt dem Fitis außerordentlich; man kann ihn aber leicht am Gesang unterscheiden. Altvögel sind oberseits braungrünlich, unterseits matt braungelblich; Jungvögel im Herbst sind frischer gefärbt mit einem längeren gelblichen Überaugenstreif und gelblicher Unterseite. Am Unterrand des Auges haben alle einen kleinen gelblichen Halbmond, schwärzliche Beine und – verglichen mit dem Fitis – runderen Kopf und kürzere Flügelspitzen. Bei der Nahrungssuche schlägt der Zilpzalp im Unterschied zum Fitis auch oft mit dem Schwanz nach unten. Er lebt in großen Bäumen und im buschigen Unterwuchs und liest Insekten von den Blättern auf.

Waldlaubsänger

Familie Sylviidae **Art** *Phylloscopus sibilatrix*

Länge 13 cm

Flügelspannweite 19–24 cm

Verbreitung Brütet lokal in den meisten Teilen Europas in Laubwäldern; überwintert in Afrika.

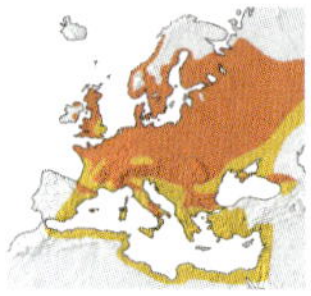

Der Waldlaubsänger ist größer als ein Fitis und oberseits leuchtender grün; er hat eine gelbe Kehle und eine reinweiße Unterseite. Die langen, oft etwas hängenden braunen Flügel zeigen gelbgrüne Federsäume. Über einem dunkelgrünen Augenstreif liegt ein breiter gelber Überaugenstreif.

Fitis

Familie Sylviidae **Art** *Phylloscopus trochilus*

Länge 11 cm

Flügelspannweite 17–20 cm

Verbreitung Brütet weit verbreitet in Mittel- und Nordeuropa; im Süden Durchzügler (in Wäldern, buschigen Gebieten); überwintert in Afrika.

Der Fitis ist etwas langflügeliger und flachköpfiger als der Zilpzalp; die Oberseite wirkt meist frischer grünbraun oder graubraun, die Unterseite ist gelblich weiß; ein heller Überaugenstreif ist zu sehen. Die Beine sind fast immer hell oder graubraun.

Berglaubsänger

Familie Sylviidae **Art** *Phylloscopus bonelli*

Länge 11–12 cm

Flügelspannweite 19–22 cm

Verbreitung Sommervogel im westlichen Südeuropa und in den Alpen; die Brutvögel im Südosten gelten als eigene Art (Balkanlaubsänger).

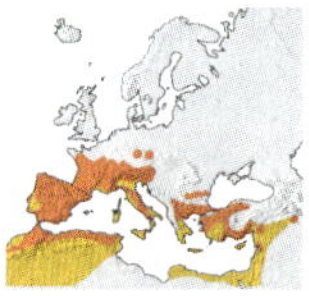

Im Vergleich mit anderen Laubsängern wirkt der Berglaubsänger einheitlicher gefärbt mit einem wenig gezeichneten Gesicht. Der helle Überaugenstreif und der dunkle Strich durchs Auge sind schwächer. Die weiße Unterseite hat fast kein Gelb; die Flügelfedern sind heller grün gesäumt, und der Bürzel ist gelblicher.

Gelbspötter

Familie Sylviidae **Art** *Hippolais icterina*

Länge 13 cm

Flügelspannweite 20–24 cm

Verbreitung Sommervogel in Mittel- und Osteuropa; zieht nach Südosten; im Westen seltener Gast.

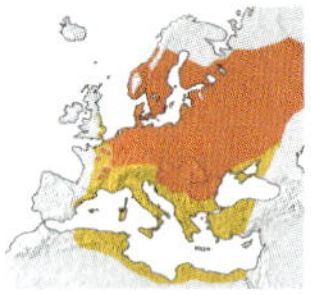

Der Gelbspötter ist etwas größer als ein Laubsänger, der Altvogel oberseits grün mit hellerem Flügelfeld, unterseits gelb. Jungvögel sind matter, brauner, das Flügelfeld ist bräunlich oder weißlich. Das Gesicht ist einfarbig, ohne dunklem Strich zwischen Auge und Schnabel. Der kräftige, lange Schnabel hat eine orangefarbene oder rosa Basis, die Beine sind grau.

Jungvogel

Orpheusspötter

Familie Sylviidae **Art** *Hippolais polyglotta*

Länge 12–13 cm

Flügelspannweite 18–20 cm

Verbreitung Brütet auf der Iberischen Halbinsel, in Frankreich, Italien und im Westen Mitteleuropas; überwintert in Afrika.

Wie der Gelbspötter ist auch diese Art ein kleiner Singvogel mit hohem Kopf, einem orange- bis rosafarbenen Dolchschnabel, einem langen, gerade abgeschnittenen Schwanz und kräftigen Beinen und Füßen. Altvögel sind oberseits hellgrün mit einem schwachen hellen Flügelfeld, unterseits gelblich. Jungvögel sind matter gefärbt. Die Flügelspitzen sind kürzer als beim Gelbspötter.

Wintergoldhähnchen

Familie Sylviidae **Art** *Regulus regulus*

Länge 9 cm

Flügelspannweite 13–15 cm

Verbreitung Brütet in den meisten Teilen Europas in Misch- und Nadelwäldern; im Winter weit verbreitet.

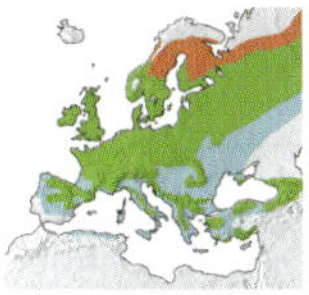

Goldhähnchen sind winzige, kugelige Insektenfresser mit einem nadelfeinen Schnabel und dünnen Beinen. Die Oberseite ist hell olivgrün mit einem breiten, gewinkelten hellen Flügelband und einem dunklen Flügelfleck. Altvögel tragen einen schmalen gelben Scheitelstreifen (beim Männchen während der Balz gefächert und mit orangefarbenem Mittelstreif).

Sommergoldhähnchen

Familie Sylviidae **Art** *Regulus ignicapillus*

Länge 9 cm

Flügelspannweite 13–15 cm

Verbreitung Brütet in Wäldern Süd- und Mitteleuropas; im Herbst auf dem Zug weiter verbreitet.

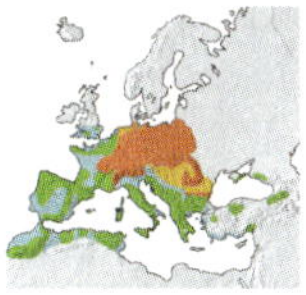

Ähnlich dem Wintergoldhähnchen, oft etwas zierlicher, unterseits heller seidenweiß und oberseits lebhafter grün. Am besten durch seinen breiten weißen Kiel über dem Auge, seinen dunklen Augenstrich und seine goldgelbe Stirn zu unterscheiden. Ein hell bronzefarbener Schulterfleck ist gut sichtbar.

Fliegenschnäpper

Europäische Fliegenschnäpper sind kleine, sehr kurzbeinige Vögel, die meist aufrecht sitzen. Sie haben lange Flügel und fliegen wendig, um Insekten in der Luft zu fangen. Die schwarz-weißen Fliegenschnäpper suchen auch auf dem Boden nach Nahrung. Alle sind Langstreckenzieher und im Frühjahr und Herbst oft weit von den Brutplätzen entfernt.

Grauschnäpper

Familie Muscicapidae **Art** *Muscicapa striata*

Länge 14 cm **Flügelspannweite** 23–25 cm

Verbreitung Sommervogel in den meisten Teilen Europas, ausgenommen Island; kommt im Frühjahr spät an; in Gärten, Parks und Wäldern.

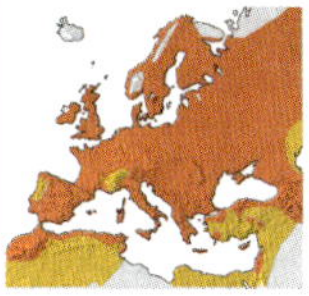

Viele Zweigsänger schlüpfen unauffällig durchs Laub, der langflügelige Grauschnäpper sitzt dagegen meist offen auf einem Ansitz vom Zaunpfosten bis zum Baumwipfel. Er startet zu einem Flug, der ihn meist wieder auf denselben Platz zurückbringt. Das Gefieder ist hellgrau, unterseits weißlich mit sehr feinen Strichen auf Kopf und Brust. Jungvögel tragen auf der Oberseite hellbraune Flecken.

Trauerschnäpper

Familie Muscicapidae **Art** *Ficedula hypoleuca*

Länge 13 cm

Flügelspannweite 21–24 cm

Verbreitung Sommervogel in lichten Wäldern in West-, Mittel-, Nord- und Osteuropa; vor allem im Herbst ein weit verbreiteter Durchzügler.

Die Unterseite ist weiß, ebenso wie das kräftige Flügelfeld. Im Frühjahr sind die Männchen oberseits schwarz oder dunkelgrau bis dunkel graubraun; Weibchen und Herbstvögel sind matt schokoladebraun mit einem cremeweißen kleinen Flügelfeld und oft mit einem dunklen Bartstreifen.

Meisen, Kleiber und Baumläufer

Meisen sind kleine, auffallend gemusterte Vögel mit raschen Bewegungen. Für gewöhnlich sind sie ruffreudig, ihre Rufe sind aber manchmal schwer zu unterscheiden, die Gesänge jedoch arttypisch. Der Kleiber ist ein vorzüglicher Baumkletterer. Bäumläufer bewegen sich unauffällig an der Rinde hinauf, meist in Schraubenlinien.

Kohlmeise

Familie Paridae **Art** *Parus major*

Länge 14 cm **Flügelspannweite** 22–25 cm

Verbreitung Weit verbreiteter Jahresvogel in Wäldern, Parks und Gärten; streift im Winter umher.

Die Kohlmeise ist die größte europäische Meise, auffallend durch ihren schwarzen Kopf mit großen weißen Wangen. Die Oberseite ist grün, auf dem Flügel blaugrau, die Unterseite gelb mit einem schwarzen Mittelstreifen (beim Männchen am breitesten). Jungvögel haben gelblichere Wangen. Der Schwanz ist weiß gesäumt.

Blaumeise

Familie Paridae **Art** *Parus caeruleus*

Länge 11 cm

Flügelspannweite 17–20 cm

Verbreitung Brütet weit verbreitet in Europa mit Ausnahme des äußersten Nordens in Wäldern und Gärten.

Die blaue Kopfkappe der kleinen, munteren Meise ist weiß gesäumt, auch die Wangen sind weiß. Ein schwarzer Kehlfleck hebt sich von der gelben Unterseite ab. Die Oberseite ist grünlich, auf den Flügeln und auf dem Schwanz blau (am leuchtendsten beim Männchen im Frühjahr). Im Sommer wirken die Farben im abgetragenen Kleid oft etwas ausgebleicht.

Tannenmeise

Familie Paridae **Art** *Parus ater*

Länge 11 cm

Flügelspannweite 17–21 cm

Verbreitung Brütet weit verbreitet in Nadel- und Mischwäldern, im Winter auch außerhalb der Brutplätze.

Sie zählt zu den kleinsten Vögeln Europas und hat weder Grün noch Blau oder Gelb im Gefieder. Der große Kopf ist schwarz mit großen weißen Wangenflecken und einem rechteckigen weißen Nackenfleck. Die graubraunen Flügel tragen zwei weiße Flügelbinden.

Haubenmeise

Familie Paridae **Art** *Parus cristatus*

Länge 11 cm

Flügelspannweite 17–20 cm

Verbreitung Brütet weit verbreitet in Europa außer in Teilen von Süd- und Südosteuropa sowie Island und Irland.

Die kleine braunrückige Meise hat auf den Flügeln keine auffälligen Muster und bunten Farben, aber eine auffallende spitze, schwarz-weiß gefleckte Haube und weiße, schwarz gesäumte Wangen. Die Unterseite ist bräunlich weiß; der schwarze Halsring setzt sich in einem schwarzen Kehllatz fort.

Schwanzmeise

Familie Aegithalidae **Art** *Aegithalos caudatus*

Länge 14 cm

Flügelspannweite 16–19 cm

Verbreitung Weit verbreiteter Jahresvogel in fast alle Teilen Europas, ausgenommen Island; streift im Winter umher.

Schwanzmeisen sind keine wirklichen Meisen, teilen mit ihnen aber manche Eigenschaften. Man trifft sie fast immer in kleinen Trupps, die Vögel fliegen hintereinander. Altvögel sind rosa, schwarz und weiß (in Südeuropa grauer) mit einem schwarzen Band über dem Kopf (fehlt in Nordeuropa) und einem langen, dünnen Schwanz. Jungvögel sind schwarz und weiß.

Sumpfmeise

Familie Paridae **Art** *Parus palustris*

Länge 11 cm

Flügelspannweite 18–19 cm

Verbreitung Brütet im mittleren Europa, fehlt im Norden und im Südwesten.

Die graubraune Meise hat keine auffälligen Farben. Die Flügel sind einfarbig braun, eine kleine glänzend schwarze Kopfhaube und ein kleiner schwarzer Kehlfleck (im Unterschied zur graueren, dünnschnäbeligen Mönchsgrasmücke) sind die einzigen auffälligen Kennzeichen. Der Ruf hilft, die Sumpfmeise von der Weidenmeise zu unterscheiden.

Weidenmeise

Familie Paridae **Art** *Parus montanus*

Länge 11 cm

Flügelspannweite 18–19 cm

Verbreitung Brütet weit verbreitet in Mittel- und Osteuropa in Wäldern und am Wasser.

Die Weidenmeise ist der Sumpfmeise sehr ähnlich, aber dickhalsiger und etwas massiger. Die schwarze Kopfkappe ist länger und glänzt nicht, im Flügel hebt sich ein helleres, längs laufendes Feld ab (keine Querbinde wie bei der Tannenmeise).

Bartmeise

Familie Timaliidae **Art** *Panurus biarmicus*

Länge 13 cm

Flügelspannweite 16–18 cm

Verbreitung Brütet in Mittel-, Ost- und Südeuropa sehr lokal in Schilffeldern; im Winterhalbjahr weiter verbreitet.

Mit den Meisen ist die Bartmeise nicht näher verwandt. In der Brutzeit ist sie ganz auf Schilf beschränkt und auch im Winter in ähnlicher Vegetation in Feuchtgebieten zu finden. Das Gefieder ist rostbraun mit gestreiften Flügeln und einem sehr langen rostfarbenen Schwanz. Männchen haben einen blaugrauen Kopf mit einem kräftigen schwarzen Bart.

Beutelmeise

Familie Remizidae **Art** *Remiz pendulinus*

Länge 10–11 cm

Flügelspannweite 20 cm

Verbreitung Brütet am Süßwasser meist in Süd- und Osteuropa; im Winter weiter verbreitet.

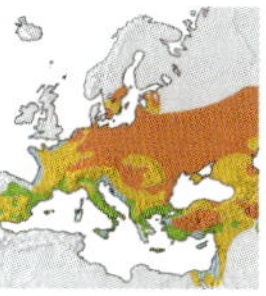

Die winzige Meise ist ein akrobatisch turnender Bewohner an Weiden und Pappeln entlang von Flüssen (an denen sie ihre Beutelnester aus der Samenwolle dieser Bäume baut). Altvögel sind oberseits rostbraun, unterseits hell gelblich braun und am Kopf grau mit einer großen schwarzen Maske (am größten beim Männchen). Jungvögel haben einfarbig helle Köpfe.

Kleiber

Familie Sittidae **Art** *Sitta europaea*

Länge 13 cm **Flügelspannweite** 16–18 cm

Verbreitung Brütet in Wäldern mit alten Bäumen in den meisten Teilen Europas mit Ausnahme des äußersten Nordens, Schottlands und Irlands.

Fast ganz auf Bäume beschränkt, aber auch dann und wann am Boden oder an alten Steinmauern Nahrung suchend, klettert der Kleiber mit seinen kräftigen Füßen an Stämmen und Ästen hoch, ohne sich wie die Spechte mit dem Schwanz abzustützen, auch mit dem Rücken nach unten, oder er kommt den Stamm kopfüber herunter. Er ist gedrungen und kurzschwänzig, die Oberseite ist blaugrau mit einem langen schwarzen Augenstreif, die Unterseite hell rostfarben mit dunkleren Flanken und einigen hellen Flecken unter dem Schwanz.

Hüpft auch über abgefallenes Laub.

Gartenbaumläufer

Familie Certhidae **Art** *Certhia brachydactyla*

Länge 13 cm

Flügelspannweite 18–21 cm

Verbreitung Brütet in Wäldern und Parks in Südwest-, Mittel- und Südosteuropa; außerhalb der Brutverbreitung kaum zu sehen.

Dem Waldbaumläufer extrem ähnlich, kann man den kleinen braunen und weißen Vogel an Stämmen oder Ästen (selten an Felsen oder Mauern) am besten an der Stimme erkennen. Er hat einen dünnen, gebogenen Schnabel; seine Unterseite sieht meist etwas trübweiß aus, ausgenommen die reinweiße Kehle.

Waldbaumläufer

Familie Certhidae **Art** *Certhia familiaris*

Länge 13 cm **Flügelspannweite** 18–21 cm

Verbreitung Brütet in Wäldern in Nordwest-, Nord-, Ost- und Mitteleuropa und lokal in Südeuropa; wandert im Winter teilweise von den nördlichen Teilen des Brutgebiets nach Süden.

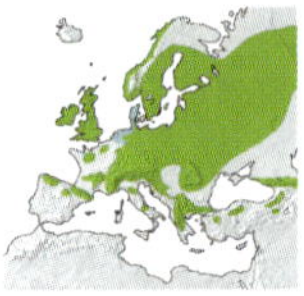

Dieser kleine Vogel klettert an Stämmen aufwärts, oft in einer Schraubenlinie um große Äste, und hängt auch oft auf ihrer Unterseite, kommt aber nicht mit dem Kopf voran nach unten wie ein Kleiber. Er stützt sich auf den Schwanz. Die Oberseite ist fein rostbraun gezeichnet mit einem reinweißen Überaugenstreif, die Unterseite ist reinweiß, manchmal mit einem leicht hellbraunen Anflug an den Flanken, doch ohne den Unterschied zwischen weißer Kehle und etwas dunklerem Bauch des Gartenbaumläufers. Winzige Unterschiede in der Flügelzeichnung kann man besser auf Fotografien sehen als am lebenden Vogel.

Würger

Würger sind räuberische Singvögel, die Kleinsäuger, Kleinvögel und große Insekten im Flug oder auf dem Boden erbeuten. Sie sitzen bei der Jagd oft exponiert, können aber auch versteckt sein. Die Schnabelspitze ist gekrümmt, die Füße sind kräftig. Bei einigen Arten sind die Geschlechter gleich, bei anderen verschieden gefärbt.

Neuntöter

Familie Laniidae **Art** *Lanius collurio*

Länge 16–18 cm **Flügelspannweite** 24–27 cm

Verbreitung Sommervogel, der in Afrika überwintert; in vielen Teilen Europas mit Ausnahme des hohen Nordens und des äußersten Südwestens.

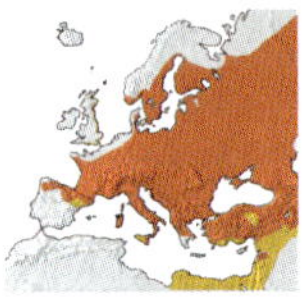

Der kleine, farbenfrohe Würger sitzt aufrecht und schwenkt den langen Schwanz von einer Seite zur anderen. Das Männchen hat einen grauen Kopf und Bürzel, eine schwarze Gesichtsmaske, eine lebhaft rostrote Oberseite, eine rosafarbene Brust und einen kräftig gemusterten schwarz-weißen Schwanz. Weibchen sind brauner, auf der Unterseite fein gebändert, die schwarze Maske ist nur angedeutet, der Schwanz ist einfarbig rostbraun. Jungvögel im Herbst sind etwas mehr rostfarben mit schuppiger Zeichnung oben und unten. Neuntöter sind etwas kleiner als Singdrosseln, sitzen aber viel aufrechter und hüpfen kaum auf dem Boden herum.

Rotkopfwürger

Familie Laniidae **Art** *Lanius senator*

Länge 17–19 cm

Flügelspannweite 25–30 cm

Verbreitung Sommervogel in Südwest- und Südeuropa an warmen, offenen Plätzen mit Obstgärten und Baumbeständen; überwintert in Afrika.

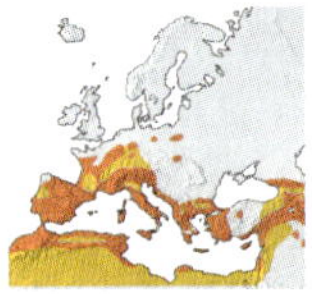

Der Rotkopfwürger ist schwarz und weiß mit einer rostroten Kopfkappe. Männchen haben eine tiefere schwarze Maske als die Weibchen. Das weiße V auf der Oberseite ist auffällig. Jungvögel sind graubraun mit rostfarbenen Federrändern, weniger rostfarben als junge Neuntöter; an der Schulter sitzen weiße Federn. Im Flug zeigen die Altvögel einen großen weißen Flügelfleck, der den Brutvögeln der Balearen fehlt.

Rabenvögel und Pirole

Rabenvögel bilden eine gemischte Gruppe, die typischen sind groß und schwarz mit kurzen, kräftigen Schnäbeln und kräftigen Beinen; im Flug wirken sie breitflügelig mit langsamen Aktionen. Andere sind bunter oder zumindest helldunkel. Pirole sind kleiner, ähnlich der Drossel; die Männchen sind farbenprächtiger als die Weibchen; ihre Gesänge sind laut.

Eichelhäher

Familie Corvidae **Art** *Garrulus glandarius*

Länge 34–35 cm **Flügelspannweite** 52–58 cm

Verbreitung Brütet weit verbreitet außer in Island und im nördlichen Skandinavien; einige nordische Vögel wandern im Winter. In allen Waldtypen, vor allem in Eichenwäldern.

Ein auffällig gemusterter, aber oft sehr versteckter und scheuer Rabenvogel. Oft sieht man im Abflug den großen weißen Bürzel, die weißen Flügelfelder und den schwarzen Schwanz. Die blauen Flügelflecken sind oft viel weniger auffällig. Aus größere Nähe fällt der kräftige Bartstreif auf. Der Eichelhäher ist häufiger zu hören als zu sehen, sein Ruf ist laut rätschend, wie wenn man Stoff auseinanderreißt.

Elster

Familie Corvidae **Art** *Pica pica*

Länge 44–46 cm (17–18in)

Flügelspannweite 52–60 cm (20–23in)

Verbreitung Brütet in fast ganz Europa ausgenommen Island in halb offenen Landschaften, auch in Gärten.

Die Kleider des langschwänzigen Rabenvogels sind in beiden Geschlechtern und in allen Altersstufen und Jahreszeiten gleich (Junge haben zunächst kürzere Schwänze). Großer, weißer Schulterfleck, weiße Flanken und weißer Bauch sind ebenso auffallend wie der lange Schwanz. Im Flug sind die Flügelspitzen weiß.

Tannenhäher

Familie Corvidae **Art** *Nucifraga caryocatactes*

Länge 32–35 cm

Flügelspannweite 49–53 cm

Verbreitung Brütet in Nadelwäldern in größeren Höhen in Nord- und Mitteleuropa; wandert periodisch im Herbst nach Westen und Süden.

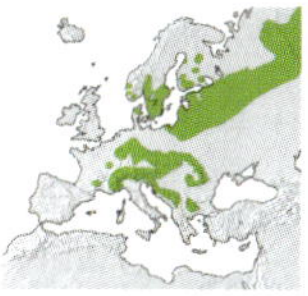

Dieser mittelgroße Rabenvogel ist weiß gefleckt; er ist in seiner Winternahrung vor allem auf Arvennüsschen und Haselnüsse angewiesen; gelegentlich wandert er aus Teilen seines Brutgebiets aus, wenn die Nahrung knapp wird. Dunkle Kappe, Dolchschnabel, hell gefleckter Körper und weißer Steiß fallen auf (Stare sind kleiner ohne Weiß am Schwanz).

Alpenkrähe

Familie Corvidae **Art** *Pyrrhocorax pyrrhocorax*

Länge 37–41 cm

Flügelspannweite 68–75 cm

Verbreitung Brütet an Küstenfelsen und im Gebirge in Irland, Großbritannien, auf der Iber. Halbinsel, in den Alpen, in Italien und Südosteuropa.

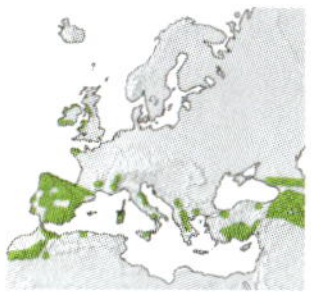

Der glänzend schwarze Rabenvogel hat einen gebogenen roten Schnabel und rote Beine, ist schwärzer als eine Dohle und auch akrobatischer im Flug mit jähen Abstürzen, engen Kurven und hohem Segeln. Der kurze Schwanz ist gerade abgeschnitten, die Flügelspitzen sind gefingert.

Alpendohle

Familie Corvidae **Art** *Pyrrhocorax graculus*

Länge 36–39 cm

Flügelspannweite 65–74 cm

Verbreitung Brütet im Hochgebirge in Südwest-, Mittel- und Südosteuropa; kommt im Winter in die Täler herunter.

Glänzend schwarz und oft in großen Trupps zu sehen, mitunter auch zusammen mit Alpenkrähen. Der Schnabel ist kürzer als der der Alpenkrähe und gelb. Im Flug ist der Unterflügel schwach hell und dunkel, der Schwanz länger und runder als bei der Alpenkrähe. Die Rufe sind hell und weit zu hören.

Saatkrähe

Familie Corvidae **Art** *Corvus frugilegus*

Länge 44–46 cm

Flügelspannweite 81–99 cm

Verbreitung Außer im hohen Norden und in Teilen Südeuropas weit verbreitet; östliche Vögel ziehen im Winter nach Westen und Süden.

Diese große schwarze Krähe hat einen schlanken Schnabel und einen spitzen Oberkopf mit einer steilen Stirn. Altvögel haben ein pergamentartiges graues Gesicht, Jungvögel normal befiederte schwarze Gesichter. Im Flug wirken Saatkrähen rundschwänzig; sie können über ihren Brutkolonien in hohen Bäumen gut segeln.

Nebelkrähe

Familie Corvidae **Art** *Corvus corone cornix*

Länge 44–51 cm **Flügelspannweite** 93–104 cm

Verbreitung Brütet auf Klippen und Mooren mit spärlichem Baumbestand in Irland, auf der Isle of Man, in Schottland und Teilen Europas, wo es keine Aaskrähen gibt.

Diese attraktive grauschwarze Krähe ersetzt in Teilen Europas die Aaskrähe. Beide Arten kreuzen sich in einem schmalen Landschaftsgürtel in Nordschottland und zeigen gemischte Gefiedermerkmale, aber in der überwiegenden Mehrzahl halten sie sich getrennt und verhalten sich als eigene Spezies. Die Nebelkrähe bevorzugt felsiges Moorland, lebt aber auch als Aasfresser an Küsten aller Art.

Aaskrähe

Familie Corvidae **Art** *Corvus corone*

Länge 44–51 cm

Flügelspannweite 93–104 cm

Verbreitung Brütet auf Agrarflächen und offenen Landschaften zwischen Großbritannien, Dänemark und Mitteleuropa.

Die große schwarze Krähe wird leicht mit einer Saatkrähe oder einem Raben verwechselt. Aaskrähen kreisen nicht in großen Schwärmen über Bäumen, sondern sammeln sich auf Feldern und an Stränden. Saatkrähen sind gewandtere Flieger als Aaskrähen, die gemächlicher fliegen. Flügelspitzen und Schwanz der Aaskrähe sind breiter als die der Saatkrähe.

Kolkrabe

Familie Corvidae **Art** *Corvus corax*

Länge 54–67 cm

Flügelspannweite 120–150 cm

Verbreitung Brütet in Bergen, an Felsen und in Wäldern fast in ganz Europa, in vielen Gebieten aber sehr lokal.

Der Kolkrabe ist der größte Rabenvogel, doch ist seine Größe schwer einzuschätzen. Der mächtige Kopf, oft mit einem abstehenden Federbart, und der lange, dicke, etwas gebogene Schnabel sind Anhaltspunkte. Im Flug ist er leichter zu erkennen an dem langen, keilförmigen Schwanz und den gewinkelten, gefingerten Flügeln.

Dohle

Familie Corvidae **Art** *Corvus monedula*

Länge 33–34 cm

Flügelspannweite 67–74 cm

Verbreitung Brütet in den meisten Teilen Europas (Wälder, Felsen) außer im hohen Norden; Vögel aus Nordosten kommen im Winter nach Westen.

Die Dohle ist etwa taubengroß und ziemlich grau mit einer schwarzen Kappe und einem grauen Hals; auch im Flug ähnelt sie eher einer Taube (mit kurzem Kopf, runden Flügeln und schnellerem Flügelschlag) als andere Rabenvögeln. Sie begibt sich oft in die Gesellschaft von Saatkrähen.

Pirol

Familie Oriolidae **Art** *Oriolus oriolus*

Länge 22–25 cm

Flügelspannweite 35 cm

Verbreitung Brütet in Laubwäldern in den meisten Teilen Europas; überwintert in Afrika.

Der Pirol mit der Gestalt einer schlanken, langflügeligen Drossel lebt im dichten Laub hoch in Bäumen und fliegt nur ab und zu zwischen Baumgruppen hin und her. Männchen sind leuchtend gelb und schwarz; Weibchen sind grüner oder heller gelb mit matter gefärbten Flügeln und haben auch nicht die schwarze Maske des Männchens. Jungvögel sind auf der Unterseite gestrichelt.

Stare

Stare sind sehr aktive Vögel und nie lange ruhig. Sie fliegen in kleinen Trupps oder großen Schwärmen, die wohlkoordinierte Schwenkungen ausführen. Auf dem Boden laufen sie rasch umher und sondieren im kurzen Gras nach Nahrung. Sie haben einen kurzen Schwanz und einen spitzen Schnabel. Ihre Gesänge sind rasch und vielfältig, aber nicht melodisch.

Star

Familie Sturnidae **Art** *Sturnus vulgaris*

Länge 21 cm **Flügelspannweite** 37–42 cm

Verbreitung Mit Ausnahme der Iber. Halbinsel und Island weit verbreiteter Brutvogel in Europa; Vögel aus Norden und Osten ziehen im Winter nach Süden.

Der Star ist kleiner als eine Amsel mit einem kürzeren, gerade abgeschnittenen Schwanz und viel spitzeren, dreieckigen Flügeln. Das Gefieder ist schillernd schwarz mit einem grünen und purpurroten Schimmer. Im Herbst und Winter trägt es viele weiße Flecken, die an der Kehle zusammenrücken. Jungvögel sind stumpfbraun mit einer dunkleren Maske, im Spätsommer werden sie dunkelbraun und weiß.

Einfarbstar

Familie Sturnidae **Art** *Sturnus unicolor*

Länge 21 cm

Flügelspannweite 37–42 cm

Verbreitung Brütet auf der Iberischen Halbinsel und in Nordafrika. Jahresvogel in Städten, Dörfern und Agrarland; im Winter oft mit Staren.

Sehr ähnlich dem Star mit spitzeren Federn auf der Unterseite, insgesamt einheitlich ölschwarz mit intensivem grünen und purpurfarbenen Schimmer. Im Sommer sind keine Flecken sichtbar, im Winter nur blasse (wenn in Spanien und Portugal oft auch Stare dabei sind). Die hellen rosafarbenen Beine fallen auf.

Sperlinge

Sperlinge sind finkenartige Vögel mit dicken, kurzen Schnäbeln und kurzen Beinen. Sie sind gesellig, oft in dichten Schwärmen oder Familiengruppen; sie leben meist nahe dem Boden oder in dichten Büschen oder Hecken, einige Arten in Gärten und Städten. Die Geschlechter können verschieden gefärbt sein; die Jungvögel gleichen Weibchen.

Haussperling

Familie Passeridae **Art** *Passer domesticus*

Länge 14 cm **Flügelspannweite** 20–22 cm

Verbreitung Brütet fast überall in offenen Landschaften nahe Bauernhöfen, in Gärten, Dörfern und Städten; in nördlichen Gebieten/höheren Lagen oft nur lokal.

Er ist der typische kleine braune Vogel in Städten und Dörfern, gesellig und auch lärmend mit plötzlichen Tschilpchören. Männchen sind oberseits gestreift, unterseits einheitlich grau mit einem schwarzen Kehllatz und einer braun gesäumten grauen Kopfkappe. Auch die Oberseite der Weibchen ist gestreift, die Unterseite hell graubräunlich, hinter dem Auge haben sie einen hellen Streifen.

Feldsperling

Familie Passeridae **Art** *Passer montanus*

Länge 14 cm

Flügelspannweite 20 cm

Verbreitung Brütet weit verbreitet in offener Kulturlandschaft, in manchen Gebieten aber nur lokal; wandert im Winter auch weiter umher.

Das Gefieder ähnelt dem männlichen Haussperling, die Kopfkappe ist aber ganz rotbraun, dazu kommen ein weißer Halskragen und eine weiße Wange mit einem kräftigen schwarzen Fleck. Männchen und Weibchen sehen gleich aus. Das Tschilpen eines Schwarms und der Tschilpgesang einzelner Männchen ähneln dem Haussperling.

Finken

Buchfink und Bergfink sind sich sehr ähnlich, die übrigen Finkenvögel vielfältiger. Alle haben dicke Schnäbel, die – je nach Nahrung – kurz oder aber länger und mehr zugespitzt sein können. Männchen und Weibchen können verschieden sein. Die meisten Finken sind kleine, kurzschwänzige Vögel, die außerhalb der Brutsaison oft in Schwärmen auftreten.

Buchfink

Familie Fringillidae **Art** *Fringilla coelebs*

Länge 14 cm **Flügelspannweite** 25–28 cm

Verbreitung Brütet weit verbreitet, ausgenommen Island, in allen Waldtypen, Gärten und Parks. Vögel aus Norden und Osten ziehen im Winter nach Westen und Süden.

Alle Buchfinken haben auf jedem Flügel zwei kräftige weiße Binden und weiße Schwanzseiten. Männchen haben einen grauen Oberkopf (im Winter durch bräunliche Federn verborgen), einen matt rotbraunen Rücken und eine bräunlich rosafarbene Unterseite. Die Weibchen sind bescheidener gefärbt, mehr olivfarben mit einer olivgrauen Unterseite.

Bergfink

Familie Fringillidae **Art** *Fringilla montifringilla*

Länge 14 cm

Flügelspannweite 25–28 cm

Verbreitung Brütet in Nord- und Nordosteuropa in offenen Wäldern; im Winter regelmäßiger Gast weiter südlich und westlich.

In Gestalt und Gefiedermuster ein Spiegelbild des Buchfinken. Der Bergfink hat jedoch orangefarbene statt weiße Flügelbinden und einen langen, schmal weißen Bürzel. Die orangefarbene Brust geht in einen weißen Bauch über. Weibchen und Männchen haben im Winter hellbraune Köpfe mit einem hellen Nacken; bei Männchen ist der Kopf im Frühjahr tiefschwarz, ebenso der Rücken.

Winter

Bluthänfling

Familie Fringillidae **Art** *Carduelis cannabina*

Länge 13–14 cm

Flügelspannweite 21–25 cm

Verbreitung Brütet in offenen Landschaften mit Büschen in den meisten Teilen Europas, zieht im Winter nach Süden und Westen.

Der kleine Fink mit einem gegabelten Schwanz und einem kleinen Kopf hat im Flügel und am Schwanz weiße Streifen. Der Rücken der Männchen ist einfarbig rötlich braun, die Weibchen sind oberseits leicht und auf der Brust kräftiger gestreift; unter dem Auge haben sie einen hellen Fleck. Im Frühling sind Männchen auf Stirn und Brust rosarot.

Berghänfling

Familie Fringillidae **Art** *Carduelis flavirostris*

Länge 13–14 cm

Flügelspannweite 21–25 cm

Verbreitung Brütet in Skandinavien und lokal im Norden Großbritanniens sowie im Nahen Osten. Im Winter weiter verbreitet (Küstennähe).

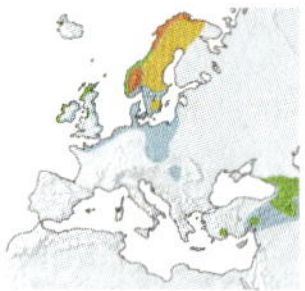

Dem Bluthänfling in Größe, Gestalt und weißen Flügelstreifen sehr ähnlich. Hat aber eine mehr hellbraune Flügelbinde und das braun gestrichelte Muster eines Birkenzeisigs. Die weißen Schwanzseiten können auffallen; im Winter sind auch der gelbe Schnabel und der beigefarbene Kehlfleck gute Anhaltspunkte. Das Männchen hat einen matt rosafarbenen Bürzel.

Birkenzeisig

Familie Fringillidae **Art** *Carduelis flammea*

Länge 11–15 cm

Flügelspannweite 20–25 cm

Verbreitung Brütet weit verbreitet in Nordwest- und Nordeuropa und lokal in Mitteleuropa. Im Winter gibt es auch Taigabirkenzeisige im Süden.

Der nördliche Taigabirkenzeisig ist etwas größer und heller als der kleinere Alpenbirkenzeisig, mit deutlicher weißen Flügelbinden. Allgemein sind die Vögel braun gestrichelt mit einer hellen Flügelbinde und einer schmal rot abgesetzten Stirn und einem schwarzen Kinn. Im Sommer sind die Männchen unterschiedlich ausgedehnt rot oder rosa an der Brust.

Stieglitz

Familie Fringillidae **Art** *Carduelis carduelis*

Länge 13 cm

Flügelspannweite 21–25 cm

Verbreitung Mit Ausnahme des hohen Nordens in Europa im Kulturland weit verbreit; Vögel aus dem Osten kommen im Winter nach Süden und Westen.

Der schwarze Flügel des kleinen, schlanken Finken trägt ein breites gelbes Band. Der Kopf der Altvögel ist schwarz und weiß, das Gesicht tiefrot. Die Jungvögel haben einen einfarbig grauen Kopf und große hellbräunliche Spitzen auf Schwung- und Schwanzfedern.

Grünfink

Familie Fringillidae **Art** *Carduelis chloris*

Länge 15 cm

Flügelspannweite 25–27 cm

Verbreitung Brütet in Wäldern, Parks und Gärten in den meisten Teilen Europas; im Winter oft in offenem Gelände.

Der gedrungene, dickschnäbelige Fink hat kräftige gelbe Abzeichen auf Flügeln und Schwanz. Die Altvögel sind nicht gestrichelt, die Jungvögel nur schwach. Männchen sind im Frühjahr hell bis leuchtend grün, Weibchen ähnlich, haben aber etwas weniger Gelb im Flügel. Die großen Schnäbel sind hell, an ihrer Basis befindet sich eine kleine dunkle Gesichtsmaske.

Erlenzeisig

Familie Fringillidae **Art** *Carduelis spinus*

Länge 12 cm

Flügelspannweite 20–23 cm

Verbreitung Brütet in Nadel- und Mischwäldern in Nord-, Mittel und Osteuropa; kommt im Winter auch nach Südeuropa.

Im Sommer ein Vogel der Nadelwälder, im Winter in Birken-, Erlen und Lärchenbeständen. Erlenzeisige sind kleine Finken mit schlankem Schnabel. Das Männchen hat einen schwarzen Oberkopf und Kehlfleck; seine schwarzen Flügel tragen ein grüngelbes Band. Die Weibchen sind grauer mit einer schwarz gestrichelten weißen Unterseite.

Girlitz

Familie Fringillidae **Art** *Serinus serinus*

Länge 11–12 cm

Flügelspannweite 18–20 cm

Verbreitung Brütet verbreitet in Mittel- und Südeuropa; zieht im Winter nach Süden.

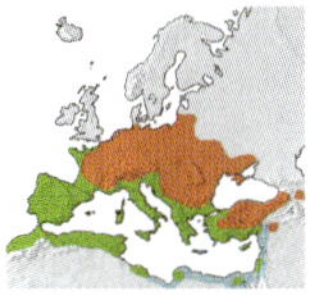

Der Girlitz ist ein winziger, relativ langschwänziger, kurzschnäbeliger Fink mit einem gelben Bürzel; Flügel und Schwanz sind einfarbig bräunlich. Beim Männchen sind Stirn und Brust gelb; Weibchen sind schlichter gefärbt, Jungvögel bräunlicher mit mehr Strichen auf der Unterseite und einer hell bräunlichen Flügelbinde.

Gimpel

Familie Fringillidae **Art** *Pyrrhula pyrrhula*

Länge 15 cm **Flügelspannweite** 22–26 cm

Verbreitung Brütet in weiten Teilen Europas, fehlt in Island und im äußersten Süden; wandert im Winter z. T. nach Westen und Süden.

Der große, dickhalsige und rundschnäbelige Fink hält sich oft an Knospen und frische Triebe; man sieht ihn in Paaren oder kleinen Trupps in Hecken und Büschen. Altvögel haben einen tiefschwarzen Oberkopf und Schnabel; der schwarze Flügel wird von einem breiten hellen Band gequert, Unterschwanz und Bürzel sind weiß, der gerade abgeschnittene Schwanz ist schwarz. Die Männchen sind oberseits blaugrau und unterseits intensiv rosarot, die Weibchen auf der Oberseite graubraun und auf der Unterseite rosagrau oder bräunlich grau. Jungvögel gleichen Weibchen, haben aber zunächst keine schwarze Kopfkappe.

Ein prächtiges Männchen ruft auf einem Busch.

Kernbeißer

Familie Fringillidae **Art** *Coccothraustes coccothraustes*

Länge 18 cm **Flügelspannweite** 29–33 cm

Verbreitung Brütet weit verbreitet in Süd- und Mitteleuropa, kommt sonst aber nur selten vor. Zieht im Winter nach Süden.

Der große Fink hat einen dicken Kopf und Hals und einen mächtigen Schnabel. Die Beine sind kurz, sodass der Vogel auf einem Ast oder auf dem Boden sehr gedrungen wirkt. Er ist überwiegend braun, der Bürzel hellbräunlich, intensiv rostbraun wirken Stirn und Wangen; der Hals ist grau. Die Flügel zeigen im Flug ein breites helles Band mit weißen Strichen auf dem Außenflügel. Sucht oft in kleinen, wenig auffälligen Trupps am Boden nach Nahrung und fliegt dann rasch auf.

Der große Schnabel knackt harte Samen.

Fichtenkreuzschnabel

Familie Fringillidae **Art** *Loxia curvirostra*

Länge 16 cm

Flügelspannweite 27–30 cm

Verbreitung Brütet lokal und unregelmäßig in vielen Teilen Europas und streift im Spätsommer und Herbst weit umher; lebt in Nadelwäldern.

Der große, gedrungene Fink hat die Schnabelspitzen überkreuzt. Im Flug fallen dunkelbraune Flügel und ein dunkler Schwanz sowie der helle Bürzel auf. Die Männchen sind rot mit einem rosaroten, die Weibchen grünlich mit einem gelblichen Bürzel. Schottische Kreuzschnäbel und Kiefernkreuzschnäbel sind einander zum Verwechseln ähnlich.

Ammern

Abgesehen von kleinen Einzelheiten des Schnabelbaus ähneln sie sehr den Finken, sind aber meist lang gestreckt und schlank mit relativ langen (bei vielen Arten weiß gesäumten) Schwänzen. Männchen und Weibchen sind oft verschieden gefärbt, Schlichtkleider sind matter. Die Gesänge sind einfach. Oft suchen sie in kleinen Trupps am Boden nach Nahrung.

Rohrammer

Familie Emberizidae **Art** *Emberiza schoeniclus*

Länge 15 cm **Flügelspannweite** 21–26 cm

Verbreitung Brütet in Feuchtgebieten in den meisten Teilen Mittel- und Nordeuropas; im Süden höchstens lokal; nördliche Vögel ziehen im Winter nach Süden.

Die kleine Ammer an sumpfigen Plätzen ist oberseits kräftig gestreift, weniger auf der Unterseite. Der schwarze Schwanz hat breite weiße Seiten. Im Frühjahr trägt das Männchen einen schwarzen Kopf mit einem weißen Halskragen, im Winter ist dieses Muster teilweise verdeckt. Weibchen sind brauner mit nur einer Andeutung des schwarzen Kopfes und einem Bartstreif, einem hellen Überaugenstreif und einem hellen Streifen unter den rötlich braunen Wangen.

Spornammer

Familie Emberizidae **Art** *Calcarius lapponicus*

Länge 14–15 cm

Flügelspannweite 25–28 cm

Verbreitung Brütet in arktischen Gebieten Nordeuropas; zieht im Winter nach Süden an die Küsten von Nord- und Ostsee.

Eine Ammer mit langem Körper und kurzem Schwanz. Im Sommer sind Kopf und Brust der Männchen schwarz mit einem breiten weißen Streifen vom Auge über den Hals bis auf die Brustseiten. Im Winter ist die Zeichnung verdeckt, die Männchen gleichen den Weibchen mit dunklen Wangenecken, hellem graubraunem Scheitelstreif und dunklem Bartstreif auf jeder Brustseite.

Winter

Ortolan

Familie Emberizidae **Art** *Emberiza hortulana*

Länge 15–16 cm

Flügelspannweite 22–26 cm

Verbreitung Brütet nur lokal, aber weit verbreitet in Europa in halb offenem Gelände; überwintert in Afrika.

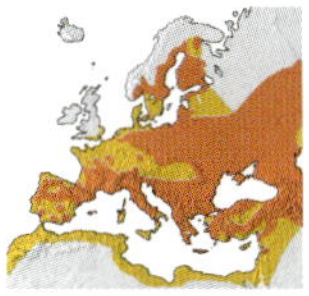

Diese Ammer ist durch ihren spitzen fleischfarbenen Schnabel und ihr ungemustertes Gesicht mit einem gelben Bartstreif und einem hellen Augenring gekennzeichnet. Männchen sind an Kopf und Brust hellgrün, unterseits rostorange, Weibchen blasser und mehr gestrichelt. Jungvögel sind hellbraun und gestrichelt, haben aber Augenring und Schnabel als wichtigste Kennzeichen.

Goldammer

Familie Emberizidae **Art** *Emberiza citrinella*

Länge 16 cm

Flügelspannweite 23–29 cm

Verbreitung In den meisten Teilen Europas in offener Kulturlandschaft; einige ziehen im Winter nach Süden und Westen.

Die Goldammer hat einen Schnabel mit dunkler Spitze, einen intensiv rostbraunen Bürzel und weiße Seiten am Schwanz. Das Männchen ist leuchtend gelb mit verschieden intensiven Kopf- und Gesichtsmarkierungen; das Weibchen ist schlichter, matter gelb mit vielen dunklen Strichen.

Zaunammer

Familie Emberizidae **Art** *Emberiza cirlus*

Länge 15–16 cm

Flügelspannweite 22–26 cm

Verbreitung Brütet weit verbreitet, aber meist lokal in warmen buschigen Gebieten in Südwest-, Mittel- und Südosteuropa.

Im Vergleich zur Goldammer hat die Zaunammer einen dunkler rotbraunen Rücken, ein auffallender rotes Brustband und einen grünlichen Scheitel, dunklen Augenstreif und Kehllatz. Weibchen erkennt man am besten an ihrem dunklen olivfarbenen Bürzel.

Zippammer

Familie Emberizidae **Art** *Emberiza cia*

Länge 15 cm

Flügelspannweite 22–26 cm

Verbreitung Brütet an Felshängen oder höheren Felswänden in Südeuropa; kommt im Winter in tiefere Lagen herunter.

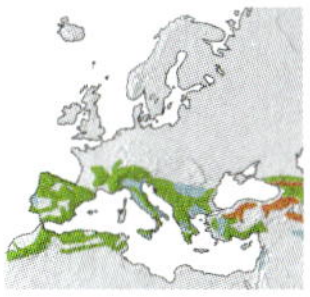

Auffallend sind der schwarz gestreifte rostbraune Rücken, der rostfarbene Bürzel und die ebenso gefärbte Unterseite sowie der graue Kopf mit kräftigen schwarzen Streifen. Die schwarzen Marken sind bei Weibchen und Männchen im Winter viel weniger auffällig.

Grauammer

Familie Emberizidae **Art** *Miliaria calandra*

Länge 18 cm

Flügelspannweite 26–32 cm

Verbreitung Brütet im Agrarland Südeuropas, weiter nördlich und nordwestlich nur lokal; im Winter ziehen einige nach Süden/Südwesten.

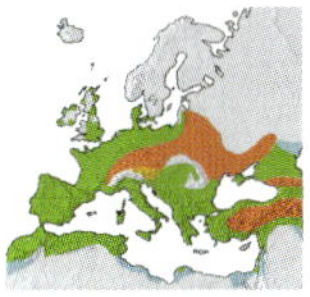

Die große, helle und stark gestrichelte Ammer erinnert etwas an eine Feldlerche. Man sieht sie oft auf Büschen oder Drähten sitzen. Sie hat einen einfarbig braunen Schwanz und einen dicken hellen Schnabel, an den Wangen sind oft dunkle Ränder zu sehen. Ein hellerer Scheitelstreif und dunkle, enge Strichelung auf der Brust sind weitere Kennzeichen. Die Geschlechter sind gleich.

Schneeamer

Familie Emberizidae **Art** *Plectrophenax nivalis*

Länge 16–17 cm

Flügelspannweite 32–38 cm

Verbreitung Brütet in der Tundra oder auf Bergen im hohen Norden; kommt im Winter an Küsten und ins Binnenland weiter südlich.

Die etwas gedrungene und langbeinige Ammer hat im Flügel unterschiedlich große weiße Anteile. Im Winter haben der helle Kopf und die helle Brust ausgedehnte orangefarbene Markierungen, der Schnabel ist gelb. Im Sommer sind die Männchen weiß mit schwarzem Rücken und schwarzen Flügelspitzen.

Winter

Lohnende Beobachtungsplätze

Ist das Vogelbeobachten zum Bestandteil des Alltags geworden, kann man Vögel im eigenen Garten beobachten, aber auch in die Welt reisen, um neue Erfahrung zu machen. Die folgenden Seiten führen zu den besten Vogelbeobachtungsplätzen in Europa. Sie erfahren, wo diese liegen und wie Sie hinkommen, aber auch, was Sie dort erwartet.

England

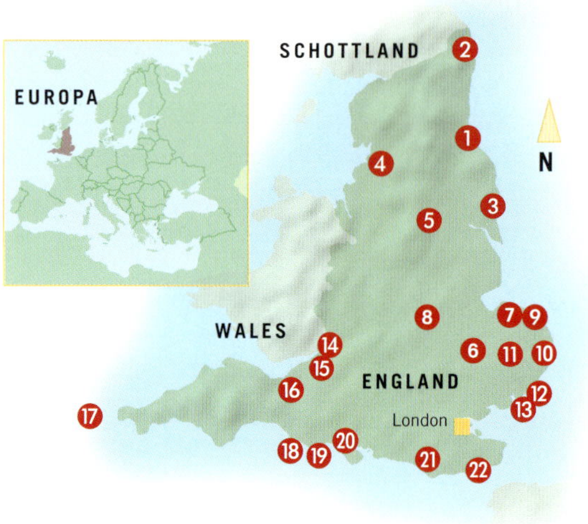

ENGLAND IST EIN GROSSES und vielfältiges Land mit langen Küstenlinien und kleinen Abschnitten hoher Steilküsten, an denen sich oft Seevogelkolonien oder brütende Wanderfalken finden. Landspitzen und Inseln vor der Küste sind oft gute Plätze, um Seevögel und andere Zugvögel über dem Meer zu beobachten, besonders im Herbst.

Eine außergewöhnliche Vielfalt an Küstenvögeln trifft man das ganze Jahr über an Flussmündungen. Heideflächen im Süden, Eichenwälder, hoch gelegene Moorflächen und ein vielseitiges Kulturland erhöhen die Artenvielfalt. In England kann man zahlreiche seltene Vögel aus Nordamerika, Europa und Asien sehen.

1 Teesside

Baumreihen an den Ufern des Tees

Lage Der Unterlauf des Flusses Tees in Nordostengland in und um Hartlepool.
Zugang Die Mündung des Tees und das Gebiet südlich von Hartlepool (Seaton Carew). An der A 178 bei Saltholme gibt es gute Wasserflächen.
Kontakt English Nature, Stocksfield Hall, Stocksfield, Northumberland NE43 7TN.
Web: www.naturalengland.org.uk

Die Teesmündung ist ein Industriegebiet, das mit interessanten Naturplätzen ausgestattet ist. Seevögel sind besonders auffällig, Schwarzschnabel- und Dunkle Sturmtaucher, Basstölpel, Eissturmvögel, Zwergmöwen, Skuas, Schmarotzer-, Spatel- und Falkenraubmöwen sind sehr zahlreich. Der Spätherbst kann günstig für Skuas und Krabbentaucher sein, besonders nach einem Nordsturm, der viele Vögel mit sich bringt. Schneeammern und Ohrenlerchen sind im Winter da.

2 Lindisfarne (Holy Island)

Lage Eine Insel vor der Küste des nördlichen Northumberlands, 20 km südöstlich von Berwick-upon-Tweed.
Zugang Lindisfarne (inklusive Holy Island) ist auf der A 1 angezeigt. Mit dem Land ist es durch einen Damm verbunden, der bei Flut unter Wasser liegt.
Kontakt English Nature, Stocksfield Hall, Stocksfield, Northumberland NE43 7TN
Web: www.naturalengland.org.uk

Dieses Gebiet ist eine wundervolle Kombination von Feuchtgebiet, Dünen, Watt- und Sandflächen, Felsküste und Inseln. Im Sommer gibt es Seeschwalben, Eissturmvögel, brütende Watvögel und Enten, einschließlich Eiderenten. Im Winter trifft man große Mengen von Watvögeln und Enten, einschließlich der hellbäuchigen Unterart der Ringelgans und Eisenten. Der Herbstzug ist fantastisch, sowohl auf dem Meer als auch am Strand. Lohnend sind auch Exkursionen zu den Wattflächen weiter südlich an der Küste.

Eisente

Die eindrucksvollen Steilküsten bei Bempton sind hervorragend für die Beobachtung brütender Seevögel.

3 Bempton Cliffs/ Flamborough Head

Lage Eine große Landzunge nördlich Bridlington in Ost-Yorkshire.
Zugang Von Bridlington B 1255 und dann B 1259 bis zum Parkplatz nahe Flamborough Lighthouse. Das RSPB-Zentrum bei Bempton Cliffs ist an der B 1229, die entlang der Nordseite der Landzunge verläuft, angezeigt.
Kontakt RSPB, Bempton Cliffs
Tel.: 01262/851179
Web: www.rspb.org.uk

Eine lange Felsküste verläuft von Filey Bay südöstlich zur Landzunge von Flamborough. Im Sommer ist die Strecke wunderschön mit Zehntausenden von brütenden Seevögeln um das RSPB-Reservat bei Bempton. Hier sind Englands einzige Basstölpelkolonie und eine eindrucksvolle Zahl von Trottellummen, Dreizehenmöwen, Eissturmvögeln und Silbermöwen zu sehen. Papageitaucher sind weniger zahlreich, aber für gewöhnlich ohne Mühe zu beobachten. Gesicherte Aussichtspunkte bieten gute Sicht. Im Frühjahr und Herbst ist das Gebiet für seine Durchzügler berühmt, darunter viele Seltenheiten, besonders im Gebiet von Flamborough. Durchziehende Skuas, Schmarotzer-, Spatel- und Falkenraubmöwen sind regelmäßig zusammen mit Schwarzschnabel- und Dunklen Sturmtauchern und im November Krabbentauchern zu sehen.

❹ Morecambe Bay

Lage Eine Flussmündung in Nordwestengland, nördlich von Lancaster.
Zugang Gute Punkte, um die Flutrastplätze der Watvögel zu sehen, sind Hest Bank, etwa 3 km nördlich von Morecambe an der A 5015, Flookburgh Marshes, der Seedeich bei Heysham an der A 589 und die Kentmündung.
Kontakt The RSPB Hest Bank
Tel.: 01524/701601
Web: www.rspb.org.uk

Die Flussmündung liegt zwischen Hügeln und Feuchtgebieten. Viel davon ist sandig, mit seichten Flüssen bei Ebbe. Von Frühherbst bis Spätfrühling gibt es Zehntausende Watvögel; viele kommen bei Flut zur Rast nach Hest Bank. Es lohnt sich, nach Knutts, Austernfischern, Pfuhlschnepfen, Kiebitz- und Sandregenpfeifern, Steinwälzern und Brachvögeln Ausschau zu halten. Im Winter sind Gänse und Enten auf den Salzmarschen zahlreich – darunter Pfeifenten, Brandenten und vor der Küste Eiderenten. Im Frühjahr und Herbst erhöhen Durchzügler die Vielfalt.

❺ Fairburn Ings

Vogelbeobachtung bei Fairburn Ings

Lage Nahe der A 1, 8 km nordöstlich von Castleford, West-Yorkshire.
Zugang Fairburn ist an der A 1 und A 656 angezeigt. Das Reservat bietet Beobachtungshütten, Pfade für Rollstühle, ein Besucherzentrum und gute Beobachtungsmöglichkeiten am Straßenrand.
Kontakt RSPB, Tel.: 01977/628191
Web: www.rspb.org.uk

Das weitläufige Reservat verdankt seine Existenz dem Bergbau, durch den einige seichte Seen entstanden sind. Um sie herum liegen Buschflächen, Feuchtwiesen, Seggen- und Schilfsümpfe und Abraum, der mit Weidendickicht bewachsen ist. Die unterschiedlichen Lebensräume sind im Sommer besonders vielfältig, wenn Teich- und Schilfrohrsänger und andere Singvögel brüten und Flussregenpfeifer, Kiebitze sowie Rotschenkel auf den Wiesen nisten. Im Herbst sind Seeschwalben und Watvögel häufig, und manchmal sind auch Seltenheiten zu sehen. Im Winter sind die Seen voller Enten, z. B. Reiherenten, Schellenten und Gänsesäger und regelmäßig auch ein Trupp Singschwäne.

❻ Ouse Washes

Lage Zwischen King's Lynn und Cambridge in East Anglia.
Zugang Das Zentrum des Wildfowl & Wetlands Trust in Welney ist an der A 1101 nördlich von Littleport angezeigt. Das RSPB-Reservat liegt bei Purl's Bridge, südlich von Manea an der B 1093.
Kontakt WWT, Hundred Foot bank, Welney, Wisbech PE14 9TN,
Tel. 01353/860711
Web: www.wwt.org.uk
The RSPB
Tel.: 01354/680212
Web: www.rspb.org.uk

Zwei gerade, parallele Kanäle entwässern die Feuchtwiesen von East Anglia in den Wash. Wenn sie nach heftigem Regen überlaufen, gelangt Wasser in die Felder zwischen die Kanäle und bildet einen flachen See. Im Frühling und Sommer sind diese Flächen für Vögel hervorragend, doch haben ungewöhnliche Frühjahrsregen die Zahl der Brutvögel verringert. Dennoch brüten Bekassinen, Kiebitze, Schafstelzen und Enten immer noch in eindrucksvollen Mengen. Im Winter kann man Pfeifenten, Tafelenten, Reiherenten, Krickenten und Löffelenten beobachten. Die Hauptattraktion aber sind die Ansammlungen von Zwerg-, Sing- und Höckerschwänen.

Die Ouse Washes sind ein wichtiger Platz für brütende Enten.

Bruchwasserläufer

❼ Titchwell Marsh

Sümpfe im Titchwell-Reservat

Lage An der Küste im Norden von Norfolk, 8 km östlich von Hunstanton.
Zugang An der A 149 ist die North Norfolk coast road angezeigt, unmittelbar westlich des Dorfes Titchwell.
Kontakt The RSPB
Tel.: 01485/210779
Web: www.rspb.org.uk

Dieses große RSPB-Reservat weist eine ebenso große Vogelvielfalt auf wie andere Gebiete der legendären Küste von Norfolk. Es enthält Agrarflächen, Weidenbusch, Wald und eine breite Zone von Süßwasserröhricht mit Lagunen, Salzsümpfen und einem breiten Sandstrand. Mit Beobachtungshütten und Pfaden ist es gut erschlossen.

❽ Rutland Water

Lage Ungefähr 35 km östlich von Leicester.
Zugang Das Vogelbeobachtungszentrum und das Reservat liegen bei Egleton zwischen zwei Hauptstraßen, die in Oakham zusammenlaufen.
Kontakt Leicesterhire and Rutland Wildlife Trust, Fishponds Cottage, Hambleton Road, Oakham, Rutland LE15 8AB.
Tel.: 01572/770651
Web: www.rutlandwater.org.uk

Das Tiefland-Staubecken ist im Winter voller Vögel, wenn große Schwärme von Stock-, Krick-, Pfeif-, Schnatter- und Reiherenten da sind und auch Gänsesäger regelmäßig gesehen werden. Auf dem Zug erscheinen im Frühjahr, Spätsommer und Herbst Flussufer-, Waldwasser-, Bruchwasserläufer, Grünschenkel, Kampf-, Alpenstrandläufer und Sandregenpfeifer. Fluss- und Trauerseeschwalben kann man im Herbst über dem Wasser sehen. Bei Egleton wird versucht, den Fischadler anzusiedeln.

9 Cley-next-the-sea

Lage Ein bekanntes Reservat an der Küste von Nordnorfolk etwa 10 km westlich von Sheringham.
Zugang Mehrere Parkplätze sind an der Küstenstraße von Nordnorfolk A 149 knapp östlich Cley-next-the-sea angezeigt. Ein Besucherzentrum unmittelbar östlich von Cley führt zu Beobachtungsständen und Wanderwegen. Erkunden Sie auch die Pfade an der Küste bei Salthouse, Kelling und Weybourne. Der Parkplatz bei Walsey Hills führt zur East Bank – eine berühmte Tour zur Vogelbeobachtung.
Kontakt Norfolk Wildlife Trust, Oakeley centre, Cley Marshes, Cley, Holt, Norfolk NR25 7RZ
Tel.: 01603/625540
Web: www.norfolkwildlifetrust.org.uk

Dieser Abschnitt der Küste von Norfolk mit den Cley Marshes ist zu allen Jahreszeiten zu empfehlen. Er hat eine der vielseitigsten Artenlisten für ein Gebiet ähnlicher Größe in Großbritannien. Im Sommer brüten Säbelschnäbler und Bartmeisen. Unter den Frühjahrs- und Herbstdurchzüglern finden sich Seeschwalben, gelegentlich Sturmtaucher und Raubmöwen vor der Küste, viele Pieper, Stelzen, Steinschmätzer, Fliegenschnäpper und eine lange Liste von Zweigsängern inklusive Gelbbrauenlaubsänger oder Sperbergrasmücke im Herbst. Das Gebiet ist auch für seine Vielfalt an Watvögeln bekannt, mit Seltenheiten aus Asien und Nordamerika. Im Winter gibt es große Mengen von Pfeif-, Löffel- und anderen Enten sowie Ringelgänse und am Strand Schneeammern und manchmal Ohrenlerchen. Durchziehende Rohr- und Kornweihen sieht man regelmäßig. Es gibt viele Beobachtungsstände und Wanderpfade.

Steinschmätzer

10 Norfolk Broads

Die Landschaft der Broadlands

Lage Ein Komplex von Seen, Schilfflächen und nassen Weiden in Ostnorfolk, nördlich von Great Yarmouth.
Zugang Es gibt viele Straßen und Wasserwege; Hicking Broad nahe Stalham ist von Hicking Heath oder Potter Heigham zu erreichen, Cockshoot und Ranworth Broads von Ranworth.
Kontakt Norfolk Wildlife Trust, 72 Cathedral Close, Norwich NR1 4DF
Tel.: 01603/625540
E-Mail: info@norfolkwildlifetrust.org.uk

Die Broads sind für Vogelbeobachter trotz der großen Zahl von Touristen sehr gut. Im Sommer kann man Rohrdommeln, Bartmeisen, Rohrsänger, Rohrweihen und Nilgänse neben anderen interessanten Arten sehen. Im Winter kann ein kleiner Kranichtrupp da sein neben Sumpfohreulen und Schleiereulen, Korn- und manchmal auch Rohrweihen, Pfeifenten und Schnatterenten. Große Schwärme Kiebitze und Goldregenpfeifer sind wahrscheinlich. In diesem ausgedehnten Feuchtgebiet sind viele Stellen einen Besuch wert.

11 Breckland

Lage Ein großes Heide- und Waldgebiet rund um Brandon im Nordwesten von Thetford.
Zugang Es gibt viele Straßen und Wanderwege durch das Gebiet: Weeting Heath nördlich von Brandon, King's Forest nördlich von Lackford, Grime's Graves nördlich von Brandon, Santon Downham östlich von Brandon.
Kontakt Norfolk Wildlife Trust, The Warden's House, East Wretham Heath, Thetford Road, Wretham, Thetford IP24 1RU
Web: www.norfolkwildlifetrust.org.uk

Die Brecks sind sandige Heiden an der Grenze zwischen Norfolk und Suffolk. Viele sind in Agrarflächen umgewandelt oder mit Nadelbäumen aufgeforstet worden, doch blieben einige der ursprünglichen Gras- und Heideflächen. Sie sind einen Besuch wert. Im Sommer sind in Weeting Heath Triele zu erwarten sowie brütende Steinschmätzer und Heidelerchen. Kiefernflächen beherbergen Fichtenkreuzschnäbel, Kahlschläge sind ausgezeichnet für Heidelerchen oder an späten Sommerabenden für Ziegenmelker. In Laubwäldern gibt es viele interessante Arten wie Gartenrotschwanz und Kernbeißer. Einige kleine Teiche und klare Fließgewässer durch die Brecks ziehen Schnatterenten und Eisvögel an.

12 Walberswick/ Dunwich

Unterschiedliche Lebensräume in Walberswick

Lage Ein Sumpfreservat an der Küste von Suffolk knapp südlich von Southwold.
Zugang Das Dorf Walberswick liegt südlich von Southwold an der B 1387. Die Sümpfe liegen zwischen dieser Straße und Dunwich im Süden, man kann sie vom Strand aus oder über verschiedene Pfade durch den Wald vom Inland aus erreichen.
Kontakt Suffolk Wildlife Trust, Brooke House, The Green, Ashbocking, Ipswich IP6 9JY
Tel.: 01473/890089
Web: www.suffolkwildlifetrust.org

Dies ist ein urwüchsiges Sumpfgebiet, das an der Küste in einen Kiesstrand übergeht, mit flachen Tümpeln und nassen Weideflächen an den Rändern und heidebewachsenen Hügeln. Die Spezialisten für Schilf sind Rohrweihe, Rohrdommel und Bartmeise sowie viele Teichrohr- und Schilfrohrsänger. Im Winter kann man Schneeammern und manchmal Ohrenlerchen am Strand sehen, vor der Küste Sterntaucher in bemerkenswerter Anzahl, und man hat gute Chancen für Kornweihe und Sumpfohreule. Pfade und Deiche durch den Sumpf ergeben viele Beobachtungsmöglichkeiten. Die nahe gelegene Heide von Dunwich bietet für gewöhnlich einige Schwarzkehlchen und Provencegrasmücken.

13 Minsmere

Lage An der Küste von Suffolk etwa 10 km südlich von Southwood.
Zugang Das Reservat ist an der A 12 und im Westleton Village an der B 1125 bei Saxmundham angezeigt. Es gibt viele Beobachtungsstände, Wanderpfade, ein Besucherzentrum und einen Laden.
Kontakt The RSPB
Tel.: 01728/648281
Web: www.rspb.org.uk

Dieses Gebiet ist sehr vielfältig mit Sanddünen und einem Sandstrand, Lagunen, Schilfflächen, Heideflächen, Sümpfen und verschiedenen Waldtypen, die zusammen fast 100 Brutvogelarten pro Jahr aufweisen. Besonderheiten sind Säbelschnäbler, Rohrdommeln, Rohrweihen und Bartmeisen. Im Frühjahr und Herbst sind Flusssee-, Zwerg- und Brandseeschwalben da; im Spätsommer kann man Dunkle Wasserläufer, Uferschnepfen und Kampfläufer beobachten.

Das Minsmere-Gebiet kann man auf vielen Pfaden erkunden.

In Slimbridge können Besucher große Mengen Entenvögel bewundern.

⓮ Nagshead/ Forest of Dean

Lage Etwa 15 km südwestlich von Gloucester.
Zugang Nagshead RSPB ist ab dem Dorf Parkend an der B 4234 angezeigt. Das Waldgebiet um Coleford lohnt einen Besuch. Higham Woods westlich Gloucester an der A 40 ist auch ein RSPB-Reservat.
Kontakt The RSPB
Tel.: 01594/562852
Web: www.rspb.org.uk

Diese Region weist einen alten Laubwald auf, ferner offene Heide und einige Aufforstungen. Im Sommer kommen Nachtigallen, viele Trauerschnäpper, Gartenrotschwänze, Mönchsgrasmücken, Waldbaumläufer, Kleiber, Spechte; auch Sperber, Mäusebussarde und Kolkraben brüten hier. Seltener sind Kernbeißer, und auch einige Mandarinenten brüten an den Waldflüssen.

⓯ Slimbridge

Lage An der Mündung des Severn, etwa 35 km nordöstlich von Bristol.
Zugang Von der A38 nahe Dursley nach Westen.
Kontakt The Wildfowl & Wetlands Trust, New Grounds, Slimbridge, Gloucestershire GL2 7BT
Tel.: 01453/891900
Web: www.wwt.org.uk

Slimbridge ist der Sitz des Wildfowl & Wetland Trusts und bietet eine umfassende Sammlung gehaltener Wasservögel. Im Winter sind aber die Wildvögel die Hauptattraktion. Blessgänse, Zwergschwäne, Pfeifenten, Schnatterenten, Löffelenten, Spießenten, Krickenten und Stockenten machen das Gebiet zu einem Mekka der Wasservogelbegeisterten. Wanderfalken, Merline, Kornweihen und andere Greifvögel kommen dazu, und am Boden laufen Wasserrallen zwischen den in Gefangenschaft gehaltenen Wasservögeln herum.

⓰ Somerset Levels

Überflutetes Agrarland bei Somerset Levels

Lage Ein großes Gebiet östlich von Taunton in Südwestengland.
Zugang Viele Plätze sind einen Besuch wert: West Sedgemoor zwischen North Curry, Curry Rivel und Stoke St. Gregory nördlich der A 378; Shapwick nördlich der A 39 östlich von Bridgwater; King's Sedge Moor östlich der A 361 zwischen Bridgwater, Street und Somerton.
Kontakt English Nature, Roughmoor, Bishop's Hull, Taunton, Somerset TA1 5AA, Tel.: 01823/283211
The RSPB (für West Sedgemoor)
Tel.: 01458/252805
Web: www.rspb.org.uk

Der größte Teil der Agrarflächen Großbritanniens ist schon seit Langem trockengelegt. Teile der Somerset Levels haben noch niedrig liegende, nasse Flächen und tiefe Dränagegräben. Im Sommer brüten Rotschenkel, Bekassinen und Kiebitze in den Wiesen. In einem Gebiet oberhalb West Sedgemoor befindet sich eine große Graureiherkolonie mit Beobachtungshütten der RSPB. Mäusebussarde brüten in den nahe gelegenen Wäldern. Im Herbst und Winter ziehen Überflutungen große Mengen Kiebitze, Bekassinen, Goldregenpfeifer, Pfeifenten und andere Entenvögel an, auch einige Zwergschwäne.

⓱ Scilly Inseln

Lage Eine Inselgruppe etwa 45 km vor der Südwestspitze von Cornwall.
Zugang Mit dem Schiff oder dem Hubschrauber von Penzance; örtliche Boote zwischen den Inseln.
Kontakt English Nature, Trevint House, Strangways Villas, Truro, Cornwall TR1 2PA
Tel.: 01872/265710
E-Mail: cornwall@english-nature.org.uk

Die Inseln sind vor allem für ihre erstaunlich lange Liste von Seltenheiten berühmt, besonders im Frühjahr und Herbst, wenn die Übernachtungsmöglichkeiten auf St. Mary's, Tresco und St. Agnes wegen der vielen Vogelbeobachter knapp werden. Nichts ist vorhersagbar, doch Frühjahrsdurchzügler sind Wiedehopfe und Purpurreiher, während im Herbst regelmäßig Kurzzehenlerchen, Spornammern, Sperbergrasmücken, Gelbbrauenlaubsänger und Zwergschnäpper, mitunter auch Grasläufer oder Graubruststrandläufer von Amerika erscheinen. Es bestehen Chancen, Vögel aus Zentralasien, aus der Arktis und aus Nordamerika auf einem kurzen Beobachtungsgang zu sehen – manche Begegnungen sind einmalig im Leben.

⓲ Portland Bill

Lage Landzunge, mit dem Festland per Dammweg verbunden, südlich von Weymouth an der Südküste.
Zugang Die A 354 von Weymouth führt nach Portland. Eine Vogelbeobachtungsstation liegt nahe der südlichsten Spitze mit einem Parkplatz nahe am Leuchtturm.
Kontakt Portland Bird Observatory, Old Lower Light, Portland Bill, Dorset DT5 2JT
Tel.: 01305/820553
Web: www.portlandbirdobs.org.uk

Die Landzunge mit ihren geschützten Steinbrüchen bietet den Zugvögeln im Frühjahr und den an der Küste entlangziehenden Durchzüglern im Herbst eine Landemöglichkeit. Gelegentlich erreichen auch verdriftete Zugvögel aus Nordamerika die Landzunge. Zu den regelmäßigen Durchzüglern zählen Neuntöter, Brach- und Spornpieper, Gelbbrauenlaubsänger und Sperbergrasmücke, Zwergschnäpper und Ortolan. Vögel über dem Meer sind Sturmschwalbe, Schwarzschnabel- und Mittelmeer-Sturmtaucher, Schmarotzer- und Spatelraubmöwe sowie Skua. Papageitaucher brüten an den Steilküsten auf der Westseite.

Spornpieper

19 Arne

Farbenprächtige Heide bei Arne

Lage Ausgedehntes Hafengebiet im Südwesten von Bournemouth an der Südküste.
Zugang Suchen Sie das Gebiet westlich von Poole und Bournemouth um Studland auf (an der B 3351), ferner Wareham und Arne (angezeigt östlich Wareham an der A 351), Brownsea Island kann man mit dem Schiff von Poole aus erreichen.
Kontakt The RSPB
Tel.: 01929/553360
Web: www.rspb.org.uk

Trotz der Umklammerung durch wachsende Städte bietet dieses Gebiet schöne Heideflächen mit ausgedehntem Ginsterbewuchs. In einigen Teilen ist es mit eindringenden Nadelhölzern bewachsen, in anderen kommt die Heide bis an die Küste, wo sie auf Salzmarschen und Wattflächen stößt. Zum vielfältigen Vogelleben zählen Heidelerchen, Provencegrasmücken, Ziegenmelker und Baumfalken. In den Wäldern brüten Mäusebussarde und viele Singvögel. Die Flussmündungen sind im Herbst Rastplätze für Schwärme von Uferschnepfen; im Winter ziehen sie Meeresenten an.

20 New Forest

Lage Das Gebiet liegt südwestlich von Southampton an der Südküste.
Zugang Es gibt viele Möglichkeiten, im Wald und auf den Heiden um Lyndhurst, Beaulieu Road, Stockley, Stoney Cross, Fritham und Burles zu wandern.
Kontakt Forestry Commission, Great Eastern House, Tenison Road, Cambridge CB1 2DU
Tel.: 01223/314546

Der New Forest ist nicht überall Wald, große Flächen sind offenes Heideland mit Stechginster und kurzrasige Weiden, die von Rotwild und Pferden abgegrast werden. An diesen offenen Stellen brüten Heidelerchen und Provencegrasmücken sowie als weiter verbreitete Arten Schwarzkehlchen und Bluthänflinge. Baumfalken jagen über den Heiden. Die Wälder bestehen aus großen Nadelholzaufforstungen und alten Forsten, besonders mit Eichen, in denen Kernbeißer, Mäusebussarde und Kolkraben angetroffen werden können. Mit Geduld können Sie manchmal einzelne Wespenbussarde und andere Greifvögel beobachten. Nahe gelegene Flussmündungen am Südrand des New Forest beherbergen Enten, Watvögel, Möwen, Seeschwalben und viele Seidenreiher.

New Forest hat eine Vielfalt von schönen Landschaften und Lebensräumen.

21 Dungeness

Überflutete Kieslöcher bei Dungeness

Lage Eine große Kieshalbinsel im Südosten Kents, die in den Ärmelkanal ragt.
Zugang Angezeigt an der Straße Lydd nach Dungeness östlich von Rye.
Kontakt Dungeness Bird Observatory, 11 RNSSS Cottages, Dungeness, Romney Marsh, Kent TN29 9NA
Tel.: 01797/321309
Web: www.dungenessbirdobs.org.uk

Eine große, flache Halbinsel aus riesigen wandernden Kieselbänken mit verwilderten Buschflächen, Sümpfen und Lagunen, die durch jahrzehntelangen Kiesabbau entstanden sind. Hier brüten im Sommer Seevögel. Herausragend sind die Zugzeiten und die Wintermonate. Der Frühjahrszug reicht von März bis Mai mit Watvögeln, Möwen, Seeschwalben, durchziehenden Raubmöwen, Seetauchern und Enten vor der Küste. Unter Zweigsängern, Schmätzern, Finken und anderen Kleinvögeln sind oft Seltenheiten, unter den auf den überfluteten Kiesgruben überwinternden Wasservögeln gewöhnlich auch Zwergsäger.

22 Pulborough Brooks

Lage An der Südküste 30 km nordwestlich von Brighton.
Zugang Angezeigt an der A 283 zwischen Pulborough und Storrington.
Kontakt The RSPB
Tel.: 01798/875851
E-Mail: pulborough.brooks@rspb.org.uk
Web: www.rspb.org.uk

Das Flusstal in Sussex bietet eine weite Sicht auf ein flaches Feuchtgebiet, in dem ehemals überflutete Wiesen und Tümpel wiederhergestellt wurden. Es gibt ein Besucherzentrum sowie Pfade und Beobachtungsstände, die eine Erkundung der Wälder, Wiesen, des Flusses und der Überschwemmungsflächen leichtmachen. Im Sommer brüten hier Rotschenkel und Bekassinen, auch andere ans Wasser gebundene Vögel sind häufig, z. B. Eisvögel. Der Herbst bringt durchziehende Seeschwalben und Watvögel. Im Winter erreichen die Entenzahlen ihr Maximum. Auch Sumpfohreulen und Kornweihen sind zu sehen.

Eisvogel

Schottland

Mehr als 800 Inseln und eine lange Küstenlinie machen Schottland zu einem Paradies für See- und Watvögel. Die nördlichen und westlichen Inseln sind oft öd und unwirtlich, doch an sonnigen und windstillen Tagen ist ihre Natur unvergleichlich. Küstenfelsen am Festland sind voller Seevögel, an den Flussmündungen treffen sich Wat- und Entenvögel von Nordeuropa, Sibirien und der kanadischen Arktis. Auf den Hochflächen leben Tundravögel wie Alpenschneehuhn und Schneeammer, und die urwüchsigen Kiefernwälder beherbergen eine eigene Art, den Schottischen Kreuzschnabel, aber auch Haubenmeise, Auerhuhn und Fischadler.

❶ Fair Isle

Eindrucksvolle Felsküsten auf Fair Isle

Lage Eine kleine Insel zwischen den Shetland- und den Orkneyinseln.
Zugang Mit Schiff oder Flugzeug von Lerwick.
Kontakt Fair Isle Bird Observatory Trust, Fair Isle, Shetland ZE2 9JU
Tel.: 01595/760258
Web: www.fairislebirdobs.co.uk

Fair Isle ist eine der großen Vogelinseln Europas, berühmt für ihre brütenden Schmarotzerraubmöwen und Skuas, andere Seevögel und eine große Vielfalt von Zugvögeln im Frühjahr, Herbst und Frühwinter. Im Frühjahr landen viele Zugvögel, regelmäßig auch seltene Arten wie Blaukehlchen, Neuntöter oder Wendehälse. Der Herbst bringt Spezialitäten von Fair Isle wie Kurzzehenlerchen, Spornpieper, Zwerg-, Weiden- und Waldammer und sogar Arten vom östlichen Asien und aus Amerika. Der größte Teil der Inseln ist ganz offen und bietet wenig Deckung, sodass die Vögel auf kleine Anbauflächen in geschützten Vertiefungen oder auf kleine Einmuldungen am Oberrand der Felsküsten angewiesen sind. Es ist ein anregender Platz mit aufregenden Überraschungen beim Beobachten.

❷ Handa Island

Lage Eine kleine Insel vor der Nordwestküste Schottlands, unmittelbar nordwestlich von Sourie, Sutherland.
Zugang Mit dem Schiff von Tarbet, mit Ausnahme von Sonntag täglich von April bis September.
Kontakt Scottish Wildlife Trust, Unit 4A, 3 Carsegate Road North Inverness IV3 8DU
Tel.: 01463/71446
Web: scottishwildlifetrust.org.uk

Vom Festland aus betrachtet ist Handa flach und freundlich, hat aber steile Felswände gegen Norden und Westen. Diese alten Felsen haben ideale Simse für brütende Trottellummen, Tordalken und Dreizehenmöwen, darunter auch einige Eissturmvögel und Papageitaucher. In den unteren Partien brüten Gryllteiste, die Heideflächen im Zentrum beherbergen einige Paare Skuas und Schmarotzerraubmöwen. Sogar Sterntaucher brüten auf kleinen Wasserflächen, Sandregenpfeifer und Austernfischer nisten an den Sandstränden der kleinen geschützten Buchten.

❸ Forsinard

Lage Im Herzen des Flow Country von Sutherland, 40 km nordwestlich Helmsdale.
Zugang Das Besucherzentrum kann man mit dem Zug nach Forsinard erreichen oder auf der Straße A 897 von Helmsdale.
Kontakt The Warden, Forsinard Station, Forsinard, Sutherland KW13 6YT
Tel.: 01641/571225
Web: www.rspb.org.uk

Die RSPB hat hier ihr größtes Naturreservat um das kleine Dorf Forsinard. Die Umgebung ist eine Kombination von ursprünglichem welligen Moor und neuen Koniferenaufforstungen mit nicht heimischen Arten. Hochmoore, europaweit seltene Lebensräume, sind hier in bestem Zustand mit unzähligen Blänken und tiefem, nassem Torfmoor. Ein Fußpfad ab Forsinard vermittelt einen guten Eindruck von diesem Lebensraum, in dem Sterntaucher, Grünschenkel, Goldregenpfeifer und gelegentlich Schmarotzerraubmöwen brüten. Es gibt auch Kornweihen, Merline und Sumpfohreulen, und an den Rändern sind Berghänflinge, Steinschmätzer und Felsentauben zu beobachten.

Wichtige Hochmoorlebensräume bei Forsinard

4 Duncansby Head

Lage Die äußerste Nordostecke des festländischen Schottlands, 30 km nördlich von Wick, Caithness.
Zugang Die kleinere Straße östlich von John O'Groats zum Oberrand der Felsküsten zu beiden Seiten des Leuchtturms.
Kontakt The RSPB, Dunedin House, 25 Ravelston Terrace, Edinburgh EH4 3TP
Tel.: 0131/3116500

Die Ausblicke und Geräusche bei Duncansby Head sind kaum zu übertreffen. Es ist ein eindrucksvoller Abschnitt einer Sandsteinküste mit Steilwänden und Felsen. Zu den Seevögeln, die man oft aus großer Nähe sehen kann, zählen Eissturmvögel, Trottellummen, Papageitaucher, Tordalken und Dreizehenmöwen sowie einige Schmarotzerraubmöwen und Skuas. Felsentauben sind häufig und Wanderfalken wahrscheinlich, vor der Küste auch Basstölpel und Schwarzschnabel-Sturmtaucher.

5 Abernethy/ Loch Garten

Abernethy Forest

Lage Am Rande der Caingorns nahe Aviemore, etwa 55 km südöstlich von Inverness.
Zugang Östlich von Aviemore an der B 970 zwischen Boat of Garten und Nethybridge.
Kontakt The Warden, Grianan, Nethybridge, Inverness-shire PH25 3EF
Tel.: 07841/317027
Web: www.rspb.org.uk

Loch Garten ist für seine Fischadler berühmt, die seit den 50er-Jahren des 20. Jhs. hier wieder brüten. Ein Beobachtungszentrum mit Nesteinblick ist von April bis Spätsommer geöffnet. Abernethy Forest ist unter Naturbeobachtern bekannt für Haubenmeise, Kiefern- und Schottischen Kreuzschnabel, Auerhuhn, Birkhuhn, Mäusebussard, Kolkrabe, Steinadler und häufige Brutvögel. Das große Reservat zieht sich bis auf das Caingorn-Plateau, auf dem im Sommer Mornell und das ganze Jahr über Alpenschneehuhn und Schneeammer zu finden sind. Störung durch Besucher ist im Frühjahr ein potenzielles Problem; überzeugen Sie sich, ob der Zugang gestattet ist.

6 Fowlsheugh

Die felsige Steilküste bei Fowlsheugh

Lage 5 km südlich von Stonehaven oder 25 km südlich von Aberdeen an der Ostküste.
Zugang In Crawton gibt es einen Parkplatz, der an der A 92 angezeigt ist; der Pfad am Rand der Felsküste ist mit Vorsicht zu betreten.
Kontakt The RSPB
Tel.: 01346/532017
Web: www.rspb.org.uk

Dieser Küstenabschnitt blieb ursprünglich mit einer Decke von Stechginster, Besenginster und Lichtnelken am Oberrand der Felsen aus Old-Red-Sandstein. Etwa 30 000 Paare Trottellummen und ebenso viele Dreizehenmöwen brüten hier sowie kleinere Mengen an Eissturmvögeln, Papageitauchern, Tordalken, Krähenscharben und Silbermöwen. An manchen Stellen sind die Felsen tief eingeschnitten, sodass sich gute Einblicke ergeben. Die beste Zeit ist März bis Ende Juli.

7 Loch of Strathbeg

Lage In der Nordostecke von Aberdeenshire zwischen Peterhead und Fraserburgh.
Zugang Das Besucherzentrum ist auf der A 90 bei Crimond, nördlich von Peterhead, angezeigt.
Kontakt The RSPB, Starnafin, Crimond, Fraserburgh AB43 8QN
Tel.: 01346/532017
Web: www.rspb.org.uk

Dieses Loch nahe der Küste bietet ein RSPB-Reservat, ein Besucherzentrum und Beobachtungsstände, von denen aus man über Feuchtwiesen und flache Lagunen, die für Watvögel und Enten angelegt wurden, blicken kann. Im Sommer brüten Kiebitze, Rotschenkel und Bekassinen. Im Herbst gibt es Goldregenpfeifer und durchziehende Watvögel, Möwen und Seeschwalben. Mengen von Kurzschnabel- und Graugänsen kommen an und bleiben oft den ganzen Winter, zusammen mit Singschwänen, Pfeifenten, Krickenten und auch einigen Schellenten, Gänsesägern und anderen Enten.

Vogelschwärme über dem Loch of Strathberg, einem natürlichen Gewässer

Rotschenkel

8 Ythan Estuary/ Sands of Forvie

Lage Eine Flussmündung an der Ostküste 30 km nördlich von Aberdeen.
Zugang Die A 975 von Newburgh nördlich von Aberdeen quert die Flussmündung. Das Forvie-Besucherzentrum liegt nördlich der B 9003 nach Collieston.
Kontakt Büro Aberdeen: Inverdee House, Baxter Street, Torry, Aberdeen, AB11 9QA
Tel.: 01224/266500
Web: www.snh.gov.uk

Das Gebiet mit seinen Dünen, dem Strand und einer seichten Flussmündung ist im Herbst und Winter besonders lohnend, bietet aber auch im Sommer viele Vögel wie brütende Eiderenten, Brandseeschwalben, Große Brachvögel und Sumpfohreulen. Durchziehende Watvögel und Enten kommen im Herbst; unter den Überwinterern sind Goldregenpfeifer, Rotschenkel, Große Brachvögel, Pfeif-, Krick-, Brand- und Eiderenten, Singschwäne und oft Kurzschnabelgänse und Schneeammern.

❾ Fife Ness

Lage Der östlichste Punkt von Fife 40 km südlich von Dundee.
Zugang Das Kap ist von Crail auf der A 197 zu erreichen. Es gibt viele Wanderwege und kleine Straßen entlang der Küste von Kilminning und dem Ness.
Kontakt Scottish Wildlife Trust, Cramond House, Cramond Glebe Road, Edinburgh EH4 6NS
Tel.: 0131/3127765
Web: scottishwildlifetrust.org.uk

Der Fußweg an der Küste berührt Plätze für Durchzügler und ist im Frühjahr und Herbst einen Besuch wert, wenn ermüdete Landvögel zu Boden kommen und in den Bäumen bei Fife Ness Muir beobachtet werden können. Im Herbst gibt es Sperbergrasmücke, Blaukehlchen und Neuntöter. Schmarotzer- und Spatelraubmöwen, Skuas, Schwarzschnabel-Sturmtaucher und Zwergmöwen kann man vor der Küste sehen, zusammen mit Basstölpeln, Eissturmvögeln und Dreizehenmöwen. Manchmal rasten auch Watvögel an den felsigen Küsten, etwa Regenbrachvögel.

❿ Aberlady Bay

Lage An der Südküste des Firth of Forth, genau östlich von Edinburgh.
Zugang Von verschiedenen Punkten der A 198 aus.
Kontakt The Warden, 4 Craigielaw, Longniddry, East Lothian EH32 0PY
Tel.: 01620/827847
Web: www.aberlady.org

Die Küste östlich von Edinburgh ist voller Überraschungen und macht Vogelbeobachten zu allen Jahreszeiten lohnend. Aberlady und Gosford Bays sowie etwas weiter östlich Gullane Bay sind für Erkundungen besonders vielversprechend. Ein langer Weg führt durch Grasflächen, Dünen, felsige Landvorsprünge und Sandstrände mit Sand- und Wattflächen bei Ebbe. Auflaufende Flut bringt von Spätsommer bis Frühling viele Wat- und Schwimmvögel ans Ufer, darunter auch Ohrentaucher, Haubentaucher, Mittelsäger, Samt- und Trauerenten, Eiderenten und gelegentlich auch Eisenten als besonders interessante Arten; unter den Watvögeln können sich auch Meerstrandläufer und Uferschnepfen befinden.

Ohrentaucher

⓫ Bass Rock

Lage Eine Felseninsel vor der südlichen Küste des Firth of Forth, knapp östlich von North Berwick.
Zugang Mit dem Schiff von North Berwick aus.
Kontakt Scottish Seabird Centre, The Harbour, North Berwick
Tel.: 01620/890202
Web: www.northberwick.org.uk
E-Mail: seaton@northberwick.org.uk

Der Felsen erfordert einen Besuch mit dem Boot (abhängig vom Wetter). Bis Ende der Brutsaison ist Anlanden verboten, um die große Kolonie der Basstölpel (bis zu 40 000 Paare), aber auch die geringeren, gleichwohl beeindruckenden Bestände von Trottellummen, Tordalken, Papageitauchern und Krähenscharben nicht zu stören. Für jeden Besucher ist Bass Rock ein außerordentlich eindrucksvoller Platz, besonders für Fotografen oder Maler, die sich ihre Objekte kaum näher und aufregender wünschen können.

Die eindrucksvolle Brutkolonie des Basstölpels auf dem Bass Rock

⓬ Caerlaverock and the Solway Firth

Blick über den Solway Firth

Lage Auf dem Ostufer des Flusses Nith, der in den Solway Firth fließt, 15 km südlich Dumfries.
Zugang Vaerlaverock erreicht man über die B 724 westlich von Annan. Das Gebiet um den Solway kann man leicht von der Straße aus erkunden, etwa von der A 710 und der B 725.
Kontakt WWT Caerlaverock, Eastpark Farm, Caerlaverock, Dumfries-shire, DG1 4RS
Tel.: 01387/770200
Web: www.wwt.org.uk

Die Region ist berühmt für ihre Wasservögel im Winter mit einer großen Zahl an Grau-, Kurzschnabel- und Weißwangengänsen, vielen Saatgänsen, Singschwänen, Bergenten und Gänsesägern und immer einer Chance auf Schleiereulen oder Kornweihen sowie Mäusebussarde. Sogar Steinadler sind zu sehen.

⓭ Islay

Lage Eine der Inneren Hebriden, südwestlich von Jura.
Zugang Mit der Fähre von Tarbert; ein gutes Straßennetz macht die meisten interessanten Plätze leicht zugänglich, besonders Loch Gruinart im Norden.
Kontakt The Warden, Bushmill Cottage, Gruinart, Isle of Islay, Argyll PA44 7PP, oder Islay Tourist Information Centre
Tel.: 01496/810254
Web: www.islayinfo.com

Die große Insel bietet unterschiedliche Landschaften – von tief liegenden Weiden, Salzsümpfen, Flussmündungen und Küstenfelsen bis zu hohen Heideflächen und exponierten Bergen. Im Sommer brüten auf der Insel viele Arten wie Felsentaube, Kornweihe, Moorhuhn, Austernfischer, Gryllteiste und Küstenseeschwalbe. Im Herbst kommen große Mengen an Weißwangengänsen und kleinere Schwärme grönländischer Blessgänse zur Überwinterung.

Wales

Hohe Berge liegen im Norden von Wales, doch der größte Teil des Landes besteht aus kargen Hochflächen über bewaldeten und landwirtschaftlich genutzten Tälern. Waldvögel sind häufig, und Greifvögel wie Mäusebussarde und die selteneren Arten Wanderfalke, Merlin, Rotmilan und Habicht haben lange Zeit Vogelbeobachter angezogen. Einige Flussmündungen sind gut für Wasservögel, Inseln und Felsen der Westküste beherbergen Seevogelkolonien, Kolkraben und Alpenkrähen. Die Seen von Wales sind für Vögel kalt und nährstoffarm mit Ausnahme weniger seichter Tieflandseen und Staubecken im Süden und auf Anglesey im Nordwesten.

Die Felswände von South Stack beherbergen eine große Vielfalt brütender Seevögel.

1 South Stack, Anglesey

Lage Westlich von Holy Head auf Holy Island vor der Westküste von Anglesey in Nordwestwales.
Zugang Auf der Landstraße 3 km westlich von Holyhead bis zum Parkplatz und dem nahe gelegenen Besucherzentrum in Ellin's Tower. Pfade führen über die Heideflächen und entlang der Felsküste.
Kontakt The Warden, Plas Nico, South Stack, Holyhead, Anglesey LL65 1YH
Tel.: 01407/762100
Web: www.rspb.org.uk

Dieses Reservat ist wegen seiner Steilküste und der farbenprächtigen Heide südlich der Küstenfelsen attraktiv. An den Küstenfelsen brüten Papageitaucher, Trottellummen, Tordalken, Dreizehenmöwen und Eissturmvögel. Regelmäßig sind auch einige Alpenkrähen im Gebiet. Lange haben hier Wanderfalken gebrütet. Im Frühjahr und Herbst sind regelmäßig Durchzügler da, darunter auch einmal ein seltener Vogel. Es lohnt sich vor allem, an nebeligen Tagen bei südlichen Winden im Frühling zu beobachten. Im Herbst kann man Schwarzschnabel-Sturmtaucher und andere Seevögel vor der Küste vorbeifliegen sehen, meist aber weit entfernt jenseits der Leuchtturminsel.

2 Valley Lakes, Anglesey

Lage Südlich von Caergeilliog nahe Valley auf Anglesey.
Zugang Leicht von der A 55 aus zu erreichen; es fahren täglich Busse von Bangor und Holyhead.
Kontakt The Warden, Plas Nico, South Stack, Holyhead, Anglesey LL65 1YH
Tel.: 01407/764973
Web: www.rspb.org.uk

Die Valley Lakes sind verschiedene kleine, schilfbestandene Teiche in einer merkwürdigen Landschaft aus flachen Weiden und größeren Felsen nahe der Küste. Ein 3 km langer Naturpfad führt durch die besten Lebensräume. Zu jeder Zeit sieht man verschiedene Wasservögel. Im Sommer brüten hier Schilfrohrsänger und einige Watvögel wie Bekassine, Kiebitz und Großer Brachvogel.

Kiebitz

3 Lleyn Halbinsel und Bardsey (Ynys Enlli)

Grasige Felsbedeckung der Halbinsel Lleyn

Lage Südlich von Anglesey. Bardsey Island findet man am Ende der Halbinsel Lleyn.
Zugang Die A 99 verläuft entlang der Südküste der langen Halbinsel und die B 4417 entlang der Nordküste. Kleinere Straßen führen zu kleinen Buchten und Landzungen.
Kontakt Bardsey Island Trust and Bardsey Bird Observatory, Cristen, Ynys Enlli, off Aberdaron, via Pwllheli, Gwynedd LL53 8DE
Web: www.bbfo.org.uk

Die alten Weiden locken Alpenkrähen zur Nahrungssuche an, die an Küstenfelsen brüten und die Hauptattraktion sind. An den Küstenfelsen sind regelmäßig auch Wanderfalken zu sehen. Vor der Küste westlich der Spitze liegt Bardsay, eine Insel, auf der Schwarzschnabel-Sturmtaucher brüten. Im Frühjahr und Herbst sind viele Durchzügler zu sehen.

4 Elan Valley

Herbstfarben im Elan Valley

Lage 6 km südwestlich von Rhayader in Zentralwales.
Zugang Auf der Abzweigung der B 4518 südwestlich von Rhayader.
Kontakt Elan Valley Trust, Elan Estate Office, Elan Village, Rhayader, Powys LD6 5HP
Tel.: 01597/810449
Web: www.elanvalley.org.uk
oder Radnorshire Wildlife Trust, Warwick House, High Street, Llandrindod Wells, Powys LD1 6AG

Ein großes offenes Moor umgibt Elan Valley mit seinen tiefen, so gut wie vogelleeren Talsperren, Felsspitzen und Eichenwäldern an den Talhängen. Im Winter gibt es in diesem stillen Land wenige Moorhühner, Kolkraben, Mäusebussarde und einzelne Wanderfalken. Doch im Sommer herrscht durch Waldvögel ein reges Leben, mit dem Trio der Eichenwaldarten Gartenrotschwanz, Trauerschnäpper und Waldlaubsänger. Flussuferläufer und Gebirgsstelzen sind zu sehen, auf den Moorflächen auch Goldregenpfeifer und einige Alpenstrandläufer. Rotmilanen begegnet man regelmäßig. An einigen Futterstellen sind viele Milane und andere Arten auch im Winter ganz nah zu sehen.

5 Cors Caron, Tregaron

Lage Sumpf- und Hochmoorgebiet 20 km südöstlich von Aberystwyth.
Zugang Auf der B 4343 in den Norden von Tregaron, kleine Straßen im Gebiet östlich und westlich des Hochmoors.
Kontakt Countryside Council for Wales, Neuaddlar, Tregaron, Ceredigion SY25 6LG
Tel.: 01974/298480
Web: www.ccw.gov.uk

Ein großes Hochmoor, im Herbst sehr farbenprächtig, im Winter mit altem Gras und braunem Heidekraut, Purpurweiden und intensiv gefärbten Moosen. An den umgebenden Hügeln, typisch für Zentralwales, können jagende Rotmilane und Mäusebussarde zu sehen sein. Im Winter kommen Merline, Kornweihen, Wanderfalken, Sumpfohreulen, Weidenmeisen und Schwarzkehlchen vor. Im Sommer sieht man die üblichen Waldvogelarten wie Gartenrotschwänze und Laubsänger. Lange Beobachtungsgänge lehren die Artenvielfalt zu schätzen, die in vielen Agrarlandschaften verschwunden ist.

6 Ynys-hir

Lage Auf der Südseite der Mündung des Dyfi, etwa 20 km nordöstlich von Aberystwuth.
Zugang Von der A 487 zur Machynllethstraße. Es gibt ein Besucherzentrum, Beobachtungsstände und Pfade.
Kontakt The Warden, Ynys-hir RSPB Nature Reserve, Eglwys-fach, Machynlleth, Powys SY20 8TA
Tel.: 01654/700222
Web: www.rspb.org.uk

Das Gebiet enthält eine Flussmündung, einen Salzsumpf, Hügel und Wälder. Im Sommer gibt es in Ynys-hir brütende Kiebitze, Bekassinen, Rotschenkel, Trauerschnäpper, Gartenrotschwänze, Waldlaubsänger, Schwarzkehlchen und Steinschmätzer. Rotmilane und Mäusebussarde sind immer wahrscheinlich. Zu anderen Zeiten ziehen an der Flussmündung viele Watvögel und Enten durch, darunter auch Pfeifenten und grönländische Blessgänse. Kornweihe, Wanderfalken und andere Greifvögel sind möglich.

Schilfflächen säumen die ruhigen Wasserflächen der Mündung des Ynys-hir.

Sturmschwalbe

7 Skomer Island

Lage Vor der Küste von Pembrokeshire etwa 20 km westlich von Milford Haven.
Zugang Mit dem Schiff von Martins Haven westlich von Haverfordwest.
Kontakt The Wildlife Trust West Wales, Welsh Wildlife Centre, Cilgerran, Cardigan, Ceredigion SA43 2TB
Tel.: 01239/621212
Web: www.wtww.co.uk

Die magische Insel ist besonders farbenprächtig mit verschiedenen Felswänden und großen Flächen blauer Glockenblumen und roter Lichtnelken im Frühsommer. Die Landschaft ist von Tausenden von Heringsmöwen und Silbermöwen belebt. An den Wänden brüten Trottellummen, Tordalken, Dreizehenmöwen und einige Papageitaucher. Die Oberfläche der Insel ist mit vielen Löchern durchsetzt, in denen Tausende von Schwarzschnabel-Sturmtauchern und Sturmschwalben brüten.

8 Burry Inlet

Lage Eine große Flussmündung unmittelbar westlich von Swansea.
Zugang Über kleinere Straßen auf der Nordseite der Gower Halbinsel, vor allem von Penclawdd, Llanrhidan und Cwm Ivy. Verschiedene Wanderwege führen durch die Dünen und Sümpfe.
Kontakt Countryside Council for Wales, Unit 4, Castelton Court, St. Mellon's, Cardiff CF30LT
Tel.: 02920/772400

Burry Inlet weist ausgedehnte Feucht- und Wattflächen auf und bietet besonders Austernfischern, Knutts, Alpenstrandläufern und Spießenten Lebensraum. An seinem westlichen Ende gibt es bei auflaufender Flut eine Vielfalt von Vogelarten, etwa Schwarzhals- und Ohrentaucher, Eiderenten oder Seetaucher. Ringelgänse haben hier jüngst sehr zugenommen. Im Winter sind Kornweihen, Wanderfalken und Merline zahlreich; Mäusebussarde und Kolkraben sieht man das ganze Jahr. Im Westen gibt es in der Carmathan Bay große Schwärme von Trauerenten, oft weit vor der Küste.

9 Dinas und Gwenffrwd

Eichenwälder bei Dias und Gwenffrwd

Lage 45 km nördlich von Swansea in Südwales.
Zugang An der kleinen Straße von Llandovery nach Llyn Brianne, 16 km nördlich von Llandovery.
Kontakt The Warden, Troedrhiwgelynen, Rhandirmwyn, Llandovery SA20 0PN
Tel.: 01654/700222
Web: www.rspb.org.uk

In Zentralwales lebte einst die britische Restpopulation des Rotmilans. Der Bestand hat sich erholt, aber Milane in diesen bewaldeten Hügeln zu sehen ist immer noch aufregend. Rotmilane, Mäusebussarde und Kolkraben sind Jahresvögel, ebenso wie Wasseramseln, Waldbaumläufer, Kleiber und Buntspechte. Der Sommer bringt Steinschmätzer, Ringdrosseln, Trauerschnäpper, Waldlaubsänger, Fitis, Garten- und Mönchsgrasmücke und andere Zugvögel, die diese Gegend reich an Singvögeln machen. An den Flüssen leben Flussuferläufer und Gebirgsstelzen.

Irland und Nordirland

Die grüne Insel ist großenteils heute leuchtender grün als je zuvor, weil bewirtschaftetes Grünland chemisch „verbessert“ wurde. Obwohl als Folge davon die Zahl der Wachtelkönige und anderer Wiesenvögel abgenommen hat, bleibt sie immer noch ein schöner Platz zum Vogelbeobachten in einer besonderen Umwelt. Die Küsten sind voller Seevögel und werden noch durch riesige Scharen auf dem Meer vorbeiziehender Seevögel bereichert. Wasservögel profitieren von Irlands milden Wintern; die Westlage des Landes bedeutet auch, dass seltene Gäste aus Nordamerika erscheinen.

1 Belfast Harbour

Feuchtgebiete am Hafen von Belfast

Lage Belfast Lough liegt an der Nordostküste von Nordirland mit der Stadt Belfast an ihrer Spitze.
Zugang Durch das Industriegebiet Belfast Harbour auf der A 2 zwischen Belfast und Holywood, dann auf der Flughafenstraße 3 km zum Parkplatz und Beobachtungsraum.
Kontakt The RSPB
Tel.: 02890/461458
Web: www.rspb.org.uk

Flache Feuchtgebiete, eine Lagune, Feuchtwiesen und Wattflächen sorgen für eine friedliche Landschaft. Vom Beobachtungszentrum hat man einen ausgezeichneten Blick auf Watvögel, Möwen und Seeschwalben. Flut ist am besten, wenn die Watvögel sich im Reservat von den größten Wattflächen kommend zur Rast sammeln. Rotschenkel, Uferschnepfen und Austernfischer sind zahlreich. Von Herbst zum Vorfrühling gibt es hier auch viele Pfeifenten.

2 Lough Neagh

Blick vom Ufer des Lough Neagh

Lage Ungefähr 20 km westlich von Belfast, Nordirland.
Zugang Ein gutes Gebiet liegt um das Lough Neagh Discovery Centre nahe Kinnegoe Harbour an der Südküste im Oxford Island Nature Reserve. Das Reservat der RSPB Portmore Lough liegt auf der Ostseite. Von der M 1 bei Kreuzung 9 nach Aghalee, dann den Straßenschildern nach zum Reservat.
Kontakt The RSPB
Tel.: 02890/491547
Web: www.rspb.org.uk

Lough Neagh kann bis zu 80 000 Watvögel und Enten aufweisen, aber es kann schwierig werden, nahe genug heranzukommen. Von den Beobachtungsständen auf Oxford Island kann man im Winter Tafelenten, Schellenten, Bergenten und Reiherenten sehen. Es gibt dann auch Zwerg- und Singschwäne. Im Sommer trifft man Schilfrohrsänger, Feldschwirl und Haubentaucherpaare, Lachmöwen und Flussseeschwalben.

3 Rathlin Island

Lage Die kleine Insel liegt etwa 8 km vor der Nordküste Nordirlands.
Zugang Mit der Fähre von Ballycastle das ganze Jahr über. Auf der Insel gibt es einen Minibus-Service und viele kleine Straßen. Die besten Seevogelfelsen kann man von einer Plattform beim West Light einsehen.
Kontakt Caledonian MacBrayne Ferries
Tel.: 02820/769299
RSPB Warden
Tel.: 02820/76 00 62
Web: www.rspb.org.uk

Eindrucksvolle Vogelkolonien an den Felsen von Rathlin Island

Rathlin ist vor allem wegen seiner spektakulären Küstenfelsen und Heuwiesen, in denen noch ein oder zwei Paare Wachtelkönige leben, bekannt. Das Hauptinteresse gilt jedoch den Tausenden brütender Seevögel; von März bis Juni sieht man Trottellummen, Tordalken, Papageitaucher, Dreizehenmöwen und Eissturmvögel. Das Gebiet von West Light bietet die beste Aussicht. Die Insel ist auch ein Platz für die Beobachtung des Seevogelzuges vor der Küste, darunter der Schwarzschnabel-Sturmtaucher.

Sonnenuntergang über Lough Foyle

❹ Lough Foyle

Lage 13 km nordöstlich von Londonderry.
Zugang Auf der A 2 zwischen Limavasdy und Londonderry und dann auf Nebenstraßen zur Küste mit Wattflächen, Feuchtwiesen und Überflutungsflächen. Gute Plätze sind Magilligan Point am Nordende, Roe Estuyry an der östlichen, Ballyketty Marsh und Longfield Point an der südlichen Küste.
Kontakt The RSPB
Tel.: 02890/491547
Web: www.rspb.org.uk

Im Winter ist dieser Platz herausragend wegen seiner Wasservögel: Tausende von Pfeifenten, große Trupps von Singschwänen, einige Zwergschwäne, grönländische Blessgänse und Ringelgänse. Die Seite des Loughs bei Londonderry mit großen Watvogelschwärmen ist am besten bei Flut. Auf dem Meer kann es See- und Lappentaucher geben, darunter einige Ohrentaucher. Im Herbst kommen Raubmöwen und Seeschwalben nahe bei Magilligan Point herein. Schneeammern und Berghänflinge können bei Roe Estuary im Winter zu sehen sein. Das ganze Gebiet zieht Greifvögel an, darunter Merlin und Wanderfalke.

❺ Kilcummin Head

Lage Etwa 25 km nördlich von Ballina.
Zugang Von Ballina die R 314 nach Kilala, Richtung Ballycastle und dann rechts zur Landzunge.
Kontakt BirdWatch Ireland, Ruttledge House, 8 Longford Place, Monkstown, Co. Dublin, Ireland
Tel.: 01/2804322
E-Mail: info@birdwatchireland.org
Web: www.birdwatchireland.ie

Dies ist eine der vielen eindrucksvollen Landzungen an der Küste des County Mayo. Im Frühjahr, Sommer und Herbst kann man hier vorbeifliegende Seevögel beobachten, darunter Basstölpel, Schwarzschnabel-Sturmtaucher, Eissturmvögel, Trottellummen, Papageitaucher, Tordalken und Dreizehenmöwen. Bei rauem Herbstwetter kann es ergiebig sein, besonders nach starken Nordwestwinden, wenn Seevögel, die in die Donegal Bay hereingedrückt wurden, wieder auf die offene See fliegen. Darunter können Schwalbenmöwen und Wellenläufer in großer Zahl sein, Sturmschwalben machen sogar Hunderte oder Tausende aus, ferner Falkenraubmöwen, Dunkle Sturmtaucher und Tausende von Schwarzschnabel-Sturmtauchern. Oft scheint es, sie kommen näher ans Land als an den meisten Beobachtungsplätzen für Seevögel. Allerdings ist Geduld und Konzentration nötig, denn sie fliegen schnell vorbei und sind dann verschwunden.

❻ Cliffs of Moher

Lage 40 km nordwestlich von Limerick an der Küste des County Clare.
Zugang Von der N 67 30 km nordöstlich von Kilkee zur R 478; das Besucherzentrum liegt abseits der Straße.
Kontakt BirdWatch Ireland, Ruttledge House, 8 Longford Place, Monkstown, Co. Dublin, Ireland
E-Mail: info@birdwatchireland.org
Web: www.shannonheritage.com/CliffsofMoher

Die Cliffs of Moher sind ein guter Aussichtspunkt, aber 200 m hoch, also zu hoch für eine gute Beobachtung der Brutvögel. Auf Goat Island, einer kleinen Insel vor der Küste, brüten etwa 1000 Paare Papageitaucher, auch viele andere Seevögel brüten zusammen mit Wanderfalken, Alpenkrähen, Kolkraben, Berghänflingen und völlig wilden Felsentauben, mit den Stadttauben nicht zu vergleichen. Wachtelkönige gab es einst regelmäßig auf den Wiesen der Region, sie sind aber jetzt fast ganz verschwunden.

❼ Cape Clear Island

Cape Clear ist für seine Vögel berühmt.

Lage Eine kleine Insel vor der Südwestküste von Irland.
Zugang Von Cork die N 71 nach Westen bis Skibbereen, dann die R 596 zum Hafen von Baltimore. Von hier geht eine Fähre nach Cape Cleare Island. Es gibt eine Vogelbeobachtungsstation auf der Insel mit Übernachtungsmöglichkeit.
Kontakt BirdWatch Ireland, Ruttledge House, 8 Longford Place, Monkstown, Co. Dublin, Ireland
E-Mail: info@birdwatchireland.org

Cape Clear ist ein Stück altes Irland mit kleinen Farmen, Steinwällen, kleinen Feldern und felsigen Landzungen. Die ganze Insel ist eine Erkundung wert. Im Juli und August fliegen viele Schwarzschnabel-Sturmtaucher vorbei, und später im Herbst sind Gelbschnabel- und Dunkle Sturmtaucher möglich. Sturmschwalben sind äußerst zahlreich und oft nahe der Küste zu sehen, Basstölpel, Dreizehenmöwen, Raubmöwen und Eissturmvögel fliegen umher.

Grasläufer

❽ Wexford Slobs

Lage 15 km nördlich von Rosslare an der Südostspitze von Irland.
Zugang Wexford liegt in einer runden Bucht, im Norden befinden sich North Slob und das Wexford Wildlife Reserve an der Straße nach Gorey.
Kontakt BirdWatch Ireland, Ruttledge House, 8 Longford Place, Monkstown, Co. Dublin, Ireland
E-Mail: info@birdwatchireland.org

Die Slobs sind weite, offene Flächen mit feuchtem Grünland, Tümpeln, Wasserlöchern und Überschwemmungsflächen. Winter und Vorfrühling sind die besten Zeiten mit mehr Zwerg- als Singschwänen. Es gibt Tausende von grönländischen Blessgänsen, einige Kurzschnabelgänse und manchmal auch eine oder zwei Schneegänse. Kiebitze, Große Brachvögel und Goldregenpfeifer sind weit verbreitet und zahlreich.

❾ Tacumshin

Lage Ein Feuchtgebiet in der äußersten Südostecke von Irland.
Zugang Von der N 25 zwischen Wexford und Rosslare knapp westlich von Tagoat zur R 736. Die Nebenstraße führt zum Seeufer.
Kontakt BirdWatch Ireland, Ruttledge House, 8 Longford Place, Monkstown, Co. Dublin, Ireland
E-Mail: info@birdwatchireland.org

Die große Lagune, die durch eine Sandbank vom Meer abgegrenzt ist, umsäumt verschiedene Lebensräume. Sie hat im Winter einen hohen Wasserstand, trocknet aber im Sommer oft aus. Der Zustand der Ufer bestimmt die Attraktivität für Watvögel. Im Herbst sieht man einige Seltenheiten, meist Watvögel und Enten aus Nordamerika wie Grasläufer, Graubrust- und Weißbürzel-Strandläufer oder Blauflügelente.

Dänemark

DAS DÄNISCHE FESTLAND ist fast nur Tiefland mit Agrarflächen. Seine Vögel sind in den meisten Teilen solche, die sich an bewirtschaftetes Land anpassen können. Die wirklichen Schätze des Landes sind Küsten, Dünen, Strände und naturnahe Inseln (insgesamt 483). Kaum überraschend sind unter den Vögeln viele Enten (einschließlich vieler Meeresarten wie Eiderenten, Trauerenten und Eisenten), Gänse, Schwäne und Watvögel. Das Land liegt auch günstig für den Durchzug von und nach Norden.

❶ Gilleleje

Lage Die Nordspitze von Sjælland, etwa 60 km nördlich von Kopenhagen.
Zugang Von Kopenhagen etwa eine Stunde Fahrt nach Norden liegt Gilleleje, das Zentrum für den Besuch der Gebiete von Gilbjerghoved und Nakkehoved. Von den Straßen aus gibt es viele Wanderwege zwischen Gilbjerghoved und dem Dorf Gilleleje sowie dem Hafen.
Kontakt Dansk Ornitologisk Forening, Vesterbrogade 138-140, DK-1620, Copenhagen V
Web: www.dof.dk

Agrarland, Wälder, Gärten und Vorstadtgebiete bieten in der Kombination ein interessantes Gebiet für Durchzügler. Besonders die Küste ist im Frühjahr und Herbst sowohl für Landvögel als auch Seevögel auf dem Meer sehr gut. Im Frühjahr kann es 100 000 Kleinvögel geben, vor allem Wiesenpieper, Buchfinken, Bergfinken und Wacholderdrosseln, ferner große Schwärme Ringeltauben, Dohlen, Weißwangengänse, Mäusebussarde und Raufußbussarde, Fischadler und Kraniche. Ringdrosseln ziehen im April durch. Der Herbstzug bringt Eissturmvögel, einige Schwarzschnabel-Sturmtaucher und Falkenraubmöwen sowie Tausende von Dreizehenmöwen. Im Winter gibt es viele Eiderenten und im Hafen gewöhnlich ein oder zwei Eismöwen.

❷ Djursland

Lage An der Ostküste von Jylland, 40 km östlich von Randers.
Zugang Von Randers östlich auf der Straße 16 nach Grenas, dann Nebenstraße nördlich nach Gjerrild und Gjerrild Nordstrand. Der Leuchtturm ist der beste Platz für die Beobachtung von Seevögeln.
Kontakt Dansk Ornitologisk Forening, Vesterbrogade 138-140, DK-1620, Copenhagen V
Web: www.dof.dk

Djursland hat Agrarland, Schilfflächen und Seen, Küstenbusch und andere gute Plätze für die Seevogelbeobachtung. Frühjahrs- und Herbstzug bringen viele Kleinvögel und Greifvögel; Graugänse, Sumpfrohrsänger, Beutelmeisen und Karmingimpel brüten. Im Herbst und Frühwinter ziehen Seevögel vorbei, in manchen Jahren mit großen Mengen von Tordalken, aber auch Möwen, Seeschwalben und Raubmöwen.

Karmingimpel

Blick auf den Tofte Sø

❸ Lille Vildmose und Tofte Sø

Lage Etwa 20 km südöstlich von Ålborg in Nordj Jylland.
Zugang Von Ålborg die 597 südöstlich nach Hadsund. Das Gebiet von Lille Vildmose kann auf Nebenstraßen nach Südosten von Kongerslev und zur Küste bei Øster Hurup befahren werden. 15 km nördlich von Hadsund liegt der künstlich angelegte Tofte Sø.
Kontakt Dansk Ornitologisk Forening, Vesterbrogade 138-140, DK-1620, Copenhagen V
Web: www.dof.dk

Dies ist eines der schönsten Tieflandhochmoore Europas und das größte in Dänemark. Es ist ein privates Reservat ohne allgemeinen Zugang, doch bieten der Beobachtungsturm und die Straßen ausreichende Beobachtungsmöglichkeiten. In der Brutzeit sind Rothals- und Schwarzhalstaucher anzutreffen, ferner eine Kormorankolonie, Graugänse, Knäkenten und viele Greifvögel, darunter Wespenbussarde und Habichte. Kraniche brüten in manchen Jahren. Im Herbst und Winter gibt es mehr Greifvögel (auch Stein- und Seeadler) und einen großen Trupp Saatgänse. Interessant sind auch Kleinvögel wie Raubwürger und Berghänflinge, die man aber suchen muss. Wenn im Spätsommer der Wasserspiegel des Sees fällt, stellen sich Watvögel in großer Zahl und Artenfülle ein.

❹ Skagen

Lage Die Nordspitze Jyllands, etwa 100 km nordöstlich von Ålborg.
Zugang Die E 45 von Ålborg nach Frederikshavn, dann Route 40 nach Skagen.
Kontakt Dansk Ornitologisk Forening, Vesterbrogade 138-140, DK-1620, Copenhagen V
Web: www.dof.dk

Um die Stadt liegen Dünen, Heideflächen und Aufforstungen. Das Gebiet ist gut für Durchzügler, doch hängt die Beobachtung von den Windverhältnissen ab. Flagbakken südwestlich von Skagen ist ausgezeichnet für Greifvögel, darunter Rohrweihe, Raufußbussard, Fischadler, Wanderfalke, Baumfalke, Merlin, Turmfalke. Grenen, die äußerste Nordwestspitze, ist bei westlichen Winden im Herbst wichtig für Seevögel und durchziehende Kleinvögel. Im Herbst sind unter den Seevögeln Schmarotzer-, Spatel- und Falkenraubmöwe zu erwarten, ferner Basstölpel und Sturmschwalben. Polarbirkenzeisige und Kiefernkreuzschnäbel sind im Winter wahrscheinlich.

❺ Vejlerne

Lage Die Nordwestküste von Jytland, 60 km westlich von Ålborg.
Zugang Das größte Naturschutzgebiet Dänemarks; Vieles kann man von Wanderwegen und Straßen aus sehen. Die besten Gebiete liegen nahe der Straße 11 um Bygholm, Vejle, Kærup Holme, Østerild Fjord und Bulbjerg an der Küste, an der die einzige dänische Kolonie des Eissturmvogels ist.
Kontakt National Forest and Nature Agency, Skov- og Naturstyrelsen, Haraldsgade 53, DK-2100 Copenhagen Ø
E-Mail: sns@sns.dk

Ein Gebiet teilweise trockengelegter Fjorde, Seen, Schilfflächen, Wiesen und Salzsümpfe; das ganze Jahr über lohnend. In der Brutzeit kann man Rothalstaucher, Rohrdommeln, Weißstörche, Hunderte von Graugänsen sowie Wiesenweihen, Tüpfelsumpfhühner, 200 Paare Säbelschnäbler und Trauerseeschwalben antreffen. Im Winter gibt es viele Zwerg- und Singschwäne, Saat-, Kurzschnabel- und Graugänse sowie Tausende von Pfeifenten, Krickenten, Mittelsäger.

Kampfläufer

❻ Halbinseln Harboroør und Agger

Lage Westküste von Jylland, 60 km nordwestlich von Holsterbro.
Zugang Von Holsterbro die Straße 11, dann 513 nach Lemvig, dann die 181 nach Harboroør und Thyborøn. Fähren fahren von Thyborøn zum Norden der Halbinsel und nach Agger. Lohnend sind die Dünen, flachen Lagunen und Buchten nördlich von Harboroør und um Agger.
Kontakt Dansk Ornitologisk Forening, Vesterbrogade 138-140, DK-1620, Copenhagen V
Web: www.dof.dk

Die Halbinseln um den offenen Fjord sind das ganze Jahr über lohnend. Unter den durchziehenden Watvögeln im Frühling sind Tausende von Alpenstrandläufern, Uferschnepfen, außerdem viele Kurzschnabelgänse. Brutvögel sind Kampfläufer, Säbelschnäbler, Uferschnepfe, Brand-, Zwerg-, Fluss- und Küstenseeschwalbe sowie Schwarzhalstaucher. Im Herbst kann man Zwergschwäne, Ringelgänse, Ohrenlerchen und Spornammern sehen. Die Kurzschnabelgänse kommen wieder, und viele bleiben in milden Wintern da. Es lohnt sich auch, nach selteneren Gänsen wie Rothals- und Zwerggänsen Ausschau zu halten, die manchmal da sind. Ringelgänse sind im Winter zahlreicher, und in den Häfen kann man nach Eismöwen suchen.

❼ Vind Hede

Lage Etwa 100 km nördlich von Esbjerg im Westen von Jytland.
Zugang 10 km südlich von Holstebro nach Westen von der Straße 11 zum Dorf Vind. Suchen Sie das Heidegebiet im Nordwesten ab.
Kontakt Dansk Ornitologisk Forening, Vesterbrogade 138-140, DK-1620, Copenhagen V
Web: www.dof.dk

Dies ist ein Gebiet mit Aufforstungen und Heide, gemischt mit Agrarland. Eine Handvoll Birkhühner überlebte auf der Heide und kann in der Morgendämmerung im Frühjahr gesehen werden. Mäusebussarde, Habichte und Haubenmeisen sind das ganze Jahr über da. Bei Dämmerung kann man Waldohreulen hören, wahrscheinlicher aber Nachtschwalben.

❽ Ringkøbing Fjord

Feuchtgebiete am Ringkøbing Fjord

Lage Ein großer, vom Meer weitgehend abgeschlossener Fjord etwa 50 km nördlich von Esbjerg.
Zugang Die 181 zwischen Nørre Nebel und Hvide Sande auf der Halbinsel Tipperne erlaubt einen guten Einblick.
Kontakt Dansk Ornitologisk Forening, Vesterbrogade 138-140, DK-1620, Copenhagen V
Web: www.dof.dk

Die Bucht im Westen Jyllands hat Küstenwiesen, Sümpfe und Tümpel. Bei Hvide Sande liegt ein Hafen, der sich im Winter für Möwen lohnt. Tausende von Höcker- und Zwergschwänen, Kurzschnabel-, Ringel- und Weißwangengänsen, Zehntausende von Pfeif-, Krick-, Stock-, Spießund anderen Enten machen das Gebiet im Winter zu einem Erlebnis. Unter den Greifvögeln sind Raufußbussarde und gelegentlich Seeadler anzutreffen. Wanderfalken und Merline sieht man auf dem Zug; Mornellregenpfeifer erscheinen im Mai.

Blick vom Beobachtungsturm im Vejlerne-Reservat

9 Blåvands Huk/ Skallingen

Küste bei Blåvands Huk

Lage Der westlichste Punkt von Jylland, nordwestlich von Esbjerg.
Zugang Von der 463 von Esbjerg bei Billum nach Westen und auf der 431 nach Blåvand zu einer Vogelbeobachtungsstation und der Landspitze Blåvands Huk. 8 km vor Blåvand bei Ho führt eine Nebenstraße südlich nach Skallingen.
Kontakt Dansk Ornitologisk Forening, Vesterbrogade 138-140, DK-1620, Copenhagen V

Dünen, Feuchtflächen und nasse Wiesen in flachem Sandboden liegen in dieser geschützten Bucht direkt am Meer. Tausende von Gänsen, Enten und Watvögeln ziehen im Frühjahr durch, im Herbst sind vor Blåvands Huk Seevögel und durchziehende Kleinvögel in den Feldern und am Golfplatz von Skallingen zu sehen. Die besten Bedingungen für Seevögel ergeben sich nach Herbststürmen.

Ein großer Schwarm Weißwangengänse bei Ballum Enge

10 Romodaemningen und Ballum Enge

Lage Auf der Insel Rømø etwa 30 km südlich von Esbjerg.
Zugang Westlich der Straße 22, etwa 2 km nördlich von Skærbæk auf die Straße 175. Sie wird dann zu einer Deichstraße, die auf die Insel führt. Entlang der 175 liegen Wiesen auf der Ostseite der Insel.
Kontakt Dansk Ornitologisk Forening, Vesterbrogade 138-140, DK-1620, Copenhagen V

Die Insel liegt dem Festland ganz nahe, hat Wiesen (bei Ballum), einen schilfbestandenen See, Heideflächen und Baumbestände, also eine Vielfalt küstennaher Lebensräume. Brutvögel sind Rothalstaucher, Rohrdommel, Sumpf- und Wiesenweihe, Tüpfelsumpfhuhn und verschiedenen Watvögel und Seeschwalben, darunter auch Lachseeschwalben. Der Durchzug von Watvögeln und Enten ist beachtlich, darunter Ringel-, Weißwangen- und Kurzschnabelgänse, auch Raufußbussarde, Schnee- und Spornammern. Das Gebiet ist groß, und Schilfvögel sind oft schwer zu sehen, doch ein Besuch lohnt sich immer.

11 Langeland

Lage Eine schmale Insel etwa 50 km südöstlich von Odense.
Zugang Von Odense auf der Straße 9 nach Süden nach Rudkøbing. Dann Richtung Bagenkop auf der 305 und kurz davor auf einer Nebenstraße nach Gulstav und Dovns Klint.
Kontakt Dansk Ornitologisk Forening, Vesterbrogade 138-140, DK-1620, Copenhagen V

Am Südende der Insel liegen schilfgesäumte Seen mit Beobachtungstürmen. Im Frühjahr und Sommer kann man Rothalstaucher, Rohrdommel, Rohrweihe, Sumpfrohrsänger und Rohrschwirl, Pirol und Bartmeise antreffen. Zu den Durchzüglern im Frühjahr und Herbst zählen Ringel- und Weißwangengänse, Eiderenten und Greifvögel, darunter regelmäßig Fischadler, Wespenbussard und Rotmilan.

12 Gedser

Lage Die Südspitze der Insel Falster, rund 150 km südlich von Kopenhagen.
Zugang Gedser liegt am Ende der Hauptstraße E 55.
Kontakt Dansk Ornitologisk Forening, Vesterbrogade 138-140, DK-1620, Copenhagen V

Hier brüten Graugänse und Rohrweihen; es ist aber vor allem ein Platz für den Herbstzug. Man kann ziehende Ringel- und Weißwangengänse in größeren Mengen sehen, Zehntausende von Eiderenten, viele Berg- und Pfeifenten und lebhaften Greifvogelzug. An manchen Tagen können es Hunderte von Raufußbussarden sein, auch Mäusebussarde, Wespenbussarde und Sperber und gelegentlich ein Seeadler. Seltenheiten können auch unter den Kleinvogelschwärmen auftauchen. Bei westlichen Winden gibt es Seevögel; Spatelraubmöwen und Zwergmöwen sind recht häufig. Der Frühjahrszug ist weniger interessant.

Spatelraubmöwe

13 Møn

Felsküste von Møen

Lage Eine kleine Insel südöstlich vor Sjælland, etwa 100 km südlich von Kopenhagen.
Zugang Von der E 4 entweder an der Ausfahrt 41 oder 42 östlich nach Stege. Konzentrieren Sie sich auf die Landzunge östlich von Stege, einschließlich Klintholm Havn, Jydelejet, Liselund und die kleine nordwestliche Insel bei Nyord.
Kontakt Dansk Ornitologisk Forening, Vesterbrogade 138-140, DK-1620, Copenhagen V

Auf der bewaldeten Ostseite erhebt sich die flache Insel zu hohen Felswänden. In den Wäldern brüten Pirole, Zwergschnäpper, Grünlaubsänger und Wendehälse. Im Frühjahr und Herbst tauchen unter den Durchzüglern Schwarz- und Weißstörche, Rotfuß- und Baumfalken, Ortolane und Seltenheiten auf. An den besten Tagen gibt es Hunderte von durchziehenden Kleinvögeln.

Schweden

Schweden bildet den größten Teil der großen skandinavischen Halbinsel, ist weit größer als Norwegen, aber mit einem geringeren Teil seiner Landfläche nördlich des Polarkreises. Es weist große Bergländer auf, von denen die Flüsse südöstlich in die Ostsee und in den Bottnischen Meerbusen fließen. Flüsse, Küsten, Feuchtgebiete und Wälder sind die dominierenden Lebensräume in diesem Land. Die spektakulären Vogelarten sind Kranich, Prachttaucher, Seeadler und große Mengen Gänse; für den Vogelbeobachter gibt es aber zudem weniger auffällige, doch seltenere oder lokale Arten wie Zwergschnäpper, Sprosser und einigen Eulen und Spechte.

❶ Åsnensjön

Lage Ein großer Natursee etwa 25 km südlich von Växjö in Südschweden.
Zugang Mit dem Bus von Växjö, doch besser mit dem Pkw, wenn man das ganze Gebiet erleben möchte. Einblicke oft nur aus größerer Entfernung von den Straßen und Wanderwegen; es gibt aber einige gute Stellen mit interessanten Vögeln.
Kontakt Sveriges Ornitologiska Förening, Stenhusa Gård, SE-380 62 Mörbylånga
Tel.: 0485/44440
0485/44448
E-Mail: info@sofnet.org
Web: www.sofnet.org

Der See ist seicht und hat zahlreiche Buchten, viele von ihnen in eine Kette von Schutzgebieten einbezogen. Im Winter trifft man große Mengen von Gänsesägern, Zwergsägern, Seeadlern und Seidenschwänzen. Durchzügler sind Schwäne und Gänse, Tannenhäher, Pieper und Ammern. Die Brutvogelfauna ist interessant mit Prachttauchern, Fischadlern, Wespenbussarden, Rohrweihen, Habichten, Auerhühnern, Birk- und Haselhühnern, Sperlings- und Raufußkäuzen.

Sperlingskauz

❷ Helge/Hammarsjön

Lage Der Unterlauf des Flusses Helge und die damit zusammenhängenden Seen liegen knapp südlich von Kristianstad in Südschweden.
Zugang Mit Bus oder Pkw Richtung Åhus und Skånes Viby. Das Gebiet ist mit Straßen und Wegen gut erschlossen, es ist aber zu groß für eine Erkundung zu Fuß. Ein Tag mit dem Fahrrad ist zu empfehlen.
Kontakt Sveriges Ornitologiska Förening, Stenhusa Gård, SE-380 62 Mörbylånga
Tel.: 0485/44440
0485/44448
E-Mail: birdlife@sofnet.org
Web: www.sofnet.org

Die Seen, trockenen Seebecken, Schilfsümpfe, Feuchtwiesen und Wiesen sind für Brutvögel und Durchzügler interessant. Im Winter gibt es viele Singschwäne, Seeadler, Raufußbussarde und Gänse, vor allem Saatgänse, die aber im Oktober zahlreicher sind. Im Sommer kann man Rohrdommeln, Knäkenten, Rohrweihen, Rotmilane, Fischadler, Wachteln, Kampfläufer, Uferschnepfen, Trauerseeschwalben, Heidelerchen, Sumpfrohrsänger, Gelbspötter, Beutelmeisen und Bartmeisen antreffen.

Ottenby auf der Insel Öland ist einer der berühmtesten Zugvogelplätze Europas.

❸ Ottenby

Lage Ottenby liegt an der Südspitze der Insel Öland in der Ostsee vor der Südostküste von Schweden.
Zugang Man fährt über die 6 km lange Brücke vom Festland bei Kalmar und hält sich dann südlich nach Ottenby. Die besten Beobachtungsgebiete liegen weit auseinander.
Kontakt Ottenby fågelstation
Tel.: 0485/661093
E-Mail: ottenby@post.utfors.se
Web: www.sofnet.org/ofstn/

Der Süden der Insel hat Wiesen, Buchten, Sandstrände und einen großen Wald. Seit Langem ist er als Beobachtungspunkt für den Vogelzug berühmt und weist eine Liste von deutlich über 300 Vogelarten auf, einschließlich vieler Erstnachweise für Schweden. Im Sommer findet man Graugänse, Samtenten, Wiesenweihen, Säbelschnäbler, Kampfläufer, Brandseeschwalben, Sperbergrasmücken, Zwerg- und Halsbandschnäpper und Sprosser. Im Winter tauchen gelegentlich Prachteiderenten, See- und Steinadler, Ohrenlerchen und Schneeammern auf. Frühjahr und Herbst bringen viele Enten und Watvögel, darunter Sumpfläufer, Pieper, z. B. Rotkehlpieper, und so gut wie alle Laubsänger, Fliegenschnäpper, Schmätzer und Finken.

Seidenschwanz

4 Falsterbo

Lage An der Südostecke von Schweden, südöstlich von Malmö.
Zugang Auf der A6 nach Vellinge und dann Straße 100. Den größten Teil der Strecke fahren Busse.
Kontakt Falsterbo Fågelstation, Fyrvägen 35, SE-239 40 Falsterbo
Tel.: 040/470688
E-Mail: birdobs@fbo.pp.se
Web: www.falsterbofagelstation.se

Falsterbo ist das Ende einer langen Halbinsel. Dort gibt es eine Kombination von Wald, Stränden, Heide, Lagunen, Sümpfen und Wiesen. Das Gebiet ist interessant für die Beobachtung von Zugvögeln, besonders im Herbst, aber auch für nordische Brutvögel wie Seidenschwanz. Die Südspitze des hammerförmigen Endes ist wahrscheinlich der beste Startpunkt.

5 Mellbystrand/Bucht von Laholm

Lage An der Westküste Schwedens in der Provinz Halland; die Bucht liegt knapp südlich von Halland.
Zugang Die E20 südlich von Halmstadt; die Küstenstraße geht von der RV24 nach Süden und nach Norden, beide Richtungen sind interessant.
Kontakt Sveriges Ornitologiska Förening, Stenhusa Gård, SE-380 62 Mörbylånga
Tel.: 0485/44440
0485/44448
E-Mail: info@sofnet.org
Web: www.sofnet.org

Hinter einem Sandstrand liegen Dünen und Felder. Die wichtigsten Gebiete liegen vor der Küste. Am Meer kann man Stern-, Rothals- und Ohrentaucher, Dunkle und Schwarzschnabel-Sturmtaucher und im Herbst Wellenläufer sehen, ferner Basstölpel, Gänse, Trauerenten und alle vier europäischen Raubmöwen.

6 Svartedalen

Lage Ein großes Waldgebiet etwa 40 km nördlich von Göteborg.
Zugang Straßen, die von der E6 bei Järlanda und Stora Höga abgehen, führen zu diesem großen Reservat.
Kontakt Sveriges Ornitologiska Förening, Stenhusa Gård, SE-380 62 Mörbylånga
Tel.: 0485/44440
0485/44448
E-Mail: info@sofnet.org
Web: www.sofnet.org

Spätwinter und Vorfrühling sind die besten Zeiten, um Waldvögel wie Auerhuhn, Birkhuhn, Schwarzspecht, Sperlingskauz, Raufußkauz, Uhu, Habicht und Tannenhäher zu sehen und zu hören. Hier brüten auch Neuntöter, Fichtenkreuzschnabel, Wasseramsel, Gelbspötter, Prachttaucher und Wespenbussard.

7 Kilsviken und Mariestad, Vänernsee

Lage Der Vänernsee liegt 70 km westlich von Örebro; Kilsviken und Mariestad liegen am Ostufer.
Zugang Südlich Kristinehamn an der Straße 64 gibt es Wanderwege durch das Reservat Nötön-Åråsviken.
Kontakt Sveriges Ornitologiska Förening, Stenhusa Gård, SE-380 62 Mörbylånga
Tel.: 0485/44440 od. 0485/44448
E-Mail: info@sofnet.org
Web: www.sofnet.org

Es handelt sich um ein Feuchtgebiet an der Nordostecke des Vänernsees mit einigen Buchten und Inseln, Schilfflächen und Wald. Haselhuhn, Schwarzspecht, Prachttaucher, Kranich, Fischadler, Karmingimpel und Zwergschnäpper stehen auf einer guten Frühjahrs- oder Sommerliste. Der Zug bringt einige Tausend Kraniche, Kampfläufer, Raufußbussarde, Rotkehlpieper und Spornammern.

8 Tåkern

Schilfgras am Tåkernsee

Lage 40 km westlich von Linköping im südlichen Mittelschweden.
Zugang Von der E4 nach Kyleberg. Das Reservat bietet Bobachtungsstände und markierte Wege.
Kontakt Tåkerns Fältstation, Box 204, 595 22 Mjölby
E-Mail: lars.gezelius@lansstyrelsen.se
Web: www.takern.se/

Dieser See, heute ein nationales Reservat, wurde in der Vergangenheit zum Teil trockengelegt, ist aber noch von großem Interesse. April bis Juni sind die besten Monate, gefolgt von Juli und August, wenn Schwäne, Gänse und Enten ein sicheres Mauserquartier suchen und viele andere Durchzügler ankommen. Rothalstaucher brüten hier. Es gibt große Trupps von Höckerschwänen, viele Saat-, Bless- und Kurzschnabelgänse, einige Zwerggänse und Tausende von Bartmeisen sowie im Herbst einige Seeadler.

9 Oset

Lage 20 km östlich von Örebro im südlichen Mittelschweden.
Zugang Östlich Örebro, in der Stadt angezeigt entlang dem Südufer des Flusses Svartån.
Kontakt Sveriges Ornitologiska Förening, Stenhusa Gård, SE-380 62 Mörbylånga
Tel.: 0485/44440
0485/44448
E-Mail: info@sofnet.org
Web: www.sofnet.org

Die Mündung des Svartån mit seinen Feuchtgebieten und Wäldern ist ein nationales Reservat. Im Frühjahr und im Frühsommer interessieren Brutvögel und Durchzügler. Man kann Rohrdommeln, Enten, Greifvögeln wie Wespenbussard, Fischadler und Habicht, Temminckstrandläufern und Schlagschwirlen begegnen; Doppelschnepfen sind schwer zu finden. Im Winter gibt es Zwerg- und Gänsesäger sowie Raubwürger. Durchziehende Enten und Gänse erscheinen im September und Oktober.

Auf dem Vänernsee sind im Winter zahlreiche Wildgänse zu sehen.

⑩ Kvismaren

Lage 20 km südöstlich von Örebro in Südschweden.
Zugang Von der Straße 207 südlich in Richtung Odensbacken, dann auf der nach Kvismaren angezeigten Straße.
Kontakt Kvismaren fågelstation, Norrbyås 421, SE-705 95 Örebro
Tel.: 019/238031
Web: www.kvismaren.org/en

Das Seenland wurde teilweise trockengelegt, aber neueste ökologische Maßnahmen haben ausgezeichnete Lebensräume geschaffen: überflutete Wiesen, Felder, Wald und schilfgesäumte Wasserflächen. Seeadler und Steinadler sind vor allem im Winter da, zusammen mit Raufußbussarden und vielen Enten. Zu den Zugzeiten sieht man vor allem Saat-, Bless- und Kurzschnabelgänse, unter denen man sorgfältig nach Zwerggänsen suchen sollte. Saatgänse gibt es bis zu 6000 im Frühjahr und 25 000 im Herbst. Im Sommer bietet sich eine reichhaltige Brutvogelwelt mit vielen Lappentauchern, Rohrdommeln, Schnatter- und Knäkenten sowie Rohrweihen.

⑪ Tivedens

Nadelbäume im Tivedens-Nationalpark

Lage Am Ufer des Vätternsees 80 km südwestlich Örebro.
Zugang Auf der A 49 zwischen Askersund und Karlsborg, dann auf der Straße nach Norden Richtung Bocksjö.
Kontakt Sveriges Ornitologiska Förening, Stenhusa Gård, SE-380 62 Mörbylånga
Tel.: 0485/44440
0485/44448
E-Mail: info@sofnet.org
Web: www.sofnet.org

Ein großes Gebiet mit Nadelwald, Hochmoor und Seen. März und April sind am besten, um balzende Habichte, Auerhähne, Haselhühner, Sperlings- und Raufußkäuze, Prachttaucher, Schellenten, Fischadler, Wespenbussarde, Kraniche und Heidelerchen zu beobachten. Im Hochsommer ist es meist ruhig.

Am Ufer des Hornborga-Sees

⑫ Hornborgasjön

Lage 20 km südwestlich von Skövde im südlichen Mittelschweden.
Zugang Mit Bus oder Pkw zum Dorf Varnhem. Mehrere Beobachtungstürme stehen nahe Broddetorp.
Kontakt Hornborga Naturum, Hornborgasjön, S-521 98 Broddetorp
Tel.: 0500/491450
E-Mail: hornborga.naturum@o.lst.se
Web: www.hornborga.com

Der große, wiederhergestellte See, umgeben von Agrarland und Rohrsümpfen, ist ein guter Platz für den Frühjahrszug. Der Einflug von Kranichen Ende März und April ist eines der populärsten Ereignisse der Vogelbeobachtung in Schweden und einen Besuch auf alle Fälle wert. Am Südende des Sees liegt das Trandansen-Beobachtungszentrum, ein populärer Beobachtungspunkt für Kraniche, an dem man auch Rothals-, Ohren- und Schwarzhalstaucher, Rohrdommeln, Weihen und Drosselrohrsänger sehen kann. Im Winter sind einige Seeadler im Gebiet.

⑬ Stockholm Ekoparken

Lage Im Zentrum von Schwedens Hauptstadt Stockholm.
Zugang Gut zu erreichen mit öffentlichen Verkehrsmitteln.
Kontakt Förbundet för Ekoparken, Stora Skuggans väg 30, 115 42 Stockholm
Tel.: 802017/35 33
E-Mail: info@ekoparken.org
Web: www.ekoparken.org

Im Nationalpark im Stadtzentrum brüten 100 Vogelarten, und über 250 sind schon nachgewiesen worden. Es gibt Inseln, Baumbestände, Seen und Wiesen. Bei einem Besuch im Frühling oder Frühsommer sind Weißwangengans, Schnatterente, Schellente, Habicht, Uhu, Schlagschwirl, Sumpfrohrsänger und Sprosser wahrscheinlich, eine gute Liste für einen Beobachter aus südlicheren Gebieten. Unter den durchziehenden Watvögeln trifft man Bruchwasser- und Temminckstrandläufer, und es gibt immer die Chance für eine Überraschung. Im Winter richtet sich das Hauptinteresse auf Enten.

⑭ Färnebofjärden

Lage Ein großes Areal mit Feuchtgebieten und Wald, 60 km nordwestlich von Uppsala in Mittelschweden.
Zugang Forststraßen führen in das Naturschutzgebiet Tinas Area; ein Informationszentrum gibt es in Tyttbo.
Kontakt Sveriges Ornitologiska Förening, Ekhagsvagen 3, S-104 03 Stockholm
Tel.: 08/6122530
E-Mail: birdlife@sofnet.org
Web: www.sofnet.org

Der Fluss Dalälven verbreitert sich in ein kompliziertes Seensystem mit vielen Inseln, abgegrenzten Buchten und moorigen Wäldern. Das Gebiet bietet vielfältige Wälder mit Auerhuhn, Haselhuhn, Schwarz-, Weißrücken- und Dreizehenspecht, Habichts-, Sperlings- und Raufußkauz, Kranich, Fischadler, Baumfalke, Bruch- und Waldwasserläufer und einer Menge häufigerer Waldvögel. Auf dem Frühjahrszug erscheinen mehrere Tausend Singschwäne; Seidenschwänze sind oft da. Auf dem Herbstzug kann die Vielfalt von Greifvögeln, Watvögeln und Enten sehr groß sein.

⑮ Padjelanta-Nationalpark

Lage Im hohen Norden Schwedens an der Grenze zu Norwegen, 450 km nördlich von Umeå.
Zugang Das große Gebiet erreicht man über Kvikkjok. Es gibt viele markierte Wanderwege und Rastplätze.
Kontakt Swedish Environmental Protection Agency (Naturvårdsverket), Blekholmsterrassen 36, S-106 48 Stockholm
Tel.: 08/6981000
E-Mail: natur@naturvardsverket.se
Web: www.naturvardsverket.se

Der große Komplex des Tundra- und Waldreservats ist am besten früh oder spät im Jahr zu besuchen, um der Mückensaison zu entgehen. Man wird belohnt durch brütende Prachttaucher, Zwergsäger, Samtenten, Seeadler, Raufußbussarde, Falkenraubmöwen und Spornammern. Interessante Jahresvögel sind Unglückshäher, Kiefernkreuzschnabel, Haselhuhn und Dreizehenspecht.

Unglückshäher

Norwegen

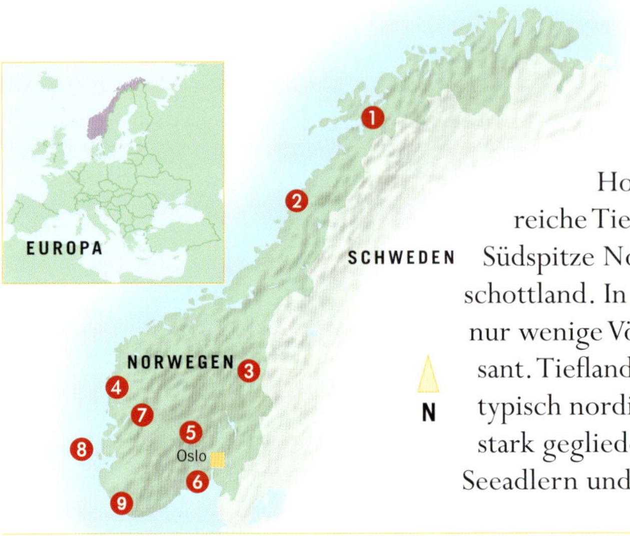

Norwegen ist ein kleines, sehr lang gestrecktes Land mit einer Vielfalt an Lebensräumen. Es erstreckt sich auch nördlich des Polarkreises und hat große kalte und magere Hochflächen über der Baumgrenze, doch auch reiche Tiefländer mit großen Seen und Wäldern. Die Südspitze Norwegens liegt auf dem Breitengrad von Nordschottland. In dem großen arktischen Teil des Landes gibt es nur wenige Vögel – doch die wenigen Arten sind sehr interessant. Tieflandwälder beherbergen Eulen, Spechte und andere typisch nordische Arten. Die Küstenlinie ist außergewöhnlich stark gegliedert und die Heimat einer großen Population von Seeadlern und spektakulären Seevogelkolonien.

Die Lofoten sind für die Beobachtung von Seevögeln hervorragend.

❶ Lofoten

Lage Die Lofoten mit Røst, Værøy und Vestågøy sind eine Inselgruppe vor der Nordwestküste Norwegens.
Zugang Mit dem Schiff oder dem Flugzeug von Bodø. Im Sommer kann man Bootsfahrten zu Seevogelinseln buchen, die zu dieser Zeit anders nicht zugänglich sind.
Kontakt Norsk Ornitologisk Forening, Sandgata 30 B, N-7012 Trondheim
Tel.: 73/526040
E-Mail: nof@birdlife.no

Røst ist allein schon eine Inselgruppe mit interessanten Seevogelkolonien. Die einst riesige Kolonie von Papageitauchern hat dramatisch abgenommen, ist aber noch einen Besuch wert. Man kann brütende Sturmschwalben, Wellenläufer, Trottellummen, Dickschnabellummen, Tordalken, Dreizehenmöwen, Eissturmvögel und Krähenscharben sehen. Am besten sind die Felswände von Anfang März bis Ende Juli. Andere Inseln haben weniger Seevögel, aber Seeadler, Wanderfalken, Eiderenten und Ohrentaucher. Im Winter, wenn das Tageslicht kurz ist, sind Eisenten, Gerfalken und Eismöwen wahrscheinlich. Auf dem Herbstzug kommen auch viele Singvögel vor.

❷ Vega

Lage Eine Inselgruppe nordwestlich von Brønnøysund (Mittelnorwegen).
Zugang Auf der Straße Rv 17 nach Horn, wo man die Fähre nehmen kann.
Kontakt Norsk Ornitologisk Forening, Sandgata 30 B, N-7012 Trondheim
Tel.: 73/526040
E-Mail: nof@birdlife.no

Im Winter ist das ein hervorragendes Gebiet mit großen Mengen von Eiderenten, Tausenden von Prachteider-, Eis- und Samtenten. Im Frühjahr ist es günstiger, da die Tage länger werden und viele der erwähnten Vögel noch da sind; dann kommen auch Weißwangen-, Kurzschnabel- und Graugänse dazu sowie große Mengen der häufigeren Watvögel. Die Züge der Weißwangengänse sind eindrucksvoll, denn die meisten der auf Spitzbergen brütenden Vögel kommen hier vorbei. Im Sommer kann man Sterntaucher, Graugänse, Regenbrachvögel, Kampfläufer und um die Inseln schwimmende Gryllteiste sehen.

Samtente

❸ Dovrefjell

Der einsame, wilde Dovrefjell-Nationalpark

Lage Der Nationalpark liegt zwischen Hjerkinn und Oppdal, 110 km südlich von Trondheim.
Zugang Man erreicht das Gebiet auf der E 6 und über Kongsvold Fjellsture, von wo markierte Wanderwege in die Berge führen.
Kontakt Directorate for Nature Management, N-7485 Trondheim
Tel.: 73/580500
E-Mail: postmottak@dirnat.no
Web: http://english.dirnat.no/

Das Dovrefjell und die Plateaus des Rondane sind nur zwischen Ende Mai und Juli zugänglich. Brutvögel sind für ein solches Bergland typisch: Steinadler, Raufußbussard, Merlin, Gerfalke, Eisente, Alpenschneehuhn, Goldregenpfeifer, Alpenstrandläufer und Temminckstrandläufer. Ohrenlerchen, Spornammern und Schneeammern brüten auf den freien Flächen in der Höhe.

❹ Hardangerfjord

Der Hardangerfjord bietet wunderbare Ausblicke.

Lage Im Herzen der wunderschönen Fjordlandregion Südwestnorwegens nahe Bergen.
Zugang Eine populäre Touristengegend; die besten Stellen sind von der Hauptstraße nördlich Odda auf der Rv 550 zu sehen. Picknickplätze bieten den einfachsten und sichersten Zugang.
Kontakt Norsk Ornitologisk Forening, Sandgata 30 B, N-7012 Trondheim
Tel.: 73/526040
E-Mail: nof@birdlife.no

Der Fjord ist eindrucksvoll mit dichtem Wald auf den steilen Hängen. Die besten Arten findet man in der Brutzeit im Mai und Juni. Steinadler, Raufußbussard, einige Spechte, darunter Weißrückenspecht, Grauspecht und Wendehals, Tannenhäher, Gelbspötter, Fliegenschnäpper, Drosseln, Laubsänger und Finken kann man hier finden.

❺ Akersvika

Lage Ein großes Delta am Mjøsa-See nahe Hamar, 110 km nördlich von Oslo.
Zugang Die Straße E 546 von Oslo nach Trondheim quert den Platz. Es gibt einen Beobachtungsturm an der Südseite.
Kontakt Norsk Ornitologisk Forening, Sandgata 30 B, N-7012 Trondheim
Tel.: 73/526040
E-Mail: nof@birdlife.no

Um eine doppelte Flussmündung liegt eine Wildnis aus Gras und Seggen. Das Reservat ist im Frühjahr, Spätsommer und Herbst zu den Zugzeiten lohnend. Man kann Pracht- und Sterntaucher, Krick-, Pfeif-, Schnatter-, Löffel- und Schellenten antreffen, zudem Watvögel, Sand- und Goldregenpfeifer, Kampfläufer, Regenbrachvogel, Temminckstrandläufer, Grünschenkel, Flussuferläufer und Bruchwasserläufer sowie Kleinvögel wie Blaukehlchen, Schafstelzen und Gelbspötter.

❻ Kurefjorden

Lage Ein kleiner Fjord 60 km südlich von Oslo.
Zugang Von der E 6 auf die Rv 119 nach Larkollen und Kureskjær. Man kann das Reservat leicht von der Straße aus sehen.
Kontakt Norsk Ornitologisk Forening, Sandgata 30 B, N-7012 Trondheim
Tel.: 73/526040
E-Mail: nof@birdlife.no

Ein Fjord mit Inseln, bewachsenen Uferstreifen, einigen Süßwassersümpfen und einem kleinen Wald, der interessant für Zugvögel ist, darunter Pfeif-, Stock-, Krick-, Löffel- und Schellenten, Mittelsäger und Gänsesäger sowie Watvögel wie Uferschnepfen, Regenbrachvögel, Dunkle Wasserläufer und Kampfläufer. Auch Kraniche ziehen durch. Im Winter gibt es viele Höckerschwäne, Gänsesäger und Schellenten, wenn die Wasserflächen eisfrei bleiben.

❼ Hardangervidda

Lage Ein Gebiet südlich von Geilo, 100 km nordwestlich von Oslo.
Zugang Das Gebiet wird von der Rv 7 im Norden gequert. Man kann es auch über die Rv 8 von Geilo nach Skare erreichen.
Kontakt Directorate for Nature Management, N-7485 Trondheim
Tel.: 73/580500
E-Mail: postmottak@dirnat.no

Mit Erhebungen bis über 1500 m ü. NN ist dieses weite Gebirgsgebiet kalt und exponiert und weitgehend ohne einen Baum mit vielen verstreuten Seen. Vogelpopulationen fluktuieren merkwürdigerweise mit den Lemmingzyklen, sodass ein »Lemmingjahr« für einen Besuch am besten ist. Mai und Juni sind ideal, weil sich die Vögel dort konzentrieren, wo der Schnee schmilzt. Prachttaucher, Bergenten, Trauer- und Samtenten, Eisenten, Raufußbussarde, Kraniche, Alpenstrandläufer, gelegentlich Gerfalken, Meerstrandläufer, Temminckstrandläufer, Odinshühnchen, Moorschneehuhn, Falkenraubmöwe und Blaukehlchen brüten im Gebiet. In manchen Jahren tauchen auch Schneeeulen auf.

Ein ruhiger See auf dem Bergplateu der Hardangervidda

❽ Utsira

Lage Eine Insel vor Haugesund an der Südwestküste von Norwegen.
Zugang Mit dem Schiff von Haugesund. Die Vogelbeobachtungsstation ist im Frühjahr und Herbst geöffnet.
Kontakt Directorate for Nature Management, N-7485 Trondheim
Tel.: 73/580500
E-Mail: postmottak@dirnat.no

Die kleine Insel hat Agrarland, felsige Küsten und offene Heide. Am besten ist es im Frühjahr und August/September beim Durchzug, der eine große Vogelzahl auf die Insel bringt. Eissturmvögel, Krähenscharben und Papageitaucher brüten; Dunkle und Schwarzschnabel-Sturmtaucher sowie einige Alken ziehen vor der Küste vorbei. Eissturmvögel sind besonders zahlreich: Im Herbst können es Tausende sein.

Sumpfrohrsänger

❾ Lista

Lage Eine Halbinsel 20 km westlich von Farsund nahe der Südspitze von Norwegen.
Zugang Bei Gunnarsmyra gibt es eine Vogelbeobachtungsstation, der beste Platz in diesem Gebiet.
Kontakt Norsk Ornitologisk Forening, Sandgata 30 B, N-7012 Trondheim
Tel.: 73/526040
E-Mail: nof@birdlife.no

Heiden, Grasflächen, Wald und Feuchtgebiete der Halbinsel besucht man am besten im Frühjahr und Herbst, wenn Durchzügler oft zahlreich sind und auch manche Seltenheiten auftauchen. Zu den Durchzüglern zählen Ringel- und Graugänse, Trauer- und Eisenten, gelegentlich auch ein Gerfalke. Brutvögel, darunter auch Sumpfrohrsänger, sind weniger aufregend.

Finnland

Finnland, in der Grösse zwischen Norwegen und Schweden, ist ein vielfältiges Land. Im Norden gibt es Vogelarten wie Mornellregenpfeifer, Alpenschneehuhn und Gerfalke in der baumlosen Tundra. Weiter südlich ist das Land mit natürlichen Kiefern-, Fichten- und Birkenwäldern bedeckt. Seen und Flüsse nehmen bis zu zehn Prozent der Landfläche ein. Ein großer Teil des Landes sind Hochmoore, die einen idealen Brutplatz für arktische Watvögel, Taigasaatgänse, Kraniche und Singschwäne bilden. Die Häufigkeit besonderer Arten zieht viele Vogelbeobachter nach Finnland, die vom Süden kommen und nordische Arten sehen wollen.

1 Kuusamo (Valtavaara-Gipfel)

Lage 30 km nördlich von Kuusamo im zentralen Ostfinnland.
Zugang Nördlich Kuusamo auf Straße 5, nach 30 km rechts of die 8694 in Richtung Ruka-Skizentrum und nach 4 km am Valtavaara-Gipfel halten. Auf einem rauen Pfad kann man auf den Hügel wandern.
Kontakt BirdLife Suomi
Annankatu 29A, P.O. Box 1285,
FIN-00101, Helsinki
Tel.: 09/41353300
Web: www.birdlife.fi

Hier kann man einen unbeschädigten Taigawald erleben. Mai ist die beste Zeit für Auerhühner, Birkhühner, Haselhühner, Spechte, Unglückshäher, Halsbandschnäpper, Wander- und Grünlaubsänger, Binden- und Kiefernkreuzschnäbel und Hakengimpel. Vielleicht hat man Glück und sieht einen Blauschwanz.

Hakengimpel

2 Patvinsuo-Nationalpark

Morgennebel bei Patvinsuo

Lage Etwa 80 km nordöstlich von Joensuu in Südostfinnland.
Zugang Von Joensuu die Straße 73 nach Eno, dann Straßen 516 und 520 und schließlich 5202 nach Kitsi, dann ist der Nationalpark angezeigt. In Suomo ist ein Informationszentrum.
Kontakt Über die Webseite des Nationalparks: www.luontoon.fi

Eine große Moorfläche mit unzerstörtem Wald. Es gibt auch zwei große Seen mit Stern- und Prachttauchern, aber sonst kaum etwas. Ab April schmilzt der Schnee, und der Zugang wird leichter; dann kann man Singschwan, Saatgans, Steinadler, Fischadler, Kranich, Auerhuhn, Moorschneehuhn, Haselhuhn und Sumpfläufer finden.

3 Heinola

Lage 140 km nordöstlich von Helsinki.
Zugang In das Stadtzentrum von Heinola, dann von der Straße zwischen Lahtiu und Mikkeli ab.
Kontakt BirdLife Suomi
Annankatu 29A, P.O. Box 1285,
FIN-00101, Helsinki
Web: www.birdlife.fi

Enten und Watvögel werden vom Kymijoki-Fluss angezogen, doch hat die Stadt auch Parks mit einigen interessanten Lebensräumen. Im Frühsommer und früh am Tag kann man Schwarzspechte am besten sehen. Auch Wendehälse brüten, und am Fluss gibt es Wasseramseln. Im Sommer hört man die flötenden Gesänge des Pirols in den Wäldern. Im Winter sind Schellenten und Zwergsäger zu erwarten.

Heinola hat verschiedene Lebensräume, Wanderwege und ein Vogelschutzgebiet.

4 Turku Ruissalo

Lage 7 km westlich von Turku in Südwestfinnland.
Zugang Mit dem lokalen Bus von Turku, dann auf dem Wanderweg über die Insel, mit Möglichkeiten, den zentralen Wald und die Westküste zu erkunden.
Kontakt BirdLife Suomi
Annankatu 29A, P.O. Box 1285,
FIN-00101, Helsinki
Web: www.birdlife.fi

Es handelt sich um ein bewaldetes Gebiet mit Eichenwald im Osten und Wiesen und flachen Wasserstellen im übrigen Teil. Hier lebt eine bemerkenswerte Vielfalt von Brutvögeln – fast 100 Arten, darunter Schwarz- und Grauspecht sowie Sprosser. Unter den Durchzüglern sind Weißwangengänse, viele Enten, Watvögel und Kleinvögel; die Spechte bilden aber wohl die Hauptattraktion von Februar bis April.

Island

Island, eines der nördlichsten Länder Europas und das westlichste des Kontinents, ist selbst im tiefer gelegenen, grasigen südlichen Teil dünn besiedelt. Sonst ist es rau, felsig und hoch, mit Schnee und Gletschern auf dem Plateau des Inlands. Viele Seen und Flüsse ziehen große Mengen Wasser- und Watvögel an, die von einem kurzzeitigen Überfluss an Insekten im Sommer leben. Wenige Arten halten in den kurzen, kalten Tagen im Winter aus. Die Küsten haben hohe Felswände und Inseln mit vielen brütenden Seevögeln – eines der eindrucksvollsten Bilder des Tierlebens Europas.

Beeindruckende Landschaft auf Snæfells

❶ Myvatn

Lage 40 km von der Nordküste Islands entfernt.
Zugang Ein kurzer Flug oder eine achtstündige Busfahrt von Reykjavík nach Akureyri, westlich des Myvatn. Autos und Fahrräder können in Reykjahliö gemietet werden.
Kontakt Fuglaverndarfélag Islands, P.O. Box 5069, IS-125, Reykjavík
E-Mail: fuglavernd@fuglavernd.is
Web: www.fuglavernd.is

Der Myvatn ist ein großer seichter See mit vielen Wasservögeln. 15 Entenarten brüten mit bis zu 50 000 Paaren; die Hauptattraktion sind Kragen- und Spatelente, zwei Arten, die man nirgendwo sonst in Europa findet. Dazu kommen in beachtlicher Zahl Eis-, Berg- und Trauerenten. Riesige Mengen an Odinshühnchen kann man sehen; Uferschnepfen und Meerstrandläufer brüten hier ebenfalls.

❷ Halbinsel Snæfells

Lage 120 km nordwestlich von Reykjavík.
Zugang Auf der Straße nach Westen von der Route 1 nach Olafsvik. Erkunden Sie die Küstenfelsen um Arnastapi auf der Südseite und Olafsvik im Norden.
Kontakt Fuglaverndarfélag Islands, P.O. Box 5069, IS-125, Reykjavík
E-Mail: fuglavernd@fuglavernd.is
www.fuglavernd.is

Die Halbinsel bietet die Chance, Seeadler, Skuas, Eismöwen, Alpenschneehühner, Uferschnepfen und Singschwäne zu sehen. Auf den Felsen brüten Trottellummen, Tordalken, Papageitaucher und Eissturmvögel. Odinshühnchen sind im Herbst regelmäßig und oft in großer Zahl vor der Küste und in geschützten Buchten.

❸ Reykjavík

Lage Islands Hauptstadt an der Südwestseite der Insel.
Zugang Das Hafengebiet und der See Tjörnin nahe der Stadtmitte sind immer einen Besuch wert. Suchen Sie im Botanischen Garten nach Durchzüglern und kontrollieren Sie die nahe gelegenen Landzungen, besonders den Golfplatz auf der Halbinsel Seltjarnar.
Kontakt Fuglaverndarfélag Islands, P.O. Box 5069, IS-125, Reykjavík
E-Mail: fuglavernd@fuglavernd.is

Der Herbst ist eine gute Zeit, die Hauptstadt zu besuchen. Wasservögel sind auf dem Meer oder auf dem See, und Durchzügler tauchen auf, darunter auch Ausnahmegäste aus Nordamerika. Zu den Brutvögeln zählen Odinshühnchen (und vielleicht auch ein oder zwei Thorshühnchen) auf Tümpeln, Küstenseeschwalben auf dem Stadtsee und auch Eider- und Bergenten. Im Spätsommer sieht man Spatelenten auf dem See und Eiderenten im Hafengebiet. Eismöwen sind das ganze Jahr über anwesend und können aus der Nähe beobachtet werden.

Odinshühnchen

❹ Nordwest-Halbinsel

Die einsame, wunderschöne Nordwestküste

Lage Nordwestecke der Insel.
Zugang Ísafjördur ist mit dem Bus oder per Flug von Reykjavík aus zu erreichen. Das Gebiet ist rau, exponiert und isoliert, daher etwas für Abenteurer.
Kontakt Fuglaverndarfélag Islands, P.O. Box 5069, IS-125, Reykjavík
E-Mail: fuglavernd@fuglavernd.is

Gigantische Felswände der Halbinsel sind der Brutplatz für zahllose Seevögel. Hælavikurgbjarg und Hornbjarg sind nur mit dem Boot erreichbar, die Felsen bei Látrabjarg auch zu Fuß. Die lange Tour lohnt sich, denn hier gibt es Europas größte Seevogelkolonie mit etwa einer Million Vögel, darunter nicht weniger als 40 000 Paare Tordalken und viele andere Arten in oft riesiger Menge.

Niederlande

DAS FLACHE LAND hat viele interessante Inseln und Polder, die dem Meer abgerungen wurden. Diese küstennahen Feuchtgebiete sowie die Binnenseen und -sümpfe, alten Wälder und sandigen Heiden machen das Vogelbeobachten zu allen Jahreszeiten interessant. Von Herbst bis Frühjahr gibt es riesige Gänseschwärme und im Winter mindestens ebenso zahlreich Enten. Waldvögel wie Schwarzspecht, Haubenmeise und Habicht sind Jahresvögel der Wälder; im Winter beherbergt das Land Greifvögel von Norden und Osten.

Texel ist zu allen Jahreszeiten eine hervorragende Vogelinsel.

❶ Texel

Lage Eine Westfriesische Insel, 1 km nördlich von Den Helder.
Zugang Mit der Fähre von Den Helder.
Kontakt Natuurmonumenten, Postbus 9955, NL-1243 ZS's-Graveland
Tel.: 035/6559933
Web: www.natuurmonumenten.nl

Texel bietet eine Reihe von Schutzgebieten. Mokkai im Süden mit einem schilfgesäumten See ist Brutplatz von Löfflern und Rastplatz vieler Watvögel im Winter. Auf der Ostseite der Insel gibt es einige Lagunen, interessante Landflächen und ein großes Watt. Im Winter kann man mit großen Schwärmen von Eiderenten und anderen Enten rechnen, etwa Mittelsägern, ebenso mit Seetauchern, Lappentauchern und Watvögeln. Auf dem Land sind im Winter viele Ringelgänse sowie Goldregenpfeifer, Wacholderdrosseln, Rotdrosseln, Berghänflinge und Schneeammern zu sehen, vor allem um De Cocksdorp. Im Frühjahr und Sommer beherbergen die flachen Feuchtstellen brütende Säbelschnäbler und Uferschnepfen. Ein Sumpfgebiet im Zentrum, Waal en Burg, ist im Winter voller Watvögel (z. B. Kampfläufer) und Entenvögel. In Kiefernwäldern im Westen kann man Waldohreulen und Gartenbaumläufer finden.

❷ Vlieland

Lage Unmittelbar nordöstlich von Texel in der Kette der Westfriesischen Inseln.
Zugang Von Harlingen, im Sommer von Texel. Bei 19 km ist das Fahrrad einer Wanderung vorzuziehen.
Kontakt Vogelbescherming Nederland, PO Box 925, NL-3700 AX Zeist
Tel.: 030/6937700
E-Mail: birdlife@vogelbescherming.nl
Web: www.vogelbescherming.nl

Im Frühjahr, im Sommer oder im späten Herbst ist es auf der Insel am besten. Unter den Brutvögeln sind Kormoran, Löffler, Brand- und Eiderente, Rohr- und Kornweihe, Mäusebussard, Baumfalke, Säbelschnäbler, Seeregenpfeifer, Nachtigall und Gelbspötter. Im Herbst ziehen viele Watvögel und Enten durch, manchmal auch interessante und seltene Gäste. Es lohnt sich, Feuchtgebiete, Strände, Wälder und Gärten zu jeder Jahreszeit zu kontrollieren.

Kormoran

❸ Ameland

Der Sandstrand von Ameland

Lage Eine der Westfriesischen Inseln, zwischen Terschelling und Schiermonnikoog.
Zugang Mit der Fähre von Holwerd, Friesland. Ein Besuch von Langeduinen im Norden (Fahrradweg und Bohlenweg) und Hollum im Westen lohnt für Wasservögel und Watvögel.
Kontakt Nes Nature Centre
Tel.: 0519/542737

24 km lang und bis zu 4 km breit, ist Ameland hauptsächlich offenes Grasland mit Dünen und einigen wenigen Gehölzen. Kornweihen, Sumpfohreulen, Rohrdommeln, Brandenten, Eiderenten, Säbelschnäbler, Regenpfeifer, Uferschnepfen, vier Seeschwalbenarten, Blaukehlchen, Gelbspötter und Karmingimpel brüten hier. Im Herbst ziehen Kleinvögel in großer Zahl durch, mit einigen Seltenheiten; der Durchzug von Enten und Gänsen ist beachtlich. Im Winter ist die Insel für Entenvögel und Watvögel außergewöhnlich gut.

❹ Bildtpollen

Lage Ein langer Küstenstrich zwischen dem Fährpier in Holwerd und Zwarte Haan im Norden der Niederlande.
Zugang Von der N 357 zwischen Hallum und Holwerd.
Kontakt Vogelbescherming Nederland, PO Box 925, NL-3700 AX Zeist
Tel.: 030/6937700
Web: www.vogelbescherming.nl

Im Sommer leben in diesem Reservat z. B. brütende Austernfischer, Säbelschnäbler (etwa 2000 Paare), Uferschnepfen, Rotschenkel, Flussseeschwalben, Stelzen, Pieper und Lerchen. Im Frühjahr ist es voll von ziehenden Watvögeln. Der Winter ist außergewöhnlich mit Tausenden von Saat-, Weißwangen- und Ringelgänsen, Zehntausenden von Pfeifenten, Großen Brachvögeln, Austernfischern, Rotschenkeln und anderen Watvögeln und einer guten Chance auf Ohrenlerchen und Schneeammern.

Ohrenlerche

❺ Lauwersmeer

Lage Zwischen Anjum und Lauwersoog, etwa 35 km westlich von Groningen.
Zugang Erkunden Sie das Gebiet der Pampusplat südlich von Lauwersoog an der N 361, im Winter den Hafen von Lauwersoog und den Komplex der Straßen im Westen.
Kontakt Vogelbescherming Nederland, PO Box 925, NL-3700 AX Zeist
Tel.: 030/6937700
Web: www.vogelbescherming.nl
www.lauwersmeer.com/eng/

Das weite Gebiet ist im Frühjahr und Herbst interessant für ziehende Watvögel, Löffler, Zwergmöwen und Seeschwalben und im Sommer für Säbelschnäbler, Fluss- und Küstenseeschwalben und andere brütende Wasservögel. Im Winter richtet sich das Interesse auf Entenvögel mit Tausenden von Weißwangen- und Blessgänsen, Saat-, Kurzschnabel- und Ringelgänsen und vielleicht ein oder zwei Rothalsgänsen.

Silberreiher

❻ Dollard

Lage An der Mündung der Ems an der Grenze zu Deutschland.
Zugang Aussicht vom Punt van Reide östlich von Termunterzijl, bei Nieuw Statenzijl und bei den Odambtpoldern bei Schmeeda und Winschoten.
Kontakt Vogelbescherming Nederland, PO Box 925, NL-3700 AX Zeist
Tel.: 030/6937700
E-Mail: birdlife@vogelbescherming.nl
Web: www.vogelbescherming.nl

Im Sommer ist dies für brütende Watvögel ein wichtiges Gebiet, besonders für die große Zahl an Rotschenkeln. Große Kolonien von Säbelschnäblern sind eine weitere Attraktion. Wachtelkönige brüten noch in den Poldern, ebenso Rohr- und Wiesenweihen, Sumpfohreulen und Wachteln. In Schilfflächen leben Blaukehlchen und Tüpfelsumpfhühner. Im Winter rasten große Mengen Entenvögel und Watvögel mit berühmt hoher Dichte an Dunklen Wasserläufern (bis 5000) und Säbelschnäblern. Für Gänse ist das Gebiet im Frühjahr am besten.

❼ Friesland – Zuidwest

Lage Die Folge von Feuchtgebieten und Feuchtwiesen um Sneek und westlich des Ijsselmeerufers.
Zugang Am besten vom Straßennetz aus, das man über die N 359 und N 354 erreicht, zu beobachten.
Kontakt Vogelbescherming Nederland, PO Box 925, NL-3700 AX Zeist
Tel.: 030/6937700
E-Mail: birdlife@vogelbescherming.nl
Web: www.vogelbescherming.nl

Der Winter bringt Zwergsäger, Gänsesäger, Tafel- und Reiherenten sowie große Schwärme von Bless- und Weißwangengänsen. Der Damm am Kornwerderzand im Norden ist ein gutes Gebiet, ebenso das Hergermeer und die Seen bei Fluessen und ihr Hinterland. In Frühjahr und Sommer sind Löffler zu sehen, gelegentlich Raubseeschwalben, ferner Silberreiher, Uferschnepfen, Beutelmeisen, Blaukehlchen, eine Vielfalt an Watvögeln, Möwen, Seeschwalben und Singvögeln. Kampfläufer gibt es manchmal im Frühling.

❽ Ijsselmeer

Lage Das Ijsselmeer (einst eine den Gezeiten ausgesetzte Bucht der Nordsee) bestimmt die Küstenlinie der Niederlande.
Zugang An der südöstlichen und östlichen Seite des riesigen Gebiets und über die große Dammkrone gibt es Straßen.
Kontakt Vogelbescherming Nederland, PO Box 925, NL-3700 AX Zeist
Tel.: 030/6937700
E-Mail: birdlife@vogelbescherming.nl
Web: www.vogelbescherming.nl

Im Winter ist das ein fabelhafter Platz, obwohl die Bedingungen außergewöhnlich rau sein können. Auf dem offenen Wasser sind riesige Mengen von Enten, die oft zu einem riesigen Vogelband verschmelzen. Eine große Zahl an Reiherenten, Tafelenten und Blesshühnern ist fast überall zu sehen; unter ihnen sind kleinere Schwärme von Bergenten, Mittelsägern und anderen Enten, gelegentlich auch ein Rothalstaucher oder ein Seetaucher. An geschützten Stellen oder in Hafenbuchten an der Südseite der Ijmeerdijkstraße (wie bei Pampushaven) sind schöne Trupps von Gänse- und Zwergsägern – Hunderte oder manchmal Tausende – beisammen. Mäusebussarde, manchmal Raufußbussarde, Nebelkrähen, Schleier- und Sumpfohreulen halten zu allen Zeiten das Interesse wach.

In harten Winter türmt sich an den Ufern des Ijsselmeers das Eis.

9 De Wieden, Overijssel

Lage 10 km westlich von Meppel.
Zugang Das Reservat liegt nahe an der N 762, unmittelbar westlich von Meppel.
Kontakt De Wieden, Beulakerpad 1, 8326 AH St. Jansklooster
Tel.: 0527/246644
Web: natuurmonumenten.nl/dewieden

Dies ist das größte Torfmoor in Nordwesteuropa. Im Frühjahr trifft man auf eine große Vielfalt von Singvögeln, darunter Gelbspötter, Feldschwirle, Rohrschwirle, Blaukehlchen, Trauerschnäpper und Beutelmeisen, ferner Trauerseeschwalben, durchziehende Watvögel, Rohrdommeln, Purpurreiher, Graugänse und Tüpfelsumpfhühner. In den nahe gelegenen Wäldern brüten Habicht, Baumfalke und Pirol. Um De Wieden und benachbarte Dörfer brüten Weißstörche, die aber im Herbst zahlreicher sind.

Rohrschwirl

10 Wieringen

Lage Früher eine Insel, heute mit Festland verbunden, östlich von Den Helder.
Zugang Über die N 99.
Kontakt Vogelbescherming Nederland, PO Box 925, NL-3700 AX Zeist
Tel.: 030/6937700
E-Mail: birdlife@vogelbescherming.nl
Web: www.vogelbescherming.nl

Die interessante Zeit beginnt im Herbst. Trauerseeschwalben sind zahlreich, mehr als 200 000 wurden bei Balgzand schon gezählt. Im Winter vermischen sich Zehntausende von Austernfischern und Knutts mit kleineren Mengen anderer Watvögel und Enten. Bergenten können zu Zehntausenden da sein und mit Reiher- und Tafelenten ein eindrucksvolles Schauspiel bieten. Ringelgänse, Blesshühner und Nebelkrähen sind häufig, Berghänflinge und Schneeammern an der Strandlinie wahrscheinlich.

11 Oostvaardersplassen

Lage Unmittelbar westlich von Lelystad auf Flevoland, der vom Meer gewonnenen Provinz östlich von Amsterdam.
Zugang Vom Süden (Harderwijk) über die N 302 und ein System von Nebenstraßen zu erreichen. Der Oostvardersdijk verläuft auf der Nordseite des Reservats.
Kontakt Staatsbosbeheer, Princenhof Park 1, PO Box 1300, NL-3970 BH Driebergen
Tel.: 030/6926111
E-Mail: info@staatsbosbeheer.nl

Dies ist ein großes Gebiet mit Schilfflächen und Lagunen, dazwischen Weidenbusch und offene Schlammflächen. Löffler und Kormorane brüten, ebenso Rohrdommel, Silberreiher, Graugans, Rohr-, Korn- und Wiesenweihe, Habicht, Säbelschnäbler, Schleiereule, Blaukehlchen, Gelbspötter, Bart- und Beutelmeise. Unter den Frühjahrs- und Herbstdurchzüglern sind weitere Enten- und Watvögel, Baumfalken, Zwergmöwen, Trauer- und gelegentlich Weißflügel-Seeschwalben, verschiedene Stelzen, Pieper und Laubsänger. Im Winter rasten größere Mengen häufigerer Entenvögel.

12 Oost-Flevoland

Lage Eine Insel aus Land, das vom Meer gewonnen wurde, unmittelbar östlich von Amsterdam.
Zugang Von Harderwijk zu den Flevoland Poldern; erkunden Sie den Ufergürtel und das Gebiet nördlich bis Lelystad.
Kontakt Vogelbescherming Nederland, PO Box 925, NL-3700 AX Zeist
Tel.: 030/6937700
Web: www.vogelbescherming.nl

Das Gebiet ist hervorragend für das Beobachten im Winter. So gut wie überall sind Greifvögel, darunter viele Mäuse- und Raufußbussarde sowie Kornweihen. Gänsezahlen schwanken je nach Wetterbedingungen, aber eine größere Zahl an Saat- und Blessgänsen ist zu erwarten.

Raufußbussard

13 Harderbroek

Lage Gegenüber von Harderwijk am Südende von Flevoland.
Zugang Von Harderwijk nach Norden auf der N 302 Richtung Lelystad. Wenn man den Kanal überquert, liegt Harderbroek links.
Kontakt Vogelbescherming Nederland, PO Box 925, NL-3700 AX Zeist
Tel.: 030/6937700
Web: www.vogelbescherming.nl

Eines der vielen Polderlandreservate, aber mit einem eigenen Zauber. Im Frühjahr und Sommer begegnet man Rohrdommel, Nachtigall, Blaukehlchen, Rohrschwirl und Bartmeise. Rohr- und Kornweihen sind im Herbst häufig. Im Winter kann man Bless-, Saat- und Ringelgänse häufig sehen; ebenso sind im Winter Pfeif-, Schnatter-, Spieß-, Tafel-, Reiher- und Schellente häufig, zusammen mit einigen weiteren Arten.

Der Löfflersee im Reservat Oostvardersplassen

⓮ Naardermeer

Lage Ein Feucht- und Waldgebiet 20 km südöstlich von Amsterdam.
Zugang Das Reservat ist über die A 1 und Muiden, dann ostwärts auf der Straße parallel zur A 1, die nach Süden Richtung Ankeveen abbiegt, zu erreichen. Auf der Straße nach De Goog folgt man den Markierungen zum Nardermeer (geführte Bootsfahrt oder Pfad zu Beobachtungsständen).
Kontakt Natuurmonumenten, Postbus 9955, NL-1243 ZS's-Graveland
Tel.: 035/6559911
web: www.natuurmonumenten.nl

Naardermeer kann man am besten vom Boot aus von April bis September erleben. Wälder stehen um einen großen See mit ausgedehnten Schilffeldern. Purpurreiher, Habicht, Uferschnepfe und Trauerseeschwalbe sind zu sehen. Das Boot bietet die Chance besserer Sicht auf Kormorane (eine große Kolonie), Graugänse, Enten, Rohrweihen, Blaukehlchen, Rohrschwirle und Bartmeisen.

⓯ Hoge Veluwe

Lage Zwischen Arnhem und Apeldoorn.
Zugang Ausfahrt 17 auf der A 1 von Amsterdam und auf der N 310 nach Otterlo. Es gibt auch einen Eingang bei Schaarsbergen von der N 311. Ein Busservice verbindet die verschiedenen Reservateingänge. Man kann im Sommer auch von Arnhem aus ins Reservat kommen.
Kontakt Veluws Bureau voor Toerisme, Deventerstraat 19B, 7311 BH Apeldoorn
Tel.: 026/4951023
E-Mail: info@theveluwe.com
Web: www.theveluwe.com

In der südlichen Veluwe gibt es mehrere große Naturschutzgebiete. Der Veluwezoom-Nationalpark hat Wälder und Heiden mit Greifvögeln, darunter Wespenbussarde im Sommer, auch Schwarzspecht, Wendehals, Gartenbaumläufer, Haubenmeise, Sommergoldhähnchen, Kernbeißer und meist auch einige Fichtenkreuzschnäbel. Die Hoog-Buurlo-Heide ist gut für Neuntöter, Heidelerche, Ziegenmelker und Baumfalke.

Schlammflächen und Marschen in Zeeland im Südwesten der Niederlande

⓰ Zeeland

Lage Ein Komplex von Inseln und Wasseradern südlich des Brouwersdam um Middelburg, Goers, Bergen op Zooem und Vlissingen.
Zugang Das Gebiet kann auf mehreren Hauptstraßen erkundet werden, darunter N 57, A 58 und N 61.
Kontakt Vogelbescherming Nederland, PO Box 925, NL-3700 AX Zeist
Tel.: 030/6937700
E-Mail: birdlife@vogelbescherming.nl
Web: www.vogelbescherming.nl

Zeeland ist ein ausgezeichnetes Gebiet für Vögel im Winter, besonders wenn kaltes Wetter Gänse und Enten nach Süden treibt. Unter den Gänsen sind Weißwangen-, Grau- und Blessgänse zahlreich und weit verbreitet. Zwerg- und Singschwäne sind häufig. Gelegentliche Zwerg- und Rothalsgänse fordern Beobachtergeschick und -geduld heraus. Auf den zahlreichen Wasserwegen um die Inseln gibt es große Mengen Zwerg-, Hauben- (bis 15 000) und Schwarzhalstaucher, Pfeif-, Schnatter- und Schellenten sowie Mittelsäger. Halten Sie im Frühjahr und Sommer nach Säbelschnäblern, Sand- und Seeregenpfeifern, Brand- und Zwergseeschwalben Ausschau.

Haubenmeise

⓱ Biesbosch

Sumpfgebiet im Biesbosch im Frühling

Lage Eine großes sandiges Heide- und Waldgebiet mit Feuchtgebieten, 20 km südöstlich von Rotterdam.
Zugang Ausfahrt 23 von der A 27 nach Werkendam. Es gibt ein Besucherzentrum am nahe gelegenen Hollandse Bieschbosch und Aussichtspunkte über die Petrusplaat.
Kontakt Bezoekerscentrum Mijl op Zeven, Groote Peel Nationalpark
Tel.: 0495/641497
Web: www.nationaal-parkdegroot-epeel.nl

Der Groote Peel und De Peel-im Biesboschgebiet weisen große Mengen brütender Blaukehlchen und im Winter Saat- und Blessgänse auf. Strabrechtse Heide, 10 km südöstlich von Eindhoven auf der A 67 zu erreichen, ist ein Heide- und Seengebiet mit Schwarzhalstauchern, Rohrdommeln, Löffelenten, Baumfalken, Wasserrallen, Blaukehlchen und Schwarzkehlchen als Brutvögel. Schwarzspecht, Ziegenmelker, Heidelerche und Haubenmeise brüten nur lokal. Im Winter sieht man Kornweihe und Raubwürger. Soerendonks Goor westlich der A2 im Süden von Eindhoven ist ein Brutplatz von Trauerseeschwalben, in Budel-Dorplein gibt es Schwarzkopfmöwen, Rohrweihen, Sumpfrohrsänger und Bartmeisen.

⓲ Brouwersdam und Haringvliet

Lage Der Brouwersdam verläuft von Voorne im Norden über das dazwischen liegende Haringvliet nach Goeree/Overflakke nahe Stellendam im Süden; der Damm schließt die Mündung von Rhein und Maas.
Zugang Von der Hauptstraße (N 59) aus kann man niedrig gelegene Wiesen nach Gänsen absuchen. Ein sehr gutes Zentrum ist Den Bommel (nördlich der A 9, unmittelbar östlich von Oude Tonge).
Kontakt Vogelbescherming Nederland, PO Box 925, NL-3700 AX Zeist
Tel.: 030/6937700
E-Mail: birdlife@vogelbescherming.nl
Web: www.vogelbescherming.nl

Im Herbst sind hier viele Watvögel und Seeschwalben. Im Winter kann man einige Trottellummen und Tordalken sehen, viele Enten einschließlich Eis- und Bergenten sowie Zwergsäger, viele Rothalstaucher sowie Seetaucher und Möwen. Das Binnenland ist ein guter Gänserastplatz, darunter Weißwangengänse; auch Berghänflinge und Mäusebussarde, überwinternde Drosseln und Finken sind wahrscheinlich.

Weißwangengans

Belgien

Von den flachen Nordseeküsten bis zu höher gelegenen Wäldern im Inland bietet das kleine Belgien eine erstaunliche Vielfalt an Vögeln. Es teilt sich mit den Niederlanden einige der überwinternden Gänse, Enten und Greifvögel in den tief liegenden Landesteilen Flandern und um Antwerpen; die Sommervögel in den Wäldern und im Agrarland sind ähnlich wie die im nördlichen Frankreich. Die Ardennen im Süden sind nicht hoch genug für alpine Arten, sie weisen typische europäische Waldvögel auf. Nadelwälder bieten Lebensraum für Habicht, Haubenmeise und Fichtenkreuzschnabel.

1 De Blankaart

Beobachtungshütte im Reservat Blankaart

Lage Teil des Komplexes von Reservaten im Ijzertal.
Zugang Auf der N369 zwischen Diksmuide und Leper südlich von Woumen. Der Parkplatz liegt nahe einem Schloss, von dem ein Pfad zur »Vogelkuikhut« führt.
Kontakt BirdLife Belgium, Kardinaal Mercierplein 1, 2800 Mechelen
Tel.: 015/297220
E-Mail: info@natuurpunt.be
Web: www.natuurpunt.be

Wenn man in der Nähe ist, lohnt dieses Feuchtgebiet einen Besuch. Im Sommer kann man Zwergdommel oder Drosselrohrsänger hören oder sehen. In den umliegenden Wäldern leben häufigere Waldvögel wie Haubenmeise, Gartenbaumläufer und auch Spechte. Im Winter kann man die nahe gelegenen Überflutungsflächen leicht erreichen; dort sind Zwergschwäne, Enten, Watvögel und Greifvögel zu beobachten.

2 Oostende

Lage Küstengebiet im Nordosten des Hafens von Oostende.
Zugang Auf der Küstenstraße N34 nordöstlich Richtung Zeebrugge; dann links zum Leuchtturm Oostende. Zu Fuß zu den Piers und an den Strand.
Kontakt BirdLife Belgium, Kardinaal Mercierplein 1, B-2800 Mechelen
Tel.: 015/297220
E-Mail: info@natuurpunt.be
Web: www.natuurpunt.be

Ödland, Strand, Wellenbrecher und Häfen sind hier besonders im Herbst Erfolg versprechend. Nach Stürmen aus Südwest ist der östliche Pier lohnend, kann aber bei ruhigem Wetter auch gar nichts bieten. Seetaucher und Lappentaucher, Eissturmvögel, Schwarzschnabel- und Dunkle Sturmtaucher, Wellenläufer, Basstölpel, Ringelgänse, Eisenten, Trauerenten, Thorshühnchen, Schmarotzer- und Falkenraubmöwen sowie Skuas sind wahrscheinlich. Häufig sind Zwergmöwen, Schwalbenmöwen dagegen eher selten, außerdem gibt es Dreizehenmöwen und verschiedene Seeschwalben (inkl. Lach- und Raubseeschwalbe) und Krabbentaucher. Im Winter sieht man Meerstrandläufer und auf dem Meer allerlei Enten. Als Gast aus dem hohen Norden kann man am Strand dann auch einmal eine Eismöwe entdecken.

Überflutete Wiesen im Zwinreservat ziehen viele Wasservögel an.

3 Zwin

Lage Etwa 10 km nordöstlich vom Fährenterminal Zebrugge an der Mündung des Zwin.
Zugang Auf der N34 nach Knokke-Heist, wo dann das Reservat gut ausgeschildert ist.
Kontakt BirdLife Belgium, Kardinaal Mercierplein 1, B-2800 Mechelen
Tel.: 015/297220
E-Mail: info@natuurpunt.be
Web: www.natuurpunt.be

Die eingedeichte und verschlammte Flussmündung weist einige mit Salzwasser überflutete Wiesen, Schlammbänke und Dünen auf, die man alle leicht vom Hauptdamm und den Fußpfaden aus sehen kann. Im Winter ist das Gelände gut für Kornweihen und Merline, Sumpfohreulen, Ohrenlerchen, Sporn- und Schneeammern sowie Berghänflinge, die einen typischen Bestandteil der Salzmarschen- und Strandvögel ausmachen. Durchzügler sind Purpurreiher und Löffler. Im Sommer brüten Kormorane, Seidenreiher, Nachtreiher, eingebürgerte Weißstörche, Brandenten, Säbelschnäbler, Seeregenpfeifer, Schwarzkopfmöwen, Flussseeschwalben, Gelbspötter und Girlitze. Diese Liste markanter Arten ist die eines kontinentalen Küstenreservats und deutlich verschieden von der in einem nahe gelegenen Gebiet jenseits des Kanals.

4 Antwerpen und Reservat Zegge

Uferpartie in Zegge

Lage Das Reservat Zegge liegt bei Geel in Nordbelgien, 25 km östlich Antwerpen.
Zugang Der Hafen von Antwerpen ist am besten von der Hafenstraße parallel zur N 49 nach Zelzate vom Stadtzentrum aus zu erreichen. Die A 13 führt von Antwerpen nach Gent.
Kontakt BirdLife Belgium, Kardinaal Mercierplein 1, B-2800 Mechelen
Tel.: 051/545244
E-Mail: info@natuurpunt.be
Web: www.natuurpunt.be

Das Gebiet von Fluss, Docks, Schilfflächen und Ödland ist einen Besuch wert, ebenso wie die Feuchtgebiete, Wälder und Polder weiter im Inland. Von Herbst bis Frühjahr sind viele Wat- und Wasservögel da, Lappentaucher und Zwergsäger lassen sich auch in den Docks sehen. Das Reservat Zegge (östlich) bietet Blaukehlchen.

5 Kalmthoutse Heide

Lage 20 km nördlich von Antwerpen.
Zugang Von Antwerpen aus auf der N 11 nach Putte, dann die N 111 nach Kalmthout.
Kontakt Tourist Info
Tel.: 03/6666101
E-Mail: toeisme@kalmthont.be
Web: www.kalmthout.be

Frühling und Sommer sind die beste Zeit, wenn die Schnatterenten und einige andere Enten brüten. Zu den Brutvögeln zählen auch Großer Brachvogel, Uferschnepfe, Ziegenmelker, Schwarzkehlchen und Heidelerche. In den Wäldern gibt es Waldohreulen, Schwarzspechte, Gartenrotschwänze und Haubenmeisen; auch Wespenbussarde kann man sehen. Im Winter sind Zwergsäger und Schellenten auf den Teichen.

Wespenbussard

Blick ins Schwalmtal

6 Schwalmtal

Lage Ein Flusstal in den Ardennen etwa 35 km von Lüttich entfernt.
Zugang Die N 676 von Robertville, dann die N 647 nach Harperschied. Diese Straße ist manchmal wegen Militärübungen gesperrt.
Kontakt BirdLife Belgium, Kardinaal Mercierplein 1, B-2800 Mechelen
Tel.: 015/297220
E-Mail: info@natuurpunt.be
Web: www.natuurpunt.be

Das Tal ist eine wundervolle Landschaft. Im Sommer kann man auf einem Weg entlang des Tales Wendehals, Raubwürger und Neuntöter antreffen. Es gibt auch Raufußkauz und Schwarzspecht in den umliegenden Wäldern und im Winter Tannenhäher in den Koniferenforsten. An Greifvögeln kann der Rotmilan zu finden sein.

7 Hautes-Fagnes

Winterlandschaft in Hautes-Fagnes

Lage Die Hochebene liegt im Osten etwa 30 km östlich von Lüttich.
Zugang Auf der A 3 von Lüttich, dann nach Süden auf der NM 68. Zwischen Eupen und Malmedy auf der N 676 südöstlich Richtung Robertville, wo Informationszentrum und Wege sind.
Kontakt BirdLife Belgium, Kardinaal Mercierplein 1, B-2800 Mechelen
Tel.: 015/297220
E-Mail: info@natuurpunt.be
Web: www.natuurpunt.be

Wälder, Heide und Hochmoor bestimmen das Gebiet. Auf den Heideflächen leben noch einige Birkhühner, die man im Frühjahr von den Pfaden aus sehen kann. Im Sommer kann man Raufußkäuze sehen oder hören, für Wespenbussarde besteht eine Chance, ferner brüten Heidelerche und Fichtenkreuzschnabel. Durch Aufhängen von Nistkästen haben sich die Raufußkäuze jüngst vermehrt.

8 Forêt d'Anlier und Lorraine Belge

Lage In der äußersten Südostecke von Belgien.
Zugang Die Stadt Arlon nahe der E 411 ist ein guter Ausgangspunkt, um das Gebiet um die Dörfer Irton, Ethe, Vance und Habay zu erkunden.
Kontakt BirdLife Belgium, Kardinaal Mercierplein 1, B-2800 Mechelen
Tel.: 015/297220
E-Mail: info@natuurpunt.be
Web: www.natuurpunt.be

Dies ist eine große, vielfältige Region, in der Buchenwälder mit Agrarland abwechseln. Zeitig im Frühjahr ist die beste Zeit für einige heimliche Waldbewohner wie Schwarz- und Mittelspecht, Habicht und Haselhuhn (aber auch hier selten). Später in der Brutzeit ist es günstiger für Schwarzstorch, Wespenbussard, Schwarz- und Rotmilan, Baumfalke, Ziegenmelker, Heidelerche, Nachtigall, Orpheusspötter, Sommergoldhähnchen, beide Baumläuferarten, Pirol, Neuntöter und Raubwürger. Einige Gebiete weisen auch Mittelspechte und Grauspechte auf. Wie in den meisten Wälder ist Zeit und Geduld gefragt, doch kann man auf der Suche nach den besten Punkten eine Menge Waldvögel sehen.

Frankreich

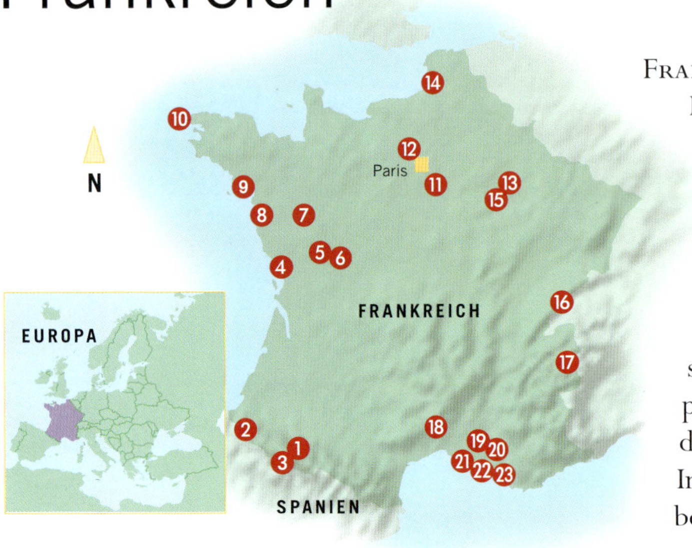

Frankreich ist eine Art Mikrokosmos von Europa. Es hat Seevogelinseln und Beobachtungspunkte für den Vogelzug in der Bretagne, Konzentrationen von Gänsen, Enten und Watvögeln in den Flussmündungen und Buchten im Norden und an der Westküste sowie interessante Waldvögel im Inneren. Viele seiner Agrarlandschaften sind noch immer vogelreich, die Hochalpen, der Jura und die Cevennen ergänzen dies noch durch einige interessante Arten. Im Süden um die Camargue liegen einige der berühmtesten Vogelgebiete Europas.

1 Col du Tourmalet

Wolken im Tal unter dem Col

Lage Etwa 15 km östlich von Luz-St-Sauveur in den Hautes Pyrénées.
Zugang Der Col ist auf der N918 von June aus über Luz-St-Sauveur erreichbar; die umliegenden Wälder können von der Straße oder von Wanderwegen aus erkundet werden.
Kontakt Ligue pour la Protection des Oiseaux (LPO), La Corderie Royale, BP 263, F-17305 Rochefort Cedex
Tel.: 0546/821234
Web: www.lpo.fr

Neben der fabelhaften Berglandschaft bietet der schöne Col du Tourmalet brütende Schneesperlinge und Steinrötel und ist auch ganz allgemein gut für Alpenbraunellen, Alpendohlen, Alpensegler, Felsenschwalben und andere Arten großer Höhen. Die Wälder am Weg beherbergen Schwarzspechte, Haubenmeisen oder Sommergoldhähnchen. Weitere Straßen, z. B. zum Cirque de Troumouse oberhalb Gédre, sind einen Versuch wert.

2 Col d'Orgambideska

Lage Ein Pass an der spanisch-französischen Grenze, etwa 60 km südwestlich von Oloron-Sainte-Marie.
Zugang Auf der D 919 von Oloron-Sainte-Marie, dann auf der D 918 und D 26 nach Larrau, dann 10 km westlich nach Saint-Jean-de-Port, Bayonne und Orthez.
Kontakt OCL 11, rue Bourgneuf, F-64100 Bayonne
Tel.: 0559/256203

Dies ist der beste Beobachtungspunkt für den Vogelzug in den Pyrenäen. Schwarzmilane und Wespenbussarde sind die frühen Durchzügler (August), September ist die beste Zeit für Schwarzstörche, Fischadler, Baumfalken und Rohrweihen sowie Schwalben. Später ziehen Rotmilane, Mäusebussarde und Sperber. Finken, Ringeltauben, Lerchen und Drosseln kommen oft in großer Zahl noch später.

Ringeltaube

Nadelwald umgibt den dramatischen Cirque de Gavarnie.

3 Gavarnie

Lage 60 km südlich von Lourdes in den Haute Pyrénées.
Zugang Von Lourdes die N21 nach Argelès-Gazost, die N918 nach Luz-St-Sauveur, dann die N921 nach Gavarnie (nur im Sommer zugänglich).
Kontakt Ligue pour la Protection des Oiseaux (LPO), La Corderie Royale, BP 263, F-17305 Rochefort Cedex
Tel.: 0546/821234
Web: www.lpo.fr

Die Pyrenäen sind ein mächtiges Gebirge. Viele der interessantesten Vögel sind in den Schluchten und auf den Hügeln weiter unten zu sehen. Gavarnie hat ein großes Felsenhalbrund zwischen den hohen Gipfeln, von denen einige bewaldet, andere kahl sind. Geht man im Sommer (im Winter ist das Tal geschlossen) in Richtung der Gipfel hinauf, kann man mit etwas Glück eine Auswahl der Pyrenäenvögel sehen, wie etwa Gänsegeier und Steinadler oder andere Greifvögel. Die besonderen Arten sind Bartgeier und Mauerläufer, wahrscheinlicher sieht man Alpenkrähen, Alpendohlen, Schneesperlinge, Zitronengirlitze, Haubenmeisen und Sommergoldhähnchen. Alpenbraunellen kommen regelmäßig an den Parkplatz, Schwarzspechte brüten in den nahe gelegenen Wäldern, und Hausrotschwänze trifft man in den Felsen und in den Dörfern weiter unten.

4 Baie d'Aiguillon

Lage Eine große Bucht im Norden von La Rochelle an der Biscayaküste.
Zugang Von verschiedenen Straßen und Dörfern aus an der Nordküste zu sehen; von Triaize die D746 nach Vignaud und dann südlich zur Küste.
Kontakt Ligue pour la Protection des Oiseaux (LPO), La Corderie Royale, BP 263, F-17305 Rochefort Cedex
Tel.: 0546/821234
Web: www.lpo.fr

Bei Ebbe weist diese Bucht große Wattflächen auf, die von Watvögeln und Enten besetzt sind. Bei Flut kommen sie an höheren Stellen zusammen, wo man sie von den Mauern am Meer aus beobachten kann. Hier gibt es die meisten Küstenwatvögel Frankreichs. Wiesenweihen, Baumfalken, Rothühner, Wachteln und Blaukehlchen brüten im Gebiet. Frühjahr und Herbst bringen Durchzügler wie Löffler, Seidenreiher und Schwarzstörche.

Wachtel

5 Reserve naturelle du Pinail

Lage Etwa 30 km nordöstlich von Poitiers im mittleren Westfrankreich.
Zugang Von Portiers nach rechts von der N 10 auf die D 15 nach Dissay. Kurz vor Dissay nach links, dann kurz nach Bondily rechts. Nach Château du Fou führt eine Piste zum Parkplatz des Pinail Reservats.
Kontakt Reserves naturelle Pinail, Ferme du Château du Fou, F-86210, Vouneuil-sur-Vienne
Tel.: 0549/023347
E-Mail: pinail@espaces-naturels.fr
Web: www.reserve-pinail.org

Öffentliche Wege durchschneiden dieses wundervolle Waldreservat. Frühjahr und Sommer sind zwar gut für Brutvögel, doch ist die Beobachtung im Winter leichter (vermeiden Sie aber die Wildschweinsaison); Gartenbaumläufer, Schwarz- und Mittelspecht sowie Habicht sind im Sommer schwer zu entdecken. Zu den Brutvögeln zählen Baumfalke, Wiesen- und Kornweihe, Wespenbussard, Schlangenadler, Feldschwirl, Heidelerche, Ziegenmelker und Kernbeißer. Provencegrasmücke und Schwarzkehlchen brüten auf der Heide.

6 La Brenne

Lage Knapp westlich von Châteauroux, etwa 80 km südöstlich von Tours.
Zugang Von Tours die N 413 nach Châtillon-sur-Indre, dann nach Mézières-en-Brenne. Die interessanten Gebiete liegen zwischen hier und dem Dorf Rosnay, etwa 25 km südlich.
Kontakt Ligue pour la Protection des Oiseaux (LPO), La Corderie Royale, BP 263, F-17305 Rochefort Cedex
Tel.: 0546/821234
Web: www.lpo.fr

Dies ist eine ruhige Gegend mit Seen, Schilfflächen, Wäldern, Wiesen und Heide. Der Gabrieresee eignet sich am besten im Herbst und Winter. Im Frühjahr kann man brütende Schwarzhalstaucher, Purpurreiher, Zwergdommeln, Enten, Rohrweihen, Schwarzmilane, Schlangenadler, Wespenbussarde, Weißbart- und Trauerseeschwalben, Rohrschwirle und Drosselrohrsänger beobachten. Im Winter gibt es eine große Konzentrationen von Zwergsägern, Grau- und Saatgänsen.

Schwarzhalstaucher

7 Lac du Rille

Lage Ein Staubecken am Fluss Lathan, 40 km nordwestlich von Tours.
Zugang Von Noyant auf der D 766, dann auf der D 141 nach Südosten durch Breil. An der Kreuzung mit der D 62 nach Osten Richtung Rille.
Kontakt Ligue pour la Protection des Oiseaux (LPO), La Corderie Royale, BP 263, F-17305 Rochefort Cedex
Tel.: 0546/821234
Web: www.lpo.fr

Der Wasserstand des Sees schwankt, manchmal tauchen Sandbänke auf, und zu anderen Zeiten sind die anliegenden Wiesen überflutet. Das Gebiet ist privat, aber von öffentlichen Wegen durchzogen. Im Frühling und Sommer gibt es viele gewöhnliche Wasser- und Watvögel auf dem Durchzug. Im Herbst kommen viele Enten und Watvögel, und auch Schwarzhalstaucher, Löffler, Schwarzstörche, Wespenbussarde, Weißbart-Seeschwalben ziehen durch.

8 Guérande/Le Croisic

Lage An der Küste der Biscaya, etwa 30 km westlich von St. Nazaire.
Zugang Von Guérande die D 774 und dann die N 171 nach Le Croisic. Wo immer möglich, erkunden Sie die Straße durch den Sumpf und die Fußwege.
Kontakt Ligue pour la Protection des Oiseaux (LPO), La Corderie Royale, BP 263, F-17305 Rochefort Cedex
Tel.: 0546/821234
Web: www.lpo.fr

Die Schlammflächen und Sümpfe von Guérande sind im Norden von Sandstreifen begrenzt und im Südosten durch Felsküsten. Es gibt Häfen und Buchten, die alle gute Sicht auf Vogelschwärme bieten. Im Sommer gibt es brütende Stelzenläufer, Säbelschnäbler, Blaukehlchen und Flussseeschwalben. Frühjahrs- und Herbstzug bringen viele Watvögel, Löffler und große Mengen Seevögel vor der Küste im Herbst. Im Winter sieht man Schwarzhalstaucher.

Die Seen von La Brenne sind von Touristen weitgehend unberührt.

❾ Golfe du Morbihan

Lage An der Südküste der Bretagne südlich von Vannes, etwa 180 km nordwestlich von Nantes.
Zugang Die Sarzeau-Straße D 780 läuft um die östlichen und südlichen Seiten der Bucht.
Kontakt Ligue pour la Protection des Oiseaux (LPO), La Corderie Royale, BP 263, F-17305 Rochefort Cedex
Tel.: 0546/821234
Web: www.lpo.fr

Die fast abgeschlossene Bucht enthält 40 Inseln. Im Winter ziehen große Wattflächen zahlreiche Watvögel und Enten an, besonders Ringelgänse, Pfeif-, Stock-, Löffel-, Spieß-, Krick- und Brandenten, Kiebitzregenpfeifer, Große Brachvögel, Rotschenkel und Alpenstrandläufer. Säbelschnäbler sind zahlreich, und die Zahl der Seidenreiher hat stark zugenommen.

❿ Ile d'Ouessant

Lage Die westlichste Insel Frankreichs, 20 km vor der Küste (Bretagne).
Zugang Mit dem Schiff von Brest oder Conquet, mit dem Flugzeug von Brest-Guipavas; auf der Insel kann man sich ein Fahrrad mieten.
Kontakt Ligue pour la Protection des Oiseaux (LPO), La Corderie Royale, BP 263, F-17305 Rochefort Cedex
Tel.: 0546/82 12 34
Centre Ornithologique, F-29242 Ile d'Ouessant, Finistère
Tel.: 09848/8265
Web: www.lpo.fr

Felsküste, oben von Heide bewachsen, an der Ile d`Ouessant

Eine Insel mit Seevogelkolonien, Provencegrasmücken, Alpenkrähen und einem fabelhaften Vogelzug im Frühjahr und Herbst. Viel hängt vom Wetter ab. Bei guten westlichen Winden kann eine große Zahl an Schwarzschnabel-, Mittelmeer- und Dunklen Sturmtauchern, auch Gelbschnabel-, Großer und Kleiner Sturmtaucher, viele Eissturmvögel, Sturmschwalben, Thorshühnchen, Skuas, Schmarotzer- und Spatelraubmöwen, Dreizehenmöwen und Schwalbenmöwen vorbeifliegen.

⓫ Forêt de Fontainebleau

Forêt de Fontainebleau im Herbst

Lage 60 km südöstlich von Paris.
Zugang Von Paris auf die A 6 / E 15. An der Ury-Ausfahrt auf die N 152 nach Fontainebleau: Nordwestlich liegen das Reservat La Tillaie und Le Gros-Fouteau.
Kontakt Ligue pour la Protection des Oiseaux (LPO), La Corderie Royale, BP 263, F-17305 Rochefort Cedex
Tel.: 0546/821234
Web: www.lpo.fr

Mittelspecht

Das große Waldgebiet im Tal der Seine ist eine populäre und attraktive Landschaft mit vielen häufigeren Waldvögeln. Es gibt alle typischen Laubsänger, Finken und Drosseln des nordwesteuropäischen Waldes, ferner Trauerschnäpper, Gartenrotschwanz, Mäusebussard, Wespenbussard, Sperber und Baumfalke im Frühjahr und Sommer. Interessant sind die Spechte, die man am besten im Frühjahr sieht; Grau-, Grün-, Schwarz-, Bunt-, Mittel- und Kleinspecht sind möglich. Die gut markierte »Route Ronde«, nur 5 km von der Stadt entfernt, bietet viele gute Punkte für Spechte.

⓬ Bois de Boulogne

Lage Ein kleiner Wald in der nordwestlichen Vorstadt von Paris.
Zugang Mit der Pariser Metro nach Port Maillot; gut markierte Routen.
Kontakt Ligue pour la Protection des Oiseaux (LPO), La Corderie Royale, BP 263, F-17305 Rochefort Cedex
Tel.: 0546/821234
Web: www.lpo.fr

Der Rest des einst weiten Forêt du Rouvray mit Seen und Flüssen. Man kann Waldvogelarten sehen und hören, wie Fitis, Waldlaubsänger oder Gartengrasmücke, Gartenrotschwanz, Zilpzalp, Mönchsgrasmücke, Gartenbaumläufer, Hauben- und Schwanzmeise. Hausrotschwänze kommen an Gebäuden häufig vor. Im Winter sind auf den Seen Tafel- und Reiherenten; im Wald kann man Wacholderdrosseln, Rotdrosseln, Erlenzeisige, Birkenzeisige und Bergfinken sehen.

⓭ Lac du Chantecoq

Eine Bucht im Lac du Chantecoq

Lage Etwa 170 km östlich von Paris, 15 km südwestlich von St. Dizier.
Zugang Auf der D 384 von St. Dizier. Der See ist angezeigt.
Kontakt Ligue pour la Protection des Oiseaux (LPO), La Corderie Royale, BP 263, F-17305 Rochefort Cedex
Tel.: 0546/821234
Web: www.lpo.fr

Dieser Stausee ist von Wäldern, offenen Feldern, Schilfflächen und Weidenbäumen umgeben. Man kommt im Frühjahr, Herbst und Winter. Im Winter gibt es Saat- und Graugänse, viele Enten und manchmal Seeadler. Im Herbst erscheinen Watvögel, wenn der Wasserspiegel niedrig ist. Auf dem Zug kommen große Mengen Kraniche im November; ihre Rückkehr im Frühling ist vielleicht noch spektakulärer mit bis zu 25 000 Vögeln im März, die man am besten sieht, wenn sie abends an den Übernachtungsplätzen einfallen.

⓮ Somme-Bucht

Lage Etwa 70 km südlich von Boulogne in Nordwestfrankreich.
Zugang Die D 940 verläuft entlang der Ufer dieser Bucht.
Kontakt Ligue pour la Protection des Oiseaux (LPO), La Corderie Royale, BP 263, F-17305 Rochefort Cedex
Tel.: 0546/821234
Web: www.lpo.fr

Das Mündungsgebiet ist zum Teil ein privates Reservat. Im Winter gibt es dort viele Enten, darunter Spieß-, Pfeif- und Löffelenten sowie Tausende von Watvögeln. Nebelkrähen sind im Winter zahlreich, und oft sieht man auch Raufußbussarde, Wanderfalken und Merline. Achten Sie im Sumpf auf Berghänflinge. Im Frühjahr erscheinen Löffler auf dem Zug. Im Herbst wachsen die Watvogelschwärme stark an, und es gibt noch mehr Möwen, Seeschwalben und auch einige Schmarotzerraubmöwen, gelegentlich einen Fischadler und große Mengen an Finken, Drosseln, Lerchen und Pieper.

⓯ Forêt d'Orient

Lage Östlich von Troyes, etwa 150 km östlich von Paris.
Zugang Auf der N 19 von Troyes nach Norden bei Lusigny-sur-Barse. Bei Géaudot auf die D 43 nach Mesnil-Saint-Père.
Kontakt Ligue pour la Protection des Oiseaux (LPO), La Corderie Royale, BP 263, F-17305 Rochefort Cedex
Tel.: 0546/821234
Web: www.lpo.fr

Der Stausee kontrolliert den Wasserstand der Seine und ist von Wäldern umgeben. Saatgänse und Kraniche ziehen hier im Frühjahr durch. Im Herbst gibt es Fischadler, Kraniche, Trauerseeschwalben und viele Watvögel. Im Winter hat man gute Chancen, Grau- und Saatgänse sowie Seeadler zu sehen. Spechte und Habichte brüten in den Wäldern der Umgebung ebenso wie eine große Zahl häufigerer Waldvögel.

Blick auf den Cevennen-Nationalpark

⓰ Französischer Jura

Lage Das Gebiet zwischen Morez im Südwesten und Pontarlier im Norden, etwa 50 km nördlich von Genf.
Zugang Im Norden erreicht man das Gebiet am besten auf der Straße nach Mont d'Or von der N 57 abfahrend; im Süden auf der D 415 nach Bois d'Amont.
Kontakt Ligue pour la Protection des Oiseaux (LPO), La Corderie Royale, BP 263, F-17305 Rochefort Cedex
Tel.: 0546/821234
Web: www.lpo.fr

Diese Gebirgskette ist für Berg- und Waldvögel fast so gut wie die Alpen. Unter den selteneren Arten sind Haselhuhn, Sperlings- und Raufußkauz, Uhu, Mauerläufer und Zitronengirlitz und in den Wäldern Spechte. Habicht, Sperber und Wanderfalke kommen dazu. Achten Sie auch auf Felsenschwalbe, Berg- und Waldlaubsänger, Wacholderdrossel, Fichtenkreuzschnabel und Tannenhäher. Im Herbst erscheinen Mornellregenpfeifer auf dem Durchzug, rasten auf alpinen Matten und können von gut markierten Wanderwegen des hoch gelegenen Parkplatzes aus beobachtet werden.

Seeadler

⓱ Haute-Savoie und Parc National de la Vanoise

Nadelwälder in Haute-Savoie

Lage An der Grenze zu Italien, 100 km östlich von Grenoble.
Zugang Das Informationszentrum für den Nationalpark liegt in Lanslebourg-Mont-Cenis an der N 6.
Kontakt Ligue pour la Protection des Oiseaux (LPO), La Corderie Royale, BP 263, F-17305 Rochefort Cedex
Tel.: 0546/821234
Web: www.lpo.fr

Das Gebiet von Hochsavoyen ist gut für Steinhühner, obwohl sie sehr schwer zu finden sind, eventuell auch für wieder eingebürgerte Bartgeier. Schneesperlinge, Alpendohlen, Alpenbraunellen, Zitronengirlitze, Tannenhäher und Steinadler brüten hier. Der Nationalpark Vanoise ist ein hoch gelegenes Gebiet mit Schneesperlingen und Mauerläufern; die beste Aussicht hat man vom Col de L'Iséran.

⓲ Parc National des Cévennes und Gorges de la Jonte

Lage Etwa 60 km nördlich von Montpellier reichen die Cevennen an den Westrand des Rhônetals.
Zugang In Florac auf der N 106 ist ein Informationszentrum. Eine Aussichtsplattform für die Gorges du Jonte gibt es auf dieser Straße 10 km östlich von Le Rozier, nahe Le Truel. Das Grasland von Causse Méjean am südwestlichen Ende erreicht man am besten von Le Rozier aus auf der D 996.
Kontakt Ligue pour la Protection des Oiseaux (LPO), La Corderie Royale, BP 263, F-17305 Rochefort Cedex
Tel.: 0546/821234
Web: www.lpo.fr

Die Cevennen bieten ausgezeichnete Beobachtungsmöglichkeiten bei schönem, klarem Sommerwetter, wenn Greifvögel gut zu sehen sind. Gänsegeier wurden wieder eingebürgert und können auch zusammen mit Mönchs- und Schmutzgeier in den Schluchten zu sehen sein. Alpenbraunellen und Zippammern findet man an den höheren Hängen. Wahrscheinlich sind Stein- und Schlangenadler, Habicht, Mäusebussard, Schwarz- und Rotmilan, Kolkrabe, Alpendohle, Wanderfalke, Rothuhn, Alpensegler und Felsenschwalbe. Ringdrosseln, Steinrötel und Weißbartgrasmücken sind Sommervögel, Mauerläufern begegnet man im Winter.

Blick über die Kalksteinhügel der Alpilles

19 Les Alpilles

Lage Die Hügel liegen unmittelbar östlich von Arles.
Zugang Auf der D 17 von Arles nach Osten und dann nördlich auf der D 27 nach Les-Beaux-de-Provence.
Kontakt Ligue pour la Protection des Oiseaux (LPO), La Corderie Royale, BP 263, F-17305 Rochefort Cedex
Tel.: 0546/821234
Web: www.lpo.fr

Zu jeder Zeit ist diese Hügelformation interessant mit guten Ausblicken von den Straßen und Wanderwegen, die durch das Gebiet führen. Im Winter und im zeitigem Vorfrühling lohnt es sich, an Schluchten und Steilwänden bei Tag nach Mauerläufern und bei Dunkelheit nach Uhus zu lauschen. Beide sind schwer ausfindig zu machen, für Uhus ist der Platz aber ebenso gut wie jeder andere Uhubrutplatz in Europa. Einige überwinternde Alpenbraunellen, Steinsperlinge und Zippammern kann man vielleicht auf den höchsten Spitzen entdecken. Achten Sie im Sommer auf Schlangen- und Habichtsadler, Alpensegler, Blaumerle, Felsenschwalbe, Samtkopf- und Weißbartgrasmücke.

Uhu

20 La Crau

Lage Etwa 25 km südöstlich von Arles, unmittelbar östlich der Camargue.
Zugang Über die N 113 von Arles aus. Die besten Gebiete sind der nicht mehr genutzte Landeplatz bei Piste de Vallon, südlich der Kreuzung N 113-D 5, Croix de Crau und das Gebiet östlich der D 5.
Kontakt Ligue pour la Protection des Oiseaux (LPO), La Corderie Royale, BP 263, F-17305 Rochefort Cedex
Tel.: 0546/821234
Web: www.lpo.fr

Vor Tausenden von Jahren war dieses Gebiet ein großes Delta. Heute ist es eine trockene, steinige Ebene, lückig bewachsen mit aromatischen Kräutern. Die Steppe, örtlich Coussous genannt, wird im Sommer von Schafen beweidet und teilweise durch das Militär genutzt; halten Sie sich also an die Pfade. Im Winter kann man auf Trupps von Spießflughühnern und Zwergtrappen stoßen. Im Frühjahr sind sie verteilt und leichter zu finden, wenn sie balzen. Hier leben außerdem Triel, Zwergohreule, Schmutzgeier, Schlangenadler, Schwarzmilan, Häherkuckuck, Feldlerche und Kurzzehenlerche. Blauracken brüten hier ebenfalls.

21 La Camargue: Étang de Vaccarès

Die Feuchtgebiete der Camargue

Lage Die großen Wasserflächen liegen zwischen Montpellier und Marseille.
Zugang Anfahrt auf der D 570 südlich von Arles, dann auf der D 36 und D 36D in Richtung des Sees (hinter Gageron und Villeneuve).
Kontakt Ligue pour la Protection des Oiseaux (LPO), La Corderie Royale, BP 263, F-17305 Rochefort Cedex
Tel.: 0546/821234
Web: www.lpo.fr

An dem großen See mit Schilfufern leben Rohrdommel, Silber-, Seiden- und Kuhreiher, Rohrweihe, Stelzenläufer, Trauer- und Weißbartseeschwalbe, Marisken- und Schilfrohrsänger, Bart- und Beutelmeise. Das ganze Gebiet beherbergt typische mediterrane Sommervögel wie Wiedehopf, Bienenfresser, Blauracke, Kalanderlerche und verschiedene Zweigsänger. Im Winter sind hier große Mengen Blesshühner, Kolben-, Tafel-, Reiher- und Schellenten und Zehntausende von Gründelenten. Silberreiher sind zahlreich.

22 La Camargue: Tour de Valat

Lage Auf der Ostseite des Étang des Vaccares (s. Nr. 21).
Zugang Das Zentrum der Verwaltung der Schutzgebiete in der Camargue. Man erreicht es von Villeneuve auf der D 36D nach Süden Richtung Salin-de-Badon.
Kontakt Ligue pour la Protection des Oiseaux (LPO), La Corderie Royale, BP 263, F-17305 Rochefort Cedex
Tel.: 0546/821234
Web: www.lpo.fr

Ein guter Platz für den Blick über den See mit Plätzen für Vogelbeobachter. Typische Wasser- und Schilfvögel in Frühjahr und Sommer sind Rallen-, Nacht- und Purpurreiher, Zwergdommel, Rohrweihe, Häherkuckuck, Enten und Schlangenadler. Das Areal liegt in einem für Vögel herausragenden Gebiet mit Sümpfen, Salinen, Stränden, Dünen, Baumbeständen und Buschgebieten, das die internationale Bedeutung ausmacht.

23 La Camargue: Étang du Fangassier

Lage Das Hauptgebiet der Salzpfannen in der Camargue, südlich des Étang de Vaccares (s. Nr. 21).
Zugang Auf der D 36D südlich des Étang de Vaccares, dann rechts auf einer Nebenstraße zum Salzsee.
Kontakt Ligue pour la Protection des Oiseaux (LPO), La Corderie Royale, BP 263, F-17305 Rochefort Cedex
Tel.: 0546/821234
Web: www.lpo.fr

Dies ist der Platz der berühmten Kolonie der herrlichen Rosaflamingos – eine von ganz wenigen in Europa. Die Zahlen schwanken von Jahr zu Jahr, aber man kann sich auf Tausende der majestätischen rosa Vögel einstellen. Achten Sie im Frühjahr und Sommer auch auf Schwarzkopf- und Dünnschnabelmöwen, Brand-, Fluss-, Zwerg- und Weißbartseeschwalben sowie brütende Säbelschnäbler. Die kurze, buschige Vegetation auf dem Salzboden beherbergt einige Brillengrasmücken, in Südeuropa weitgehend auf diesen Lebensraum beschränkt. Im Frühjahr und Herbst sind durchziehende Watvögel vieler Arten häufig.

Schweiz

Berge dominieren die Landschaft und die Zusammensetzung der Vogelwelt in der Schweiz. Viele Alpenvögel kann man am besten auf den Matten und Felshängen unterhalb der Schneegrenze sehen. Hochwälder sind für Vögel ebenfalls wichtig, doch viele Arten sind nicht leicht zu finden, der Raufußkauz etwa ist ausgesprochen nachtaktiv, Dreizehenspecht oder Haselhuhn sind nicht häufig und scheu. Tannenhäher, Alpendohle und andere bieten einen Ausgleich für diese versteckt lebenden Arten. Die Schweiz hat aber nicht nur die Alpen, es gibt auch gute Seen und Feuchtgebiete, in denen interessante Arten brüten und viele weitere durchziehen und überwintern.

1 Neuenburger See

Feuchtgebiete am Neuenburger See

Lage Etwa 35 km westlich von Bern.
Zugang Der See hat sumpfige Uferpartien, die beste an der Nordostseite zwischen Neuchâtel und Portalban. Das Reservat Cham-Pittet mit einem Besucherzentrum liegt östlich von Yverdon bei Cheseaux Noréaz.
Kontakt SVS-BirdLife Suisse, Wiedingstrasse 78, Postfach 8521, CH-8036, Zürich
Tel.: 044/4577020
E-Mail: svs@birdlife.ch
Web: www.birdlife.ch

Das beste Feuchtgebiet der Schweiz. Im Frühjahr werden Teichwasserläufer, Temminckstrandläufer und Odinshühnchen am See beobachtet. Die Schilfufer ziehen eine Auswahl an Schilfvögeln an, Silberreiher wurden hier beobachtet. Leider haben die meisten Schweizer Feuchtgebiete unter Trockenlegung und Erschließung gelitten; der Neuenburger See ist daher besonders wichtig geworden.

2 Schweizer Jura

Lage Westlich von Bern entlang der Grenze zu Frankreich.
Zugang Auf Straßen leicht zu erreichen. Das Gebiet des Col de Chasseral im Norden, Col de Crozet und Monoiseau im Süden sowie Creux-du-Van und die Schluchten in der Mitte des Gebietes sind empfehlenswert.
Kontakt SVS-BirdLife Suisse, Wiedingstrasse 78, Postfach 8521, CH-8036, Zürich
Tel.: 044/4577020
E-Mail: svs@birdlife.ch
Web: www.birdlife.ch

Die Szenerie bietet hohe Berge und dicht bewaldete Hänge, die von Schluchten und Wiesen gegliedert sind. Vögel in den Wäldern sind Haselhuhn, Schwarzspecht und Tannenhäher. Zitronenzeisige kommen an den Waldrändern gegen die hoch gelegenen Weiden vor. In den Schluchten kann man nach Mauerläufern Ausschau halten, die bei guter Sicht ein großes Erlebnis bieten können; alpine Vögel sind Alpenkrähen und Alpensegler.

Zitronengirlitz

3 Col de Bretolet

Lage Südlich von Montreux und Champéry, Grenze zu Frankreich.
Zugang Vom Ende des Val d'Illiez mit der Bahn nach Champéry, dann der Markierung nach Barme und dem Fußweg entlang dem Fluss folgen. Nach 3 km Aufstieg zum Pass.
Kontakt SVS-BirdLife Suisse, Wiedingstrasse 78, Postfach 8521, CH-8036, Zürich
Tel.: 044/4577020
E-Mail: svs@birdlife.ch
Web: www.birdlife.ch

Das Gebiet ist hervorragend für alpine Vögel wie Steinhuhn, Alpenschneehuhn, Tannenhäher, Alpenkrähe, Mauerläufer, Alpenbraunelle, Bergpieper, Steinrötel, Felsenschwalbe, Schneesperling und Zitronengirlitz. Die Brücke an der Feschelbachschlucht, östlich von Leuk, bietet eventuell Mauerläufer.

Am Col de Bretolet sind eindrucksvolle Mengen ziehender Greifvögel zu sehen.

4 Schweizer Nationalpark

Lage An der Grenze nach Italien, etwa 180 km südlich von Zürich.
Zugang Ein großes Gebiet in der Ostschweiz. Das Besucherzentrum bei Zernez ist über die Straße 28 erreichbar.
Kontakt Nationalparkhaus, CH-7530 Zernez
Tel.: 044/4577020
E-Mail: info@nationalpark.ch
Web: www.birdlife.ch

Dieses Gebiet mit Wäldern, Wiesen und Matten und darüber hohen Gipfeln ist eines der Zentren der Wiedereinbürgerung des Bartgeiers. Zur ansässigen Vogelwelt zählen Mauerläufer, Eulen (darunter Sperlings- und Raufußkauz) und Spechte; diese Arten sind aber meist schwer in den Wäldern zu entdecken und eher zu hören als zu sehen. Zitronengirlitze trifft man häufig an den Waldrändern.

Deutschland

Das nördliche Mitteleuropa südlich von Nord- und Ostsee ist international unter den Vogelbeobachtern nicht sehr bekannt. Es gibt jedoch interessante Gebiete, die selbst die Enthusiasten anlocken können. In Deutschland finden sich große geografische Unterschiede, vom norddeutschen Tiefland bis zu den Alpen im Süden, mit einer entsprechenden Vielfalt an Vögeln und starken jahreszeitlichen Differenzen. Es gibt interessante Feuchtgebiete, vor allem an den Küsten, Agrarland, das noch seinen traditionellen Charakter bewahrt hat, und große Wälder, vor allem in den Mittelgebirgen und in den Alpen mit ihrem Vorland.

1 Bodensee, Mindelsee und Wollmatinger Ried

Lage Der Bodensee liegt im Südwesten Deutschlands an der Grenze zur Schweiz und zu Vorarlberg (Österreich).
Zugang Den Bodensee kann man am Nordufer von der E 54 aus sehen. Der Mindelsee liegt westlich nahe dem Dorf Möggingen, dem Sitz der weltberühmten Vogelwarte Radolfzell. Das Naturschutzgebiet Wollmatinger Ried westlich von Konstanz kann nur auf geführten Touren begangen werden, die bei der örtlichen NABU-Gruppe zu buchen sind.
Kontakt Naturschutzbund Deutschland (NABU), Charitéstraße 3, 10117 Berlin, Tel. 030/2849840
E-Mail: NABU@NABU.de
Web: www.NABU.de

Im Sommer ist es lohnend, den Besuch des Sees mit einem Gang durch die nahe gelegenen Wälder zu verbinden; im Winter ist der See die Hauptattraktion. Weißstörche und Kolbenenten brüten, Haubentaucher sind im Sommer zahlreich. Im Winter sind Zehntausende von Enten anzutreffen, vor allem in der Konstanzer Bucht und im Wollmatinger Ried; für Watvögel ist das Rheindelta im Süden zu den Zugzeiten bedeutend. Insgesamt sind über 150 Brutvogelarten nachgewiesen.

Haubentaucher

2 Ismaninger Speichersee

Lage Im Nordosten von München.
Zugang Der Ismaninger Speichersee liegt etwa 5 km nördöstlich von der Stadt.
Kontakt Naturschutzbund Deutschland (NABU), Charitéstraße 3, 10117 Berlin, Tel. 030/2849840
E-Mail: NABU@NABU.de
Web: www.NABU.de

Münchens Speicherseebecken mit Fischteichen bietet eine große Kolonie Kormorane, ferner Graureiher, Nachtreiher, Schwarzhalstaucher, viele Enten, darunter Schnatterenten und Kolbenenten sowie Drosselrohrsänger als Brut- und Sommervögel. Jahresvögel sind auch Silberreiher. Zur Zugzeit sind u. a. Zwergmöwen, Weißbart- und Weißflügelseeschwalben, je nach Wasserstand Watvögel, Fischadler und Rotfußfalken zu erwarten.

Windwurf im Bergwald

3 Karwendel

Lage An der Grenze zu Österreich östlich von Mittenwald, etwa 100 km südlich von München.
Zugang Auf der B 2 von Norden über Garmisch-Partenkirchen nach Mittenwald/Innsbruck. Zugang mit der Karwendelbahn von Mittenwald oder über Wanderwege und Klettersteige.
Kontakt Naturschutzbund Deutschland (NABU), Charitéstraße 3, 10117 Berlin, Tel. 030/2849840
E-Mail: NABU@NABU.de
Web: www.NABU.de

Das Gebiet leidet vor allem in der Nähe der Bergstation Karwendelbahn stark unter Tourismus und Wintersport. Es gehört zu den Nördlichen Kalkalpen mit Alpinstufe (Fels, Matten) und alpiner Waldstufe (meist Fichte) und ist stark gegliedert. Felsbrüter sind Steinadler, Uhu, Wanderfalke, Mauerläufer und Alpendohle, besondere Waldvögel sind Auerhuhn, Haselhuhn, Sperlings- und Raufußkauz, Schwarz-, Weißrücken- und Dreizehenspecht, Berglaubsänger und Zwergschnäpper. An der Baumgrenze brüten Zitronengirlitz, Birkenzeisig und Ringdrossel, auf den Matten und in den Geröllfeldern Alpenbraunelle, Schneesperling und Alpenschneehuhn.

Blick im Nationalpark Berchtesgaden

4 Nationalpark Berchtesgaden

Lage 30 km südlich von Salzburg, kurz vor der Grenze nach Österreich.
Zugang Von Salzburg oder der Autobahnausfahrt Bad Reichenhall nach Berchtesgaden, von wo aus mehrere Straßen in den Nationalpark führen.
Kontakt Naturschutzbund Deutschland (NABU), Charitéstraße 3, 10117 Berlin, Tel. 030/2849840
E-Mail: NABU@NABU.de
Web: www.NABU.de

Auch Berchtesgaden leidet unter der Erschließung für den Wintersport. Der Nationalpark bietet jedoch noch interessante Hochgebirgsvögel wie Alpenschneehuhn, Schneesperling, Alpenbraunelle und in tieferen Stufen Wespenbussard, Steinadler, Auerhuhn, Uhu, Sperlings- und Raufußkauz, Schwarz-, Weißrücken- und Dreizehenspecht, Felsenschwalbe, Berglaubsänger sowie an der Baumgrenze Ringdrossel, Zitronengirlitz und Birkenzeisig. Für das Hochgebirge ist der frühe Sommer am besten, für die Wälder das Frühjahr.

5 Nationalpark Bayerischer Wald

Licht fällt im Sommer durch das Baumdach.

Lage Etwa 50 km nördlich von Passau an der Grenze nach Tschechien.
Zugang Von Passau nördlich auf der B 85, dann auf der B 553 nach Grafenau. Der Park liegt unmittelbar nördlich an Nebenstraßen; ein Informationszentrum ist in Neuschönau, 10 km nordöstlich von Grafenau.
Kontakt Naturschutzbund Deutschland (NABU), Charitéstraße 3, 10117 Berlin, Tel. 030/2849840
E-Mail: NABU@NABU.de
Web: www.NABU.de

Der Bayerische und der noch höhere Böhmerwald entlang der Grenze nach Tschechien sind interessante Gebiete für Vögel. Die beste Zeit ist wohl im späten Frühjahr, wenn Waldvögel leichter zu entdecken sind. Haselhühner leben dort in größerer Zahl, Auerhühner nur noch wenige, viele Paare Sperlingskäuze, wenige Raufußkäuze, der wieder eingebürgerte Habichtskauz sowie Grau-, Weißrücken- (sehr selten), Schwarz- und Dreizehenspecht. Die Kombination von Wald, kleinen Seen und Hochmooren, Hochweiden und auch Steilhängen machen das Vogelbeobachten interessant.

6 Donautal Regensburg-Vilshofen

Lage Beginnt rund 125 km nordöstlich von München.
Zugang Die Auen liegen südöstlich von Regensburg zwischen Straubing und Vilshofen. Sonst ist die Donau großenteils kanalisiert.
Kontakt Naturschutzbund Deutschland (NABU), Charitéstraße 3, 10117 Berlin, Tel. 030/2849840
E-Mail: NABU@NABU.de
Web: www.NABU.de

Die Gefahr, dass die naturnahen Donauauen verschwinden könnten, ist immer noch nicht endgültig gebannt. Man kann hier nach Zwergdommel, Weißstorch, Nachtreiher, Purpurreiher, Seidenreiher, einigen Enten und Greifvögeln, Tüpfelsumpfhuhn, Uferschnepfe, Großem Brachvogel, Rotschenkel, Eisvogel, Uferschwalbe, Schlagschwirl, Blaukehlchen und anderen Arten in den nasseren Teilen suchen, auch Seltenheiten sind möglich. In den Wäldern brüten mehrere Spechte, auch Halsbandschnäpper. Im Winter fallen größere Entenmengen ein, das ist abhängig vom Wasserstand.

7 Lampertheimer Altrhein

Lage Altarm des Rheins nahe Mannheim in Südwestdeutschland.
Zugang Von Mannheim auf der B 44 nördlich nach Lampertheim.
Kontakt Naturschutzbund Deutschland (NABU), Charitéstraße 3, 10117 Berlin, Tel. 030/2849840
E-Mail: NABU@NABU.de
Web: www.NABU.de

Die heutigen Stillgewässer sind Reste alter, durch die Begradigung abgeschnittener Rheinarme. Der seichte Altrheinarm ist von Schilf und Auwald gesäumt, in der Umgebung sind feuchte Wiesen (werden durch Drainage der Landwirtschaft zunehmend trockener). Haubentaucher, Kormoran, Graureiher, Zwergdommel und andere Wasservögel brüten hier, in den Wäldern Roter Milan, Schwarz- und Mittelspecht und viele häufigere Waldarten.

Zwergdommel

Blaukehlchen

❽ Kühkopf-Knoblochsaue

Lage 25 km westlich von Darmstadt im Rheintal.
Zugang Von Darmstadt auf der B 26 nach Westen, auf der B 44 dann nach Süden Richtung Stockstadt, dann westlich auf der K 156 nach Riedstadt-Erfelden.
Kontakt Naturschutzbund Deutschland (NABU), Charitéstraße 3, 10117 Berlin, Tel. 030/2849840
E-Mail: NABU@NABU.de
Web: www.NABU.de

Die Stillgewässer sind von alten Wäldern und feuchten Wiesen umgeben und beherbergen eine große Vogelvielfalt. Wenn der Wasserspiegel niedrig ist, erscheinen im Herbst und Frühjahr Watvögel. In den nasseren Zonen brüten Zwergtaucher, Zwergdommel, Eisvogel und Blaukehlchen, in den Wäldern Wespenbussard, Schwarzmilan, Schwarz- und Mittelspecht, Neuntöter, Raub- und Rotkopfwürger sowie fünf Eulenarten. Der Sommer ist die beste Zeit, doch sind im Herbst Kraniche und einige Watvögel zu sehen.

❾ Marburg und Umgebung

Lage Die Stadt liegt etwa 100 km nördlich von Frankfurt.
Zugang Von Frankfurt zunächst auf der E 45/A 5, dann auf der B 3.
Kontakt Naturschutzbund Deutschland (NABU), Charitéstraße 3, 10117 Berlin, Tel. 030/2849840
E-Mail: NABU@NABU.de
Web: www.NABU.de

Waldvögel in Stadtparks und den Wäldern der Umgebung lassen sich durch leicht zu begehende Waldwege gut beobachten. Kreisende Mäusebussarde und Schwarzmilane sieht man im Sommer, ebenso Neuntöter, Sumpfrohrsänger oder Girlitze. In den Baumbeständen leben Gartenbaumläufer, Haubenmeisen, Weidenmeisen und Kernbeißer. Im Lahntal herrscht vor allem im Herbst lebhafter Vogelzug.

❿ Thüringer Wald

Lage 50 km südwestlich von Erfurt in der Mitte Deutschlands.
Zugang Von Suhl südlich auf der B 247 nach Schleusingen, dann nach Nordosten auf der L 2607 nach Breitenbach. Man geht dann flussaufwärts nach Vesser. Alternativ kann man von Schleusingen nach Ilmenau fahren und dann nach Bad Blankenburg, um das Schwarzatal zu erkunden.
Kontakt Naturschutzbund Deutschland (NABU), Charitéstraße 3, 10117 Berlin, Tel. 030/2849840
E-Mail: NABU@NABU.de
Web: www.NABU.de

Der Thüringer Wald ist eine breite Hochfläche in Mitteldeutschland und zieht sich von Südosten nach Nordwesten. In den Wäldern leben Auerhuhn, Tannenhäher und eine Auswahl scheuer Spechte sowie Eulen, darunter Uhu, Sperlings- und Raufußkauz. Geruhsames Wandern zur Beobachtung der häufigeren Vögel ist im Frühling oder Sommer zu empfehlen.

⓫ Brandenburg und Berlin

Lage Berlin und die Stadt Brandenburg im Westen.
Zugang Berlin liegt in einem Urstromtal und hat in der Umgebung viele Seen und Feuchtgebiete. Eine Fahrt auf der B 2 nach Schwedt im Odertal etwa 90 km nordöstlich von Berlin lohnt sich, ebenso auf der E 55/A 13 und dann auf der B 87 nach Lübben etwa 90 km südöstlich von Berlin.
Kontakt Naturschutzbund Deutschland (NABU), Charitéstraße 3, 10117 Berlin, Tel. 030/2849840
E-Mail: NABU@NABU.de
Web: www.NABU.de

Die Umgebung von Berlin und das Odertal weiter nördlich haben ausgezeichnete Sümpfe, Flutwiesen und Wälder. Hier gibt es einige aufregende Arten: Seeadler und bei Lübben knapp südlich von Berlin möglicherweise auch Großtrappen. Im Odertal brüten Wachtelkönig, Kleines Sumpfhuhn, Seggenrohrsänger, Schwarz- und Weißstorch, See- und Schreiadler sowie einige Kraniche. Im Winter ist es ein gutes Gebiet für Zwergsäger, Sing- und Zwergschwan sowie Greifvögel, darunter Raufußbussard. Das Gebiet lohnt eine längere Tour.

⓬ Mecklenburgische Seenplatte

Lage Eine weite Ebene 150 km nördlich von Berlin.
Zugang Mehrere Seen im Gebiet lohnen einen Besuch, wie die Lewitz bei Parchim nahe der E 26 Hamburg-Berlin, die Seen bei Goldberg-Crivitz an der Straße L 15 nahe Langenhagen und der Dambecker See nördlich von Schwerin.
Kontakt Naturschutzbund Deutschland (NABU), Charitéstraße 3, 10117 Berlin, Tel. 030/2849840
E-Mail: NABU@NABU.de
Web: www.NABU.de

Die norddeutsche Tiefebene im Gebiet von Schwerin und Neubrandenburg ist für Vögel hervorragend, besonders in den Naturschutzgebieten, in denen die landwirtschaftliche Nutzung zurückgefahren wurde. Um die 150 Arten brüten hier, darunter Kranich, See- und Schreiadler als Besonderheiten. Vielleicht trifft man auch noch ein oder zwei Paare Moorenten, die in Europa sehr abnehmen. Auf dem Dambecker See brüten Schwarzhalstaucher und Trauerseeschwalben in wechselnder Zahl. Im Frühjahr und Herbst erscheinen hier mehrere Tausend Grau-, Saat- und Blessgänse.

Erholung und Natur fördern den Tourismus an der Mecklenburgischen Seenplatte.

⑬ Unteres Odertal

Deiche geben einen guten Ausblick.

Lage Ein Feuchtgebiet nahe Eberswalde, etwa 60 km nordöstlich von Berlin.
Zugang Eine große Fläche von winterlichen Überflutungsflächen und Flusswiesen nahe Eberswalde und Angermünde kann gut von der B 2 eingesehen werden.
Kontakt Naturschutzbund Deutschland (NABU), Charitéstraße 3, 10117 Berlin, Tel. 030/2849840
E-Mail: NABU@NABU.de
Web: www.NABU.de

Ein Fluss und ein Kanal fließen durch drainiertes Agrarland. Gelegentlich treten Überflutungen auf, daher ist das Gebiet voll von Schilfflächen und sumpfigen Wiesen. Zu den interessanten Sommervögeln zählen Weißstorch, einige Greifvögel mit Seeadler, Rotmilan und drei Weihenarten, Tüpfelsumpfhuhn, noch viele Wachtelkönige, Bekassine, Trauerseeschwalbe, Blaukehlchen und Schwarzspecht. Im Frühjahr ziehen viele Weißstörche durch, Tausende von Saat- und Blessgänsen kann man dann sehen, zusammen mit vielen Enten, Kiebitzen, Kampfläufern und Blesshühnern. Seeadler und gelegentlich Wanderfalken sind im Winter da.

⑭ Peenetalmoor

Lage 150 km nördlich von Berlin.
Zugang Bei Anklam, 50 km nordöstlich von Neubrandenburg an der B 109, fließt die Peene in die Oder. Über Nebenstraßen kommt man in gute Feuchtgebiete.
Kontakt Naturschutzbund Deutschland (NABU), Charitéstraße 3, 10117 Berlin, Tel. 030/2849840
E-Mail: NABU@NABU.de
Web: www.NABU.de

Das Hochmoorgebiet mit Überflutungsflächen hat Rohrsümpfe und Weidendickichte, die Lebensräume für Rohrdommel, Weißstorch, Graugans, Schwarz- und Rotmilan, Weihen, Rallen, Kraniche, Watvögel und Spechte bieten. Hier brüten auch Schlagschwirl, Nachtigall, Blaukehlchen, Beutelmeise und Karmingimpel in den feuchten Buschgebieten sowie Heidelerchen in den trockeneren Abholzungsflächen der nahe gelegenen Wälder.

Verwitterte Küstenfelsen auf Rügen

⑮ Rügen

Lage Die große Insel ist mit dem Festland durch eine Straßenbrücke verbunden, sie liegt etwa 250 km nördlich von Berlin.
Zugang Auf der Straße von Stralsund, nordöstlich von Rostock auf der E 251. Das Gebiet um Wittow im Norden bietet Zugang zu interessanten Küstenstellen.
Kontakt Naturschutzbund Deutschland (NABU), Charitéstraße 3, 10117 Berlin, Tel. 030/2849840
E-Mail: NABU@NABU.de
Web: www.NABU.de

Mit einer Uferlinie von fast 600 km ist Rügen ein Paradies für Wasservögel. Die Insel bildet einen Teil der Lebensräume in der südlichen Ostsee, die für Enten, Watvögel und Kraniche von Herbst bis Frühjahr vitale Bedeutung haben. Tausende von Höckerschwänen und Kormorane sind bemerkenswert, Zwergschwäne ziehen im Herbst durch. Den weitaus größten Anteil der Gänse hier haben Blessgänse; Pfeif-, Krick-, Berg-, Reiher-, Eis- und Schellenten gibt es Tausende. Auch der Nonnensee bei Bergen bietet sich an für ornithologische Exkursionen.

⑯ Westrügen und Zingst

Lage Das Gebiet liegt 30 km nordwestlich von Stralsund im Westen Rügens.
Zugang Die kleine Stadt Zingst liegt über dem westlichen Teil der Bucht. Hiddensee ist eine lange Insel mit einer Bucht auf der Ostseite.
Kontakt Naturschutzbund Deutschland (NABU), Charitéstraße 3, 10117 Berlin, Tel. 030/2849840
E-Mail: NABU@NABU.de
Web: www.NABU.de

Dies ist ein Gebiet mit flachem Meer, Sumpf, Schilf und Wiesen. Im Sommer brüten Enten und Kolonien von Brand- und Zwergsee- sowie Uferschwalben. Die Vogelzahlen steigen im Herbst und Winter an mit Tausenden von Höckerschwänen, Saat-, Bless- und Graugänsen, Krick-, Reiher- und Schellenten. Das Gebiet hat große Bedeutung für den Kranichzug mit bis zu 25 000 Vögeln im Herbst.

Schellenten und Zwergsäger kann man in der Bucht von Zingst sehen.

Feuchtgebiet in der weiten Ebene von Schleswig-Holstein

17 Schleswig-Holsteinisches Wattenmeer

Lage Das große Gebiet am Rande der Halbinsel Jütland, nördlich von Hamburg.
Zugang Husum nahe der B 5 an der Westküste stellt einen guten Ausgangspunkt für die Erkundung der vielen Köge und Inseln dar.
Kontakt Naturschutzbund Deutschland (NABU), Charitéstraße 3, 10117 Berlin, Tel. 030/2849840
E-Mail: NABU@NABU.de
Web: www.NABU.de

Dieses weite Gebiet mit Watt, Salzmarschen, Flussmündungen, Strandseen und Kögen, im Hinterland von Wiesen und Süßwassersümpfen ergänzt, ist für Vögel herausragend. Zu den Brutvögeln zählen Rohrweihe, Tausende Paare von Säbelschnäblern, Lach-, Brand-, Fluss-, Küsten- und Zwergseeschwalben. Durchziehende Watvögel sind zahlreich: Zehntausende von Austernfischern, Kiebitzregenpfeifern, Großen Brachvögeln, Rotschenkeln und Dunklen Wasserläufern sowie Hunderttausende von Knutts und Alpenstrandläufern. Unter den Tausenden überwinternden, durchziehenden und mausernden Entenvögeln sind Weißwangen- und Ringelgänse, Pfeif-, Brand-, Krick- und Eiderenten. Hier mausern nahezu alle nordwesteuropäischen Brandenten. Ein Besuch des Gebiets ist sehr lohnend.

18 Helgoland

Lage Zwei kleine Inseln in der Deutschen Bucht, 180 km nordöstlich von Hamburg.
Zugang Mit der Fähre von Cuxhaven, Wilhelmshaven, Bremerhaven oder Hamburg.
Kontakt Naturschutzbund Deutschland (NABU), Charitéstraße 3, 10117 Berlin, Tel. 030/2849840
E-Mail: NABU@NABU.de
Web: www.NABU.de

Helgoland ist nach wie vor ein Wallfahrtsort und ein aufregender Platz für einen Besuch im Frühjahr oder Herbst. Zu den Brutvögeln zählen einige Eissturmvögel, Tordalken und Basstölpel und viele Dreizehenmöwen und Trottellummen. Zugvögel aber sind die Hauptattraktion mit einer bemerkenswerten Liste von insgesamt etwa 400 Arten. Zu den Frühjahrsdurchzüglern zählen Sprosser, Blaukehlchen, Würger und Schmätzer. Im Herbst sind Anzahl und Vielfalt größer: Es gibt regelmäßig Gäste aus Sibirien wie Gelbbrauen-Laubsänger, Waldpieper oder Spornpieper und aus dem Norden wie Wald- und Zwergammer und Wanderlaubsänger. Häufigere Arten sind Steinschmätzer, Gartengrasmücke, Dorngrasmücke, Gartenrotschwanz und Trauerschnäpper. Auf dem Oberland liegt die Außenstation des Instituts für Vogelforschung in Wilhelmshaven (»Vogelwarte Helgoland«). Die Düne ist kleiner und meist nicht so ergiebig.

Eissturmvogel

19 Nationalpark Niedersächsisches Wattenmeer

Lage Ein großes Gebiet an der deutschen Nordseeküste zwischen der Emsmündung im Westen und der Elbemündung im Osten.
Zugang Am besten von Emden, Norden, Minsen und Wilhelmshaven aus zugänglich.
Kontakt Naturschutzbund Deutschland (NABU), Charitéstraße 3, 10117 Berlin, Tel. 030/2849840
E-Mail: NABU@NABU.de
Web: www.NABU.de

Dieses riesige Gebiet ist weltweit einmalig. Es ist ein wichtiges Gebiet für brütende Säbelschnäbler und Seeschwalben. Kurzschnabel-, Weißwangen- und Ringelgänse sind zahlreich, werden aber in den Schatten gestellt durch Zehntausende von Brand- und Eiderenten. Pfeif-, Spieß-, Krick- und andere Enten sind zahlreich, unter den Watvögeln finden sich Austernfischer, Säbelschnäbler, Kiebitzregenpfeifer, Knutts und Alpenstrandläufer, die zusammen sechsstellige Zahlen erreichen. Seeregenpfeifer, Dunkle Wasserläufer, Sanderlinge und andere Arten sind auf dem Durchzug ebenfalls zahlreich.

20 Zwillbrocker Venn

Lage 50 km westlich von Münster in Nordrhein-Westfalen, nahe der Grenze zu den Niederlanden.
Zugang Das Gebiet um Ahaus und Stadtlohn nahe der niederländischen Grenze erkundet man am besten auf Nebenstraßen.
Kontakt Naturschutzbund Deutschland (NABU), Charitéstraße 3, 10117 Berlin, Tel. 030/2849840
E-Mail: NABU@NABU.de
Web: www.NABU.de

Nahe Münster fließt der Berkel durch ein flaches Gebiet feuchter Wiesen, Moore und Heideflächen nach Nordwesten. Seit die Felder für intensive Bewirtschaftung drainiert wurden, ist das Vogelleben zurückgegangen. Doch brüten noch einige Enten, Wespenbussarde, einzelne Paare Rot- und Schwarzmilane, Rohrweihen, Austernfischer, Bekassinen, viele Uferschnepfen, der Große Brachvogel, einige Ziegenmelker und Schwarzspechte, die einen Sommerbesuch anregend machen. Merkwürdigerweise hat sich eine Kolonie Flamingos – sicher Zooflüchtlinge – angesiedelt mit 20–40 brütenden Altvögeln; im Winter wandern sie nach Seeland im Südwesten der Niederlande.

Österreich

VOGELBEOBACHTUNG IN ÖSTERREICH wurde durch die touristische Erschließung leichtgemacht, weil manche der interessantesten alpinen Lebensräume über die Transporteinrichtungen der Skigebiete in einem guten Netz von Bergbahnen zu erreichen sind. Das Land hat auch international bedeutende Feuchtgebiete, vor allem den großen Neusiedler See – ein riesiger flacher See mit vielen Reihern, Gänsen, Enten, Watvögeln und Seeschwalben. Das österreichische Tiefland ist reich an Wäldern, dazwischen Agrarflächen; man begegnet Greifvögeln, Würgern, Fliegenschnäppern, Eulen und Spechten.

1 Neusiedler See

Schilffelder am Ufer das Neusiedler Sees

Lage An der Grenze nach Ungarn im Burgenland, etwa eine Stunde Fahrt südlich von Wien.
Zugang Die besten Zugänge sind von Neusiedl am See im Norden, Podersdorf am See an der Ostküste und Oggau und Rust im Westen.
Kontakt BirdLife Österreich Gesellschaft für Vogelkunde, c/o Naturhistorisches Museum, Museumsplatz 1/10/8, 1070 Wien
Tel.: 01524/7040
E-Mail: birdlife@blackbox.at
Web: www.birdlife.at
Nationalpark Informationszentrum
Tel.: 02175/3442

Eines der berühmtesten Vogelgebiete Europas ist der 30 km lange und meist sehr seichte See. Er ist von weiten Schilfwäldern umgeben, die den Blick aufs Wasser oft begrenzen, aber interessante Vögel beherbergen. Auch ist das Gebiet wichtig für den Durchzug, die Liste umfasst mindestens 300 Arten. Spätfrühling und Sommer sind die besten Zeiten für einen Besuch. Suchen Sie die Rohrfelder ab, die umgebenden feuchten Stellen, das angrenzende Agrarland und die Wälder. Höhepunkte sind etwa hundert Brutpaare des Silberreihers, Kleines Sumpfhuhn, Würgfalke, Großtrappe, Schwarz- und Weißstorch, Nachtreiher, Moorente, Blutspecht, Halsbandschnäpper, Tannenhäher, Blaukehlchen, Mariskensänger, Schlagschwirl und Sperbergrasmücke. An Greifvögeln kommen Schell- und Schreiadler vor und auch Rotfußfalken im Frühjahr. Viele Watvögel, Möwen und Seeschwalben sind hier auf dem Durchzug.

2 Seewinkel

Lage Östlich des Neusiedler Sees.
Zugang Auf beiden Seiten der B 51. Man kann im Süden bei Pamhagen den Einserkanal entlanggehen; interessant ist auch die Ebene östlich von Pamhagen und das Schutzgebiet Waasen-Hansag im Osten.
Kontakt BirdLife Österreich Gesellschaft für Vogelkunde, c/o Naturhistorisches Museum, Museumsplatz 1/10/8, 1070 Wien, Tel.: 01524/7040
E-Mail: birdlife@blackbox.at
Web: www.birdlife.at
Nationalpark Informationszentrum
Tel.: 02175/3442

In der offenen Ebene südlich von Andau kann man Großtrappen und Würgfalken sehen. Das Gebiet des Kanals ist gut für ziehende Störche und Greifvögel und im Frühjahr für Schlagschwirl und Sperbergrasmücke. An den Seen sind einige Arten des Neusiedler Sees zu finden; hier brüten neben anderen Schwarzhalstaucher, Weißstorch, Knäkente, Säbelschnäbler und Uferschnepfe. Es gibt auch viele Reiher, Zwergdommeln, Seeschwalben, Enten und brütende Bartmeisen. Bienenfresser sind im Gebiet weit verbreitet.

Sonnenaufgang am Seewinkel

Blick über den Schneeberg

3 Marchauen, Marchegg

Lage 40 km östlich von Wien, nahe der Grenze zur Slowakei
Zugang Von Wien aus nach Osten. Am Nordrand von Marchegg auf der B 49 auf einer Piste nach Osten zum Parkplatz des Schutzgebiets.
Kontakt WWF Österreich, Ottakringer Straße 114–116, 1160 Wien
Tel.: 01488170
E-Mail: wwf@wwf.at
Web: www.wwf.at

Die March überflutet ihr Tal im Winter, sodass ein Gebiet mit feuchten Flächen entsteht, das im Sommer mit niedrigen Büschen bewachsen ist. Diese Auen ziehen Schlagschwirl und Schwarzstorch an, ferner einige Wachtelkönige, Rotmilane und Rohrweihen. In Gehölzen nahe dem Eingang zum Schutzgebiet brüten Halsbandschnäpper. Im Winter kommen Seeadler ins Gebiet und in die anschließenden Täler, die noch die besten nassen Auwälder Mitteleuropas aufweisen.

Schlagschwirl

4 Schneeberg

Lage Ein Bergmassiv, etwa 50 km südwestlich von Wien.
Zugang Auf der A 2 von Wien nach Süden und bei Wiener Neustadt auf die 44 nach Westen. Nebenstraßen führen nach Puchberg. Mit der Bahn auf den Schneeberggipfel.
Kontakt BirdLife Österreich Gesellschaft für Vogelkunde, c/o Naturhistorisches Museum, Museumsplatz 1/10/8, 1070 Wien
Tel.: 01524/7040
E-Mail: birdlife@blackbox.at
Web: www.birdlife.at

Ein Gebiet mit typischen Alpenvögeln – Alpenschneehuhn, Steinadler, Alpenbraunelle, Schneesperling und Zitronengirlitz. Achten Sie auf Alpendohlen, Felsenschwalben und weiter unten auf Tannenhäher und Schwarzspechte. Manche Arten erfordern etwas Zeit und Glück.

5 Nationalpark Hohe Tauern, Innsbruck

Lage 60 km östlich von Innsbruck und südwestlich von Salzburg.
Zugang Verwaltungsstellen sind in Neukirchen am Großvenediger/Salzburg, in Mattrei/Osttirol und in Großkirchheim/Kärnten. Alle sind über Mittersill auf der B 165, B 168 und B 108 zu erreichen.
Kontakt BirdLife Österreich Gesellschaft für Vogelkunde, c/o Naturhistorisches Museum, Museumsplatz 1/10/8, 1070 Wien
Tel.: 01524/7040
E-Mail: birdlife@blackbox.at
Web: www.birdlife.at

Man kann Glück haben und hier Bartgeier sehen dank des Wiedereinbürgerungsprojekts. Im Sommer sind Gänsegeier und Steinadler aber wahrscheinlicher. Viele Alpenvögel sind hier zu beobachten, Tannenhäher, Alpensegler, Schwarzspecht und weiter unten Blaukehlchen oder Neuntöter. In den hohen Stufen leben Alpenschneehuhn, Alpendohle, Alpenbraunelle und Schneesperling. Die weite Hochgebirgswelt ist in Wirklichkeit ein großes Gebiet für Vögel, das man erst bei einem längeren Aufenthalt richtig erkunden kann und wo man dann vielleicht seine eigenen Vorzugsplätze entdeckt.

6 Karwendel

Lage In Tirol nördlich von Innsbruck, grenzüberschreitend nach Deutschland.
Zugang Von Innsbruck aus direkter Zugang zu den Skipisten und den sie erschließenden Straßen – sie bieten die einfachste Möglichkeit, höher in die Berge zu kommen. In Hinterriss, nahe der Grenze zu Deutschland, gibt es ein Informationszentrum.
Kontakt BirdLife Österreich Gesellschaft für Vogelkunde, c/o Naturhistorisches Museum, Museumsplatz 1/10/8, 1070 Wien
Tel.: 01524/7040
E-Mail: birdlife@blackbox.at

Das ganze Gebiet ist eindrucksvoll, mit Laubwäldern in den niedrigeren Tälern, die nach oben in Nadelwälder übergehen und dann von hohen, felsigen Hängen und Gipfeln abgelöst werden. Brutvögel sind Wespenbussard, Steinadler, Wanderfalke, Haselhuhn, Alpenschneehuhn, Birkhuhn, Auerhuhn, Sperlings- und Raufußkauz, Weißrücken- und Dreizehenspecht, Ringdrossel, Alpenbraunelle, Schneesperling, Birkenzeisig und Zitronengirlitz. Mit viel Glück kann man im Frühjahr ein Steinhuhn entdecken.

7 Rheindelta am Bodensee

Lage Die Südostecke des Bodensees liegt im Bundesland Vorarlberg.
Zugang Das beste Gebiet liegt zwischen altem Rhein und kanalisiertem neuen Rhein, zugänglich über Fussach, das man von Bregenz auf der B 202 erreicht, oder über Gaissau durch Abbiegen von der B 202 bei Höchst.
Kontakt BirdLife Österreich Gesellschaft für Vogelkunde, c/o Naturhistorisches Museum, Museumsplatz 1/10/8, 1070 Wien
Tel.: 01524/7040
E-Mail: birdlife@blackbox.at
Web: www.birdlife.at

Durchzügler, die im Herbst nach Süden fliegen, kommen oft auf den Boden, um besseres Wetter abzuwarten. Dann kann man bis zu 100 Arten antreffen, z. B. Raub- und Weißbart-Seeschwalben, Watvögel, Enten, Greifvögel und Kleinvögel wie Rotkehlpieper. Unter den Watvögeln gibt es Seltenheiten, sodass sich ein sorgfältiges Durchmustern lohnt. Das Seerestaurant am Seeufer an der Straße von Gaissau ist ein guter Ausgangspunkt, um in die Fussacher Bucht zu kommen, die für Seeschwalben und Watvögel bekannt ist. Einige Paare Zwergdommeln, Purpurreiher, Kolbenenten und Uferschnepfen brüten hier.

Uferschnepfe

Ungarn

UNGARN HAT DEM Vogelbeobachter viel zu bieten. Von den Ausläufern der Alpen und der Karpaten umgeben und von der Donau durchflossen und teilweise begrenzt, hat es Berg-, Wasser- und Tieflandvögel fast zu gleichen Anteilen. Vor allem die Reservate in Feuchtgebieten und großen Grasflächen sind voller interessanter Arten. Transportwesen und Landwirtschaft haben sich in Ungarn rasch an westeuropäischen Maßstäben orientiert, sodass manche Arten, wie etwa die Großtrappen, immer größere Überlebensprobleme in einer sich stark verändernden Landschaft haben. Um einen Eindruck der Vogelwelt des traditionell bewirtschafteten Agrarlandes zu gewinnen, ist ein baldiger Besuch zu empfehlen.

❶ Hortobágy

Schilfbündel in der Hortobágy

Lage Nahe Debrecen, etwa 250 km östlich von Budapest.
Zugang Ein großes Gebiet um das Dorf Hortobágy. Von der Straße 33 zwischen Tisafüred und Debrecen aus hat man einen guten Eindruck.
Kontakt Hungarian Ornithological and Nature Conservation Society (MME), 1121 Költo utca 21, 391, H-1536, Budapest
Tel.: 01/2756247
E-Mail: mme@mme.hu
Web: www.mme.hu

Dieser Lebensraum ist zum größten Teil Graslandsteppe mit weit verstreuten Teichen und Feuchtstellen. Im Grasland brüten Großtrappen, Steppenweihe, Triel, Blauracke, Schwarzstirnwürger und Kurzzehenlerche. Die Teiche eignen sich gut für Lappentaucher, Purpur-, Nacht-, Rallen-, Silber und Seidenreiher, Zwergdommel, Löffler, Rotfußfalke, Kleines Sumpfhuhn, Weißbart-Seeschwalbe, Mariskenund Seggenrohrsänger sowie Blaukehlchen. Sichler und Zwergscharben kann man von einem Beobachtungsstand bei Hortobágy-Halastó sehen. Im Winter sind Seeadler und Hunderte von Zwerggänsen die begehrtesten Beobachtungen.

❷ Hügel von Pilisi und Budai, Budapest

Lage Die Hügel liegen 20 km nördlich und westlich von Budapest.
Zugang Für die Pilisi-Hügel über die Straße 10 oder 11 nördlich von Budapest. Die Budai-Hügel im Westen sind leicht mit dem lokalen Bus erreichbar.
Kontakt Hungarian Ornithological and Nature Conservation Society (MME), 1121 Költo utca 21, 391, H-1536, Budapest
Tel.: 01/2756247
E-Mail: mme@mme.hu
Web: www.mme.hu

Die bewaldeteten Hügel mit eingesprengten Wiesen, Tälern, Agrarland und Felsen stellen einen lohnenden Tagesausflug von der Hauptstadt aus dar. Ihre Vögel sind in Ungarn häufig, für einen Besucher aus dem Westen vielleicht neu. Zu ihnen zählen einige Spechte (darunter Grau- und Blutspecht), Neuntöter, Sperbergrasmücke, Gartenbaumläufer, Pirol, Halsband- und Zwergschnäpper, Wespenbussard, Würgfalke, Schlangenadler, beide Störche. Bienenfresser steuern ihre Farbe und typischen Rufe bei.

❸ Kiskunság-Nationalpark

Lage Um Kecskemét, 70 km südöstlich von Budapest.
Zugang Das beste Gebiet liegt 30 km westlich von Kecskemét; hier quert die Straße 52 eine Eisenbahn südlich von Szabadszállás. Im Norden sind die Seen und Sümpfe, im Süden die Salzpfannen.
Kontakt Kiskunság Nationalpark, 6001, Kecskemét, Liszt F utca 19 oder Hungarian Ornithological and Nature Conservation Society (MME), 1121 Költo utca 21, 391, H-1536, Budapest; Tel.: 01/2756247
E-Mail: mme@mme.hu
Web: www.mme.hu

Vier seichte Seen in diesem Gebiet der Steppen und Salzsümpfe ziehen eine Vielfalt von Vögeln an, darunter Löffler, Säbelschnäbler, Rohrweihe, Silberreiher, Trauer- und Weißbart-Seeschwalbe, Rotfußfalke, Schwarzkopfmöwe, Blauracke, Bienenfresser und Würger. Mit etwas Glück kann man in der Umgebung vielleicht einzelne der insgesamt 150 Großtrappen sehen. Im Oktober findet starker Durchzug von Kranichen und Gänsen statt. Im Winter kann man viele Tausend Saatgänse unter anderen Entenvögeln erwarten. Im Süden des Parks gibt es einen Beobachtungsturm.

Der Kiskunság-Nationalpark bietet eine Vielfalt an Lebensräumen.

Polen

Bis heute ist die Landwirtschaft in Polen weniger intensiv als im Westen. Vögel wie der Wachtelkönig, in den meisten Teilen Europas verschwunden oder extrem selten geworden, kommen hier zusammen mit einigen anderen seltenen Arten noch in guten Beständen vor. Doppelschnepfe und Seggenrohrsänger überlebten z. B. in den Sümpfen und Feuchtwiesen und ziehen viele Vogelbeobachter aus Westen und Norden an.

Aufgrund seiner östlichen Lage hat Polen strenge Winter, die viele Vögel zum Wegzug veranlassen. Doch warme und trockene Sommer ziehen südlichere Arten an, die hier oft überraschend weit nördlich ihre Brutplätze haben.

1 Druznosee, Elblag und Gdansk

Lage Östlich von Gdansk in Nordpolen.
Zugang Der See liegt südlich von Elblag (südlich der Bucht von Gdansk).
Kontakt OTOP, Odrowaza 24, 05-270 Marki k. Warszawy
Tel.: 022/761 82 05, 022/1885081
E-Mail: biuro@otop.most.org.pl
Web: www.otop.org.pl

Der große, seichte See ist stark verschmutzt, hat aber trotzdem noch interessante Brutvögel, darunter Moorente, Zwergmöwe, Trauerseeschwalbe, Graugans, Schnatterente, Tafelente, Rohrweihe, Wiesenweihe, Tüpfelsumpfhuhn, Kleines Sumpfhuhn, Wachtelkönig, Lachmöwe, Flussseeschwalbe und Blaukehlchen. Der Durchzug ist meist gut mit einigen Hundert Graugänsen und Kranichen als regelmäßige Gäste.

Kleines Sumpfhuhn

2 Wisła (Weichsel), Gdansk

Lage Zwischen Gdansk, Tczew und Elblag in Nordpolen.
Zugang Die Weichsel teilt sich in mehrere Arme, bevor sie in die Bucht von Gdansk mündet. Die nahe gelegene Zalew Wislany auf der Ostseite ist von der Ostsee durch eine schmale Landzunge getrennt. Das Feuchtgebiet ist von allen Seiten gut zugänglich.
Kontakt OTOP, Odrowaza 24, 05-270 Marki k. Warszawy
Tel.: 022/7618205, 022/1885081
E-Mail: biuro@otop.most.org.pl
Web: www.otop.org.pl

Die seichte Trichtermündung des Hauptarmes mit Sandbänken, kleinen Inseln, Lagunen und küstennahen Süßwasserseen ist ein ausgezeichneter Platz für Watvögel. Große Mengen ziehen durch, und an einem guten Tag im Frühjahr oder Herbst können tausend und mehr da sein. Brand-, Fluss- und Zwergseeschwalbe brüten, und große Schwärme nicht brütender Zwerg- und Lachmöwen sind zu sehen. Nördlich von Elblag führt ein Kanal in die große Zalew Wislany, wo viele weitere Arten brüten, darunter Haubentaucher, Kormorane (große Kolonie), Graureiher, Enten, Weihen, Rallen, Uferschnepfen und Flussseeschwalben.

Ein wichtiger Brutplatz des Seggenrohrsängers sind die Biebrza-Sümpfe.

3 Sümpfe bei Biebrza

Lage 45 km nördlich von Bialystock in Nordostpolen.
Zugang Die Sümpfe können von Straßen östlich von Biebrza um Wizna, Dobarz und Goniadz eingesehen werden.
Kontakt OTOP, Odrowaza 24, 05-270 Marki k. Warszawy
Tel.: 022/7618205, 022/1885081
E-Mail: biuro@otop.most.org.pl
Web: www.otop.org.pl

Die polnischen Sümpfe, bedroht durch Landwirtschaft und Erschließung, zählen immer noch zu den besten in Europa. Der Nationalpark Biebrza ist ein internationaler Schatz, im Landschaftsbild wie in ihrem Tierleben. Hier rufen im Sommer noch Hunderte von Wachtelkönigen, leben einige Hundert Doppelschnepfen, brüten tausend Paare Weißflügel-Seeschwalben und Tausende von Seggenrohrsängern an ihrem wichtigsten Brutplatz. Anzutreffen sind Schell-, Schrei- und Schlangenadler, Rotmilan, Weiß- (und vielleicht auch Schwarz-)storch, Kranich, Weißbart- und Trauerseeschwalbe, Blaukehlchen, Sprosser, Schlagschwirl, Schwarzspecht. Der Weg zu den Doppelschnepfen liegt auf Privatgrund, ist aber öffentlich zugänglich, man sollte daher den Pfad nicht verlassen. Am besten ist es in der Abenddämmerung, wenn die Schnepfen balzen und der Seggenrohrsänger singt.

❹ Reservat Siemianówka

Lage An der Grenze nach Weißrussland, unmittelbar nördlich der Puszcza Bialowieska.
Zugang Vom Dorf Siemianówka 20 km nördlich der Puszcza Bialowieska auf einem Weg nach Osten und dann nach Norden zum Südufer des Sees.
Kontakt OTOP, Odrowaza 24, 05-270 Marki k. Warszawy
Tel.: 022/7618205, 022/1885081
E-Mail: biuro@otop.most.org.pl
Web: www.otop.org.pl

Fischteiche und feuchte Wiesen um das Reservat sorgen für ein gutes Gebiet zum Vogelbeobachten. Es gibt Wasser- und Sumpfvögel wie Rohrdommel, Zwergdommel, Weißstorch, Moorente, Uferschnepfe, Fluss- und manchmal Weißflügel-Seeschwalbe sowie Tüpfelsumpfhühner meist in kleiner Zahl. Seeadler können im Gebiet sein, Rohrweihen sind häufig. Durchziehende Watvögel und Seeschwalben können abhängig von Wetter und Wasserstand zu beobachten sein. In der Umgebung leben auch interessante Arten, z. B. lokal Blauracke und Schwarzstirnwürger. Eine Besonderheit sind Zitronenstelzen, die hier selten brüten.

❺ Puszcza Bialowieska

Lage Der Nationalpark liegt an der Grenze zu Weißrussland, etwa 70 km südlich von Bialystock.
Zugang Es gibt gute Wanderwege nach Westen und Süden, einschließlich des Linia-, Kurdzimoskego- und des Dorga-Olemburska-Weges.
Kontakt OTOP, Odrowaza 24, 05-270 Marki k. Warszawy
Tel.: 022/7618205, 022/1885081
E-Mail: biuro@otop.most.org.pl
Web: www.otop.org.pl

Dieser Nationalpark enthält die größte Fläche eines ursprünglichen Mischwaldes in Europa. Er kann nur mit einer Erlaubnis und einem behördlichen Führer besucht werden. Es gibt aber frei zugängliche Gebiete in der Umgebung, die auch lohnend sind. Der eindrucksvolle Wald ist für seine wieder eingebürgerten Wisente berühmt und weist eine bemerkenswerte Liste von 159 Brutvogelarten

Der dichte Urwald von Bialowiesa ist am besten mit einem Führer zu erkunden.

auf, darunter 15 Greifvögel, acht Eulen, mit Ausnahme des Blutspechts alle europäischen Spechte und 18 verschiedene Zweigsänger. Erfahrene Führer führen zu versteckt lebenden Eulen und Spechten.

❻ Chełm

Lage Das Gebiet liegt etwa 70 km östlich von Lublin in Südostpolen, nahe der Grenze zur Ukraine.
Zugang Chełm und Brzexno sind die zentralen Orte, von denen aus Wanderwege nach Norden und nach Süden führen; schauen Sie auch in die Gegend um Zamosc und Gotówka.
Kontakt OTOP, Odrowaza 24, 05-270 Marki k. Warszawy
Tel.: 022/7618205, 022/1885081
E-Mail: biuro@otop.most.org.pl
Web: www.otop.org.pl

Das große Gebiet ist mit guten Sümpfen ausgestattet, die besten sind als Naturschutzgebiet gesichert und beherbergen Rohrdommel, Weißstorch, Rohr- und Wiesenweihe, Tüpfelsumpfhuhn und gelegentlich auch ein Kranichpaar, Uferschnepfe und Weißflügel-Seeschwalbe. Es gibt auch einige Blaukehlchen und gute Bestände von Seggenrohrsängern. Mit etwas Glück hat man eine Chance auf Doppelschnepfen. In den Wiesen gibt es noch Wachtelkönige und in den umliegenden Wäldern auch interessante Waldvögel.

❼ Hohe Tatra: Tatrzanski Nationalpark

Ausblick in der Hohen Tatra

Lage Teil der Karpaten, die hier nach Westen durch die Südspitze Polens auslaufen. Der Nationalpark liegt 100 km südlich von Kraków.
Zugang Zakopane ist die nächstgelegene Stadt, von dort ostwärts nach Bystre, dann mit der Seilbahn vom benachbarten Kuxnice auf die Gipfel.
Kontakt OTOP, Odrowaza 24, 05-270 Marki k. Warszawy
Tel.: 022/7618205, 022/1885081
E-Mail: biuro@otop.most.org.pl
Web: www.otop.org.pl

Exzessive Tourismusentwicklung hat hier an der Natur Schäden verursacht, es gibt aber noch interessante Vögel, darunter Steinadler, Schwarz-, Weißrücken- und Dreizehenspecht, Sperlings- und Raufußkauz, Haselhuhn, Auerhuhn; an den hohen Gipfeln gibt es Alpenbraunelle und Alpendohle. Mit etwas Glück kann man auch einen Mauerläufer sehen.

❽ Bucht von Szczecin

Lage Die große Trichtermündung der Oder in Nordwestpolen an der Grenze zu Deutschland.
Zugang Mehrere Punkte mit Zugang im Osten und Norden des Haffs und von Szczecin selbst bieten Ausblicksmöglicheiten.
Kontakt OTOP, Odrowaza 24, 05-270 Marki k. Warszawy
Tel.: 022/7618205, 022/1885081
E-Mail: biuro@otop.most.org.pl
Web: www.otop.org.pl

Die Oder bildet eine große Bucht, die fast ganz von der Ostsee abgetrennt ist und als Großes oder Stettiner Haff bezeichnet wird. Die Umgebung ist industriell weitgehend erschlossen, das Wasser verschmutzt. Trotzdem gibt es hohe Wasservogelzahlen. Seeadler jagen hier das ganze Jahr, Rotmilane sieht man im Sommer. Interessant sind vor allem Durchzügler und Wintergäste: Hunderte von Haubentauchern und Kormoranen, Zehntausende von Enten, darunter Reiher-, Tafel-, Schellente, Zwergsäger und Mittelsäger, ferner Tausende von Blesshühnern.

Zwergsäger

Rumänien

RUMÄNIEN, DAS SICH nach Osten bis ans Schwarze Meer erstreckt, hat mit dem Donaudelta eines der größten und eindrucksvollsten Vogelgebiete Europas. Die Liste der hier lebenden seltenen Vögel allein würde diese Seite füllen. Darüber hinaus gibt es aber noch ein reiches Angebot. Hohe Berge bieten Alpenvögel und Spezialitäten des Ostens wie Nonnensteinschmätzer und Adlerbussard, die man in felsigen Gebieten sehen kann. In den Wäldern leben Spechte und Eulen, und im offenen Agrarland begegnet man Blauracken und Würgern.

1 Muntii Gurghiu, Alpi Transilvanici

Lage Östlich von Cluj-Napoca im nördlichen Rumänien.
Zugang Die nächste größere Stadt ist Tîrgu Mures an der Straße 15 westlich der Berge. Es gibt gute Fußwege; verlässliche Karten sind aber kaum zu erhalten und Tankstellen schwer zu finden.
Kontakt Societatea Ornitologica Romana, Bd. M. Kogalniceanu nr. 49, sc. A, ap. 8, 050108 Sector 5, Bucuresti
Tel.: 031/4255657
E-Mail: office@sor.ro
Web: www.sor.ro

Es gibt wunderschöne Plätze in diesem Gebiet, und viel Zeit ist nötig, sie zu genießen. Die beste Zeit für einen Besuch ist Mittsommer, wenn man Adlerbussard, Wespenbussard, Schreiadler, Schwarz-, Grau-, Blut-, Weißrücken- und Dreizehenspecht, Habichts-, Sperlings- und Raufußkauz, Mauerläufer (schwierig), Steinrötel, Zwergschnäpper, Trauermeise, Schwarzstirnwürger, Sperbergrasmücke und Zippammer begegnen kann. Die Liste der besonderen Vögel lässt sich noch fortsetzen, und jeder Vogelbeobachter aus dem westlichen Europa wird von der Vielfalt der Vögel in diesem Gebiet gefesselt sein.

2 Parcul National Retezat

Lage Am Westende der Alpi Transylvanici, nördlich Drobeta-Turnu Severin und 200 km nordwestlich von Bukarest.
Zugang Von Bukarest auf den Straßen 68 und 66 entlang der Nordseite der Bergkette.
Kontakt Retezat National Park
Tel.: 0372/742024
E-Mail: office@retezat.ro
Web: www.retezat.ro
www.panparks.org/source/rete.html

Das Berggebiet ist mit Buchen- und Fichtenwäldern bedeckt und hat weiter oben Bergkiefern, alpine Matten und Glazialseen. Man sieht Steinadler und Schreiadler; einige interessante Eulen und Spechte brüten hier, ebenso Haselhuhn, Auerhuhn, Halsband- und Zwergschnäpper, Ringdrossel, Bergpieper, Alpenbraunelle, Sommergoldhähnchen, Tannenhäher und Mauerläufer.

Auerhuhn

Altwässer und Auwald an der Donau

3 Donaudelta

Lage Die Donau mündet unmittelbar südlich der Grenze zur Ukraine ins Schwarze Meer.
Zugang Das Tor zum Delta ist Tulcea, 290 Straßenkilometer von Bukarest entfernt. Von hier aus erkundet man das Gebiet am besten per Schiff oder entlang der Straßen.
Kontakt Rezervatia Biosferei Delta Dunarii, 820243–Tulcea, Rumänien Str. PORTULUI 34A, O.P.3 C.P. 14
E-Mail: arbdd@ddbra.ro
Web: www.ddbra.ro

Das Donaudelta ist ein Fleckenteppich erstklassiger Plätze, und selbst eine Woche reicht nicht aus, um mehr als nur einen oberflächlichen Eindruck des Vogellebens zu erhalten. Das Wasservogelleben im Sommer ist ganz außergewöhnlich, und einige Arten wie der Krauskopfpelikan sind global gefährdet. Man kann viele Nacht- und Purpurreiher, Zwergdommeln, Zwergscharben und die spektakulären Rosapelikane erwarten. Es gibt Weißbart-Seeschwalben und Seiden- und Silberreiher, Sichler, Moorenten, Löffler, Kolbenenten, Rothalstaucher, ferner Beutelmeise, See- und Schreiadler, Rotfußfalke, Rohrweihe, Blauracke – das Notizbuch wird voll mit großartigen Eindrücken. Bienenfresser kommen häufig vor. Im Winter sind riesige Mengen Wasservögel da, darunter große Trupps von Rothalsgänsen.

Spanien und Portugal

Spanien ist wohl die erste Adresse für Vogelbeobachter in Europa. Seine landschaftliche Vielgestaltigkeit, oft auf kleinem Raum, macht es möglich, am selben Tag die Schneegipfel der Sierra Nevada, mediterranes Buschland und ein Feuchtgebiet zu erleben. Mit seinen brütenden Greifvögeln, darunter der seltene Spanische Kaiseradler, findet es in Europa keine Parallele. Obwohl weniger gut durchforscht, sind auch in Portugal die meisten Brutvögel der Iberischen Halbinsel nachgewiesen, mit dem Gleitaar sogar eine besondere Spezialität.

❶ Picos de Europa

Lage 85 km südwestlich von Santander in Nordwestspanien.
Zugang Auf der Straße von Arenas und Leon. Besuchen Sie die Schlucht bei Carales an der Straße von Cabrales nach Poncebos. Fuente De an der C 621 ist ein Muss; ein guter Ausgangspunkt ist Espinama.
Kontakt Sociedad Española de Ornitologia (SEO), Melquiades Biencinto 34, E-28053 Madrid
Tel.: 914340910
E-Mail: seo@seo.org
Web: www.seo.org

Es handelt sich um einen Kalksteinblock mit Gipfeln, Felsbrocken und eindrucksvollen Schluchten. Oft ist es feucht und nebelig, gute Tage im Sommer sind wunderbar. Vor allem Greifvögel begeistern: Man kann unter anderem auch Stein- und Habichtsadler, Gänse- und Schmutzgeier, Wanderfalken, Milane und Wespenbussarde sehen.

Schmutzgeier

❷ Tal von Hecho

Lage Am Westende der Pyrenäen, 70 km östlich von Pamplona.
Zugang Von Jaca auf der N 420 westlich nach Puente de Reina, dann nach Norden Richtung Hecho und darüber hinaus.
Kontakt Sociedad Española de Ornitologia (SEO), Melquiades Biencinto 34, E-28053 Madrid
Tel.: 914340910
E-Mail: seo@seo.org
Web: www.seo.org

Das Tal beginnt bei tief liegendem Agrarland und einem steinigen Fluss, steigt dann rasch in größere Höhen zu bewaldeten Hügeln, dann zu großen Felsen, Schluchten und Bergen auf. Im Sommer kann man oben Felsenschwalben, Wasseramseln, Rot- und Schwarzmilane, Mäusebussarde und vielleicht Bienenfresser erwarten sowie eine zunehmende Menge an Gänse- und Schmutzgeiern in den Bergen. Schauen Sie nach Stein-, Zwerg- und Schlangenadlern, man kann auch Bartgeier sehen. Alpenkrähen und Alpendohlen sind in großer Zahl im Tal, wenn oben die Bedingungen hart werden. In den Wäldern nahe der Gipfelregion leben Schwarzspecht, Haubenmeise, Sommergoldhähnchen, Gartenbaumläufer und Zitronengirlitz. In den meisten Jahren sind auch Mauerläufer im Gebiet.

Felsen und Buschland bei Riglos

❸ Riglos

Lage Die Vorberge der Pyrenäen, etwa 90 km nördlich von Zaragoza.
Zugang Von der A 132 fährt man nordwestlich von Huesca nach Osten auf der Hu 310 nach Riglos. Zu Fuß geht man an den Felswänden entlang.
Kontakt Sociedad Española de Ornitologia (SEO), Melquiades Biencinto 34, E-28053 Madrid
Tel.: 914340910
E-Mail: seo@seo.org
Web: www.seo.org

Zu den überhängenden Felswänden nach oben zu blicken vermittelt einen beängstigenden Eindruck. Auf den Hängen zu Füßen der Wände leben Trauersteinschmätzer, Hausrotschwanz und Provencegrasmücke. Die Obstgärten und Wälder weiter unten bieten zahlreiche Nachtigallen und auch Westliche Orpheusgrasmücken, Gartenbaumläufer, Girlitze, Rotkopfwürger, Bienenfresser, Pirole und Zippammern. Um die Wände fliegen Felsenschwalben und Alpendohlen. Im Winter hat man auch einmal das Glück, einen Mauerläufer zu sehen. Greifvögel sind immer in Sicht, mit guten Möglichkeiten, Rotmilan, Gänsegeier, oft auch Wanderfalken und andere Arten zu sehen. Halten Sie immer auch Ausschau nach einem Bartgeier, über den Felswänden nach Westen Richtung Aguero wie auch direkt über Riglos sind die wahrscheinlichsten Plätze.

Eindrucksvolle Landschaft bei Belchite

4 Nationalpark Odesa

Lage In den Zentralpyrenäen, etwa 130 km westlich von Andorra.
Zugang Von Torla an der C 140, 27 km von Biescas entfernt, verläuft eine kleine Straße nach Ordesa.
Kontakt Sociedad Española de Ornitologia (SEO), Melquiades Biencinto 34, E-28053 Madrid
Tel.: 914340910
E-Mail: seo@seo.org
Web: www.seo.org
Ordesa-Nationalpark
Web: www.ordesa.net

Mächtige Felswände über bewaldeten Hängen sind das Heim von Bart- und Gänsegeier. Man kann auch Steinadler, Schwarzspecht, Wasseramsel, Felsenschwalbe, Neuntöter und Ortolan sehen. In größeren Höhen lohnt die Suche nach Alpenkrähen, Alpendohlen, Alpenbraunellen und Alpenschneehühnern. Auf den hohen Matten brüten Bergpieper.

Alpen-schnee-huhn

5 Aiguamolls de l'Empordà

Küstensümpfe in Aiguamolls de l'Empordà.

Lage Unmittelbar östlich von Figueres in Nordostspanien.
Zugang Leicht zu erreichen von der A 7 oder N 11 zwischen Barcelona und La Junqera. Am Naturpark gibt es ein Informationszentrum.
Kontakt Sociedad Española de Ornitologia (SEO), Melquiades Biencinto 34, E-28053 Madrid
Tel.: 914340910
E-Mail: seo@seo.org
Web: www.seo.org

Dieses große Feuchtgebiet steht nur hinter dem Ebrodelta zurück. Im Gebiet gibt es Küstensümpfe um die Mündungen von Fluvia und Muga, Süß- und Brackwassertümpel, Salzsümpfe, Grasflächen, Äcker und einige Augehölze. Etwa 300 Vogelarten wurden schon nachgewiesen. Meist sind es Wasser- und Sumpfvögel, in allen üblichen Arten, wie Rohrdommel, Zwergdommel, Kuh-, Seiden- und Purpurreiher, Rohrweihe, Mariskensänger und Beutelmeise. Auch Purpurhühner kann man hier entdecken. Richten Sie Ihre Aufmerksamkeit auf Häherkuckuck, Schlangenadler, Bienenfresser, Blauracken und Würger.

6 Ebrodelta

Lage An der Ostküste Spaniens zwischen Barcelona und Valencia.
Zugang Man beginnt am Besucherzentrum in Deltebre bei der N 340. Lohnend sind die Umgebung von Deltebre, La Marquesa Playa, El Fangar, El Garxal, La Noria, die Salzpfannen Sant Antoni, die Lagunen Tancada und L'Encanyissada.
Kontakt Sociedad Española de Ornitologia (SEO), Melquiades Biencinto 34, E-28053 Madrid
Tel.: 914340910
E-Mail: seo@seo.org
Web: www.seo.org

Das riesige Delta, von Trockenlegung und Erschließung bedroht, ist für Vögel ausgezeichnet. Zu jeder Zeit kann man Kuhreiher, Rosaflamingo, Kolbenente, Säbelschnäbler, Dünnschnabelmöwe, Stummellerche und Mariskensänger antreffen. Im Sommer gibt es Zwergdommel, Nacht- und Rallenreiher, Stelzenläufer, Rotflügel-Brachschwalbe und Korallenmöwe. Der Winter bringt Silberreiher und große Mengen von Graureihern, Rohr- und Kornweihe sowie viele Enten und Watvögel.

7 Belchite

Lage Ein kleines Dorf 40 km südlich von Zaragoza.
Zugang Auf der N 332 von Zaragoza; nach 20 km auf die C 222 nach Belchite.
Kontakt Sociedad Española de Ornitologia (SEO), Melquiades Biencinto 34, E-28053 Madrid
Tel.: 914340910
E-Mail: seo@seo.org
Web: www.seo.org

Dieses Gebiet trockener Steppe und Agrarlands mit verdorrten Pflanzen kann wie eine Mondlandschaft aussehen. Hier leben Triele, Sand- und Spießflughühner, Kalander- und Stummellerchen, Trauer- und Maurensteinschmätzer, Zwergtrappen und Brillengrasmücken; die Spezialität sind aber die Dupontlerchen. An einem Sommermorgen kommen Flughühner zu Tausenden, um bei Balsa de Planeron zu trinken; man kann sie von der Straße aus sehen, die nach Nordosten aus dem Dorf führt.

8 Laguna de Gallocanta

Blick über die Laguna de Gallocanta

Lage Ein Natursee 90 km südwestlich von Zaragoza.
Zugang Von Darroca auf der C 211 Richtung Cillas und dann auf der Nebenstraße Cv 633 nach Gallocanta. Viele kleine Straßen und Wege geben einen guten Ausblick auf den See. Erkunden Sie vom Dorf Las Cuerlas aus nach Westen das Gebiet.
Kontakt Sociedad Española de Ornitologia (SEO), Melquiades Biencinto 34, E-28053 Madrid
Tel.: 914340910
E-Mail: seo@seo.org
Web: www.seo.org

Dies ist der größte See in Spanien und ein wichtiger Winterrastplatz für Enten, Blesshühner (mehr als 200 000 wurden schon gezählt) und Kraniche (bis zu

54 000). Es gibt viele weitere interessante Wasservögel, darunter Kolbenente, Stelzenläufer und Säbelschnäbler. In der umgebenden Steppenlandschaft leben Groß- und Zwergtrappen, Triele, Sandflughühner und Brachpieper. Im Winter kommen in der Abenddämmerung Kraniche von Süden und Osten; man kann sie am besten von Tornos und Bello aus sehen. Sie bieten außergewöhnliche Eindrücke.

9 Sierra de Guadarrama

Lage Bergzug nördlich von Madrid.
Zugang Von Madrid aus nach Norden auf der A 6, dann die N 601 von Collado Villalba zu den Bergpässen Navacerrada und Cotos. Die Strecke zwischen beiden ist hervorragend.
Kontakt Sociedad Española de Ornitologia (SEO), Melquiades Biencinto 34, E-28053 Madrid
Tel.: 914340910
E-Mail: seo@seo.org
Web: www.seo.org

Die Sierra de Guadarrama, ein Teil der zentralen Bergmassive, ist eine bergige Landschaft aus Granithügeln mit Mischwald und Buschland weiter oben. Man kann mit dem Pkw, zu Fuß oder mit einem Sessellift größere Höhen erreichen. Die Vogelwelt ist großartig: Die beiden Stars sind Spanischer Kaiseradler und Mönchsgeier. Es gibt sogar Gänsegeier, Stein-, Zwerg- und Schlangenadler und beide Milane. Mit Weißstorch, Hausrotschwanz, Steinrötel, Alpenbraunelle, Provencegrasmücke, Berglaubsänger, Zitronengirlitz und Zippammer wird eine ausgezeichnete Auswahl iberischer Vögel geboten. Frühjahr und Sommer sind für einen Besuch am besten.

10 Sierra de Gredos

Die Hänge der Sierra de Gredos

Lage Ein großer Zug granitischer Berge 80 km westlich von Madrid.
Zugang Von Madrid aus auf der C 501.
Kontakt Sociedad Española de Ornitologia (SEO), Melquiades Biencinto 34, E-28053 Madrid
Tel.: 914340910
E-Mail: seo@seo.org
Web: www.seo.org

Im Norden sind diese Berge abgeholzt und jetzt mit Büschen bewachsen. Die Südseite ist steiler mit Wald an den unteren Hangabschnitten. Auf der Straße in größeren Höhen kann man Gänsegeier, Stein-, Schlangen- und Zwergadler, Habicht, Rot- und Schwarzmilan, Weißstorch, Alpenbraunelle, Alpenkrähe und Steinsperlinge sehen. An den Hängen weiter unten leben Häherkuckuck, Rötelschwalbe, Felsenschwalbe, Bienenfresser, Trauersteinschmätzer und Ortolan.

11 Trujillo/Monfragüe

Lage 75 km nordöstlich von Merida in der Extremadura.
Zugang Die C 524 von Plasencia nach Trujillo quert das Gebiet.
Kontakt Agencia de Medio Ambiente de Extremadura, Calle Enrique Diz Canedo s/n, E-06800 Merida-Badajoz; Sociedad Española de Ornitologia (SEO), Melquiades Biencinto 34, E-28053 Madrid
Tel.: 914340910
E-Mail: seo@seo.org
Web: www.seo.org

Das Monfragüe-Gebiet ist ein weites Hügelland mit großen Wäldern und ganz besonders günstig für Greifvögel. Das ganze Jahr kann man Rotmilan, Gleitaar und Gänsegeier begegnen; hier ist die größte Kolonie des Mönchsgeiers in Europa. Ferner ergänzen Sperber, Habicht, Spanischer Kaiseradler, Stein- und Habichtsadler, Wanderfalke, Uhu, Felsenschwalbe, Theklalerche, Trauersteinschmätzer, Blauelster und Alpenkrähen die Liste der außerordentlichen Vogelwelt. Im Sommer kommen noch Schwarzstorch, Schmutzgeier, Schwarzmilan, Schlangen- und Zwergadler sowie Rötelschwalbe, Westliche Orpheusgrasmücke und Pirol dazu. Es besteht die Chance, einen der am engsten an einen Ort gebundenen Brutvogel Europas zu sehen, den Kaffernsegler. Dazu bietet das wundervolle Gebiet herrliche Aussichten, etwa von der alten Burg Monfragüe aus.

Im Gebiet von Monfragüe besteht Möglichkeit, seltene Arten zu sehen.

Zwergadler

12 Tejomündung

Lage Eine große Trichtermündung unmittelbar östlich von Lissabon.
Zugang Das Reservat erreicht man über die N 118 südlich von Porto Albo. Eine 10 km lange Piste führt zum Reservat.
Kontakt Sociedade Portuguesa para o Estudo das Aves, Avenue John Chrysostom, n. #18 - 4. ° Dto 1000-179 Lisboa, Portugal
Tel.: 021/322 04 30
E-Mail: spea@spea.pt
Web: www.spea.pt

Das Reservat umfasst Salinen und die Ufer des Mündungstrichters. Im Frühjahr und Herbst kann man viele Sichelstrandläufer und Uferschnepfen sehen. Der Winter bringt Säbelschnäbler und Flamingos. Rotflügel-Brachschwalben, Alpen- und Fahlsegler ziehen durch. Möglich sind auch Weißstorch, Zwerg- und Habichtsadler und viele andere Gastvögel.

13 Sümpfe von Faro

Lage In der Algarve, unmittelbar westlich des Flughafens von Faro in Südportugal.
Zugang Erkunden Sie die Salinen um Ludo Farm und die Lagunen im Golfressort von Quinto do Largo.
Kontakt Sociedade Portuguesa para o Estudo das Aves, Avenue John Chrysostom, n. #18 - 4. ° Dto 1000-179 Lisboa, Portugal
Tel.: 021/3220430
E-Mail: spea@spea.pt
Web: www.spea.pt

Die Teiche nahe dem Golfplatz von São Laurenco sind die besten für das merkwürdige Purpurhuhn. Es gibt dort auch verschiedene Reiher, Zweigsänger und Enten. In den Kiefern sitzen oft Blauelstern. Wiedehopf, Bienenfresser, Cistensänger, Weißbartgrasmücke und Rotkopfwürger trifft man häufig. Auf dem Zug fliegen viele Weißstörche vorbei.

14 Algarve

Lage Der ganze südliche Küstenstreifen Portugals vom Cabo de São Vicente bis zur Grenze nach Spanien.
Zugang Faro ist der Flughafen und Ausgangspunkt. Zu empfehlen sind Besuche am Cabo de São Vicente, bei Quinta La Rocha, Quinta do Lago, Tavira und im Inland Monchique, Castro Verde, Sabrana und Penilhos.
Kontakt Sociedade Portuguesa para o Estudo das Aves, Avenue John Chrysostom, n. #18 - 4. ° Dto 1000-179 Lisboa, Portugal
Tel.: 021/3220430
E-Mail: spea@spea.pt
Web: www.spea.pt

Die pittoreske Südküste von Portugal ist zu jeder Jahreszeit einen Besuch wert. Vor der Küste gibt es Gelbschnabel-Sturmtaucher, in Sümpfen und Salinen Flamingos, Kolbenenten, Purpur-, Nacht-, Kuh- und Seidenreiher, Zwergdommeln, Weißstörche und verschiedene Möwen, Seeschwalben und Watvögel. Im Inland kann man Zwergtrappe, Häherkuckuck, Blauelster, Stummel-, Thekla- und Haubenlerche, Schlangen- und Zwergadler, Rötelfalke, Triel, Alpensegler, Bienenfresser, Wiedehopf, Alpenkrähe, Rötelschwalbe und eine gute Auswahl an Grasmückenverwandten treffen.

Die schöne Landschaft der Algarve bietet viele iberische Vögel.

15 Coto Doñana

Alte Pinienwälder bei Conto Doñana

Lage Ein großes Feuchtgebiet im Küstendreieck zwischen Cádiz, Sevilla und Huelva in Südspanien.
Zugang Westlich Sevilla auf der Straße über El Rocio und Matalascañas. Eingang zum Reservat vom Besucherzentrum bei La Rocina. Viele Vögel kann man aber auch schon von der Straße aus sehen.
Kontakt Sociedad Española de Ornitologia (SEO), Melquiades Biencinto 34, E-28053 Madrid
Tel.: 914340910
E-Mail: seo@seo.org
Web: www.seo.org

Dieses »Muss« zählt zu den wichtigsten Vogelgebieten Europas. Von sehr nass bis sehr trocken reichen die Böden mit abgegrenzten Lagunen und Salinen. Große Teile der Umgebung sind trockengelegt und werden bewirtschaftet. Im Winter ist das Gebiet voller Vögel, vor allem von riesigen Mengen Entenvögeln und Watvögeln. Zu Durchzüglern zählen Reiher, Störche, mehrere Greifvögel, Korallenmöwen, Raubseeschwalben und Sichler. Im Sommer gibt es Zwergdommel, Nacht-, Purpur-, Grau-, Seiden- und Kuhreiher, Löffler, Weißstorch, Weißbart- und Lachseeschwalbe, Häherkuckuck, Würger, Blauracke und Wiedehopf. Zu den Jahresvögeln gehören einige fantastische Arten, nämlich Spanischer Kaiseradler, Purpurhuhn, Rosaflamingo, Marmelente, wenige Kammblesshühner und Blauelster.

16 Laguna de Medina

Lage 10 km südöstlich von Jerez de la Frontera in der Provinz Cádiz.
Zugang Auf der C 381 von Jerez nach Medina Sidonia; die Lagune liegt nach 10 km an der Straße.
Kontakt Sociedad Española de Ornitologia (SEO), Melquiades Biencinto 34, E-28053 Madrid
Tel.: 914340910
E-Mail: seo@seo.org
Web: www.seo.org

Die Lagune beherbergt viele Kuhreiher, unter den Enten auch Kolbenenten (vor allem im Winter zahlreich), ferner Weißbart-Seeschwalben, Stelzenläufer, Säbelschnäbler und Drosselrohrsänger. Auch sehr seltene und nur lokal vorkommende Vögel sind dort zu sehen, wie Weißkopf-Ruderente, Marmelente, Purpurhuhn und Kammblesshuhn. Im Winter sind Flamingos häufig.

17 La Algaida und Bonanza

Lage Ein Teil der Feuchtgebiete des Coto-Doñana-Gebietes bei Sanlúcar de Barrameda.
Zugang Von Sanlúcar de Barrameda auf der Nebenstraße nach Bonanza.
Kontakt Sociedad Española de Ornitologia (SEO), Melquiades Biencinto 34, E-28053 Madrid
Tel.: 914340910
E-Mail: seo@seo.org
Web: www.seo.org

Im Sommer sind die Salzpfannen und anschließenden Kanäle lohnend. Es gibt Flamingos, Nacht- und Purpurreiher, Löffler, Marmelenten, interessante Greifvögel, Säbelschnäbler, Rotflügel-Brachschwalben, Dünnschnabelmöwen, Häherkuckucke, Rothals-Ziegenmelker, Blauracken, Brillengrasmücken, Kalander-, Hauben-, Kurzzehen- und Stummellerchen. In den Pinienwäldern brüten Rotmilan, Spanischer Kaiseradler, Mittelmeer-Raubwürger und Blauelster.

18 Gibraltar

Der Felsen von Gibraltar

Lage Nahe der Südspitze Spaniens, etwa 100 km südwestlich von Malaga.
Zugang Man kann von San Roque auf der N 340 nach La Linea (N 351) fahren. Am besten lässt man das Auto in La Linea, geht zu Fuß über die Grenze und benutzt dann Bus oder Taxi um den Felsen herum.
Kontakt Gibraltar Ornithological and Natural History Society, Gibraltar Natural History Field Centre, Jews' Gate, Upper Rock Nature Reserve, PO Box 843, Gibraltar
Tel.: 0200/72639
E-Mail: enquiries@gonhs.org.
Web: www.gonhs.org

Im Sommer hat Gibraltar eine Attraktion – das Felsenhuhn. Zu anderen Zeiten kann man Gelbschnabel-Sturmtaucher, Basstölpel, Schmarotzerraubmöwen, Zwerg-, Schwarzkopf-

und Mittelmeermöwen an der Küste vorbeiziehen sehen. Die besten Zeiten sind März, April und September sowie Oktober, wenn große Vogelscharen über Gibraltar ziehen. Man kann Schwarz- und Weißstörche erwarten, Wespenbussarde, Schwarzmilane, Schmutzgeier, Schlangen- und Zwergadler, Weihen, Mäusebussarde und eine Menge Kleinvögel, darunter auch Heckensänger, Braunkehlchen, Steinschmätzer, Trauerschnäpper, Würger, Laubsänger und Grasmücken. Die Bergstation der Seilbahn ist der beste Platz für die Beobachtung von Greifvögeln und Störchen.

19 Ronda

Lage 70 km westlich von Malaga.
Zugang Leicht zu erreichen auf der A 366 von den Flughäfen an der Costa del Sol.
Kontakt Sociedad Española de Ornitologia (SEO), Melquiades Biencinto 34, E-28053 Madrid
Tel.: 914340910
E-Mail: seo@seo.org
Web: www.seo.org

Die Hauptstraße durch Ronda verläuft über eine Brücke über einer tiefen Schlucht. Hier kann man Greifvögel und Blaumerlen beobachten, während Felsenschwalben, Alpen-, Fahl- und Mauersegler in Kopfhöhe vorbeisausen. Die Straßen in den Bergen bieten Stein-, Habichts- und Schlangenadler oder Gänsegeier, Rotkopfwürger, Wiedehopfe, Bienenfresser und viele Lerchen und Zweigsänger. In den Wäldern leben Sommergoldhähnchen, Berglaubsänger, Iberienzilpzalp und Haubenmeise, auf den offenen Stellen Rothals-Ziegenmelker und Trauersteinschmätzer.

Rotkopfwürger

Blick am Cabo de Gata

20 Cabo de Gata

Lage Cabo de Gata liegt 40 km südöstlich von Almeria.
Zugang Almeria hat einen Flughafen; Cabo de Gata liegt östlich der N 332.
Kontakt Sociedad Española de Ornitologia (SEO), Melquiades Biencinto 34, E-28053 Madrid
Tel.: 914340910
E-Mail: seo@seo.org
Web: www.seo.org

An diesem großen Kap liegen Salzpfannen, eine Küste und im Inland sehr trockene Flächen. Die Lagunen bieten Flamingos zu allen Jahreszeiten, daneben auch Säbelschnäbler, Stelzenläufer und Mittelmeermöwen. An den Felswänden im Inland kann man Habichtsadler und Wanderfalken sehen. An Trockenflächen gibt es die einzigen Wüstengimpel in Europa. Im Sommer sind Rötelfalken, Rotflügel-Brachschwalben und Alpensegler anzutreffen.

21 Alicante und El Hondo

Lage Alicante ist das Zentrum der Costa Blanca. El Hondo liegt an der Küste, unmittelbar südlich der Stadt.
Zugang Alicante ist eine belebte Stadt an der A 7. Im Süden an der N 332 gibt es mit El Hondo und den Santa Pola Salinen nahe Elche Feuchtgebiete.
Kontakt Sociedad Española de Ornitologia (SEO), Melquiades Biencinto 34, E-28053 Madrid
Tel.: 914340910
E-Mail: seo@seo.org
Web: www.seo.org

Die Küstenstraße gibt einen guten Blick auf die küstennahen Feuchtgebiete südlich von Alicante. Man kann Flamingos, Seidenreiher, Kolbenenten, Stummellerchen und Mariskensänger sehen. Im Sommer sind auch Marmelenten, Weißbart- und Lachseeschwalben da. Korallenmöwen erscheinen auf dem Durchzug. An Staubecken bei El Hondo sind Kuh- und Seidenreiher, Marmelenten, Kolbenenten, Rallen- und Purpurreiher sowie Rotflügel-Brachschwalben, Weißbart-Seeschwalben und oft Flamingos zu sehen. Mit Glück sieht man Weißkopf-Ruderenten.

22 Mallorca: Albufera

Die Albufera auf Mallorca

Lage Ein großes Feuchtgebiet unmittelbar südöstlich von Alcudia.
Zugang Auf Fußwegen von der Küstenstraße aus zu erreichen. Benachbarte Salinen kann man weiter östlich von der Straße aus einsehen.
Kontakt Grup Balear D'ornitologia i Defensa de la Naturalesa (GOB), C / Manuel Sanchis Guarner, Palma 1007004, Mallorca
Tel.: 0971/496060
E-Mail: info@gobmallorca.com
Web: www.gobmallorca.com

In diesem Feuchtgebiet sieht man besonders früh am Morgen oder Abend (Vorsicht, Mücken!) interessante Arten. Im Sommer jagen Eleonorenfalken über dem Schilf. Im Schilf brüten Marisken- und Drosselrohrsänger. An offenen Stellen sind fast überall Seeregenpfeifer. Auf dem Durchzug erscheinen Weihen, Störche, Watvögel und Seeschwalben. Auf den Salinen tauchen mitunter Flamingos auf. Es gibt ein Besucherzentrum, Pfade und Beobachtungshütten.

23 Mallorca: Formentor

Lage Im Norden der Insel, 20 km nördlich von Puerto Pollensa.
Zugang Zu Fuß oder mit dem Auto von Pollensa aus.
Kontakt Grup Balear D'ornitologia i Defensa de la Naturalesa (GOB), C / Manuel Sanchis Guarner, Palma 1007004, Mallorca
Tel.: 0971/496060
E-Mail: info@gobmallorca.com
Web: www.gobmallorca.com

Die Nordspitze des gebirgigen Rückgrats von Mallorca erkundet man am besten zu Fuß. In den Felswänden brüten Samtkopfgrasmücken, und der Leuchtturm am Ende ist ein guter Platz für Eleonorenfalken. Vor der Küste kann man Mittelmeer- und Gelbschnabel-Sturmtaucher und auch Korallenmöwen sehen. Die Straße zum Kap führt durch eine Landschaft, in der Rotkopfwürger, Wiedehopf, Bienenfresser, Felsenschwalbe, Blaumerle und einige mediterrane Grasmückenverwandte vorkommen. In den Wäldern lebt der dunkle einheimische Fichtenkreuzschnabel; im Frühjahr und Herbst sind oft durchziehende Kleinvögel zu sehen. Den Himmel sollte man nach Greifvögeln absuchen, es könnten aus dem Gebirge Mönchsgeier auftauchen.

Italien

Mit seiner Länge von den höchsten Alpen im Norden bis in das Zentrum des Mittelmeeres umfasst Italien fast die ganze Bandbreite der europäischen Vogellebensräume. Seine Vögel werden zwar gefangen und gejagt, doch ist Italien immer noch ein großes Land für Vogelbeobachter. Die interessanten Plätze sind Küstenvorsprünge, Binnenseen und viele Feuchtgebiet an der Küste. Viele von ihnen sind von den Vogelbeobachtern aus dem nordwestlichen Europa noch gar nicht entdeckt worden. Einige Gebiete sind außerordentlich reich und vielfältig, was das Vogelleben anbelangt.

1 Parco Nazionale Gran Paradiso

Eindrucksvolle Hänge im Gran Paradiso

Lage Etwa 55 km nordwestlich von Turin im Nordwesten Italiens.
Zugang Es gibt Routen von Pont, Noasca, Ceresole Reale und Ronco aus.
Kontakt Parkleitung, Via della Rocca 47 – 10123 Torino
Tel.: 011/8606233
E-Mail: info@pngp.it
Web: www.pngp.it

Hier gibt es hervorragende alpine Lebensräume – von hohen Gipfeln zu bewaldeten Hängen, Weiden und offenen Tälern. Die Vogelwelt ist vielseitig: Alpendohle und -krähe, Bartgeier, Steinrötel, Alpenbraunelle, Schneesperling und Ringdrossel. In geringeren Höhen leben Wasseramsel, Tannenhäher, Berglaubsänger, Haubenmeise, Zitronengirlitz, Zippammer. Hausrotschwänze sind sowohl in den Dörfern als auch an Felsen häufig. Mauerläufer sind immer da, aber nicht leicht zu entdecken.

2 Golf von Venedig

Lage Die Lagunen um Venedig.
Zugang Am besten kann man von der Ostseite aus beobachten – von einer Nebenstraße, die von Cvallino im Süden durch Valle Sacchetta und Valle Paleazza nach Ca'Savio im Norden verläuft. Der Strand bei Brussa im Osten ist von Portogruaro in Richtung Lugagnano zu erreichen. Halten Sie 1 km vor Brussa an, um die großen Reiherkolonien der Lagune zu sehen.
Kontakt Venezia LIPU, Giacomo Matteotti, 26, I-30020 Gaggio di Marcon, Venezia
Web: www.lipuvenezia.org

Die Stadt Venedig ist auf Inseln in der flachen Brackwasserlagune zwischen den Mündungen von Brenta und Piava gebaut. Im Frühjahr sieht man durchziehende Enten (darunter Knäkenten), Zwergmöwen und Watvögel, im Sommer brüten Stelzenläufer, Purpur- und Seidenreiher. Auf dem Herbstdurchzug erscheinen Rohr- und Kornweihe, Mäusebussard und viele interessante Watvögel. Silberreiher sind oft im Winter da. Die Kiefernwälder bei Brussa sind gut für Überwinterer und Nachtigallen; auch Waldohreulen brüten hier. Einige Hundert Enten leben auf den Lagunen hinter dem Wald und auf dem Meer; Saat-, Bless- und Graugänse überwintern.

Im Umland des Podeltas

3 Podelta

Lage An der Küste etwa 55 km südlich von Venedig.
Zugang Dem großen Deltagebiet kann man sich auf der S 309 südlich von Venedig nähern. Es gibt gute Wanderrouten bei Marina di Romea im Valle Madriole und beim WWF-Reserevat Punta Alberete am Kanal Fossatone. An der Pomündung sind die Casoni- und Comacchiuo-Sümpfe lohnend; ausgezeichnet ist auch eine Bootsfahrt von Casone Foce. Das Valle Zavelea (Reservat Fossa di Porto) sieht man am besten vom Weg am Kanalufer von Fossa di Porto zur Straße nach Anita.
Kontakt LIPU, Via Trento n. 49, I-42100 Parma, Tel.: 0521/273043
E-Mail: info@lipu.it
Web: www.lipu-uk.org

Das Gebiet mit vielen kleinen Straßen und Wanderwegen ist ein riesiger Komplex aus Feuchtgebieten, Wald, Fluss und Systemen von Wasseradern mit seichten Mündungen, Sandbänken und Salzsümpfen. Zu den Brutvögeln zählen mehrere Reiherarten, Löffler, Stelzenläufer und Säbelschnäbler. Im Reservat Boscoforte kommen noch Schwarzkopfmöwe, Lachseeschwalbe und Moorente dazu. Der Durchzug ist aufregend mit einer großen Artenzahl von Watvögeln einschließlich Teichwasserläufer, Möwen, Seeschwalben, Zwergscharben, Silberreihern, Rohrweihen und anderen Greifvögeln im Frühjahr. Halsbandschnäpper sind manchmal in den umliegenden Wäldern zu sehen.

❹ Laguna di Orbetello

Lage Unmittelbar hinter einer Landzunge bei Orbetello, 105 km nordwestlich von Rom.
Zugang Von der S 1 etwa 30 km südlich Grosseto nach Orbetello und dann auf einer Straße zwischen den Lagunen. Eine kleine Straße auf der Südseite am Fuß des Monte Argentario vorbei ermöglicht eine Umfahrung des Lagunengebiets.
Kontakt WWF Wächter
Tel.: 0564/870198
E-Mail: oasiorbetello@wwf.it
Web: www.wwf.it/orbetello.nt

Im Winter ein guter Platz für Kormorane, Blesshühner, Krick-, Pfeif-, Spieß-, Löffel- und Tafelenten sowie einige Flamingos, Kraniche, Löffler und Gänse. Rohr- und Kornweihe werden im Sommer durch Wiesenweihe ersetzt. Stelzenläufer brüten, doch ist es für Watvögel besser im Spätwinter und Frühjahr, wenn Tausende durchziehen, besonders Uferschnepfen und Kampfläufer. Es sind auch Seltenheiten darunter wie Terek- und Teichwasserläufer. Achten Sie auf Rotflügel-Brachschwalbe, Weißflügel-, Weißbart- und Raubseeschwalbe sowie Pirol.

❺ Parco Nazionale del Circeo

Lage Zwischen Rom und Neapel, 35 km südöstlich von Latina.
Zugang Guter Einblick von der Küstenstraße.
Kontakt Besucherzentrum, Via Carlo Alberto, 104/107 – 04016 Sabaudia (LT)
Tel.: 0773/512240
E-Mail: segreteria@parcocirceo.it
Web: www.parks.it/parco.nazionale.circeo/Eindex.php

Ein Reservat mit Kalksteinwänden, Eichenwald, Winterüberschwemmung, mediterranem Heide- und Buschland, tiefen Seen und Stränden. Im Winter sieht man viele Kormorane, Pfeif-, Krick- und Tafelenten, Schwarzhals- und Prachttaucher sowie Watvögel. Im Frühling sollte man auf Lannerfalke, Schwarzmilan, Gelbschnabel-Sturmtaucher, Alpen- und Fahlsegler, Blauracke, Brachpieper, Blaumerle, Weißbart- und Samtkopfgrasmücke, Orpheusspötter, Drosselrohrsänger, Marisken- und Seidensänger sowie auf Beutelmeisen achten.

Kappenammer

❻ Capri

Lage Eine Insel 35 km südlich von Neapel im Golf von Neapel.
Zugang Mit der stündlichen Fähre von Neapel. Auf der Insel fahren Minibusse zu guten Plätzen wie Barbarossaschloss, Monte Solaro und der Felsküste im Südwesten. Die Axel-Munthe-Stiftung in Anacapri hat ein hervorragendes Schutzgebiet und organisiert geführte Touren.
Kontakt Axel Munthe Foundation
Tel.: 081/8371401
Web: www.capri.net/home/en/index.php

Am besten sind Besuche im Frühjahr, bevor die Touristensaison beginnt. Für Zugvögel aller Art ist die Insel ein guter Platz. Besonderheiten sind unter anderem Brillengrasmücke, Halsband- und Halbringschnäpper, Kappenammer und verschiedene Greifvögel wie Wespenbussard, Rotfußfalke und Eleonorenfalke. Im Winter sind Mauerläufer an den Küstenfelsen relativ leicht zu entdecken. Ein Sommerbesuch kann gute Beobachtungen von Pirol, Maurensteinschmätzer, Neuntöter und Rotkopfwürger, Samtkopfgrasmücke, Mittelmeermöwe, Wanderfalke und anderen typischen Mittelmeerarten bringen.

❼ Isole Tremiti

Lage In der Adria, 30 km nördlich der Halbinsel Gargano, des »Sporns« am italienischen Stiefel, an der Ostküste nordöstlich von Foggia in Mittelitalien.
Zugang Das ganze Jahr über mit der Fähre von Tèrmoli. Eine Fähre von der Hauptinsel San Nicola fährt nach San Domino.
Kontakt Azienda Autonoma di Soggiorno di Termoli
Tel.: 0875/706754

Die Hauptinseln San Nicola, San Domino und Capraia sowie die kleinen Inseln Cretaccio und Vecchia haben an ihren Küsten gute Plätze. Es handelt sich um Kalksteininseln mit steilen Felsen im Inland und an der Küste; am besten besucht man sie von März bis Juni. In den Buschgebieten gibt es Landvögel, doch der größte Teil des Landes ist steinig und vegetationslos. In einem Wald auf San Domino gibt es Samtkopf- und Weißbartgrasmücken, Trauerschnäpper und Neuntöter; zu den Durchzüglern zählen Wespenbussarde und manchmal Rotfußfalken. Seevögel brüten auf den Inseln und sind auch vor der Küste zu sehen, vor allem Gelbschnabel-Sturmtaucher und Mittelmeermöwen.

❽ Parco Nazionale d'Abruzzo

Lage 100 km östlich von Rom in Mittelitalien.
Zugang Den großen Nationalpark erreicht man auf der S 83 über die Autobahn A 25 von Rom nach Pescara. Es gibt viele weitere interessante Plätze, etwa Monte Meta von der S 83 aus. Mont S Nicola auf der S 509 von Opithen über mehrere gut markierte Fußwege und Valle Sangro auf Wegen von der Straße nach La Camosciara.
Kontakt Centro Parco Nazionale d'Abruzzo, Boulevard Saint Lucia - 67032 Pescasseroli (AQ)
Tel.: 0863/91131
E-Mail: info@parcoabruzzo.it
Web: www.parks.it/parco.nazionale.abruzzo

Der Nationalpark ist dicht bewaldet, erhebt sich aber zu hohen Gipfeln über der Baumgrenze und bietet daher für alle üblichen alpinen Vogelarten Lebensraum, darunter Steinadler, Alpenbraunelle, Schneesperling, Alpendohle. Im zeitigen Frühjahr rufen Uhus; Adler und Habichte balzen. Mauerläufer, Wanderfalke, Felsenschwalbe, Hausrotschwanz, Weißrückenspecht, Westliche Orpheusgrasmücke, Berglaubsänger, Wiedehopf, Halsbandschnäpper, Kernbeißer und Neuntöter sind nur einige der hier vorkommenden interessanten Arten. Im Winter kann man nach Steinhühnern fahnden, die dann näher an die Straßen kommen, doch schwer zu sehen sind.

Die eindrucksvollen Berge der Meinarde-Gruppe im Parco Nazionale d'Abruzzo

Felsküste der Halbinsel Gargano mit Pinien

9 Halbinsel Gargano

Lage Nordöstlich von Foggia.
Zugang Erkunden Sie das Inland von der S 528 aus und die Küste 15 km nördlich von Mattinata.
Kontakt Ufficio dell'Amministrazione dell Foreste Demaniali del Gargano, Foresta Umbra
Tel.: 0884/560944

Die Halbinsel aus Kalkstein hat Inlandgipfel, die man auf kurvenreichen Straßen erreichen kann, und felsige Küsten mit Schluchten. Sie bietet gute Voraussetzungen für Schlangenadler, Lannerfalke, Wespenbussard, Wanderfalke und Uhu. In den Wäldern leben fünf Spechtarten, Gartenbaumläufer und Sommergoldhähnchen. In offenen Gebieten kann man Alpen- und Fahlsegler sehen, ferner Blaumerle, Masken- und Weißbartgrasmücke, Zippammer und Neuntöter. Felsen, Buschland, Küste und Pinienwald lassen sich an einem Tag erkunden.

10 Capo d'Otranto

Lage Im äußersten Südosten von Italien, 40 km südöstlich von Lecce.
Zugang Gute Straßen.
Kontakt LIPU, Via Trento n. 49, I-43100 Parma
Tel.: 0521/273043
E-Mail: info@lipu.it
Web: www.lipu-uk.org/

Ein Plateau über einer gezähnten Küstenlinie mit mediterraner Buschvegetation und Salzseen. Der Frühjahrsdurchzug ist stark: Im März und April ziehen Kraniche durch, gefolgt von Greifvögeln mit Rohr-, Steppen- und Wiesenweihen, Baumfalken, Turmfalken zu Hunderten, Rötelfalken, Milanen, Adlerbussarden und Fischadlern. Wespenbussarde sind im Mai häufig. Eleonorenfalken, Schwarz- und Weißstörche ebenso. Unter den durchziehenden Kleinvögeln sind Rötelschwalben, Rotkehlpieper, Steinschmätzer, Fliegenschnäpper und Laubsänger. Samtkopf- und Brillengrasmücke brüten in den niedrigsten Büschen. Im Winter kommen Enten und Fischadler.

11 Stretta di Messina

Blick über die Straße von Messina

Lage Die Meerenge, die Sizilien vom Festland Italiens trennt.
Zugang Auf der Ostseite (Calabrien) auf der Autobahn A 3 nach Pilone die Santa Trada und dann auf einer schmalen Straße nach oben zu einem offenen Aussichtsplatz, der während des Frühjahrszuges hervorragend ist.
Kontakt LIPU, Reggio di Calabria
E-Mail: lipurc@libero.it

Tausende von Vögeln warten auf gute Wetterbedingungen, bevor sie zu ihrem langen Flug von Afrika nach Europa über das Mittelmeer ansetzen. Wenn sie Messina auf Sizilien erreichen, sind sie ermüdet und queren die letzte Meeresenge in sehr niedrigem Flug. Aus diesem Grund ist das Vogelbeobachten im Frühjahr über der Straße von Messina ein fantastisches Erlebnis. Jedoch wird es ernstlich beeinträchtigt durch die Anwesenheit illegaler Jäger, die das Beobachten empfindlich stören. Die Vögel sind herrlich: Es gibt zahlreiche Wespenbussarde, Schwarz- und Weißstörche und vielen kleinere Durchzügler, wie etwa Bienenfresser. Am besten ist es, sich im April und Mai der Beobachtungsgruppe der LIPU anzuschließen.

12 Sizilien: Messina und Ätna

Der Nordhang des Ätna

Lage Sizilien liegt vor der »Stiefelspitze« Italiens, Messina auf der sizilianischen Seite der Straße von Messina, der Ätna 60 km im Südwesten.
Zugang Gute Straßen. Auf der Via Palermo von Messina nach oben zu den Monti Peloritani. Die unteren Hangabschnitte des Ätna können mit dem Auto erkundet werden.
Kontakt LIPU Palermo
Tel.: 091/320506

Auf der sizilianischen Seite der Straße von Messina konnte das Abschießen von Greifvögeln weitgehend unterbunden werden. Zwischen 10 000 und 30 000 Greifvögel fliegen im Frühjahr über die Meeresenge – am häufigsten sind Wespenbussarde (im Mai), Schwarzmilane (im April) und manchmal auch Rotfußfalken. Schwarz- und Weißstörche ziehen ebenfalls durch. In den nahe gelegenen Wäldern kann man Halsbandschnäpper entdecken; in der Umgebung von Messina und am Ätna kommen Pirol, Provencegrasmücke, Bienenfresser und viele andere Vögel vor.

13 Sardinien: Golfo di Cagliari

Lage Eine Bucht am Südende Sardiniens mit der Stadt Cagliari.
Zugang Das Sumpfgebiet Molentargius erreicht man per Pkw oder Bus von Cagliari aus in wenigen Minuten. Andere gute Plätze sind die Quartu-Sümpfe (beim Strand von Poetto) und die Feuchtgebiete Santa Gilla und Macchiareddu, 6 km auf der S 195 Richtung Pula.
Kontakts LIPU Cagliari
E-Mail: lipu.sardegna@tiscalinet.it
Web: www.lipu.it

Die Feuchtgebiete in der Industriezone von Cagliari sind für Vögel besser, als die Umgebung erwarten lässt. Lassen Sie sich nicht beirren: Hier brüten Purpurhühner, Braunsichler, Kuhreiher, Stelzenläufer, Kolbenenten und Dünnschnabelmöwen (einige Tausend Paare) neben vielen anderen Arten. Im Winter gibt es Säbelschnäbler, Flamingos und Kormorane (von jeder Art mehrere Tausend) und gelegentlich Seltenheiten wie Sumpfläufer und Odinshühnchen. Man kann auch Korallenmöwen begegnen.

14 Sardinien: Golfo di Oristano

Lage An der Westküste Sardiniens 80 km nordwestlich von Cagliari.
Zugang Das LIPU-Reservat Sale Porcus liegt nordöstlich von Oristano an der S 292.
Kontakt LIPU Oristano
Web: www.lipu-uk.org/Oasi/SalePorcus.htm
Tel.: 0783/211058

Dieses Gebiet Sardiniens ist ein geheimer, unentdeckter Schatz. Das LIPU-Reservat Sale Porcus ist besonders bedeutsam: Hier überwintern mehrere Tausend Flamingos. Die Brutvogelwelt ist vielfältig mit Purpurhuhn, Stelzenläufer, Säbelschnäbler, Dünnschnabelmöwe, Kolbenente, Wiesenweihe, Rotflügel-Brachschwalbe, jeweils mehreren Arten von Lerchen, Schmätzern, Grasmückenverwandten und Würgern, ferner Stein- und Weidensperling und Cistensänger. Korallenmöwen und Braunsichler erscheinen auf dem Durchzug.

Slowenien, Kroatien, Serbien, Montenegro

Die Region hat unter den Konflikten der 1990er Jahre sehr gelitten. Heute sind die für die Vogelbeobachtung wichtigen Gebiete zugänglich. Seen, Wälder und Küsten bieten einen Lebensraum für eine große Vielfalt an Vogelarten. Slowenien im Besonderen ist für den allgemein interessierten Naturfreund ein Traum. Im gesamten Bereich gibt es mit Krauskopfpelikan und Seeadler einige der größten Vögel Europas. Schwarzstirnwürger, Bienenfresser, Blauracken, viele Grasmückenverwandte, Lerchen und andere mediterrane Arten sind weit verbreitet.

1 Cerknica Jezero

Lage Etwa 45 km südwestlich von Ljubljana in Slowenien.
Zugang Auf der E 63/E 70 von Ljubljana und bei Rakek nach Südosten Richtung Cerknica. Der See und die überfluteten Wiesen können von Nebenstraßen aus gesehen werden.
Kontakt Bird Study Association of Slovenia, Prvomajska 9, SI-1000 Ljubljana, Slovenia
E-Mail: dopps@dopps-drustvo.si

Der flache See ist der größte in Slowenien. Er ist von Schilfflächen, Büschen, Wiesen und Torfmoor umgeben. Zu den Brutvögeln zählen Zwergdommel und Wachtelkönig. Auf dem Zug erscheinen viele Trauerseeschwalben und einige Weißflügel-Seeschwalben. Eventuell zu sehen sind Kleines Sumpfhuhn und Moorente.

Schwarzstorch

2 Krakovska-Wald

Lage Etwa 70 km östlich von Ljubljana, Slowenien.
Zugang Gute Straßen ab der E 70 laufen durch dieses große Gebiet. Das östliche Slowenien hat auch ausgezeichnete Feuchtgebiete um die Stauseen bei Ormoy und Ptuj, an der Drava zwischen Maribor und Zavrb und an der Mura bei Gibina. Einen Auwald entlang der Lendava erreicht man von Maribor aus.
Kontakt Bird Study Association of Slovenia, Prvomajska 9, SI-1000 Ljubljana, Slovenia
E-Mail: dopps@dopps-drustvo.si
Slovenian Tuurist Borard
Web: slovenija.turistika.net

In der Region steht ein Rest des einstmals großen pannonischen Eichenwaldes. Das Waldreservat ist geschützt. Hier brüten Schwarzstorch und Halsbandschnäpper, die zahlreich und weit verbreitet sind. Die Auwälder und Feuchtgebiete sind im Sommer auch gut für Weißstörche, Blauracken, Schlagschwirle. Mittelspechte gibt es in kleiner Zahl.

3 Sava

Wasserflächen an der Sava

Lage Etwa 70 km südöstlich von Zagreb, Kroatien.
Zugang Die Überflutungsflächen der Sava, Lonja und Struga liegen nahe den Städten Sunja und Dubica.
Kontakt Croatian Tourist Board (UK)
Tel.: 0181/5637979
Web: www.croatia.hr

Die Überflutungsflächen umfassen saisonal überflutete Wälder, Sümpfe, Wiesen, Fischteiche und flache Lagunen, die alle von landwirtschaftlicher Intensivierung bedroht sind. Bis in die neueste Zeit gab es brütende Kormorane, Nacht-, Seiden- und Purpurreiher, Löffler, Wespenbussarde, Schreiadler, Wachtelkönige und Weißbart-Seeschwalben. In den Wäldern brüten Mittelspecht und Halsbandschnäpper. Im Frühjahr und Herbst sind durchziehende Seeschwalben und Watvögel von Interesse.

4 Nationalpark Plitvicka Jezera

Lage 140 km südlich von Zagreb, Kroatien, nahe der Grenze zu Bosnien-Herzegowina.
Zugang 10 km auf der Straße östlich von Bihac.
Kontakt Nationalpark Plitvicer Seen, HR-53231 Plitvicka Jezera, Kroatien
Tel.: 053/751-015 od. -014
E-Mail: info@np-plitvicka-jezera.hr
Web: www.np-plitvicka-jezera.hr

Das Gebiet beherbergt einige Braunbären und Wölfe und auch interessante Vögel, darunter Uhu und Auerhuhn. Etwa 126 Arten sind nachgewiesen, von denen 70 brüten. Wald- und Bergarten sind typisch für die Balkanländer, wie Trauermeise und Schwarzstirnwürger. Es gibt mit Restaurants, Hotels, Informationszentren und geführten Touren sehr gute touristische Möglichkeiten.

Schwarzstirnwürger

5 Nationalpark Paklenica

Lage Nahe Zadar an der Adriaküste Kroatiens.
Zugang Nur als kurzer Abstecher von Triest in Italien aus ist der Nationalpark auf der Küstenstraße (Jadranska cesta) von Rijeka oder Zadar zu erreichen.
Kontakt Paklenica National Park, Dr. F. Tudmana 14a, HR-23244 Starigrad-Paklenica, Kroatien
Tel.: 00385/23/369-155, -202, -803
E-Mail: np-paklenica@zd.tel.hr od. prezentacija@paklenica.hr
Web: www.paklenica.hr/paklenica_en/index_en.html

Eine herrliche Landschaft mit Bergen im Inland und Kiesstränden. Fast 100 Arten brüten im Nationalpark, darunter Wanderfalken bei Velika und Mala Paklenica; Neuntöter sind häufig; Bienenfresser, Trauermeisen, Blutspechte, Zipp- und Zaunammern und viele weitere Arten kann man hier aufspüren.

Blutspecht

6 Nationalpark Fruška Gora

Lage 50 km östlich von Belgrad (Serbien).
Zugang Von Belgrad und Novi Sad leicht zu erreichen; die Hügel erstrecken sich unmittelbar südlich der Donau nach Westen.
Kontakt Fruška Gora Nationalpark, 21208 Sremska Kamenica, Zmajev trg 1, Serbien
Tel.: 021/463666; 021/463667
Web: www.npfruskagora.co.rs

Fruška Gora ist ein kleines Mittelgebirge, 1960 wurde es zum Nationalpark erklärt. Flora und Fauna sind vielfältig. Der Park umfasst bewaldete Hügel, an denen Kaiseradler, Schreiadler und Würgfalke brüten. Weißstorch, Wespenbussard, Uhu, Neuntöter, Schwarzstirnwürger und Ortolan sind weitere Arten besonderen Interesses.

7 Belgrad

Ufer der Sava in Belgrad

Lage Hauptsstadt Serbiens
Zugang Der Flughafen Belgrads ist mit anderen großen europäischen Flughäfen vernetzt, und die Bahn verbindet die Stadt mit allen anderen europäischen Hauptstädten.
Kontakt Touristische Organisation Belgrads, Masarikova 5/IX, 11000 Belgrad, Serbien
Tel.: 011/3061400
Web: www.tob.rs

In Belgrad fließt die Sava in die Donau, die pannonische Ebene liegt im Norden und bewaldete Hügel im Süden. In und um die Stadt gibt es Zwergscharbe, Schwarzstorch, Moorente, Seeadler, Würgfalke, Weißflügel-Seeschwalbe und Blutspecht. Die Insel Veliko Ratno Ostrovo und die Feuchtgebiete von Panbevacki Rit im Gebiet von Belgrad lohnen einen Besuch.

8 Dalmatinische Küste

Lage Küstenregion von Kroatien.
Zugang Entlang der Küste gibt es viele Einrichtungen für Touristen; die Küstenstraße macht die Erkundung leicht.
Kontakt Croatian Tourist Board (UK)
Web: www.croatia.hr

Dieser Abschnitt der Balkanküste besteht aus Kalksteinfelsen und -schluchten, dazwischen liegen Feuchtgebiete und im Hinterland Hügel. Die Vielfalt der Vögel ist entsprechend: Man findet Schwarzstirn- und Rotkopfwürger, Beutel- und Trauermeisen, Nachtigallen, Rötelschwalben, Blaumerlen, einige Grasmückenverwandte und Greifvögel. Unter den Durchzüglern sind Halsband- und Zwergschnäpper, Wespenbussarde und Störche. Im Winter gibt es weit unten Mauerläufer; Felsenkleiber sind Jahresvögel.

9 Geierreservat Uvac und Mileševka

Lage: Im mittleren Balkan bei der Stadt Nova Varot, etwa 250 km südlich von Belgrad.
Zugang: Von Belgrad auf der Ibarska Magistrala nach Nova Varot, etwa 15 km vom Reservat entfernt.
Kontakt: Birds of Prey Protection Fund, Despota Stefana 142, 11000 Belgrad, Serbien
E-Mail: grifon@ibiss.bg.ac.yu

Große Teile Serbiens sind wegen ihrer Greifvögel interessant. Dies ist eines der besten Gebiete mit 19 nachgewiesenen Greifvogel- und neun Eulenarten. Unter den Greifvögeln sind Wanderfalke, Kurzfangsperber, Stein-, Zwerg- und Schlangenadler, Gänse- und Schmutzgeier und Adlerbussard. Andere interessante Arten: Alpensegler, Felsenschwalbe, Rötelschwalbe, Mauerläufer, Schwarzstorch, Felsenkleiber, Ohrenlerche, Balkansteinschmätzer, Trauermeise, Bergpieper, Tannenhäher und Alpenkrähe.

10 Skadarsko Jezero (Skutarisee)

Lage Im südöstlichen Montenegro an der Grenze zu Albanien.
Zugang Der See ist von Belgrad nach Süden über Podgorica zu erreichen.
Kontakt Bird report
Web: www.visit-montenegro.com/skadar-lake.htm

Die Pelikankolonie (manchmal mit Krauskopfpelikanen) war einmal sehr bedeutend. Zwergdommel, Nacht- und Purpurreiher, Weißbart-Seeschwalbe und Zwergscharben sind zu sehen. Zur Artenvielfalt tragen Fahl- und Alpensegler, Bienenfresser, Blauracke, Beutelmeise, Rotkopfwürger, Felsenkleiber, Steinrötel, Blaumerle, Felsenschwalbe, Alpenkrähe und Grasmückenverwandte bei. Im Winter gibt es auf dem See Lappentaucher, Enten und viele Graugänse.

Die Felsküsten des Skadarsko Jezero (Skutarisee)

Griechenland

Auf jeden Vogelbeobachter, der Spanien als das beste Land ansieht, kommt ein anderer, der auf Griechenland setzt. Hier fehlen zwar einige Greifvögel, die man in Spanien sehen kann, aber viele östliche Spezialitäten – etwa Pelikane – bieten mehr als nur einen Ausgleich für Vogelbeobachter. Die Vielfalt der Landschaft von Griechenland ist faszinierend: Dort gibt es Hochgebirge, Seen, Wälder, Küstenlagunen und Sümpfe, endloser heißer mediterraner Busch voller Grasmücken, Ammern, Lerchen und Würger. In Feuchtgebieten gibt es eine Vielzahl an Vogelarten.

❶ Delphi

Der atemberaubende Blick von Delphi

Lage Gegenüber der Nordküste der Peloponnes, etwa 180 km westlich von Athen.
Zugang Ein gut ausgeschilderter Endpunkt der Straße 48.
Kontakt Hellenic Ornithological Society, Themistokleous 80, GR-10681, Athen, Griechenland
Tel.: 0210/8227937
E-Mail: info@ornithologiki.gr
Web: www.ornithologiki.gr

Als berühmter historischer Platz kann Delphi sehr überlaufen sein, sodass ein früher Morgenbesuch am besten ist. Lärmende Felsenkleiber sitzen auf den alten Säulen; es gibt auch Blaumerlen, Olivenspötter, Maskengrasmücken, Kappen- und Zippammern, Grauortolane und Östliche Orpheusgrasmücken. Trauermeisen schätzen die bewaldeten Hänge. Über den hohen Felsen kreisen Greifvögel, obwohl Gänsegeier, Schlangen- und Zwergadler inzwischen weniger häufig sind. In den umgebenden Wäldern kann man Weißrückenspechte entdecken.

❷ Ioannina

Lage In Westgriechenland nahe der Grenze zu Albanien.
Zugang Die Stadt liegt westlich des Pindosgebirges und ist leicht auf den Straßen 5, 6 und 20 zu erreichen. Es gibt einen großen und interessanten See, leicht von der Stadt aus einzusehen.
Kontakt Hellenic Ornithological Society, Themistokleous 80, GR-10681, Athen, Griechenland
Tel.: 0210/8227937
E-Mail: info@ornithologiki.gr
Web: www.ornithologiki.gr

Der See wird touristisch genutzt, sodass man vielleicht Wasserskifahrer sehen kann, die hinter einem Rosapelikan vorbeirauschen. Im Frühjahr und Herbst fallen Zwergscharben ein, Mariskensänger brüten im Schilf. In den umgebenden Hügeln gibt es Lannerfalken und Mauerläufer, aber meistens sieht man Felsenkleiber und Halbringschnäpper.

Lannerfalke

Das raue und abgelegene Pindusgebirge ist weitgehend ungestört.

❸ Pindosgebirge

Lage Nordwestgriechenland nahe der Grenze zu Albanien.
Zugang Am besten von der Straße 6 aus zwischen Trikkala und Ioannina zu erreichen. Der Vikos-Aoos-Nationalpark mit der beeindruckenden Vikosschlucht liegt unmittelbar südlich von Konitsa auf der Straße 20 nordwärts nach Ioannina.
Kontakt Hellenic Ornithological Society, Themistokleous 80, GR-10681, Athen, Griechenland
Tel.: 0210/8227937
E-Mail: info@ornithologiki.gr
Web: www.ornithologiki.gr

In diesen spektakulären Bergen gibt es nur wenige Straßen und Wanderwege. Einige der interessantesten Vögel wie Bartgeier und Steinadler sind zwar groß genug, um von Ferne erkannt zu werden, doch nicht leicht zu finden. Mit etwas Ausdauer kann man Lannerfalke, Steinhuhn, Mauerläufer, Alpenbraunelle, Schneesperling oder Grauortolan sehen. Auf einem Weg von Papingo in größere Höhen sind diese Arten zu erwarten. Das abgelegene Gebiet ist Wildnis, wie man ihr nur in Südeuropa begegnet.

4 Prespasee

Blick über den Prespasee

Lage In Nordwestgriechenland an der Grenze zu Albanien und Makedonien.
Zugang Auf der Hauptstraße westlich von Florina, auf Nebenstraßen dann ins Gebiet.
Kontakt Hellenic Ornithological Society, Themistokleous 80, GR-10681, Athen, Griechenland
Tel.: 0210/8227937
E-Mail: info@ornithologiki.gr
Web: www.ornithologiki.gr

Dieser Platz mit goldenem Schilf, blauem Wasser und schneebedeckten Bergen ist eine besondere Umgebung für die Kolonien von Rosa- und Krauskopfpelikanen. Die Vögel lassen sich nahe der Straße beobachten. Der See bietet auch andere Arten. Man kann Braunsichler, Kolbenente, Schlangen- und Zwergadler, Bienenfresser, Blauracke, Würger und einigen Singvögeln begegnen.

5 Porto Lago

Lage Etwa 250 km östlich von Saloniki.
Zugang Das Dorf ist leicht auf der Küstenstraße zu erreichen, und zwar von Xánthi aus auf der Straße 2.
Kontakt Hellenic Ornithological Society, Themistokleous 80, GR-10681, Athen, Griechenland
Tel.: 0210/8227937
E-Mail: info@ornithologiki.gr
Web: www.ornithologiki.gr

Empfohlen wird, auf dem mit Tamarisken gesäumten Strand und dem Südufer der Lagune zu gehen. Man kann hier Spornkiebitz, Olivenspötter und Zwergscharben sehen. Häufige Arten sind ferner Silberreiher, Rosa- und Krauskopfpelikan, Dünnschnabelmöwe, Braunsichler, Rothals- und Schwarzhalstaucher, Weißstorch und Bienenfresser. Mittelmeer-Sturmtaucher fliegen vor der Küste vorbei; die Gegend ist besonders für ihre vielen Zwergscharben bekannt.

6 Evrosdelta

Lage Etwa 25 km östlich von Alexandroupolis.
Zugang Auf Nebenstraßen von der Straße 2. Für den größten Teil des Deltas ist eine Erlaubnis erforderlich.
Kontakt Hellenic Ornithological Society, Themistokleous 80, GR-10681, Athen, Griechenland
Tel.: 0210/8227937
E-Mail: info@ornithologiki.gr
Web: www.ornithologiki.gr

Das ziemlich degradierte Feuchtgebiet hat immer noch viele interessante Vögel, im Winter Zwergscharben und Zehntausende von Enten. Wintergäste sind auch Rosa- und Krauskopfpelikane sowie Seeadler. Schreiadler, Adlerbussard und weitere Greifvögel brüten im Gebiet. Man kann auch Isabellsteinschmätzer, Lachseeschwalbe, Dünnschnabelmöwe, Rotflügel-Brachschwalbe, Weißstorch, Olivenspötter und Blauracke sehen. Möglicherweise bekommt man auch Rostgans und Spornkiebitz zu Gesicht.

7 Dadia Soufli Waldreservat

Lage Im Osten Griechenlands, 50 km nordöstlich von Alexandroupolis.
Zugang Auf der Straße 51 östlich von Alexandroupolis, dann bei Provatonas westlich nach Lefkimi. Versuchen Sie es auf den Pisten nach Westen und Nordwesten. Weiter nördlich auf der Straße 51, eine Abzweigung führt unmittelbar hinter Likotos nach Dadja, ist ein Informationszentrum: Von hier führt ein Weg nach Süden zur Fütterungsstelle für Greifvögel.
Kontakt Gemeindeverwaltung Dadia, Tel.: 554/32208 od. Hellenic Ornithological Society, Themistokleous 80, GR-10681, Athen, Griechenland
Tel.: 0210/8227937
E-Mail: info@ornithologiki.gr
Web: www.ornithologiki.gr

Mönchsgeier

Im Sommer ist die beste Zeit für einen Besuch, wenn Maskenwürger in den Büschen sitzen und Kurzfangsperber zu sehen sind. Die Fütterungsstation für Geier (mit Minibus erreichbar) ist einen Besuch wert. Man sieht Mönchs-, Gänse- und Schmutzgeier und vielleicht auch Schwarzstörche. Man sollte einige Zeit darauf verwenden, die Vögel in der Luft zu beobachten. Stein- und Schreiadler brüten auch im Gebiet.

8 Lesbos

Die bekannte Insel Lesbos

Lage Eine große Insel nahe der türkischen Küste.
Zugang Viele Fähren fahren zur Insel.
Kontakt Hellenic Ornithological Society, Themistokleous 80, GR-10681, Athen, Griechenland
Tel.: 0210/8227937
E-Mail: info@ornithologiki.gr
Web: www.ornithologiki.gr

Die raue Insel wird von Vogelbeobachtern bevorzugt, besonders im Frühjahr. Sie ist groß genug, um viel zu sehen. Jahresvogel ist der Türkenkleiber, zu den Brutvögeln zählt die Türkenammer. Östliche Arten wie Maskenwürger, Olivenspötter, Maskengrasmücke und Grauortolan können hier zusammen mit typischen Mittelmeerarten wie Rotfußfalke, Neuntöter, Bienenfresser und Wiedehopf gesehen werden. Vieles ist möglich – auf dem Durchzug im Frühjahr und Herbst sind z. B. Rosaflamingo, Rostgans, Korallenmöwe, Rotkehlpieper, Isabellsteinschmätzer und Braunsichler wahrscheinlich.

9 Kreta

Lage Große Insel südlich von Griechenland.
Zugang Ausreichend durch Straßen erschlossen. Interessante Gebiete sind der Koutroulis, die Halbinsel Rodopos, die Lefka-Berge, Berge Idi und Kofinas sowie die Insel Dia.
Kontakt Hellenic Ornithological Society, Themistokleous 80, GR-10681, Athen, Griechenland
Tel.: 0210/8227937
E-Mail: info@ornithologiki.gr
Web: www.ornithologiki.gr

Diese Perle von einer Insel hat einige kleine, interessante Feuchtgebiete und Inlandgebirge, in denen Gänsegeier, Bartgeier, Steinadler, Wanderfalke und Schlangenadler leben; Eleonorenfalken sind für den Greifvogelenthusiasten eine weitere Kostbarkeit. In den Bergen brüten Chukarhühner, und man kann in den tiefer gelegenen Büschen auch Maskengrasmücken finden. Achten Sie vor der Küste auf Gelbschnabel-Sturmtaucher, die im Sommer oft langsam vorbeidriften.

Über den Bergen von Kreta kann man interessante Greifvögel beobachten.

Türkei

DIE EUROPÄISCHE TÜRKEI liegt westlich des Marmarameeres und des Bosporus. Obwohl das Gebiet nicht groß ist, gibt es viele der Vögel, die man auch in Griechenland erwarten kann. Hinzu kommt ein gewaltiger Frühjahrs- und vor allem Herbstdurchzug von Pelikanen, Störchen und Greifvögeln, die sich an den Meerengen zwischen Europa und Asien (und damit auch Afrika) konzentrieren, denn kurze Meeresstrecken sind für sie überlebenswichtig. Das Meer ist wegen der vorbeifliegenden Sturmtaucher und Möwen interessant.

❶ Marmarameer

Lage Der abgrenzte Meeresteil zwischen den Dardanellen und dem Bosporus.
Zugang Mit Pkw oder Bus von Istanbul.
Kontakt Dogal Hayati Koruma Dernegi (DHKD)
E-Mail: kelaynak@dhkd.org
Ornithological Society of the Middle East (OSME)
Web: www.osme.org

Landschaftlich ist das eine staunenswerte und vielfältige Region – ein Mischung aus mediterranen Gebieten und Flächen, die an nordwesteuropäisches küstennahes Agrarland erinnern. Zu jeder Zeit ist die Region gut für Vögel. Am besten ist das Frühjahr für die lokalen Brutvögel, darunter Störche, Isabellsteinschmätzer, viele Lerchen, Schwarzstirnwürger, Wiedehopf, Bienenfresser, Trauermeise, Girlitz, Ortolan und Kappenammer. Im Herbst sieht man Weißstörche und Greifvögel, die sich zu den Meerengen an beiden Seiten des breiten Marmarameeres bewegen. Mittelmeermöwen (darunter wohl auch Steppenmöwen), Schwarzkopfmöwen und Mittelmeer-Sturmtaucher sind häufig.

Bienenfresser

❷ Evrosdelta

Lage Evrosmündung an der Grenze zwischen Griechenland und Türkei.
Zugang An die türkische Seite des Deltas kommt man am besten vom Dorf Enez; dicht dabei liegt der Galasee. Die Grenzregion ist etwas heikel; fragen Sie daher erst bei Behörden nach, bevor Sie hineinfahren.
Kontakt Dogal Hayati Koruma Dernegi (DHKD)
E-Mail: kelaynak@dhkd.org
Ornithological Society of the Middle East (OSME)
Web: www.osme.org

Als Vogelgebiet hat sich die Bedeutung des Deltas verringert. Es gibt aber noch interessante Arten auf den Lagunen und Wiesen. Man kann erwarten: Pelikane, Störche, Seeadler, Adlerbussard, Schreiadler, Isabell- und Balkansteinschmätzer, Blutspecht, Rötelschwalbe, Masken- und Schwarzstirnwürger, Wiedehopf, Bienenfresser und verschiedene Zweigsänger. Viele der auffälligeren Arten kann man von der Straße aus sehen, was kein Problem mit den Behörden verursachen dürfte. Seien Sie aber vorsichtig beim Einsatz des Fernglases oder gar eines Spektivs.

Istanbul, im Hintergrund der Bosporus

❸ Istanbul, Bosporus

Lage An der Westküste des Bosporus, der schmalen Meeresverbindung zwischen Schwarzem Meer und Ägäis.
Zugang Das Gebiet um Istanbul ist geeignet, im Herbst ist die Ostseite des Bosporus zu bevorzugen, besonders die berühmten Camlica-Hügel.
Kontakt Dogal Hayati Koruma Dernegi (DHKD),
E-Mail: kelaynak@dhkd.org
Ornithological Society of the Middle East (OSME)
Web: www.osme.org

Gleitflieger legen große Entfernungen auf dem Zug zurück, indem sie sich von der aufströmenden Luft in einer Thermik in die Höhe tragen lassen. Thermiken entstehen nur über Land, sodass die Vögel die engsten Meeresstellen aussuchen. Dies macht Istanbul zu einem berühmten Platz für Vogelbeobachter. Ende August bis Oktober ist die beste Zeit. Wespenbussarde haben ihre Hauptzeit im August, aber Mitte September kommen 15 weitere Greifvogelarten. Am häufigsten sind Weißstörche; Greifvögel machen jedoch Tausende von Mäusebussarden, Schreiadlern, Schwarzmilanen und Kurzfangsperber aus; andere Arten erscheinen in kleinerer Zahl, wie Adler und Geier. Gleichzeitig strömen Mittelmeer-Sturmtaucher dauernd durch den Bosporus, und man kann Palmtauben und Mittelmeermöwen (mit Steppenmöwen) um den Hafen sehen.

Glossar

Adult Ein erwachsener Vogel, der sich fortpflanzen kann und sein endgültiges Federkleid trägt, das sich nicht mehr mit dem Alter ändert.

Armschwinge Flugfeder, die zusammen mit anderen, ähnlich geformten Federn am Armknochen ansitzt. Armschwingen bilden zum großen Teil die Fläche des Innenflügels.

Augenring Feiner, mitunter auffällig gefärbter unbefiederter Farbring um das Auge.

Augenstreif Waagrecht, auf Augenhöhe verlaufender dunkler oder heller Streifen, der sich scheinbar durch das Auge zieht.

Balz Werbungsverhalten und Paarungsvorspiel, also ein Verhalten als Voraussetzung für Fortpflanzung. Balzverhalten kann dem Finden der Partner, der Festigung des Paarzusammenhalts, dem Ausstechen eines Nebenbuhlers und der Einleitung der Begattung dienen.

Bänderung Schmale (helle oder dunkle) Markierungen, die quer zur Körperlängsachse auf dem Gefieder verlaufen.

Brut Junge, die aus einem Gelege stammen, das in einem Nest bebrütet wurde.

Brutkleid Ein unpräziser Ausdruck, der aber recht treffend sein kann und das Gefieder meint, das der Altvogel ab dem Beginn der Fortpflanzungszeit trägt, also auch schon bei der Balz und Revierbesetzung, und damit das Gegenteil zum Winterkleid. Nicht immer wird es aber die ganze Brutzeit getragen, daher spricht man oft auch vom Prachtkleid (meist der Männchen). Brut- und Prachtkleid meinen also oft das Gleiche (s. Winterkleid).

Deckfeder Kleine Feder, mit gleichartigen Federn in Reihen angeordnet, auf und unter dem Flügel, die Zwischenräume zwischen den großen Schwungfedern abdeckt. Auf dem Oberflügel sind Deckfedern oft Träger bestimmter Farben und Zeichnungen.

Endemisch Bezeichnung für eine Art, die nur in einem ganz bestimmten, meist sehr kleinen Gebiet vorkommt.

Eruption Plötzliches massenhaftes Abziehen einer Population aus dem Brutgebiet, z. B. bei hoher Individuenzahl und Nahrungsmangel nach der Brutzeit, etwa bei Seidenschwanz oder Bartmeise.

Familie (1) Eine Kategorie der Klassifikation, die mehrere miteinander verwandte Gattungen zusammenfasst.
(2) Ein Vogelpaar oder ein Elternteil mit seinen Jungen.

Gattung Eine Kategorie der Klassifikation, die mehrere verwandte Arten zusammenfasst. Der Gattungsname bildet den ersten, großgeschriebenen Bestandteil einer wissenschaftlichen Artbezeichnung.

Gefährdung Eine Art gilt als gefährdet, wenn ihr Fortbestand in einem Gebiet oder auch global aus bestimmten Gründen fraglich ist. Gefährdungsgründe sind z. B.: nur noch wenige Individuen, Lebensraum nur noch kleinflächig vorhanden oder stark abnehmend, langfristige Bestandsabnahme, geringer Nachwuchs und ungünstiger Altersaufbau der Population.

Gelege Gruppe von Eiern in einem einzelnen Nest, gewöhnlich von einem Weibchen gelegt und bebrütet. Es gibt aber auch Mischgelege (zwei oder mehr Weibchen legen in ein Nest).

Gesang Stimmliche Lautäußerungen, die für eine Art sehr charakteristisch und oft nach bestimmten Mustern mehr oder minder komplex zusammengesetzt, also meist komplizierter als Rufe sind. Gesang kann der Anlockung von Partnern und damit der Paarbildung, der Synchronisation der Fortpflanzung, der Paarbindung oder der Reviermarkierung dienen. Er steht also in der Regel in Zusammenhang mit der Fortpflanzung und ist daher nicht zu allen Jahreszeiten zu hören, im Unterschied zu vielen Rufen. Gesang muss nicht wohltönend sein und ist streng genommen auch nicht auf die Singvögel beschränkt.

Gründeln Nahrungssuche im Wasser, bei der ein schwimmender Vogel seinen Vorderkörper ins Wasser taucht, den Hinterkörper nach oben streckt und mit den Beinen die Balance hält.

Handschwinge Flugfeder, die am Handknochen ansitzt und an der Form und Länge der Flügelspitze beteiligt ist. Die Zahl der Handschwingen ist meist konstant, die meisten Vögel haben 10 (9-11) Handschwingen.

Hybride Nachkomme zweier Partner, die verschiedenen Arten angehören. In freier Natur nur in Sonderfällen bei sehr nah verwandten Arten häufiger vorkommend.

Immatur Ein Vogel, der zwar nicht mehr das Jugendkleid, aber auch noch nicht das Alterskleid trägt. Bei Vögeln, die erst nach mehreren Jahren geschlechtsreif werden, gibt es mehrere Immaturstadien, die von einer allmählichen Annäherung an das Alterskleid gekennzeichnet sind, z. B. bei Basstölpel, Großmöwen oder großen Greifvögeln.

Invasion, eigentlich Irruption (s. Eruption). Die Ankunft von Vögeln einer Art in außergewöhnlicher Menge nach der Brutzeit (meist im Winter) aus einem Brutgebiet, das weiter weg liegt.

Jahresvogel Vogelart, die das ganze Jahr über in einem Gebiet zu beobachten ist, wobei aber nicht klar ist, ob es sich dabei immer um dieselben Individuen handelt oder ob Zu- und Wegzug stattfindet, sodass Angehörige verschiedener Populationen einander ersetzen.

Jugendkleid Erstes vollständiges Federkleid, das nach dem Dunenkleid angelegt wird. Mit dem Jugendkleid werden Jungvögel meist flugfähig. Bei manchen Arten unterscheidet es sich vom Adultkleid, bei vielen ist es davon kaum oder gar nicht zu unterscheiden.

Juvenil Vogel, der das Jugendkleid trägt.

Kolonie Ein Gruppe mehr oder minder dicht beieinanderstehender Nester, wobei die Brutpaare oft in eine Gemeinschaft zumindest locker eingebunden sind und sich sozial verhalten (z. B. gemeinsame Feindabwehr), aber auch gegenseitig als Konkurrenten auftreten (z. B. Stehlen von Nestmaterial). Größte und dichteste Kolonien findet man bei Seevögeln; unter den Singvögeln sind z. B. Uferschwalbe und Saatkrähe typische Koloniebrüter.

Lauf Meist der längste am Vogelbein zu sehende Teil zwischen den Zehen und dem sich nach vorn öffnenden Gelenk, das nicht etwa ein nach hinten weisendes Knie ist, sondern eher ein Fersengelenk (mit unserem aber nicht streng vergleichbar).

Mauser Das Abwerfen alter Federn beim Nachwachsen neuer Federn, die sie dann ersetzen. Mauser findet meist zu bestimmten Zeiten und vor allem nach einem bestimmten Schema der Abfolge im Gefieder statt.

Neubürger, auch Neozoon. Tiere, die absichtlich oder unabsichtlich durch den Menschen in ein Gebiet gebracht wurden, in dem sie bisher nicht heimisch waren, sowie ihre Nachkommen, z. B. exotische Gefangenschaftsflüchtlinge, ausgesetzte (etwa zu Jagdzwecken) oder unabsichtlich eingeschleppte Tiere.

Oberschwanzdecken Federn an der Oberseite der Schwanzbasis, meist klein.

Ordnung Kategorie der Klassifikation, die verschiedene einander nahestehende Familien zusammenfasst.

Population Gesamtheit der Individuen einer Art in einem bestimmten Raum zu einer bestimmten Zeit. Man spricht von der Population eines Gebietes oder auch eines Landes oder auch der Welt.

Prachtkleid s. Brutkleid

Rasse s. Unterart

Ruf Meist kurzer und immer gleich vorgetragener Stimmlaut; dient der Kommunikation und ist häufig art- und auch situationstypisch. Viele Rufe sind das ganze Jahr über und vor allem auch außerhalb der Balz- und Brutzeit zu hören.

Schirmfedern Innerste Armschwingen, die beim zusammengelegten Flügel über den anderen Schwungfedern liegen und sie schützen.

Schlichtkleid s. Winterkleid

Schwungfeder Kräftige Feder im Flügel, die an den Arm- oder Handknochen ansitzt und zusammen mit anderen ähnlich oder gleichartig gebauten Federn Form und Größe des Flügels mitbestimmt. Die Zahl der Schwungfedern pro Art oder auch pro Familie ist oft konstant (s. Armschwinge, Handschwinge).

Standvogel Ein Vogel, der das ganze Jahr über in einem eng umgrenzten Gebiet bleibt.

Steuerfeder Anderer Ausdruck für eine große Schwanzfeder.

Striche Schmale (helle oder dunkle) Markierungen, die parallel zur Körperlängsachse auf dem Gefieder verlaufen.

Trommeln Instrumentallaut der Spechte, die mit raschen Bewegungen mit dem Schnabel fast vibrierend gegen eine feste Unterlage, z. B. einen abgestorbenen Ast oder einen toten Stamm, schlagen und so einen kurzen Trommelwirbel erzeugen.

Überaugenstreif Meist ein heller Streifen, der sich von der Gegend der Schnabelbasis über das Auge nach hinten zieht.

Unterart Eine mehr oder minder gut gekennzeichnete Population, die sich von anderen derselben Art unterscheidet. Wenn der geografisch oder ökologisch sich abzeichnende genetische Unterschied ein gewisses Maß nicht überschreitet, fasst man einander ähnliche und sich geografisch ausschließende Populationen als Unterarten zu einer Art zusammen (Rasse). Eine Art kann also mit mehreren Unterarten über ein größeres Gebiet verbreitet sein. Solche Gruppierungen sind aber häufig Ansichtssache und daher umstritten.

Unterschwanzdecken Federn an der Unterseite der Schwanzbasis, meist klein.

Verhalten Wie sich ein Vogel hält und bewegt, singt und fliegt, aber auch was er tut. Verhalten kann für eine Art sehr bezeichnend und daher ein wichtiges Erkennungsmerkmal sein.

Winterkleid Das Gefieder, das der Altvogel außerhalb der Brutzeit (aber nicht nur im Winter) trägt; man spricht heute allgemein vom Schlichtkleid, auch in Fällen, in denen das »Prachtkleid« (s. Brutkleid) nicht prächtiger ist. Das Winterkleid ersetzt also meistens das Brutkleid.

Zugvogel Ein Vogel, der saisonal zwischen einem Brutgebiet und einem Winterquartier hin- und herwandert.

Kontakte

Organisationen in Europa

Belgien:
BirdLife Belgium
Web: www.natuurpunt.be

Dänemark:
Dansk Ornitologisk Förening
Web: www.dof.dk

Deutschland:
Naturschutzbund Deutschland (NABU)
Web: www.nabu.de

Landesbund für Vogelschutz in Bayern e.V. (LABU)
Web: www.lbv.de

Dachverband Deutscher Avifaunisten (DDA)
E-Mail: sfischer@lau.mu.Isar-net.de
Web: www.dda-web.de/

Deutsche Ornithologen-Gesellschaft
Web: www.do-g.de

Finnland:
BirdLife Suomi-Finland
Web: www.birdlife.fi

Frankreich:
Ligue pour la Protection des Oiseaux (LPO)
Web: www.lpo.fr/

Griechenland:
Hellenic Ornithological Society
Web: www.ornithologiki.gr

Großbritannien:
Royal Society for Protection of Birds
Web: www.rspb.org.uk

The British Trust for Ornithology
Web: www.bto.org

Scottish Ornithologists' Club
Web: www.the-soc.org.uk/

Welsh Ornithological Society
Web: www.birdsinwales.org.uk/

BirdLife International
Web: www.birdlife.org

Island:
Fuglaverndarfélag Íslands
Web: fuglavernd.is/english/

Italien:
Lega Italiana Protezione Uccelii (LIPU)
Web: www.lipu.it

Niederlande:
Vogelbescherming Nederland
Web: www.vogelbescherming.nl

Norwegen:
Norsk Orntologisk Forening
Web: www.birdlife.no/

Österreich:
BirdLife Österreich-Gesellschaft für Vogelkunde
Web: www.birdlife.at

Polen:
Ogólnopolskie Towarzystwo Ochrony Ptaków
Web: www.otop.org.pl

Portugal:
Sociedade Portuguesa para o Estudio des Aves
Web: www.spea.pt

Rumänien:
Societatea Ornitologica Romana
Web: www.sor.ro

Schweden:
Sveriges Ornitologiska Förening
Web: www.sofnet.org

Schweiz:
Ala – Schweizerische Gesellschaft für Vogelkunde und Vogelschutz
Web: www.ala-schweiz.ch

Schweizer Vogelschutz SVS – BirdLife Schweiz
Web: www.birdlife.ch

Slowenien:
Društvo za opazovanje in proucevanje ptic Slovenije
E-Mail: dopps@dopps-drustvo.sl

Spanien:
Socedad Espanola de Ornitologia
Web: www.seo.org

Türkei:
Ornithological Society of Middle East (OSME)
Web: www.osme.org

Ungarn:
Magyar Madártani és Természetvédelmi Egyesület (MME)
Web: www.mme.hu

Interessante Webseiten:

Birdnet
Deutsche Internet-Plattform für Birder, Vogelkundler und Ornithologen
www.birdnet.de

Fatbirder
Informationen über Vogelbeobachtung weltweit
www.fatbirder.com

Eurobirding
Informationen über Vogelbeobachtung in Europa, Nordafrika und Nahem Osten
www.eurobirding.co.uk

Register

Fett gedruckte Seitenzahlen verweisen auf Artbeschreibungen im Abschnitt »Die Vogelarten«; *kursiv* gedruckte Seitenzahlen beziehen sich auf Seiten mit Illustrationen zum Stichwort.

A

B

C

D

E

F

T

Dank

Cobalt id dankt folgenden Personen für ihre Unterstützung: Richard Thomas für die Zusammenstellung von Informationen zu den Plätzen der Vogelbeobachtung; Kathleen Rosewarne für die Korrektur; Hilary Bird für die Zusammenstellung des Registers; Christine Percy und allen bei Swarovski UK Ltd. für Bilder der optischen Ausrüstung; Mel Kemp für die geduldige Führung im Minsmere-Reservat; Rochard Chappell, Ennis Jones und John Ferguson für ihre begeisterte Hilfe beim Fotografieren in ihren Gärten; Dr. Christoph Zöckler (WCMC), Gina Pfaff (BirdLife International), Chris Gomersall, David Tipling und alle bei FLPA für ihre äußerst wertvolle Hilfe bei der Bildsuche; und Rebecca Johns.

Verantwortlich für Fotos: Peter Anderson
Verantwortlich für Illustrationen: Halli Verrinder

Alamy Images: 15ml

BirdLife International: 42um Website-Bild (http://www.worldbirds.org/mapportal/worldmap.php)

BirdLife Österreich: A: Ranner 201ml, 202ol; E. Karner 201ur.

BirdLife Schweiz: 200ml, 200ur.

Bruce Coleman Collection: Kim Taylor 22ul, 87or.

Chris Gomersall: 22ur, 54or, 60r, 84ul, 90m1, 90m3, 95ml, 104ol, 106ol, 108ol, 111ul, 114ul, 124ol, 141mm, 173or, 205ul, 210ml.

Chris Knights: 90ol.

Christoph Zöckler: 186ol, 187or.

David Tipling Photo Library: 45om.

Dorling Kindersley: Marcus Varesvuo 1m, 110um, 117m.

Eugene Hüttenmoser: 82ul.

FLPA: A. Wharton 16ul; A.R. Hamblin 61ul; B. Borrell 29or, 67mu, 204ml; D.A. Robinson 29ur; David Hosking 37or, 192ur, 211ml; Derek Middleton 62or; Desmond Dugan 90ml3; E. Woods 58ur; E. & D. Hosking 210mr, 27ul, 27r, 46ur, 52m, 61ml, 71m, 90ml1, 195or; F. De Marco/Panda 196ml; Foto Natura Stock 19mru; Fritz Pölking 70ur, 183mr, 184ol; G. Marcoaldi/Panda 190, 106mr, 208mr; H. Clark 32ul, 90ml2; H. Hautala 15ur, 23um, 70m; J. Hawkins 23ul, 28ur, 85m; J. Watkins 22um, 59ul; J. & C. Sohns 86ml; Jean Hosking 212ur; Lennart Norstrom 172mr; Liora & Ofer Bahat 19ul; Martin Withers 25ur; M.B. Withers 29ul; M..J. Thomas 62ur, 67mu; P. Perry 17or, 18ul; R Mattio/Panda 208ml; R. Tidman 90mr2; Richard Brooks 20mrb, 23ur; Robert Canis 39mr, 70or, 94ur, 95ul; Robin Chittenden 206ol; Roger Tidman 20mro, 39or, 55bml, 56m; Roger Wilmshurst 24or, 88um, 88ul; Rv. S.C. .Brown 27mlu; S. Jonasson 54ul; S. Maslowski 70mu; Silvestris 174ml; Steve Young 24ur; Terry Adrewartha 28mr, 79mr, 194mr; Tony Hamblin 27ml; W. Wisniewski 22or; Yossi Eshbol 53ur.

Getty Images: 20mr.

Gunnar OerTel.: 185ur, 186ul, 186or.

Marek Walisiewicz: 42ul1, 42ul2, 42ul3, 195mr.

masterfile.com: 96

Michel Decleer: 188ml, 188mr, 189mr, 189ol, 189or.

Mike Lane: 52uc, 69ul, 175ur, 177mr, 190ml, 212ol.

Mike Read: 62m, 63uc, 68or, 178ml, 178mr, 179ur, 180ur, 180ml, 180bl, 181mr, 182ol, 203mr, 204mr, 206ul.

Natural History Museum: 13ml.

NHPA: A. Nardi 52ur, 175ol, 184ml, 209ur, 210ol; Alan Williams 193mr, 193mt; D. Woodfall 66r; E.A. Janes 199ur; Eric Soder 68ur; John Buckingham 177ml; M. Stelzner 197mr; Paal Hermansen 52or; Roger Tidman 173ml, 204ml; Vicente Garcia Canseco 65m.

OSF: Alastair Hay 207mr; Berndt Fischer 190mr, 196ur; Bob Gibbons 181or; Caroline Brett 172ur; Clive Bromhall 213mr; C.W. Hellwell 174mr; David Tipling 212mr; Dr. R. Cannon 211mr; Jorge Sierra 65um; Jorge Sierra Antinolo 205ol; Martyn Chillmaid 64r; Peter Gathercole 207mr; T.C. Middleton 210mr, 182mr.

Panasonic: 36ml, 36m.

Roger Tidman: 107ol, 145um.

RSPB Images: 73m; Chris Gomersall 16ur; Chris Knights 121um; David Kjaer 137um; Gordon Langsbury 113ol; Mark Hamblin 151um; Mike Lane 89ur, 112ol, 119ul; Philip Newman 138ol; Richard Brooks 152ol; Andy Hay 25uc, 32or, 42or, 56ur, 58ul, 156ml, 157ml, 157ur, 158mr, 160mr, 162mlo, 163mr, 164mr, 165mu, 166ur; Barry Hughes 94mr; Bill Paton 84mu; Bob Glover 24um, 43o, 84or; Chris Gomersall 4, 5, 6, 11ul, 15ml, 56or, 80mr, 86ml, 157omr, 158ur, 160ml, 162ml, 162ur, 164ml, 165ol, 166ml, 167ol; Chris Knights 84ur, 92ul; David Broadbent 17ul; David Kjaer 86ml, 159ol, 159ml, 160ol, 163or; David Tipling 165mr; Doug Allan/BBC Natural History Unit 38ur; Ernie Janes 10uc, 74; Geoff Dore 158ol; George McCarthy 24um; Gerald Downey 39mr, 44or; J.L. Roberts 89um; Jan Halady 48or; Laurie Campbell 8, 87ml, 88or, 89or; Malcolm Hunt 33ul, 161ml; Marianne Wilding 91ur; Mark Hamblin 86ml, 156mr; Maurice Walker 28or; Michael Gore 92or; Mike Lane 11ur; Mike Richards 33ol, 37umr; Niall Benvie 39mr; Paul Doherty 21or; Ray Kennedy 44ul, 73mu; Richard Brooks 85ol; Robert Smith 87ul; Roger Wilmshurst 26or, 85ml, 93ml, 94mr; Steve Austin 161ur; Tony Hamblin 47o, 87ml, 88ul.

Sue Cunningham Photographic:198mr, 199ml.

Thomas W Johansen: 168mr, 169or, 169ur, 170mr, 170or, 170ol.

Tim Loseby: 171mr.

Windrush Photos: Arthur Morris 21ur, 36or; David Tipling 34or, 57ur, 79ur, 85ur, 88ur, 90ul, 90uc, 91mr, 91o, 95m, 166mml; 167mr; D.M. Cottridge 54ur, 58or; G. Downey 80ul; Göran Ekström 20mrm; Jari Peltomaki 86u, 60ml, 176ml, 176ur; John Gardner 55uc; Les Borg 38ur; Pentti Johansson 10ur; Peter Cairns 69ur; Richard Brooks 191ur.

Der Verlag hat auf jegliche Weise versucht, den Urheber jedes veröffentlichten Fotos zu nennen. Sollte dies in Einzelfällen nicht geschehen sein, bittet der Verlag, dieses Versehen zu entschuldigen und garantiert, den Urheber in weiteren Auflagen namentlich zu nennen.